这样养

蛋鸡才赚钱

肖冠华 编著

化学工业出版社

· 北京 ·

图书在版编目（CIP）数据

这样养蛋鸡才赚钱/肖冠华编著. —北京：化学工业出版社，2018.4

ISBN 978-7-122-31402-4

Ⅰ. ①这… Ⅱ. ①肖… Ⅲ. ①卵用鸡-饲养管理 Ⅳ. ①S831.4

中国版本图书馆 CIP 数据核字（2018）第 012780 号

责任编辑：邵桂林　　　　　　　　　　　文字编辑：向　东
责任校对：王　静　　　　　　　　　　　装帧设计：王晓宇

出版发行：化学工业出版社（北京市东城区青年湖南街 13 号　邮政编码 100011）
印　　刷：北京京华铭诚工贸有限公司
装　　订：三河市骏发装订厂
850mm×1168mm　1/32　印张 11½　字数 343 千字
2018 年 5 月北京第 1 版第 1 次印刷

购书咨询：010-64518888（传真：010-64519686）　售后服务：010-64518899
网　　址：http：//www.cip.com.cn
凡购买本书，如有缺损质量问题，本社销售中心负责调换。

定　　价：45.00 元

　　为什么同样是搞养殖，有的人赚钱，有的人却总是赔钱，而赔钱的这部分人中，有很多对做好养殖可谓勤勤恳恳、兢兢业业，付出的辛苦很多，但到头来收入与付出却不成正比。问题出在哪里？

　　我们知道，养殖涉及品种选择、场舍建设、饲养管理、饲料营养、疾病防控、产品销售等各方面的问题。养殖要选择优良品种，因为优良品种普遍具有生长速度快、适应性强、抗病力强、饲料转化率高、受市场欢迎等特点，优良品种是实现高产高效的基础。养殖场应因地制宜，选用高产、优质、高效的畜禽良种，品种来源清楚、检疫合格，实现畜禽品种良种化。养殖场选址布局要科学合理，符合防疫要求，畜禽圈舍、饲养和环境控制等生产设施设备满足规模化生产的需要，实现养殖设施化，既能为所养殖的品种提供舒适的生产环境，又能提高养殖场的生产效率。饲养管理是养殖场日常的主要工作，贯穿于畜禽养殖的整个过程，规范化管理的养殖场应制订并实施科学规范的畜禽饲养管理规程，配备与饲养规模相适应的畜牧兽医技术人员，配制和使用安全高效饲料，严格遵守饲料、饲料添加剂和兽药使用有关规定，生产过程实行信息化动态管理。疾病的防控也是养殖场不可忽视的重要环节，只有畜禽不得病或者少得病，养殖场才能平稳运行，为此养殖场要有完善的防疫设施，健全的防疫制度，加强动物防疫条件审查，实施科学的畜禽疫病综合防控措施，有效地防止养殖场重大动物疫病发生，对病死畜禽实行无害化处理。畜禽粪污处理方法要得当，设施齐全且运转正常，达到相关排放标准，实现粪污处理无害化或资源化利用。

养殖场既要掌握和熟练运用养殖技术，在实现养得好的前提下，还要想办法拓宽销售渠道，实现卖得好。做到生产上水平、产品有出路、效益有保障。规模养殖场要创建自己的品牌，建立自己的销售渠道。养殖场加入专业合作社或与畜产品加工龙头企业、大型批发市场、超市、特色饭店和大型宾馆饭店等签订长期稳定的畜产品购销协议，建立长期稳定的产销合作关系，可有效解决养殖场的销售难题。同时，还要充分利用各种营销手段，如区别于传统的营销，网络媒介具有传播范围广、速度快、无地域限制、无时间约束、内容详尽、多媒体传送、形象生动、双向交流、反馈迅速等特点，可以有效降低企业营销信息传播的成本。利用大数据分析市场需求量与供应量的关系，通过政府引导生产，合理增减砝码，使畜禽供给量与需求量趋于平衡，避免畜禽产品因供求变化过大而导致价格剧烈波动。常见的网上专卖店、网站推广、QQ群营销、微博营销、微信朋友圈营销等电商平台均可取得良好的效果。以观光旅游畜牧业发展为载体，促使城市居民走进养殖场区，开展动物认领和认购活动，实现生产与销售直接挂钩，这也是一个很好的销售方式。实体店的专卖店、品鉴店体验等体验式营销也是拓宽营销渠道的方式之一。在体验经济的今天，养殖场如果善于运用体验式营销，定将能够取得消费者的认可，俘获消费者的心，赢得消费者的忠诚度，并最终为企业带来源源不断的利润。以上这些方面工作都做好了，实现养殖赚钱不难。

经济新常态和供给侧改革对规模化养殖场来说，机遇与挑战并存。如何适应经济新常态下规避风险，做好规模养殖场的经营管理，取得好的养殖效益，是每个养殖场经营管理者都需要思考的问题。笔者认为，要想实现经济新常态下养殖效益最大化，养殖场的经营管理者要主动去适应，而不是固守旧的观念，不能"只管低头拉车，不管抬头看路"。必须不断地总结经验教训，更重要的是养殖场的经营管理者必须不断地学习新知识、新技术，特别是新常态和互联网＋下养殖场的经营管理方法，这样才能使养殖场的经营管理始终站在行业的排头。

本书共分为了解蛋鸡、选择优良的蛋鸡品种、建设科学合理的蛋鸡场、掌握规模化蛋鸡养殖关键技术、满足蛋鸡的营养需要、实行精细化饲养管理、科学防治鸡病和科学经营管理及附录。

本书紧紧围绕养蛋鸡成功所必须做到的各个生产要素进行重点阐述，使读者能够学到养蛋鸡赚钱的必备知识和符合当下实际的经营管理方法。本书结构新颖，内容全面充实，紧贴蛋鸡生产实践，可操作性强，无论是新建场，还是老场，本书均具有极强的指导作用和实用性。

本书在编写过程中，参考借鉴了国内外一些蛋鸡养殖专家和养殖实践者实用的观点和做法，在此对他们表示诚挚的感谢！由于笔者水平有限，书中难免有不妥之处，敬请批评指正。

畜禽养殖是一门实践科学，很多一线的养殖实践者更有发言权，也有很多好的做法，希望读者朋友在阅读本书的同时，就有关蛋鸡养殖管理方面的知识和经验进行交流和探讨，我的微信公众号"肖冠华谈畜牧养殖"，期待大家的到来！

编著者
2018 年 3 月

目 录
CONTENTS

第四章 ▶ 掌握规模化蛋鸡养殖关键技术

第五章 ▶ 满足蛋鸡的营养需要

第六章 ▶ 实行精细化饲养管理

第七章 ▶ 科学防治鸡病

第八章 ▶ 科学经营管理

附录 ▶

参考文献 ▶

第一章

了解蛋鸡

一、鸡的生物学特性

鸡在动物学上属于鸟纲，具有鸟类的生物学特性。近一百年来，由于人们不断地培育和改善其环境条件，尤其是近几十年，随着现代遗传育种、营养化学、电子物理等科学技术的发展，其生产能力大大提高。改造后的鸡生物学特性即是鸡的经济生物学特性。

1. 体温高、代谢旺盛

鸡的标准体温在 40.9～41.9℃，平均体温是 41.5℃，成年鸡高于雏鸡。

鸡的心跳很快，每分钟脉搏可达 200～350 次。就日龄而言，雏鸡高于成鸡。就性别而言，母鸡高于公鸡。还受环境影响，如气温增高、惊扰、噪声等都会使其心率增高，严重者心力衰竭而死亡。

呼吸频率每分钟 40～50 次，比大家畜高。受环境温度影响大，环境温度达 43℃时，其呼吸频率可达到每分钟 155 次，受惊时也可加大呼吸频率。

鸡的基础代谢高于其他动物，为马、牛等的 3 倍以上。安静时耗氧量与排出二氧化碳的数量也高一倍以上。鸡的生命之钟转动得快，寿命相对就短，应尽量为鸡创造良好的环境条件，利用其代谢旺盛的优点，创造更多的禽产品。

2. 繁殖潜力大

鸡是卵生动物，繁殖后代须经受精蛋孵化。母鸡的右侧卵巢与输卵管退化消失，仅左侧发达，机能正常。鸡的卵巢用肉眼可见到很多卵泡，在显微镜下则可见到 12000 个卵泡（有人估计远高于此数）。一只母鸡年平均产蛋 300 枚，达到 15～17 千克，为其体重的 10 倍，种蛋的孵化期平均 21 天，平均出雏率 70% 以上。

蛋鸡一般在 110 天左右开产（工厂化养殖），到 72 周淘汰，淘汰时体重为 2 千克左右。

一只精力旺盛的公鸡一天可以交配 40 次以上，每天交配 10 次左右是很平常的。精子在母鸡输卵管内可以存活 5～10 天，个别可以存活 30 天以上。要发扬其繁殖潜力大的长处，必须实行人工孵化。

每天产蛋高峰时间：光照开始后 2～5 小时。高峰时间在 7：30～9：30。母鸡的产蛋间隔为 24 小时，高产蛋鸡时间要短一些。

3. 对饲料营养要求高

鸡蛋蛋白质含有人体必需的各种氨基酸，其组成比例非常平衡，生物学价值居于各种食品蛋白质的首位，比奶、肉类均高。鸡的必需氨基酸为 11 种，各种矿物质、维生素都是不可缺少的。

鸡有挑食颗粒饲料的习性，饲料中添加氯化钠、碳酸氢钠时应严格控制其比例和粒度，否则会引起泻痢、腹水、血液浓缩等中毒症状。

鸡对粗纤维的消化能力差，含纤维多的药不适合鸡用，鸡的体重小，鸡的消化道很短，除了盲肠可以消化少量纤维素以外，其他部位消化道不能消化纤维素，食物通过的时间快，一些难消化、难溶、难吸收的药物如草药，必须先经过处理，以便于胃肠道吸收后才能给鸡用。所以鸡不能很好地利用粗饲料。

采食高峰：自然光照下，采食高峰在日出后 2～3 小时，日落前 2～3 小时。

4. 对环境变化敏感

鸡的听觉不如哺乳动物，但听到突如其来的噪声就会惊恐不安，乱飞乱叫。

鸡的视觉很灵敏，鸡眼较大，视野宽广，能迅速识别目标，但对颜色的区别能力较差，对红、黄、绿等颜色敏感。一切进入视野的不正常因素如光照、异常的颜色以及猫、鼠、蛇和鸡舍进来陌生人等均可引起"惊群"。特别是雏鸡很容易惊群，轻者拥挤，生长发育受阻，重者相互践踏引起伤残和死亡。因此，要在安静的地方养鸡。粗暴的管理，突来的噪声，狗、猫闯入，捕捉等都能导致鸡群骚乱、影响生长。

鸡无光线便停食，因此，育成期控料必须与控光相结合，以防超重。产蛋初期起逐渐延长补光时间，促进光线对鸡脑垂体后叶的刺激，导致卵巢机能活动，有利产蛋率上升。但控光、补光都要有计划，绝不可紊乱，用强光刺激毫无好处。

鸡的嗅觉差，不如鸽和鹅，鸡口腔中味蕾少，有嗅觉受体，在一定程度可辨别香味，但需要流动的空气将气味传递到受体，因为鸡无闻嗅行为。食物在口腔中停留时间短，对食物的酸、甜、苦、辣、咸很不敏感。带有气味的药物混入饲料或饮水中影响鸡的饮食欲，如饮水或饲料中加入有恶性气味的含氯消毒剂，鸡会减食或拒绝饮水。相反，饲料中加入芳香添加剂，鸡能增食。但一般苦味药不影响进食和饮水。苦味对鸡的消化不良、食欲不振无治疗作用，甜味没有增食作用。

由于禽类对饲料中的咸味也无鉴别作用，在饲养过程中，如使用颗粒粗制食盐让鸡自由食用，鸡群会因摄入大量食盐颗粒造成急性食盐中毒死亡。

鸡宜在干爽通风的环境中生长，如果鸡舍废气含量高、湿度大，一些病原菌和霉菌易于生长繁殖，鸡粪会发酵产生有毒气体，使鸡容易得病，不利鸡的生长。

此外，鸡体水分的蒸发与热能的调节主要靠呼吸作用来实现，初出壳的雏鸡，体温比成年鸡低3℃，要10天后才能达到正常体温，加上雏鸡绒毛短而稀，不能御寒，所以对环境的适应能力不强，必须依靠人工保温，雏鸡才能正常生长发育。1～30天的雏鸡都要保温，并放在清洁卫生的环境中饲养。30天以上的小鸡，羽毛基本上长满长齐，可以不用保温。

家鸡的祖先原鸡生活在丛林里，每到春天气候温暖，日照逐渐延长，自然饲料丰富，就产蛋孵化以繁殖后代。家鸡产蛋受光照时间长短影响，产蛋期光照突然变化或由长变短都对产蛋不利，甚至引起换羽停产。环境温度、通风换气、湿度等都对鸡的产蛋和健康产生影响。

鸡对环境变化较敏感，所以养鸡也要注意尽量控制环境变化，减少鸡群应激。

5. 抗病能力差

鸡的抗病能力差，传染病由呼吸道传播的多，且传播速度快，发病严重，死亡率高。不死也严重影响产蛋。尤其在工厂化高密度舍内饲养的情况下对于疫病的控制非常不利。

6. 能适应工厂化饲养

鸡的群居性强，在高密度的笼养条件下仍能表现出很高的生产性能。另外鸡的粪便、尿液比较浓稠，饮水少而又不乱甩，这给机械化饲养管理创造了有利条件。尤其是鸡的体积小，每只鸡占笼底的面积仅 400 平方厘米，即每平方米笼底面积可以容纳 25 只鸡。所以在畜禽养殖业中，工厂化饲养程度最高的是鸡的饲养。

7. 鸡消化功能特异性

鸡没有牙齿和软腭、颊，在啄料和饮水时，靠仰头进入。因此，料、水槽设置要妥当，防料水溢出。消化食料靠肌胃强有力收缩挤碎，所以要定期添喂沙砾。鸡肠道内容物呈微酸性，有利于有益微生物繁殖，应防范饲料发霉变质而不利正常消化吸收。饲料在鸡体内停留时间短，再加上肠道有益微生物的作用，所以鸡粪蛋白质反而超过原饲料。

鸡的消化道呈弱酸性。所以青、红霉素可以口服，不会被破坏，磺胺类和喹诺酮类内服吸收快而完全，还能延长半衰期，但庆大霉素等由于含氨基基团，不易被肠道吸收，除肠道炎症外，一般不易内服给药。对抗胆碱酯酶的药物（如有机磷）非常敏感，容易中毒，所以一般不能用敌百虫作驱虫药内服。

8. 鸡有啄癖

母鸡间有啄癖性，因此要适时断喙，但母鸡啄癖是种恶习，啄癖在断喙后也有发生。公鸡有互斗性。

啄肛癖易发生于雏鸡或产蛋鸡，发生原因有环境因素如温度高、密度大、光强、通风不良等，白痢粪便而糊肛，营养不良如矿物质缺乏等等。发现有肛门出血或脱肛病的鸡宜尽快隔离饲养，鸡局部负伤不可涂红药水，而应用紫药水或单独关养。

食羽癖多发于仔鸡换羽期和产蛋期，发生原因是日粮中缺乏蛋白质、矿物质（尤其食盐和硫化物不足）、维生素 B_{12}。外部寄生虫及环境因素如密度大、湿度高、光照强等也容易引起食羽癖。

食蛋癖发生原因是日粮中缺乏矿物质（钙）蛋白质（蛋氨酸添加0.2%）、维生素 A、维生素 D，产蛋箱不足（平养种鸡或散养鸡）、捡蛋不勤、蛋壳质量不佳如软壳和薄壳蛋过多等。

9. 鸡只有日龄性换羽而没有季节性换羽

雏鸡从长绒毛到长扇羽后，除在开产前有零星脱羽象征开产外，当年鸡不再换羽，鸡跨年度后要换羽。鸡出壳后，全身被覆的是初生羽毛，即绒毛，随着生长日龄的增长而逐渐脱落换成青年羽，即永久羽，俗称"老毛"。脱换的顺序为出壳后 3～4 日龄首先脱换尾、翅羽，出生后 13 日龄左右，大腿骨关节胸侧的前部和后部开始脱换，出生后 16 日龄左右翅膀根部披肩羽开始脱换。换羽时要注意通风，同时要保持温湿度，换羽时易发呼吸道疾病是由绒毛进入气囊造成的，预防主要是湿度要跟上。毛片过厚主要是由于鸡舍经常有贼风和穿堂风，温度偏低，造成的鸡体应激反应。

鸡自然换羽休蛋期在 80～100 天。人们应在自然换羽期间对鸡进行强制换羽以缩短休蛋期。

养殖者只要认真掌握鸡的生理习性，顺着鸡的"脾气"给予应有条件，就可发挥鸡的良好遗传优势，达到较理想的效果。

二、放养鸡的生活习性

1. 竞争采食

每遇食物时总会争先恐后地同其他鸡争抢食物，尤其是在外散养的鸡表现的最明显，同一鸡群中，健壮的、个头大的鸡会因为抢食物而欺负弱小的鸡。

2. 攀登高处栖息

鸡有攀高栖息的习性，愿意在树枝和高架上休息。没有树的地方或者鸡舍内，要给鸡搭上架子让鸡在架子上面休息。

3. 刨食

俗话说：猪往前拱，鸡往后刨。说的就是鸡在地上吃食的时候，总是一边吃食物一边用鸡爪往后刨地，以寻找新的食物等。

4. 抱窝

抱窝就是母鸡下蛋后孵化小鸡，这是鸡的天性，母鸡都有抱窝的习性，尤其是野外的散养鸡。

5. 固定地点

每只散养的鸡休息和下蛋等都有相对固定的地点，尤其是母鸡产蛋更明显。

6. 欺生

对外来的鸡，鸡群群起而啄之，直到将其赶跑为止，或追到一个阴暗的角落里。因此，给鸡合群要利用晚上天黑进行，以避免相互啄伤。

7. 喜干厌湿

鸡喜欢在干燥的高处栖息，不喜欢阴湿的地方。

三、鸡叫声代表的意思

鸡在遇到打雷、吃食、母鸡拒绝交配、拒绝被抓、母鸡领小鸡、母鸡为小鸡找食物、早晨报时、遇到敌情等情况下，都会发出不同的叫声，表达不同的感受。

四、鸡的生殖系统

鸡的生殖系统构造有别于哺乳动物。公鸡和母鸡的性器官均有不明显、隐蔽的特点，因此我们应熟悉其构造，为人工授精的实际操作打下基础。

1. 公鸡的生殖系统

公鸡的生殖系统由睾丸、附睾、输精管和交媾器组成。公鸡没有像哺乳动物一样的阴茎，但有一个由乳嘴、腺管体、阴茎和淋巴襞四部分组成的交媾器。交媾器位于泄殖腔腹侧，平时全部隐藏在泄殖腔内。性兴奋时，腺管体、阴茎和淋巴襞中的淋巴管相互连通，淋巴襞勃起，淋巴液流入阴茎体内使其膨大，并在中线处形成一条加深的纵沟，位于中线前端的正中阴茎体（中央白体）也因淋巴液的流入而突出于正前方，此时整个阴茎自肛门腹侧推出并插入母鸡泄殖腔。正中阴茎体为一圆形突起。公鸡的交配器官短，交配动作快，所以笼养和网上养种鸡的底板要坚固，有利于提高受精率。

2. 母鸡的生殖系统

母鸡生殖系统由卵巢和输卵管两大部分组成，通常只有左侧的卵巢和输卵管发育完全并且有生殖功能。输卵管由喇叭部、膨大部、峡部、子宫部以及阴道部等构成。母鸡的外生殖器阴道口和排粪口、排尿口共同开口于肛门，称为泄殖腔。

五、蛋鸡的生理特点

1. 生活环境的温度

出壳后 10 日龄内的雏鸡体温比成鸡低 1.4～1.68℃。长羽快者体温上升较快，长羽慢者往往要到 15 日龄后才能接近成鸡的体温。雏鸡的这种生理特点说明，它调节体温的能力弱，在一定阶段内，鸡胚与出壳初期雏鸡体温是随环境温度的升降而升降的。生理上的这一现象对于育雏工作者掌握雏鸡培育的规律有特别重要的意义。因此，当把雏鸡移到凉爽的环境时，体温和代谢率都下降，要到15～20 日龄后，雏鸡体内温度调节机制发育良好之后，才能保持体温处于恒定状态，这就是早期雏鸡要求生活环境的温度比成鸡高的原因之一。

2. 绒毛保温性能

出壳的雏鸡表皮外层长满一层绒毛，毛长为 1.0～1.5 厘米，是雏鸡体最外部的保温层。但该层很薄，难以达到足够的厚度来形成空气隔热层，保温性能甚差。成鸡的羽毛则大不相同，它包括质地比较坚实的羽管（其中包括羽根和羽轴），从羽轴伸出整齐的羽翮。羽毛在成鸡的表皮上以半重叠式向鸡尾部方向排列，它还可以在表皮与肌肉的神经组织支配下进行收缩或放松。当鸡体感到冷时，往往将羽毛向上松开，形成一定的厚度，气流受阻，形成与外界低温相隔开的保温层，能有效地抵御外界低温的侵袭和防止体内温度迅速扩散。其保温性能比雏鸡强得多。可是，在对外界高温环境的忍耐上雏鸡又比成鸡强，这是雏鸡既需要较高温度的环境保护，又能适应较高温度环境的生理结构特点之一。

3. 剩余蛋黄的生理功能

雏鸡出壳后腹部残留着尚未被完全吸收的蛋黄，其外部被一层透明并布满血管的薄膜包着，呈一个囊状物，称为剩余蛋黄囊。出壳后的正常健康雏鸡在 3～7 天内，生命所需要的营养仍然主要来自这些剩余蛋黄。雏鸡生理上的这种特殊结构在成鸡体内是没有的。刚出壳的雏鸡，剩余蛋黄越小，体质越强，反之则越弱。对 1～5 日龄内死亡的雏鸡进行解剖发现：如果不是因为中毒、踏挤而死，几乎全都是孵化过程中蛋黄吸收不良的弱雏。也有部分蛋黄吸收不良的弱雏可活到 6～7 天才陆续死亡，还有少数蛋黄吸收不良的弱雏是因患白痢、肠炎或感冒而死亡。能活下来的弱雏日后生长发育不良，或者本身就是白痢的带菌者。因此，判别雏鸡质量优劣是检查孵化技术是否过关的一个重要标准，是以出壳雏鸡蛋黄吸收状况来确定的。出壳后的雏鸡，如果腹部得到适宜的温度，将大大有助于剩余蛋黄的再吸收，从而增强雏鸡的体质和抗病能力，明显地提高成活率。

4. 皮下脂肪层组织结构

鸡的皮下脂肪层是主要隔热层。早期的雏鸡表皮组织很薄，呈半透明状，皮下尚未形成脂肪沉积层，尤其是腹部，几乎可以透过表皮看到剩余的蛋黄。其肌肉组织也很薄并含有多量的水分，而水本身也是一种热导体。这种表层的组织结构不可能有效地隔住低温，而且早期的雏鸡神经系统发育尚未健全，没有调节体温的能力，御寒能力差。而成鸡的表层组织则不同，它既有较厚的表皮组织，又有较厚的皮下脂肪层，尤其是腹部的脂肪更厚，还有结构坚实的肌肉纤维组织以及灵敏协调的神经系统。这种组织无论是在产热还是防热（低温）的能力上都是雏鸡的结构所无法比拟的。

5. 雏鸡机体成分

雏鸡机体中水分与蛋白质比例均较成鸡高，唯独体脂肪低于成鸡，说明雏鸡的储能与产热的能力都很低，这也是雏鸡生理解剖的结构特点。

6. 特殊的肺结构

由于鸡肺附有 9 个气囊，造成鸡的需氧量和排出的废气按单位体重计算要比其他家畜高出 1～2 倍。当大规模集约化饲养管理时，它对环境的污染程度也要比其他家畜严重得多。据测定，当鸡舍内二氧化碳气体达到 8％时，雏鸡的精神便表现出痛苦不堪的状态，而达到 15.2％时便会出现昏睡。鸡舍潮湿，会加速粪便的腐烂分解过程，可产生大量的氨气。氨能麻痹或破坏呼吸道黏膜上皮细胞而使病菌易于侵入鸡的体内，比二氧化碳气体对鸡的危害更严重。据测定，舍内空气中氨浓度仅为 20 毫克/千克时，如保持 6 周以上，就会引起肺水肿、充血，新城疫发病率增高；若浓度达到 50 毫克/千克时，饲养数日后就要流鼻涕和眼泪；达到 100 毫克/千克浓度时，产蛋率会下降 13％～15％，并难于短期内恢复。

7. 超短肠道结构

鸡的肠道长度仅为其体长的 6～7 倍（而羊为 30 倍、牛为 25 倍、马和猪为 15 倍、兔为 10 倍），加之代谢率高，尽管因品种、年龄、食物与气温不同而对水的代谢、饲料的消化量与浓度都有所不同，但都比其他家畜进行得快。鸡消化谷粒仅需 12～14 小时，其他食物通过消化道经 4～5 小时就有半数从肛门排出，全部食物通过仅需 18～20 小时即可完成，而水分只需 30 分钟便可通过。由于饲料通过肠道很快，因此鸡的排粪频率甚高，而残留于粪便中的有机物也比其他动物粪便要多，其含氮物质也最高。

六、商品蛋鸡各生长阶段的划分

蛋鸡养殖周期较长，由于不同日龄的蛋鸡，其生理状态有差异。而不同生理状态的蛋鸡，对饲养管理条件要求也不同。按蛋鸡的生理发育状态，明确划分阶段，便于进行针对性的饲养管理，从而有利于鸡群健壮成长，提高其生产性能。一般可分为育雏期、育成期、产蛋期三个主要阶段。

NT2004 鸡的饲养标准将生长蛋鸡划分为 0～8 周龄（育雏期）、9～18 周龄（育成期）和 19 周龄～开产（产蛋期）这三个阶段。而饲养管理上通常将生长蛋鸡划分为 0～6 周龄（育雏期）、7～18 周龄

（育成期）和 19 周龄～开产（产蛋期）这三个阶段。

七、蛋鸡的产蛋规律

蛋用品种鸡第一个产蛋周期大约为 1 年，全程可分成产蛋前期、高峰期和产蛋后期三个阶段。根据产蛋期内周平均产蛋率绘制成的坐标曲线图（纵坐标表示产蛋率，横坐标表示周龄），称为产蛋率曲线。

产蛋前期：产蛋前期是指开始产蛋到产蛋率达到 80% 之前，通常是从 21 周龄初到 28 周龄末。少数品种的鸡开产日龄及产蛋高峰都前移到 19～23 周龄。这个时期的特点是产蛋率增长很快，以每周 20%～30% 的幅度上升。鸡的体重和蛋重也都在增加。体重平均每周仍可增长 30～40 克，蛋重每周增加 1.2 克左右。

产蛋高峰期：当鸡群的产蛋率上升到 80% 时，即进入了产蛋高峰期。从 80% 产蛋率到最高峰值时的产蛋率仍然上升得很快，通常 3～4 周便可升到 92%～95%。90% 以上的产蛋率一般可以维持 10～20 周，然后缓慢下降。当产蛋率降到 80% 以下，产蛋高峰期便结束了。现代蛋用品种高峰期通常可以维持 6 个月左右，72 周时产蛋率仍保持在 65% 左右。

产蛋后期：从周平均产蛋率 80% 以下至鸡群淘汰，称为产蛋后期，通常是指 60～72 周龄的时候。产蛋后期周平均产蛋率下降幅度要比高峰期下降幅度大一些。

八、蛋鸡的产蛋周期

连产蛋天数和间隙停产天数的总和称为 1 个产蛋周期。据观察，母鸡形成 1 枚蛋需 24～27 小时，蛋产出后经 0.5 小时才排卵。因此，在 1 个产蛋周期中，后 1 枚蛋比前 1 枚蛋产出时间往后推迟，当周期最后 1 枚蛋在下午 3～4 点产出时，次日必定要停产，而对连产数十枚蛋的高产鸡来说，蛋的形成时间少于 24 小时。高产鸡年可产蛋 300 个以上。

第二章

选择优良的蛋鸡品种

"畜牧发展，良种先行。"畜禽良种是畜牧业发展的基础和关键。畜禽良种对畜牧业发展的贡献率超过40%，畜牧业的核心竞争力很大程度上体现在畜禽良种上。

优良品种是现代畜牧业的标志，决定着畜牧业的产业效益，培育、推广、利用畜禽优良品种，提高良种化程度，对于促进畜牧业向高产、优质、高效转变及持续稳定发展，具有十分重要的意义和作用。实践证明，优良鸡种比一般鸡种能提高产蛋量20%以上。

一、蛋鸡良种的标准

现代商品杂交鸡是运用数量遗传学原理，适应现代化养鸡生产的需要而培育和发展起来的配套品系杂交鸡。目前，国内外蛋鸡良种都按配套系供种，大多采用三系或四系配套。可分为产白蛋壳、褐蛋壳和粉蛋壳三个类型。其中，白蛋壳鸡以白色来航鸡的品系为主，褐蛋壳鸡以洛岛红、新汉县、芦花鸡等为主。粉蛋壳鸡则是产褐壳蛋与产白壳蛋鸡两种杂交配套生产的。这些配套系产生的商品杂交鸡具有产蛋量高、蛋大、生命力强、性能整齐一致，适于高密度大群饲养等优点。

目前，公认的蛋鸡良种应该具备以下特点。

一是体型小，耗料少，饲料报酬高，开产早，产蛋量高。

二是鸡的性情温顺，对应激的敏感性低。

三是蛋重大，破损率低，便于运输。

四是饲养密度大，效益好，适应性强，适宜集约化笼养管理。

五是蛋品符合市场（消费者）的需要。

六是抗病力强。

二、蛋鸡的优良品种

目前我国饲养的蛋鸡优良品种很多，主要包括引进品种、国内培育品种和地方品种。按照蛋鸡的生产特点和所产蛋壳颜色，蛋鸡可分为白壳蛋鸡、褐壳蛋鸡、粉壳蛋鸡和绿壳蛋鸡4种。

白壳蛋鸡的主要品种有华都京白 A98（宝万斯白）、罗曼白、海兰白 W36、海塞克斯白、迪卡 XL 白、巴布可克 B-300 和星杂 288等。褐壳蛋鸡主要的品种有罗曼褐、海兰褐、海赛克斯褐、伊莎褐、迪卡褐、京红 1 号、农大 3 号褐和新杨褐等。粉壳蛋鸡主要的品种有海兰灰、罗曼粉、尼克珊瑚粉、宝万斯粉、京粉一号和农大 3 号粉等。绿壳蛋鸡主要品种有东乡黑羽绿壳蛋鸡、三凤绿壳蛋鸡、三益绿壳蛋鸡、昌系绿壳蛋鸡、新杨绿壳蛋鸡和卢氏绿壳蛋鸡等。

（一）引进和培育的蛋用鸡种

1. 白壳蛋鸡

白壳蛋鸡主要以来航鸡品种为基础育成，是蛋用型鸡的典型代表。目前国内外均以白壳蛋鸡的饲养数量最多，分布地区也最广。我国白壳蛋比褐壳蛋价格稍低，在褐壳蛋低的情况下，白壳蛋不太受欢迎。

（1）星杂 288（S288） 星杂 288 杂交鸡（图 2-1）是由加拿大雪佛公司育成的。早先为三系配套，目前为四系配套。该品种过去是誉

图 2-1 星杂 288 杂交鸡

满全球的白壳蛋鸡，世界上有 90 多个国家和地区饲养。星杂 288 杂交鸡为北京白鸡的选育提供了素材。

【品种特性】

体型、毛色与白来航鸡相似，但体重较轻。此鸡具有耗料少、产蛋多、蛋较重、不抱窝等特点。原先引进的星杂 288 不能自别雌雄，近年来，山东省在茌平县种禽场已引进可羽速自别雌雄的新型星杂 288 祖代鸡。

【主要生产性能与生长发育指标】

该品种的产蛋遗传潜力为 300 枚，雪佛公司保证入舍鸡产蛋量 260～285 枚，20 周龄体重 1.25～1.35 千克，产蛋期末体重 1.75～1.95 千克，0～20 周龄育成率 95%～98%，产蛋期存活率 91%～94%。据比利时、法国、德国、瑞典和英国的测定，72 周龄平均产蛋量 270.6 枚，平均蛋重 60.4 克，每千克蛋耗料 2.5 千克，产蛋期存活率 92%。新型星杂 288 祖代鸡，商品鸡 156 日龄达 50%产蛋率，80%以上产蛋率可维持 30 周之久，入舍鸡年产蛋量 270～290 枚，平均蛋重 63 克，料蛋比（2.2～2.4）∶1，成年鸡体重 1.67～1.80 千克。

（2）海赛克斯白　海赛克斯白鸡（图 2-2）系荷兰优利布里德公司育成的四系配套杂交鸡。被认为是当代最高产的白壳蛋鸡之一。荷兰优利布里德公司的蛋鸡育种部（海赛克斯蛋鸡）与原荷兰汉德克公司（宝万斯蛋鸡）于 1998 年合并成荷兰汉德克家禽育种有限公司（Hendrix Poultry Breeders B. V.，HPB），总部位于荷兰南部的博克斯梅尔，是世界著名的三大蛋鸡育种公司之一。

图 2-2　海赛克斯白

【品种特性】

特点是白羽毛，白蛋壳，商品代雏鸡羽速自别雌雄。以产蛋强度高、蛋重大而著称，曾创国内蛋鸡生产水平的最高纪录。

【主要生产性能与生长发育指标】

① 父母代主要生产性能与生长发育指标：生长期（至 20 周龄），成活率 95%，体重 1.36 千克，饲料消耗 7.6 千克/只。产蛋期（至

68 周龄），成活率 90.4%，入舍母鸡产蛋数 258 枚，合格的入孵种蛋数 219 枚，生产的母雏数 91 只，受精率 90%，孵化率 82%，期末体重 1.74 千克，日耗料 115 克/只。

② 商品代主要生产性能与生长发育指标：据荷兰汉德克家禽育种公司商品代手册介绍，海赛克斯白商品代生长期，0～17 周龄死淘率 4.5%，17 周龄体重 1120 克，0～17 周龄每只鸡饲料消耗 5.10 千克，18～20 周龄每只鸡饲料消耗 1.81 千克。

产蛋期：只日产蛋率达 50% 的日龄 145 天，入舍母鸡产蛋枚数 338 枚，总产蛋重 20.5 千克/只，平均蛋重 60.7 克，21～78 周龄每只鸡日耗料量 108 克，料蛋比 2.07∶1，每 4 周死淘率 0.6%，78 周龄体重 1700 克。

（3）罗曼白 罗曼白（图 2-3）系德国罗曼公司育成的两系配套杂交鸡，即精选罗曼 SLS。目前，分布在全国 20 多个省区，是蛋鸡中覆盖率较高的品种。

图 2-3 罗曼白

【品种特性】
产蛋重大，耗料少、产蛋多，有适应性强和成活率高的优良特点。
【主要生产性能与生长发育指标】
① 父母代种鸡生产性能与生长发育指标：20 周龄母鸡体重 1200～1400 克，1～20 周龄耗料 7.2 千克/只，成活率 96%～98%；开产日龄 147～154 天，26～30 周龄达产蛋高峰，高峰产蛋率 91%～93%，72 周龄入舍母鸡产蛋 270～280 枚，产合格种蛋数 243～253 枚，产母雏 95～102 只，孵化率 80%～83%，68 周龄母鸡体重 1500～1700

克，21～68周龄耗料38.0千克/只，成活率92%～96%。

②罗曼白商品代鸡生产性能与生长发育指标：据罗曼公司的资料，0～20周龄育成率96%～98%，20周龄体重1.3～1.35千克，150～155日龄达50%产蛋率，高峰产蛋率92%～94%，72周龄产蛋量290～300枚，蛋重62～63克，总蛋重18～19千克/只，每千克蛋耗料2.3～2.4千克，产蛋期末体重1.75～1.85千克，产蛋期存活率94%～96%。

（4）海兰W-36　海兰W-36（图2-4）是美国海兰国际公司（Hy-Line International）培育的四系配套优良白壳蛋鸡品种。我国从20世纪80年代引进，目前，在全国有多个祖代和父母代种鸡场，是白壳蛋鸡中饲养较多的品种之一。

图2-4　海兰W-36

【品种特性】

海兰W-36的父系和母系均为白来航，全身羽毛白色，单冠，冠大，耳叶白色，皮肤、喙和胫的颜色均为黄色，体型轻小清秀，性情活泼好动。存活率高、产蛋高、抗高温、高湿能力强，是世界上最高效的蛋鸡，海兰W-36生产的鸡蛋品质上乘，蛋壳坚固，饲料报酬高，性价比高。商品代初生雏鸡全身绒毛为白色，通过羽速鉴别雌雄，成年鸡与母系相同。

【主要生产性能与生长发育指标】

据公司的资料，海兰W-36商品代鸡：0～18周龄育成率97%，平均体重1.28千克，161日龄达50%产蛋率，高峰产蛋率91%～94%，32周龄平均蛋重56.7克，70周龄平均蛋重64.8克，80周龄入舍鸡产蛋数294～315枚，饲养日产蛋数305～325枚，产蛋期存活率90%～94%。

（5）迪卡白　迪卡白（图2-5）系美国迪卡布公司育成的配套杂交鸡。迪卡白祖代鸡目前已引进我国山东济宁市祖代种鸡场。

【品种特性】

图2-5　迪卡白

该鸡具有显著的产蛋高峰和后期持久产蛋

力，且性情温驯，适应力强，容易管理，产蛋早，蛋形大，蛋壳质地好，蛋内容物品质优良，在绝大多数管理条件下，均能表现出较好的特征，并取得高水准的生产率及经济报酬。

【主要生产性能与生长发育指标】

50％产蛋率日龄 142～150 天，高峰产蛋率周龄 27～29 周，育成期成活率 94％～96％，产蛋期成活率 90％～94％，高峰产蛋率 92％～97％，60 周入舍母鸡产蛋数 235～245 枚，72 周入舍母鸡产蛋数 295～305 枚，60 周入舍母鸡产蛋重 14.2～14.7 千克/只，72 周入舍母鸡产蛋重 18.2～20.6 千克/只，60 周饲料转化率（2.1～2.2）：1，72 周饲料转化率（2.15～2.25）：1，平均蛋重 61.5 克。

（6）华都京白 A98（宝万斯白） 北京华都集团良种基地于分别于 1997 年、1998 年两次从荷兰汉德克家禽育种公司引进宝万斯白纯系，并以此作为育种素材，运用汉德克公司提供的育种程序，采用先选后留和先留后选的两次选择及个体选择与家系选择相结合的育种方法。于 1998 年培育出了高产白羽白壳蛋鸡配套系华都京白 A98（宝万斯白，图 2-6）。2001 年荣获中国国际博览会名牌产品称号。

图 2-6　华都京白 A98

【品种特征】

华都京白 A98（宝万斯白）为四元杂交白壳蛋鸡配套系，A 系、B 系、D 系为红色单冠、白毛快羽系；C 系为红色单冠、白毛慢羽系。父母代父本红色单冠、白毛快羽，母本为红色单冠、白毛慢羽。商品代雏鸡红色单冠、白羽、羽速自别，快羽为母雏，慢羽为公雏。

其具典型的单冠白来航鸡的外貌特征。其高产性已被世界公认，蛋重均匀，蛋壳强度好。

【主要生产性能与生长发育指标】

① 父母代主要生产性能与生长发育指标。

生长期（0～20周龄）：4周龄平均体重母鸡265克，公鸡280克；5周龄平均体重母鸡340克，公鸡370克；6周龄平均体重母鸡420克，公鸡455克；18周龄体重母鸡1200～1250克，公鸡1520克；20周龄体重母鸡1350～1400克，公鸡约1740克；20周龄成活率95%～96%；入舍鸡耗料7.1～7.6千克/只。

产蛋阶段（21～68周龄）：成活率92%～93%，达到50%产蛋日龄150～155天，高峰产蛋率91%～93%，入舍鸡产蛋数255～265枚，入舍鸡产种蛋数225～235枚，平均受精率92%，孵化率82%～85%，健母雏数93只，入舍鸡提供母雏数90～95只，日耗料113～115克/只，淘汰体重母鸡1700～1800克，淘汰体重公鸡2330～2810克。

② 商品代主要生产性能与生长发育指标。

生长期（0～20周龄）：4周龄平均体重250克，5周龄平均体重320克，6周龄平均体重495克，18周龄体重1190～1240克，20周龄体重1350～1400克，20周龄成活率96%～98%，入舍鸡耗料6.8～7.3千克/只。

产蛋阶段（21～80周龄）：成活率94%～95%，达到50%产蛋日龄140～147天，高峰产蛋率93%～96%，入舍鸡产蛋数327～335枚，蛋重61～62克，日耗料104～110克/只，料蛋比（2.10～2.20）：1，淘汰体重1700～1800克。

（7）新杨白　新杨白壳蛋鸡（图2-7）是由上海家禽育种有限公司、中国农业大学以及国家家禽工程技术研究中心共同培育出的高产白壳蛋鸡新品种。目前已经通过国家家禽品种审定委员会的审定。

【品种特性】

经农业部家禽品质监督检验测试中心（扬州）测定站测定，父母代与商品

图2-7　新杨白

代具有适应性强、免疫反应小、育成期成活率高、蛋形一致性高、体重均匀、开产日龄比较整齐等特点。父系为白羽，快羽。母系为白羽，慢羽，蛋壳颜色为白色。商品代为白羽，快慢羽雌雄自别，蛋壳颜色为白色。

【主要生产性能与生长发育指标】

① 父母代种鸡生产性能与生长发育指标：18周龄母鸡体重1250～1320克，0～18周龄成活率95%～98%，高峰产蛋率90%，入舍母鸡72周龄产蛋数295～298枚，入舍母鸡72周龄种蛋数250～254枚，入孵蛋孵化率82%～84%。

② 商品代鸡生产性能与生长发育指标：0～18周龄存活率96%～98%，18周龄体重1280～1350克，0～18周龄饲料消耗5.80～6.40千克/只，达50%产蛋率日龄145～152天，高峰产蛋率92%～94%，入舍母鸡72周龄产蛋数290～310枚，入舍母鸡72周龄产蛋量17.5～20.0千克/只，全期蛋重62.5～64.5克，料蛋比（2.05～2.25）：1。

2. 褐壳蛋鸡

由于育种的进展，褐壳蛋鸡由肉蛋兼用型向蛋用型发展，褐壳蛋鸡产蛋量高，蛋的破损率较低，适于运输和保存。目前，一些育种公司通过选育使褐壳蛋鸡的耗料量和体型向白壳蛋鸡方向发展，近年来褐壳蛋鸡在世界上增长得很快。罗曼褐曾祖代鸡于1989年引入上海市华申曾祖代蛋鸡场，祖代和父母代鸡场遍布全国各地。

图2-8　罗曼褐

（1）罗曼褐　罗曼褐（图2-8）是德国罗曼公司育成的四系配套、产褐壳蛋的高产蛋鸡，属中型体重高产蛋鸡，适合各地集约化、工厂化蛋鸡生产和农村专业户养殖。是目前褐壳蛋鸡中在全国覆盖率最高的品种。

【品种特性】

父本两系均为褐色，母本两系均为白色。商品代雏鸡可用羽色自别雌雄：公雏白羽，母雏褐羽。其特点是对环境适应性强、成活率高、产蛋多、蛋重大、饲料转化率高。罗曼父母代蛋种鸡具有性成熟早、产蛋高峰持续时间长、受精率与孵化率高等遗传性能。

【主要生产性能与生长发育指标】

据该公司的资料，罗曼褐商品鸡开产期为 18～20 周，0～20 周龄育成率 97％～98％，152～158 日龄达 50％产蛋率；0～20 周龄总耗料 7.4～7.8 千克/只，20 周龄体重 1.5～1.6 千克；产蛋高峰期为 25～27 周，产蛋率为 90％～93％，72 周龄入舍鸡产蛋量 285～295 枚，12 月龄蛋重 63.5～64.5 克，入舍鸡总蛋重 18.2～18.8 千克/只，每千克蛋耗料 2.3～2.4 千克；产蛋期末体重 2.2～2.4 千克；产蛋期母鸡存活率 94％～96％。

据欧洲家禽测定站测定：72 周龄产蛋量 280 枚，平均蛋重 62.8 克，总蛋重 17.6 千克/只，每千克蛋耗料 2.49 千克；产蛋期死亡率 4.8％。

（2）海赛克斯褐　海赛克斯褐蛋鸡（图 2-9）系荷兰尤利布里德公司育成的四系配套杂交鸡。该鸡在世界分布也较广，是目前国际上产蛋性能最好的褐壳蛋鸡之一。目前全国各地均有饲养，普遍反映该鸡种不仅产蛋性能好，而且适应性和抗病力强。

【品种特性】

父本两系均为红褐色，母本两系均为白色，商品代雏可用羽色自别雌雄：公雏为白色，母雏为褐色。

【主要生产性能与生长发育指标】

据该公司介绍，海赛克斯褐的产蛋遗传潜力为年产 295 枚，公司保证产蛋水平为 275 枚。商品代鸡 0～20 周龄育成率

图 2-9 海赛克斯褐

97％；20 周龄体重 1.63 千克；78 周龄产蛋量 302 枚，平均蛋重 63.6 克，总蛋重 19.2 千克；产蛋期存活率 95％。

据荷兰汉德克家禽育种公司商品代手册介绍，海赛克斯商品代蛋鸡生产性能与生长发育指标如下。

生长期：0～17 周龄成活率 97％，17 周龄体重 1.40 千克，0～17 周龄每只鸡耗料量 5.6 千克；18～20 周龄每只鸡饲料消耗 2.0 千克。

产蛋期（20～78周）：达50％产蛋率的日龄为145天，入舍母鸡产蛋数324枚，产蛋量20.4千克，平均蛋重63.2克，饲料利用率2.24％，每4周死淘率0.5％，产蛋期成活率94.2％，140日龄后每只鸡日平均耗料116克，每枚蛋耗料141克，产蛋期末母鸡体重2.06千克。

（3）海兰褐　海兰褐壳蛋鸡（图2-10）是美国海兰国际公司（Hy-Line International）培育的四系配套优良蛋鸡品种。海兰褐壳蛋鸡具有饲料报酬高、产蛋多和成活率高的优良特点。我国从20世纪80年代引进，目前在全国有多个祖代或父母代种鸡场，是褐壳蛋鸡中饲养较多的品种之一。

图2-10　海兰褐

【品种特性】

父本红褐色，母本白色。海兰褐的商品代初生雏，母雏全身红色，公雏全身白色，可以自别雌雄。但由于母本是合成系，商品代中红色绒毛母雏中有少数个体在背部带有深褐色条纹，白色绒毛公雏中有部分在背部带有浅褐色条纹。商品代母鸡在成年后，全身羽毛基本（整体上）红色，尾部上端大都带有少许白色。该鸡的头部较为紧凑，单冠，耳叶红色，也有带有部分白色的。皮肤、喙和胫黄色。体型结实，基本呈元宝形。

【主要生产性能与生长发育指标】

① 海兰褐父母代生产性能与生长发育指标。1～18周龄母鸡成活率94％，18～65周龄母鸡成活率92％；1～18周龄公鸡成活率94％，18～65周龄公鸡成活率92％。达到50％产蛋率的日龄150天，28周饲养日高峰产蛋率92％，18～65周入舍鸡产蛋数248枚，18～65周合格的入孵种蛋数214枚，25～65周生产的母雏数88只，25～65周平均孵化率87％，25～65周平均每周产母雏数2.2只。18周母鸡体重（限饲）1.51千克，60周母鸡体重（限饲）2.10千克；18周公鸡体重（限饲）2.38千克，60周公鸡体重（限饲）3.58千克。1～20周每只入舍鸡饲料消耗（公母总计）累计7.65千克，

21～65周每只入舍鸡饲料日消耗平均115克。

②海兰商品鸡生产性能与生长发育指标：据海兰国际公司的资料，0～20周龄育成率97%；20周龄体重1.54千克，156日龄达50%产蛋率，29周龄达产蛋高峰，高峰产蛋率91%～96%，18～80周龄饲养日产蛋量299～318枚，32周龄平均蛋重60.4克，每千克蛋耗料2.5千克；20～74周龄蛋鸡存活率91%～95%。

（4）迪卡褐　迪卡褐壳蛋鸡（图2-11）是荷兰汉德克家禽育种公司培育的四系配套杂交鸡，是褐壳蛋鸡的良种。它原由美国迪卡公司培育，1998年兼并入荷兰汉德克家禽育种公司。父母代场遍布全国各地。

图2-11　迪卡褐

【品种特性】

父本两系均为褐羽，母本两系均为白羽。商品代雏鸡可用羽色自别雌雄：公雏白羽，母雏褐羽。该鸡种的显著特点是综合指标优异，如开产早、产蛋期长、蛋重大、产蛋量高、适应性强、饲料利用率高等。体型小，蛋壳棕红色，蛋黄橘黄色。

【主要生产性能与生长发育指标】

①祖代种鸡生产性能与生长发育指标：

生长期：0～20周龄母鸡死淘率5%，0～20周龄饲料消耗7.9千克/只，20周龄体重1.7千克。

产蛋期：0～68周龄死淘率11.0%，开产日龄133天（19周），达到50%产蛋率日龄147天（21周），入舍母鸡产蛋数253枚，合格的入孵种蛋数214枚，生产的母雏数59.9只，受精率89%，平均孵化率80%，淘汰时母鸡体重2.0千克，淘汰时公鸡体重2.6千克。

②商品代蛋鸡生产性能与生长发育指标：据该公司的资料，20周龄体重1.65千克；0～20周龄育成率97%～98%；24～25周龄达50%产蛋率；高峰产蛋率达90%～95%，90%以上的产蛋率可维持12周，78周龄产蛋量为285～310枚，蛋重63.5～64.5克，总蛋重18～19.9千克/只，每千克蛋耗料2.58千克；产蛋期存活率90%～95%。

据欧洲家禽测定站的平均资料：72周龄产蛋量273枚，平均蛋重 62.9 克，总蛋重 17.2 千克/只，每千克蛋耗料 2.56 千克；产蛋期死亡率 5.9%。

（5）依莎褐　依莎褐（图 2-12）系法国依莎公司育成的四系配套杂交鸡，是目前国际上最优秀的高产褐壳蛋鸡之一。创造了国内引进鸡种产蛋最高纪录。因此近年来依莎褐在国内饲养数量剧增。

图 2-12　依莎褐

【品种特性】

依莎褐父本两系为红褐色，母本两系均为白色，商品代雏可用羽色自别雌雄：公雏白色，母雏褐色。

【主要生产性能与生长发育指标】

据依莎公司的资料，商品代鸡：0～20 周龄育成率 97%～98%；20 周龄体重 1.6 千克；23 周龄达 50% 产蛋率，25 周龄母鸡进入产蛋高峰期，高峰产蛋率 93%；76 周龄入舍鸡产蛋量 292 枚，饲养日产蛋量 302 枚，平均蛋重 62.5 克，总蛋重 18.2 千克/只，每千克蛋耗料 2.4～2.5 千克；产蛋期末母鸡体重 2.25 千克；存活率 93%。

据 1986～1987 年中、法双方进行依莎褐 5000 只鸡测定结果：0～18 周龄育成率 99%；72 周龄入舍鸡产蛋量 284.9 枚；平均蛋重 60.4 克，总蛋重 17.3 千克/只，每千克蛋耗料 2.73 千克；产蛋期存活率 81.23%。

（6）京红 1 号　京红 1 号（图 2-13）是峪口禽业在我国饲养环境下自主培育出的优良褐壳蛋鸡配套系，此蛋鸡配套体系通过国际畜禽遗传资源委员会的审定，获得《畜禽新品种（配套系）证书》，并经农业部家禽品质监督检验测试中心性能测定和中试推广应用，各项生产性能均达到国际先进水平。其推广应用可降低对国外进口鸡种的依赖，完善良种繁育体系。

【品种特性】

具有实用性好、适应性强、开产早、

图 2-13　京红 1 号

产蛋量高、耗料低等特点。京红1号配套系从祖代到商品代全部自别雌雄，父母代种本利用快慢羽速自别，鉴别准确率99%；商品代雏鸡通过金银羽色自别准确率100%。

【主要生产性能与生长发育指标】

① 父母代种鸡生产性能与生长发育指标：种蛋合格率高，受精率92.3%，健母雏率高，父母代种鸡68周龄可提供健母雏94只以上，父母代种鸡年生产健母雏数比国外多4~5只。种蛋合格率、受精率、健母雏率均比国外品种高1~2个百分点。

② 商品代蛋鸡生产性能与生长发育指标：育雏育成期成活率96%~98%，产蛋期成活率92%~95%，高峰产蛋率93%~96%，商品代蛋鸡72周龄饲养日产蛋数311枚，商品代72周龄每只鸡产蛋总重可达19.4千克以上。产蛋期料蛋比（2.1~2.2）∶1；配套系父母代雌雄自别准确率高达98%以上，商品代自别准确率接近100%，0~18周龄成活率高达98%。

（7）农大3号褐　农大3号褐小型蛋鸡（节粮型蛋鸡，图2-14）是中国农业大学动物科技学院育种专家经过10多年选育的优良蛋鸡品种，2003年9月通过国家级品种审定。从1989年开始，原北京农业大学的动物育种专家就在本校种鸡场（现北京北农大种禽有限责任公司）进行节粮型蛋鸡的研究。1998年2月，节粮型褐壳蛋鸡的选育通过农业部组织的专家鉴定，项目研究成果达到国际领先水平，被列入国家重点推广新品种，并获1998年度农业部科技进步二等奖，1999年又获得国家科技进步二等奖。在此基础上，课题组开展配套系的研究开发，成功选育出两个配套组合，命名为"农大3号小型蛋鸡"。2003年9月，农大3号小型蛋鸡通过国家级品种审定。农大3号小型蛋鸡充分利用了矮小基因（dw基因）的优点，能够提高蛋鸡的综合经济效益。据中国农业科学院农业经济研究所测算，饲养农大3号小型蛋鸡在正常情况下仅节约饲料一项就比普通蛋鸡每只多获利9元。目前，全国除台湾和港澳地区外，其他省、自治区、市都引入了农大3号小型蛋鸡，饲养节粮型蛋鸡已成为广大农民致富的途径之一。据不完全统计，2004年全国饲养数量达到3000多万只，是目前国产品种中年推广量最大的蛋鸡品种。虽然节粮型蛋鸡饲养管理技术大部分与普通蛋鸡相同，但是还是有一些自身的特点。

图 2-14　农大 3 号褐

【品种特性】

父本两系均为红褐色，母本两系均为白色。其特点是父母代和商品代雏鸡都可用羽色自别雌雄。商品代母鸡产蛋性能高，适应性强，饲料报酬高，体型小，占地面积少，耗料少，饲料转化率高，抗病力较强。由于小型蛋鸡饲料转化率高，每生产 1 千克鸡蛋比普通蛋鸡减少成本 0.4 元，所以和普通蛋鸡相比对抗市场风险的能力相对强得多。在前几年鸡蛋市场不好的情况下，饲养节粮型蛋鸡的养殖场只要不出现大的管理失误，基本能够保证不亏损甚至还有盈利。

【主要生产性能与生长发育指标】

1～120 日龄育雏育成期成活率＞96％，产蛋期成活率＞95％，达到 50％产蛋率日龄 146～156 天，高峰产蛋率＞94％，72 周龄入舍鸡产蛋数 281 枚，72 周龄饲养日产蛋数 290 枚，蛋重 53～58 克，产蛋后期蛋重 61.5 克，产蛋总重 15.7～16.4 千克/只，120 日龄母鸡体重 1.25 千克，成年体重 1.60 千克，育雏育成期耗料 5.7 千克/只，产蛋期平均日耗料 90 克，产蛋高峰日耗料 95 克，料蛋比（2.06～2.10）：1。

（8）新杨褐　新杨褐壳蛋鸡（图 2-15）配套系是由上海新杨家禽育种中心主持培育的褐羽褐壳蛋鸡配套系。该配套系是在利用从国外引进的纯系蛋鸡育种资源的基础上，以国内蛋鸡优良品种的市场需求为导向，经过五年时间的系统选育而成的蛋鸡新配套系。新杨褐外貌特征一致，主要经济性状遗传稳

图 2-15　新杨褐

定。经国家家禽生产性能测定站的测定，已达到国际先进水平，并通过了国家家禽品种审定委员会的审定。

【品种特性】

新杨褐壳蛋鸡配套系具有产蛋率高、成活率高、饲料报酬高和抗病力强的优良特点。商品代公雏喙上缘无褐色绒毛，羽色有全身白色或近白色，约占70％；白色，头顶有红斑，约占5％；底色为白色，背部和头顶隐约可见红纹，约占25％。母雏喙上缘有褐色绒毛，羽色有底色为浅褐色，头部和背部有一条或三条深褐色条纹，约占77.5％；全身浅褐色，约占14.5％；底色为浅褐色，头部白色，其他部位褐色约占3.9％；底色为浅褐色，头部白色，其他部位为褐色条纹约占4.0％；深红色，约占0.1％。成年母鸡为红色单冠、褐羽，喙、腿黄色，产褐壳蛋。父母代羽速自别雌雄，商品代羽色自别雌雄。

【主要生产性能与生长发育指标】

① 父母代生产性能与生长发育指标：1～20周龄成活率95％～98％，20周龄体重1550～1650克，入舍鸡耗料7.8～8.0千克/只；产蛋期（21～72周）成活率93％～97％，开产（50％）日龄154～161天，高峰产蛋期28～32周；72周龄入舍母鸡产蛋数为266～277枚，72周龄入舍母鸡产种蛋数238～248枚，孵化率81％～84％，68周龄母鸡体重2050～2100克。

② 商品代生产性能与生长发育指标：1～20周龄成活率96％～98％，20周龄体重1.5～1.6千克，入舍鸡耗料7.8～8.0千克/只；21～72周产蛋期成活率93％～97％，达到50％产蛋率开产日龄154～161天，高峰产蛋率90％～94％；72周龄入舍母鸡产蛋数为287～296枚，72周龄入舍母鸡产蛋重18.0～19.0千克/只，平均蛋重63.5克，日耗料115～120克/只，饲料利用率（2.25～2.4）：1。

3. 粉壳蛋鸡

粉壳蛋鸡是由洛岛红品种与白来航品种间正交或反交所产生的杂种鸡，其蛋壳颜色介于褐壳蛋与白壳蛋之间，呈浅褐色，严格地说属于褐壳蛋，国内群众都称其为粉壳蛋，也就约定成俗了。其羽色以白色为背景，有黄、黑、灰等杂色羽斑，与褐壳蛋鸡又不相同。因此，就将其分成粉壳蛋鸡一类。

（1）海兰灰 海兰灰蛋鸡（图2-16）是美国海兰国际公司育成的粉壳蛋鸡商品配套系鸡种。海兰灰的父本与海兰褐鸡父本为同一父本，母本为白来航，单冠，耳叶白色，全身羽毛白色，皮肤、喙和胫的颜色均为黄色，体型轻小清秀。

图2-16 海兰灰

【品种特性】

海兰灰的商品代初生雏鸡全身绒毛为鹅黄色，有小黑点呈点状分布全身，可以通过羽速鉴别雌雄，成年鸡背部羽毛呈灰浅红色，翅间、腿部和尾部呈白色，皮肤、喙和胫的颜色均为黄色，体型轻小清秀。适应环境能力强，产蛋率高。

【主要生产性能与生长发育指标】

① 父母代生产性能与生长发育指标。1～18周龄母鸡成活率95%，18～65周龄母鸡成活率96%，达到50%产蛋率日龄145天，18～65周龄入舍鸡产蛋数252枚，产种蛋数219枚，可提供母雏数96只。母鸡体重（限饲）18周龄1390克，60周龄1840克。

② 商品代生产性能与生长发育指标。生长期：至18周成活率96%～98%，至18周饲料消耗6.0～6.5千克，18周龄平均体重1.45千克。

产蛋期：至80周成活率93%～95%，出雏至50%产蛋率的天数152天，高峰产蛋率92%～94%，入舍鸡产蛋数331～339枚，30周龄平均蛋重61.0克，50周龄平均蛋重64.5克，70周龄平均蛋重66.4克，饲料转换率（2.1～2.3）：1，19～80周平均日耗料105克/只，饲养日（19～72周龄）产蛋总重量19.1千克/只，体重2.0千克。

（2）罗曼粉 罗曼粉蛋鸡（图2-17）是德国罗曼公司育成的四系配套优良蛋鸡，因这种鸡所产鸡蛋蛋壳为粉色，故而得名罗曼粉。

图2-17 罗曼粉

【品种特性】

罗曼粉蛋鸡体态均匀，产蛋率高达98%，产蛋持续期长，产蛋率高，产蛋高峰长，无啄癖，抗病力强，蛋重大，蛋壳颜色一致，鸡蛋内在品质好。小蛋型罗曼粉除具有罗曼粉的优点外，产蛋率更高、抗病力更强、耗料更低、蛋重更小。

【主要生产性能与生长发育指标】

① 父母代生产性能与生长发育指标。父母代种鸡1～18周龄成活率96%～98%；开产日龄147～154天，高峰产蛋率89%～92%，72周龄入舍母鸡产蛋266～276枚，产合格种蛋238～250枚，产母雏90～100只；19～72周龄成活率94%～96%。

② 商品代生产性能与生长发育指标。商品鸡20周龄体重1400～1500克，1～20周龄耗料7.3～7.8千克，成活率97%～98%；开产日龄140～150天，高峰产蛋率92%～95%，72周龄入舍母鸡产蛋300～310枚，总蛋重19.0～20.0千克，蛋重63.0～64.0克，体重1800～2000克；21～72周龄日耗料110～118克/只，料蛋比（2.1～2.2）:1，成活率94%～96%。

（3）尼克珊瑚粉 尼克珊瑚粉（图2-18）由美国辉瑞公司选育成功。尼克珊瑚粉壳蛋成鸡白色羽，种鸡独特四系配套。

【品种特性】

商品代雏鸡羽速自别雌雄。蛋壳粉色，均匀一致，强度好。在尼克蛋鸡3个系列中，其体重、蛋重均居中，而总产蛋重最高。

图2-18 尼克珊瑚粉

【主要生产性能与生长发育指标】

① 父母代生产性能与生长发育指标。育成期（至20周龄）成活率96%～98%，产蛋期（至70周龄）成活率93%～96%，达到50%产蛋率日龄140～150天，入舍母鸡产蛋数255～265枚，种蛋数230～240枚，可得母雏数90～95只，全期孵化率80%～84%，20周龄公鸡体重1.75千克，20周龄母鸡体重1.40～1.60千克，40周龄公鸡体重2.25千克，40周龄母鸡体重1.70～1.90千克，70周龄公鸡体重2.35千克，70周龄母鸡体重1.80～2.00千克，育成期耗料7.4千克/只，产蛋期耗料

38.0千克/只。

②商品代生产性能与生长发育指标。育成期（至20周龄）成活率97%～98%，产蛋期（至70周龄）成活率94%～96%，达到50%产蛋率日龄140～150天，饲养日高峰产蛋率95%，产蛋率超过90%周数20～25周。80周龄每只入舍母鸡产蛋数345～355枚，产蛋期总产蛋重21.98千克，35周龄时蛋重62.3克，80周龄时蛋重68.2克，全期平均蛋重63.7克，育雏期耗料6.44千克/只，产蛋期耗料43.96千克/只，平均日耗料105～115克/只，平均每产1枚蛋耗料132克，料蛋比（2.0～2.2）：1。18周龄时体重1.42千克，80周龄时体重1.99千克。

（4）宝万斯粉　宝万斯粉蛋鸡（图2-19）是荷兰汉德克家禽育种有限公司培育的粉壳蛋鸡配套系。

【品种特性】

具有高产蛋率，饲料报酬高，出雏率高，蛋色均匀，蛋重大，淘汰体重大等特点。

【主要生产性能与生长发育指标】

①父母代生产性能与生长发育指标。父母代种鸡生产性能与生长发育指标：20周龄体重1350～1400克，1～20

图2-19　宝万斯粉

周龄耗料7.1～7.6千克/只，成活率95%～96%；开产日龄140～150天，高峰产蛋率91%～93%；68周龄入舍母鸡产蛋255～265枚，产合格种蛋225～235枚，产母雏90～95只，体重1700～1800克，21～68周龄日耗料112～117克/只，成活率93%～94%。

②商品代生产性能与生长发育指标。商品鸡生产性能与生长发育指标：20周龄体重1400～1500克，1～20周龄耗料6.8～7.5千克/只，成活率96%～98%；开产日龄140～147天，高峰产蛋率93%～96%；80周龄入舍母鸡产蛋324～336枚，平均蛋重62克，体重1850～2000克；21～80周龄日耗料107～113克/只，料蛋比（2.15～2.25）：1，成活率93%～95%。

（5）京粉1号　京粉1号（图2-20）是峪口禽业在我国饲养环境

下自主培育出的优良浅褐壳蛋鸡配套系，其推广应用可增强自主研发创新能力，加快蛋鸡品种国产化进程。

【品种特性】

京粉 1 号具有适应性强、产蛋量高、耗料低等特点，此蛋鸡新品种的显著特点表现为生产性能优越。

图 2-20　京粉 1 号

【主要生产性能与生长发育指标】

① 父母代种鸡生产性能与生长发育指标：68 周龄可提供健母雏 96 只以上，商品代 72 周龄产蛋总重可达 18.9 千克以上。京粉 1 号配套系父母代父本和商品代自别雌雄，父母代父本与京红 1 号采用相同的方法鉴别，商品代雏鸡利用快慢羽速自别鉴别准确率达 99％。

② 商品代蛋鸡生产性能与生长发育指标：育雏育成期成活率为 96％～98％，比国外品种高 3％；产蛋期成活率 92％～95％，比国外品种高 2％；高峰产蛋率 93％～96％，比国外品种高 1％～2％；产蛋期料蛋比（2.1～2.2）：1，达到国外先进水平。繁殖性能突出，种蛋合格率、受精率、健母雏率均比国外品种高 1％～2％。蛋鸡实用性、适应性强。杂交配套系实现雏鸡雌雄自别，配套系父母代雌雄自别准确率高达 98％以上，商品代自别准确率接近 100％，0～18 周龄成活率高达 98％。

（6）农大 3 号粉　农大 3 号粉（图 2-21）节粮小型蛋鸡是中国农业大学的育种专家历经十多年培育的优良蛋用品种。1998 年 2 月，"节粮小型蛋鸡选育"通过农业部组织的专家鉴定，并获 1998 年农业部科技进步二等奖，1999 年获得国家科技进步二等奖。2004 年通过国家品种审定。2005 年获得全国农牧渔业丰收一等奖。它充分利用了 dw 基因的优点，能够提高蛋鸡的综合经济效益。

图 2-21　农大 3 号粉

【品种特性】

父本两系均为红褐色，母本两系均为

白色。其特点是父母代和商品代雏鸡都可用羽色自别雌雄。商品代母鸡产蛋性能高，适应性强，饲料报酬高，体型小，占地面积少，耗料少，饲料转化率高，抗病力较强，由于小型蛋鸡饲料转化率高，每生产1千克鸡蛋比普通蛋鸡减少成本0.4元，所以和普通蛋鸡相比对抗市场风险的能力相对强得多。在前几年鸡蛋市场不好的情况下，饲养节粮型蛋鸡的养殖场只要不出现大的管理失误，基本能够保证不亏损甚至还有盈利。

【主要生产性能与生长发育指标】

1～120日龄育雏育成期成活率＞96%，产蛋期成活率＞95%，达到50%产蛋率日龄146～156天，高峰产蛋率＞94%，72周龄入舍鸡产蛋数281枚，72周龄饲养日产蛋数290枚，蛋重53～58克，产蛋后期蛋重61.5克，产蛋总重15.7～16.4千克，120日龄母鸡体重1.25千克，成年体重1.60千克，育雏育成期耗料5.7千克/只，产蛋期平均日耗料90克/只，产蛋高峰日耗料95克/只，料蛋比（2.06～2.10）：1。

4. 绿壳蛋鸡

绿壳蛋鸡是我国独有的优质畜禽产品，我国的绿壳蛋鸡原种主要分布在四川、湖南、河南南阳和三门峡的伏牛山区、湖北丹江口、甘肃成县和庆阳、江西东乡等地的偏远山区和农村。培育的绿壳蛋鸡主要分布在河南、江西、湖北、河北等地的蛋鸡饲养区。目前，我国绿壳蛋鸡的饲养量不大，绿壳鸡蛋的消费市场主要是经济比较发达的东南沿海地区和经济比较发达的南方，如上海、温州和北京。消费者群体主要是文化知识水平较高的人，经济收入水平较高的人，儿童、老人、心血管病人和许多呼唤绿色安全食品的人们。另外比较受礼品市场的欢迎，随着经济的发展和消费者营养多样化的需求和食品安全意识的提高，绿壳蛋鸡的饲养规模会稳定发展。

（1）东乡黑羽绿壳蛋鸡　东乡黑羽绿壳蛋鸡（图2-22）由江西省东乡县农科所和江西省农科院畜牧所于1997年培育而成。体型较小，产蛋性能较高，适应性强。东乡黑羽绿壳蛋鸡重点突出全乌特征，即羽毛全黑，乌皮、乌骨、乌肉、乌内脏，喙、趾均为黑色。公母鸡均为单冠、黑色，胫青色。公鸡雄健，鸣叫有力，单冠直立，暗紫色，冠齿7～8个，耳叶紫红色，颈羽、尾羽泛绿光且上翘，体重

1.4～1.6千克，体型呈"V"形。母鸡羽毛紧凑，冠齿5～6个，眼大有神，大部分耳叶呈浅绿色，肉垂深而薄，羽毛片状，胫细而短，成年体重1.1～1.4千克。大群饲养的商品代，绿壳蛋比例为80%左右。母鸡开产日龄160～165天，开产体重1.05～1.10千克；300日龄蛋重45克，500日龄入舍母鸡产蛋量145～150枚。该品种经过5年4个世代的选育，体型外貌一致，纯度较高，其父系公鸡常用来和蛋用型母鸡杂交生产出高产的绿壳蛋鸡商品代母鸡，我国多数鸡场培育的绿壳蛋鸡品系中均含有该鸡的血缘。但该品种抱窝性较强（15%左右），因而产蛋率较低。

图2-22 东乡黑羽绿壳蛋鸡

（2）三凰绿壳蛋鸡 三凰绿壳蛋鸡由江苏省家禽研究所（现中国农业科学院家禽研究所）选育而成。有黄羽、黑羽两个品系，其血缘均来自于我国的地方品种，单冠、黄喙、黄腿、耳叶红色。开产日龄155～160天，开产体重母鸡1.25千克；成年公鸡体重1.85～1.9千克，母鸡1.5～1.6千克。300日龄平均蛋重45克，500日龄产蛋量180～185枚。父母代鸡群绿壳蛋比率97%左右；大群商品代鸡群中绿壳蛋比率93%～95%。

（3）三益绿壳蛋鸡 三益绿壳蛋鸡由武汉市东湖区三益家禽育种有限公司杂交培育而成，其最新的配套组合为东乡黑羽绿壳蛋鸡公鸡作父本，国外引进的粉壳蛋鸡作母本，进行配套杂交。商品代鸡群中麻羽、黄羽、黑羽基本上各占1/3，可利用快慢羽鉴别法进行雌雄鉴别。母鸡单冠、耳叶红色、青腿、青喙、黄皮；开产日龄150～155

天，开产体重1.25千克，300日龄蛋重50～52克，500日龄产蛋量210枚，绿壳蛋比例85%～90%，成年母鸡体重1.5千克。

（4）新杨绿壳蛋鸡。新杨绿壳蛋鸡（图2-23）是由上海家禽育

图2-23　新杨绿壳蛋鸡

种有限公司、中国农业大学以及国家家禽工程技术研究中心紧密结合，以我国地方绿壳蛋鸡品种资源以及从国外引进的高产蛋鸡品系为育种素材，运用配套系育种技术培育成的高效绿壳蛋鸡新品种。于2010年通过了国家品种审定委员会的审定。商品代绿壳率达97%以上，72周龄产蛋量达到13.0千克以上。具有抗病率强、产蛋率高、绿壳率高和淘汰鸡外观美丽的优点。

商品代羽毛颜色为灰白色带有黑斑，初生雏可利用快慢羽进行自别雌雄鉴别。0～18周存活率96%～98%，18周龄体重1212～1280克，产蛋率达50%的日龄为148～153天，高峰产蛋率87%～90%，入舍母鸡72周龄产蛋数245～256枚，入舍母鸡72周龄总蛋重13.1～14.5千克/只，全期蛋重45～50克，绿壳蛋比率90%～100%。饲料消耗5.1～5.9千克/只，平均料蛋比（2.4～2.6）:1，

（5）昌系绿壳蛋鸡。昌系绿壳蛋鸡（图2-24）是原产于江西省南昌县的一个小型蛋用鸡种。1996年组成了昌系绿壳蛋鸡选育小组对昌系绿壳蛋鸡进行了杂交提纯与利用。它具有体小紧凑、产蛋较多、蛋大、蛋壳厚、蛋壳颜色为绿色的优良特点，而为群众所喜爱饲养。

图2-24　昌系绿壳蛋鸡

该鸡种体型矮小，羽毛紧凑，未经选育的鸡群毛色杂乱，大致可分为4种类型：白羽型、黑羽型（全身羽毛除颈部有红色羽圈外，均为黑色）、麻羽型（麻色有大麻和小麻）、黄羽型（同时具有黄肤、黄脚）。头细小，单冠红色；喙短稍弯，呈黄色。体重较小，成年公鸡体重

1.30~1.45 千克，成年母鸡体重 1.05~1.45 千克，部分鸡有胫毛。开产日龄较晚，大群饲养平均为 182 天，开产体重平均 1.25 千克，开产平均蛋重 38.8 克，500 日龄产蛋量 89.4 枚，平均蛋重 51.3 克，就巢率 10% 左右。

（6）卢氏绿壳蛋鸡　卢氏绿壳蛋鸡（图 2-25）是一种比较古老的地方优良品种，属片羽型非乌骨系绿壳蛋品系。从 2001 年 3 月开始，以河南农业大学、河南省畜禽改良站、河南科技大学、郑州牧专为技术依托，由省、市、县畜牧局和科技局以及卢氏三特牧业有限公司具体联合实施选育成功。卢氏绿壳蛋鸡开发项目是以卢氏鸡群体中 3.6% 的产绿壳蛋个体为素材，利用现代育种技术进行基因组合，经过 3~5 个世代选育出绿壳蛋纯系。具有耐粗饲、抗

图 2-25　卢氏绿壳蛋鸡

病力强、个体轻巧、产蛋多、耐储藏、蛋肉品质好等优点而闻名，因绿壳蛋鸡具有耐粗饲、抗病力强、产蛋多、个体轻巧、蛋肉品质优良等特点。受到国内养禽专家的度重视。20 世纪 80 年代初已录入《中国畜禽优良品种志》河南卷，2001 年列入河南省优良畜禽品种资源保护录。

卢氏鸡属小型蛋肉兼用型品种。体型结实紧凑，后躯发育良好，羽毛紧贴，体态匀称秀丽，头小而清秀，眼大而圆，颈细长，背平直，翅紧贴，尾翘起，腿较长，性情活泼，反应灵敏，善飞。母鸡毛色以麻黄、红黄、黑麻为主，有少量纯白和纯黑，纯黄极为少见。公鸡以红黑羽色为主。冠型以单冠为多，占 81.5%，喙、胫以青色为主。

卢氏绿壳蛋鸡年产蛋 180 枚左右，平均蛋重 50.67g，蛋形为椭圆形，蛋壳颜色青绿色，最早开产日龄为 120 天左右，母鸡开产体重为 1.17 千克，开产蛋重为 44 克，公鸡开啼日龄为 56 天，体重 0.66 千克。

（二）我国地方良种鸡

我国各地自然条件、社会经济和文化的发展程度不同，经过长期的自然选育，形成了外貌特征、遗传特性、生产性能各异的众多优质

鸡品种。多年来调查结果表明：我国的禽种资源丰富，鸡种类型有肉用、蛋用、兼用和其他；体重大的4千克，小的只有0.6千克左右；羽色有黄羽、白羽、黑羽、芦花、哥伦比亚羽；蛋壳颜色有白壳、粉壳、青壳、红壳等等。

1. 仙居鸡（又名梅林鸡）

仙居鸡又名梅林鸡，见图2-26。

图2-26　仙居鸡

【产地和分布】浙江省仙居及邻近的临海、天台、黄岩等地。

【主要特性】属小型地方蛋用鸡品种。仙居鸡分黄、花、白等毛色，目前育种场在培育的目标上主要的力量放在黄色鸡种的选育上。该品种体型小，结实紧凑，匀称秀丽，动作灵敏，尾羽高翘，单冠直立，喙短而棕黄，脚高，趾黄色，少量胫部有小羽，多无就巢性。此鸡骨细，屠宰率高，肉鲜美可口，淘汰母鸡肉用价值高。初生重公鸡为32.7克，母鸡为31.6克。180日龄公鸡体重为1256克，母鸡为953克。3月龄公鸡半净膛为81.5%，全净膛为70.0%；6月龄公鸡半净膛为82.7%，全净膛为71%，母鸡半净膛为82.96%，全净膛为72.2%。开产日龄为180天，年产蛋为160～180枚，高者可达200枚以上，蛋重为42克左右，壳色以浅褐色为主，蛋形指数1.36。

2. 白耳黄鸡

白耳黄鸡又名白耳银鸡、江山白耳鸡、上饶地区白耳鸡，见图2-27。

【产地和分布】主产于江西上饶地区广丰、上饶、玉山三县和浙江的江山市。

【主要特性】为我国稀有的白耳蛋用早熟鸡品种。因其身披黄色羽毛，耳叶白色而得名。白耳黄鸡以"三黄一白"的外貌特征为标准，即黄羽、黄喙、黄脚，白耳，耳叶大，呈银白色，似白桃花瓣，虹彩金黄色，喙略弯，呈黄色或灰黄色，全身羽毛呈黄色，单冠直立，公母鸡的皮肤和胫部呈黄色，无胫羽，体型轻小、羽毛紧凑、尾

图 2-27　白耳黄鸡

翅、蛋大壳厚为特征。初生重平均为 37 克，开产日龄平均为 150 天，年产蛋 180 枚，蛋重为 54 克，蛋壳深褐色，壳厚 0.34～0.38 毫米，蛋形指数 1.35～1.38。

3. 浦东鸡

浦东鸡又称九斤黄，见图 2-28。

图 2-28　浦东鸡

【产地和分布】产于上海市南汇、奉贤、川沙等地。由于产地在黄浦江以东的广大地区，故名浦东鸡。

【主要特性】属肉蛋兼用型品种，体型较大，属慢羽型品种。公鸡羽色有黄胸黄背、红胸红背和黑胸红背三种。母鸡全身黄色，有深浅之分，羽片端部或边缘有黑色斑点，因而形成深麻色或浅麻色。公鸡单冠直立，母鸡冠较小，有时冠齿不清。初生重为 36.4 克，成年公鸡体重为 3550 克，母鸡为 2840 克。12 月龄公鸡半净膛为 85.11％，全净膛为 80.06％；母鸡半净膛为 84.76％，全净膛为 77.32％。开产日龄平均 208 天，最早 150 天，最迟 294 天。年平均产蛋 130 枚，最高 216 枚，最低 86 枚。蛋重为 57.9 克，蛋壳褐色、浅褐色居多。

4. 寿光鸡

寿光鸡又叫慈伦鸡，见图 2-29。

图 2-29　寿光鸡

【产地和分布】产于山东寿光县。

【主要特性】该鸡为蛋肉兼用型品种。寿光鸡有大型和中型两种；还有少数是小型。大型寿光鸡外貌雄伟，体躯高大，体型近似方形。成年鸡全身羽毛黑色，有的部位呈深黑色并闪绿色光泽。单冠，公鸡冠大而直立；母鸡冠型有大小之分，颈、趾灰黑色，皮肤白色。初生重为 42.4 克，大型成年公鸡体重为 3609 克，母鸡为 3305 克，中型公鸡为 2875 克，母鸡为 2335 克。公鸡半净膛为 82.5％，全净膛为 77.1％；母鸡半净膛为 85.4％，全净膛为 80.7％。开产日龄大型鸡 240 天以上，中型鸡 145 天；产蛋量大型鸡年产蛋 117.5 枚，中型鸡 122.5 枚；大型鸡蛋重为 65～75 克，中型鸡为 60 克。蛋形指数大型鸡为 1.32，中型鸡为 1.31；蛋壳厚大型鸡为 0.36 毫米，中型鸡为 0.358 毫米。

5. 萧山鸡

萧山鸡又名越鸡，见图 2-30。

【产地和分布】产于江苏沙州县鹿苑镇而得名。

图 2-30 萧山鸡

【主要特性】属蛋肉兼用型品种。体型高大，胸部较深，背部平直。全身羽毛黄色，紧贴体躯。颈羽、主翼羽和尾羽有黑色斑纹。胫、趾黄色，两腿间距离较宽，无胫羽。雏鸡绒羽黄色。成年公鸡体重为 3120 克，母鸡为 2370 克。6 月龄屠宰测定，公鸡半净膛为 81.13%，全净膛为 72.64%；母鸡半净膛为 82.57%，全净膛为 73.01%。开产日龄 180 天左右，年产蛋 145～223 枚，平均蛋重为 54.2 克，蛋壳为褐色。

6. 固始鸡

【产地和分布】原产于河南省固始县。主要分布于淮河流域以南、大别山脉北麓的商城、新县、淮滨等 10 个县、市，安徽省霍邱、金泰等县亦有分布。

【主要特性】固始鸡（图 2-31）是我国优良地方鸡种之一，属蛋肉兼用型，产蛋量较高，蛋品质较好，但屠体品质和产肉性能较差。固始鸡个体中等，外观清秀，灵活，体型细致紧凑，结构匀称，羽毛丰满，尾型独特。初生雏绒羽呈黄色。头顶有深褐色绒羽带，背部沿脊柱有深褐色绒羽带。两侧各有 4 条黑色绒羽带。成鸡冠型分为单冠与豆冠两种，以单冠者居多。冠直立，冠齿为 6 个，冠后缘冠叶分叉。冠、肉垂、耳叶和脸均呈红色。眼大，略向外突起，虹彩呈浅栗色。喙短略弯曲，呈青黄色。胫呈靛青色，四趾，无胫羽。尾型分为佛手状尾和直尾两种，佛手状尾尾羽向后上方卷曲，悬空飘摇是该品种的特征。皮肤呈暗白色。公鸡羽色呈深红色和黄色，镰羽多带黑色而富青铜光泽。母鸡的羽色以麻黄色和黄色为主，白、黑色很少。该鸡种性情活泼，敏捷善动，觅食能力强，具有一定的就巢性。

图 2-31　固始鸡

固始鸡性成熟较晚。开产日龄平均为 205 天，最早的个体为 158 天，开产时母鸡平均体重为 1299.7 克。据对 225 只母鸡个体记录测定，年平均产蛋量为（141.2±0.35）个，产蛋主要集中于 3～6 月份。从商品蛋中随机取样测定 500 个蛋，平均蛋重为 51.4 克，蛋壳褐色，蛋壳厚为 0.35 毫米，蛋黄呈深黄色。

7. 大骨鸡

大骨鸡又名庄河鸡，见图 2-32。

图 2-32　大骨鸡

【产地和分布】主产于辽宁省庄河市，吉林、黑龙江、山东、河南、河北、内蒙古等地也有分布。

【主要特性】大骨鸡属蛋肉兼用型品种。大骨鸡体型魁伟，胸深且广，背宽而长，腿高粗壮，腹部丰满，敦实有力，以体大、蛋大、口味鲜美著称。觅食力强。公鸡羽毛棕红色，尾羽黑色并带金属光泽。母鸡多呈麻黄色，头颈粗壮，眼大明亮，单冠，冠、耳叶、肉垂均呈红色。喙、胫、趾均呈黄色。成年公鸡体重为 2900～3750 克，母鸡为 2300 克。开产日龄平均 213 天，年平均产蛋 164 枚左右，高的可达 180 枚以上。平均蛋重为 62～64 克，蛋壳深褐色，蛋形指数 1.35。

8. 北京油鸡

【产地和分布】北京朝阳区的大屯和洼里，邻近的海淀、清河也有。

【主要特性】属肉蛋兼用品种。以肉味鲜美、蛋质优良著称。北京油鸡（图 2-33）的体躯中等，其中羽毛呈赤褐色（俗称紫红毛），体型较小；羽毛呈黄色（俗称素黄色）的鸡，体型略大。初生雏全身披着淡黄或土黄色绒羽，冠羽、胫羽、髯羽也很明显，体浑圆。成年鸡的羽毛厚密而蓬松，具有冠羽和胫羽，有些个体兼有趾羽和五趾，不少个体的颔下和颊部生有髯须。油鸡生长速度缓慢，初生重为38.4 克，成年公鸡体重为 2049 克，母鸡为 1730 克。成年公鸡半净膛为 83.5%，全净膛为 76.6%；母鸡半净膛为 70.7%，全净膛为64.6%。性成熟较晚，母鸡 7 月龄开产，年产蛋为 110～125 枚，平均蛋重为 56 克，蛋壳厚度 0.325 毫米，蛋壳褐色，个别呈淡紫色，蛋形指数为 1.32。

图 2-33　北京油鸡

三、优良品种蛋鸡的选择与引进方法

只有遵循正确的选择和引种方法，才能购得可靠良种。

1. 确定适合的蛋鸡饲养品种

在确定品种的时候，要考虑以下三个方面的问题。一是要根据市场的需要。我们养殖的目的是要把所产的鸡蛋销售出去挣钱，而决定鸡蛋是否好卖，以及能否多卖钱的是鸡蛋是否适销对路。要想好销售，养殖市场需求量最大的蛋鸡品种最稳妥。二是要结合自身的饲养管理条件。饲养管理条件包括鸡舍、养殖设备、饲料来源、养殖技术、当地疫情和养殖人员等方面，是否能够满足拟引进品种的生产需要。同时要考虑拟引进的品种是否适应当地的气候环境条件，如有些品种对高温气候有良好的耐受能力，而有的品种对饲养管理条件要求相对严格。尤其是当地其他养殖场（户）已经养殖过或正在饲养的品种，最有证明力，也最有说服力，要多走访了解这些养殖场（户），了解他们的饲养体会。三是品种的来源。品种的来源也很主要，因为有的品种来源方便可靠，品种在实际生产上认知度高，供应单位信誉好，坐在家里就有销售人员主动送货上门，这样免去了自己出去联系的麻烦，省去很多时间和精力。一般这样的品种都是当地饲养量最大的品种，值得养殖场（户）优先考虑。而有的品种，就要费很大的周折才能买到，甚至要通过飞机空运，这样就增加了运输费用和养殖风险，除非是必须养殖的品种，否则不建议这样选择。

2. 确定引进的公司

一是要选择有实力的公司。有实力的公司表现在有育种和制种能力，有包括育种场、祖代场和父母代场在内的完善的良种繁育体系，有成熟的深受市场欢迎的配套系蛋鸡品种等，这些都是一个有实力的公司应该具备的。

现在主要蛋鸡品种绝大部分集中在几家大的育种公司那里。比如德国罗曼集团（拥有罗曼、海兰及尼克三家公司）、法国哈宝德/伊莎集团（拥有伊莎、雪弗、巴布考克及哈宝德等四家公司）、荷兰汉德克斯集团（拥有海赛、宝万斯和迪卡等三家公司）。这三家育种公司的良种蛋鸡在我国都有分布，生产性能都很好，也是我国大部分蛋鸡养殖户饲养的品种。在生产性能、经济效益和饲养管理上都比较合理，选择养殖引进品种的时候从这三家的品种里挑选较可靠。

中国畜牧业协会禽业分会每年都公布全国主要企业引进祖代蛋鸡信息，从中可以了解到都有哪些企业在什么时间引进了哪些品种的祖代蛋鸡，要想购买到真正的优良引进品种，只有到这些企业购买才是可靠的。其他没有引进的企业宣传的再好，保证品种多么纯正，质量多么好，都是没有根据的，不要相信。

我国的育种公司主要有华都峪口种禽有限公司（适宜我国粗放饲

养环境的京红 1 号蛋鸡配套系和我国粗放饲养环境京粉 1 号蛋鸡配套系)、北京北农大种禽有限公司（适宜在我国绝大部分地区饲养，山地、林下散养适宜于冬季气温较高区域的"农大 3 号"小型蛋鸡配套系)、河北大农牧午集团种禽有限公司（京白 939)、上海家禽育种有限公司（新杨褐）等 4 家国内较大的育种公司，其中华都峪口种禽有限公司的"京红 1 号"和"京粉 1 号"，北京北农大种禽有限公司"农大 3 号"小型蛋鸡配套系表现特别突出，培育的蛋鸡品种市场份额逐渐扩大，发展势头非常好，有超过引进种鸡的势头。《农业部办公厅关于推介发布 2013 年主导品种和主推技术的通知》中推介的 2013 年农业主导蛋鸡品种就是"京红 1 号""京粉 1 号"蛋鸡和"农大 3 号"小型蛋鸡配套系，可以重点考虑这两家公司。

我国地方品种的蛋鸡较多，具有世界上许多发达国家望尘莫及的品种资源优势。据 2002 年度国家家禽遗传资源管理委员会调查统计，我国有 81 个地方鸡类品种，其中蛋用型品种 5 个、偏蛋用型品种 4 个。这些地方鸡品种是在极为复杂的生态条件和社会经济文化条件的影响下，我国劳动人民逐渐选育而出的具有不同生产性能的鸡种。与国外培育的一些专用鸡种相比，具有广泛的遗传多样性和对周围环境的适应性。这些品种经过国内育种，随着鸡蛋消费多样性的需求不断增加，饲养规模逐年扩大，生产前景也非常好。育种的公司很多，可以根据想要饲养的品种选择。

二是有良好信誉，口碑好。俗话说："金杯银杯不如老百姓的口碑。"在社会经济生活中，一个企业如果能被百姓口碑相传，赞之为信誉上佳、产品质好价优，那么该企业的产品当然就畅销，企业的利润也高，也有能力去开发新品种，保持行业领先地位，这是一个良性循环。大家都能说好的品种，是经过一段时间一点点积累起来的反馈信息，说明这个品种能够满足品种的特点和养殖场（户）的要求。所以，要多走访一些养殖场（户)，这样才能验证哪些品种的蛋鸡符合要求。

现在网络信息发达，在网上可以查询到很多养殖方面的信息，其中就有对品种的评价、养殖体会、养殖经验和购买销售信息等。

三是售后服务好。养殖者不可能是专家，难免在生产上遇到正常或不正常的问题，需要有懂行的人来解答，而售后服务就应该担当这个角色。要以养殖场（户）为中心，售后服务既要全面介绍养殖品种的特点，饲养管理要求以及注意事项，还要及时提醒养殖场（户）到什么阶段、什么时间应该做什么和怎么做等，随时解答养殖场（户）在生产中遇到的问题，经常有专人回访，帮助养殖者共同克服养殖难题。这样的企业才是正规合格的企业，才是养殖场（户）可以信赖的企业。

相反，有的企业推销的很卖力，说得天花乱坠，卖完产品就找不到人，能找到人的不从产品上找问题，都是从养殖场（户）的饲养管理上找毛病，想尽一切办法把责任推到养殖场（户）身上。

有的企业网站打不开、死网页、信息陈旧过时不更新，网页上联系地址不详，或者没有联系电话，这样的企业只想怎么把产品卖出去，根本没把养殖场（户）的利益放在重要的位置。

3. 相关资料齐全

与拟引进品种有关的资料是了解该品种的生产性能、营养需要、饲养管理条件以及该品种是否可靠的依据，是养好该品种蛋鸡必须掌握的基础资料。

（1）有育种公司提供的审核、登记证书。在国际上，对提供良种的公司有严格的登记、监督制度。近年来，我国也颁布了种禽管理办法，对种禽企业进行了审核、登记管理。育种公司应该提供"种畜禽生产许可证"和"种禽场验收合格证"。

（2）品种基础资料。如系谱、生产性能鉴定结果、饲养管理条件等。

（3）育种公司应该提供正规的印刷质量好的饲养管理手册。一个成熟的配套品种应该有与之相配套的《饲养管理手册》。

（4）营养标准。一个成熟的配套品种还应该有与之相配套的有营养标准。

（5）检验检疫证明。有正规齐全、符合检验检疫规定的检验检疫证明。

四、品种选择适应性是关键

适应性是指生物体与环境表现相适合的现象。适应性是通过长期的自然选择，需要很长时间形成的。虽然生物对环境的适应是多种多样的，但究其根本，都是由遗传物质决定的。而遗传物质具有稳定性，它是不能随着环境条件的变化而迅速改变的。所以一个生物体有它最适合的生长环境的要求，而且这个最佳生长环境要变化最小，在它的承受范围之内，这样该生物体就能正常地生长发育、生存繁衍。否则，如果生存的环境变化过大，超出该生物体的承受范围，该生物体就表现出各种的不适应，严重的不适应甚至可以致死。

蛋鸡的适应性是指蛋鸡适应饲养地的水土、气候、饲养管理方式、鸡舍环境、饲料等条件。养殖者要对自己所在地区的自然条件、物产、气候以及适合于自己的饲养方式等因素有较深入的了解。否则，因为适应性问题容易造成养殖失败。例如，在 20 世纪 90 年代中期，我国引进了几个体型较小的褐壳蛋鸡配套系，但由于鸡舍条件较差，难以合理控制光照，使该鸡的性成熟与体成熟不同步，导致引种失败，造成经济上的损失。在鸡场规划、布局科学，隔离条件好，鸡舍设计合理，环境控制能力强的条件下，可以选择产蛋性状特别突出的品种，因为良好稳定的环境可以保证高产鸡的性能发挥。也可以饲养小型蛋鸡，不仅能高产，而且能节约饲料消耗。炎热地区饲养体型小的蛋鸡品种还有利于降低热应激对生产的不良影响，因为体型小的鸡种产热量少，抗热应激能力强。寒冷地区选择体型大的褐壳蛋鸡品种，有利于降低冷应激对生产的不良影响。在鸡场环境不安静、噪声大，应激因素多的情况下，应选择褐壳蛋鸡品种，因为褐壳蛋鸡性情温顺，适应力强，对应激敏感性低；如果饲养经验不丰富，饲养管理技术水平低，最好选择易于饲养管理的褐壳或粉壳蛋鸡品种；饲料原料缺乏，饲料价格高的地区宜养体重小而产蛋性能好、饲料转化率较高的鸡种。饲料原料质量不好或饲料配制技术水平低的场户选择褐壳蛋鸡品种。

注意有的品种资料介绍都很优秀，但实际表现差异很大。一些新的品种，资料介绍的非常优秀，但实践中的表现不一定优秀，有的甚至不如过去饲养的优良品种。所以具体选择品种时，既要了解资料介绍的生产性能，更要看其实际表现，不要盲目选择新的品种。有一个最直接的办法就是看看本地都饲养什么品种的蛋鸡，是从哪里引进的，饲养多长时间了，养殖过程中有什么问题，等等，要多考察几家，同时看看这些蛋鸡场的饲养管理水平，包括使用什么样的鸡舍、养鸡设备、饲料来源、防疫程序等，这些第一手的资料对引进什么品种的蛋鸡，到哪里引进有很好的参考价值。要选择的蛋鸡品种必须具有良好的适应性、抗逆性、抗病性等。

五、蛋鸡雏的挑选

选择健康雏鸡进行饲养是蛋鸡养殖工作的基础。雏鸡的强弱，不但会影响育雏的成活率、鸡群生长发育速度不一致，而且影响今后产肉或产蛋性能。种蛋入孵后，每批总有一些弱雏，为了获得较高的育雏率，培育出生长发育一致，具有高度生产力的鸡群，在雏鸡出壳之后，要严格挑选分出健雏和弱雏，淘汰劣雏和病雏。

1. 健康雏鸡的形态特征

健康雏鸡的形态特征有以下几方面。

（1）腹部大小适中、平坦，脐部愈合良好、干燥、有绒毛覆盖、无血迹。

（2）肛门干净。

（3）眼大有神，反应灵敏，随时注意环境动向。

（4）叫声洪亮，活泼好动。

（5）喙、腿、趾、翅无残缺。

（6）抓在手中感觉有挣扎力。

2. 鉴别雏鸡健、弱

雏鸡健、弱是根据能否适期出壳，以及健康状况等来区分，也可以通过看、摸、听来区分。

（1）出壳时间　孵化正常的情况下，健雏出壳时间比较一致，比较集中，通常在孵化第 20 天到 20 天 6 小时开始出雏，20 天 12 小时达到高峰，满 21 天出雏结束；病雏往往会过早或过迟出雏，出雏时间拖得很长，孵化第 22 天还有一些未破壳的。

（2）雏鸡体重　健康雏鸡体重符合该品种标准，雏鸡出壳体重因品种、类型不同，一般肉用仔鸡出壳约 40 克，蛋鸡为 36～38 克；病雏体重太重或太轻，雏鸡腹部膨大，卵黄吸收差，体重过重；个体瘦小，体重过轻。

（3）外观　健康雏鸡绒毛整齐清洁，富有光泽；腹部平坦、柔软；脐部没有出血痕迹，愈合良好，紧而干燥，上有绒毛覆盖。病雏绒毛蓬乱污秽，缺乏光泽；腹部膨大突出，松弛；脐部突出，有出血痕迹，愈合不好，周围潮湿，无绒毛覆盖，明显外露。

（4）活动性 健康雏鸡活泼好动，眼大有神，脚结实；鸣声响亮而脆；触摸有膘，饱满，挣扎有力。病残雏鸡缩头闭目、站立不稳、怕冷；尖叫不休；触摸瘦弱、松弛，挣扎无力。

六、笼养、网上平养、放养及生产生态鸡蛋、无公害鸡蛋、绿色鸡蛋、有机鸡蛋、无菌鸡蛋等特色鸡蛋适合的蛋鸡品种

笼养蛋鸡是指蛋鸡饲养在专门的鸡舍和专业笼具内。笼养蛋鸡实现了蛋鸡饲养的集约化、规模化，是目前最普遍的，也是最主要的蛋鸡饲养方式。具有节省空间，方便管理、易于操作、可控性好，效益较好的优点。但笼养蛋鸡投资高，如果是自行育雏和育成的话，前期只有投入，要等产蛋后才能有回报。要实现笼养蛋鸡的高产高效，必须选择适合规模化饲养的、产蛋水平高、饲料报酬高、生产性能一致、适应性和抗病力强的蛋鸡品种。目前我国饲养数量较大的蛋鸡品种很多，如褐壳蛋鸡的海兰褐、海赛克斯褐、伊莎褐、迪卡褐、农大褐、罗曼褐、京红1号；粉壳蛋鸡的罗曼粉、海兰灰、京粉1号；白壳蛋鸡的伊莎巴布考克B-300、海兰W-36白、海赛克斯白等。这些蛋鸡品种在全国各地均可以饲养，蛋鸡场应根据市场对蛋壳颜色的需求，确定饲养褐壳蛋鸡、粉壳蛋鸡或白壳蛋鸡。

蛋鸡网上平养是将蛋鸡饲养在蛋鸡舍内距离地面一定高度的网上。目前条件较好的蛋鸡场采用网上平养方式，已经实现供料、饮水、温度控制、集蛋、清粪自动化。如鸡舍采用全封闭负压通风全自动环境控制系统，通过对舍内温度、湿度的自动实时监测，在低温时通过自动调节加温系统进行升温，高温时通过自动调节湿帘、风机等工作状态实现降温。自动控制鸡舍内通风和光照。采用自动链式送料、自动乳头式饮水、自动集蛋式蛋箱、自动传送带清粪。网板的高度以便于鸡粪的传输清理系统和鸡蛋中央自动集蛋系统的设置为准。大规模网上全自动平养技术已广泛应用于欧美国家。网上平养蛋鸡的品种选择同笼养蛋鸡的品种一样，即适合笼养的蛋鸡品种，同样也适

合网上平养。蛋鸡场应根据市场对蛋壳颜色的需求，确定饲养褐壳蛋鸡、粉壳蛋鸡或白壳蛋鸡。

放养蛋鸡是指在育雏结束后将鸡群散养于山地、林地、果园、农田、荒地、草山、草坡等场地，充分利用自然资源，实行规模放养和舍养相结合，以自由采食野生天然饲料为主，即让鸡自由觅食昆虫、嫩草、腐殖质等，人工补料为辅的蛋鸡饲养方式。放养蛋鸡投资较少，成本低，但可控性差，单位面积饲养数量小。饲养的数量也不能过大，仅捡蛋就需要很多时间。由于散养鸡的活动空间扩大，鸡群得到充分的运动，因此散养鸡十分活泼，且羽毛比圈养的鸡有光泽，肉味也要比圈养鸡鲜嫩。所产的鸡蛋与笼养蛋鸡所产的鸡蛋相比，干物质率高，全蛋粗蛋白质、粗脂肪含量均较高，味道香。全蛋干样中谷氨酸含量高达 15.48%，而谷氨酸是重要的风味物质，再加上水分低、营养浓度大，使得放养鸡蛋口味好、风味浓郁。放养蛋鸡品种要选择适应性能力强、成活率高、耐粗饲、觅食性强、抗病力强、繁殖能力高、体型小、适合我国粗放的饲养环境的蛋鸡品种。尽管高产的蛋鸡品种也可以散养，但是因其蛋重大，在散养状态下容易破损，且蛋清稀薄，不具备土鸡蛋的特点。据养殖户介绍，这种鸡对天敌来袭反应迟钝，黄鼠狼、狐狸、老鹰一来本地鸡早就飞得没影儿了，但这些鸡不知道躲藏，很容易被天敌捕获。另外，对于那些保留飞翔的能力地方品种，对放养的适合地域有要求。如在果园、林地散养时鸡容易飞到树上去过夜，破坏果实。所以，适合放养的品种以我国优良地方品种经长期自然选育或人工选育而成的蛋肉兼用型品种鸡为最佳。如太行鸡、农大三号、仙居鸡、萧山鸡、梅岭土鸡、白耳黄鸡、固始鸡等。

生态鸡蛋是生态食品其中的一种。生态鸡蛋是指鸡蛋等蛋品生产和加工中考虑生态环境和可循环性，以生态资源为基础生产的无污染、纯天然，或者以模拟天然条件为基础而获得的蛋品的统称。如蚯蚓蛋、中药蛋、微生态模拟蛋等。生态蛋强调原材料等资源的可循环性、环境的安全性等条件。生态蛋品在生产和加工过程中必须严格遵循生态食品生产、采集、加工、包装、储藏、运输标准。目前在我国还没有生态蛋品的认证和标准。生态鸡蛋的生产可以仿照有机食品、绿色食品、无公害食品等建立严格的质量管理体系、生产过程控制体系和追踪体系。

可见，生态鸡蛋的生产主要是对蛋鸡饲养环境、饲料、药物使用等生产环节有着严格的限定，而对饲养的蛋鸡品种无特殊的要求。蛋鸡的品种选择主要是根据饲养环境条件决定，实行生态放养生产生态鸡蛋的，可选择适合放养的品种，如太行鸡、农大三号、仙居鸡、萧山鸡、梅岭土鸡、白耳黄鸡、固始鸡等；实行网上平养生产生态鸡蛋的，可选择适合笼养的蛋鸡品种。

无公害鸡蛋是无公害食品其中的一种，无公害食品是指无污染、无毒害、安全优质的食品，在国外称无污染食品、生态食品、自然食品。无公害食品是生产地环境清洁，按规定的技术操作规程生产，将有害物质控制在规定的标准内，并通过部门授权审定批准，可以使用无公害食品标志的食品。无公害鸡蛋应该符合 NY/T 5038—2006《无公害食品 家禽养殖生产管理规范》、NY/T 5030—2016《无公害农产品 兽药使用准则》、NY 5339—2006《无公害食品 畜禽饲养兽医防疫准则》、NY 5032—2006《无公害食品 畜禽饲料和饲料添加剂使用准则》等一系列规范和准则的要求。

按照以上规范和准则的要求，无公害鸡蛋的生产应以采用规模化、标准化舍饲蛋鸡为主，饲养方式有笼养、地面平养和网上平养等三种。根据这种饲养方式，生产无公害鸡蛋的蛋鸡品种，应该以适合规模化生产的笼养蛋鸡品种为主，以蛋肉兼用型的我国优良地方品种为辅。

绿色鸡蛋是绿色食品其中的一种。绿色食品是指产自优良生态环境、按照绿色食品标准生产、实行全程质量控制并获得绿色食品标志使用权的安全、优质食用农产品及相关产品。绿色食品必须具备的条件有：产品或产品原料产地必须符合绿色食品生态环境质量标准；农作物种植、畜禽养殖、水产养殖及食品加工必须符合绿色食品生产操作规程；产品的包装、储存必须符合绿色食品包装储运标准；产品必须符合绿色食品标准。

绿色鸡蛋强调的是出自最佳生态环境。从原料产地的生态环境入手，通过对鸡蛋产地及其周围的生态环境因素的严格监测，判定其是否具备绿色食品的基础条件。对所产鸡蛋实施"从土地到餐桌"全程质量控制。通过产前环节的环境监测和原料监测，产中环节具体生产、加工操作规程的落实，以及产后环节产品质量、卫生标准、包装、保鲜、运输、储藏及销售控制，确保绿色食品的整体产品质量，并提高整个生产过程的标准化水平和技术含量。在蛋鸡品种选择上实行放养的，参考适合放养的蛋鸡品种；实行笼养和平养的，参考适合笼养蛋鸡品种。

有机鸡蛋是有机食品其中的一种。有机食品指来源于有机农业生产体系，在生产、加工、包装、运输、销售全过程中符合国际有机标准，建立从土地到餐桌全过程的监督、记录体系，并经过独立的有机认证机构认证的一切农副产品。

有机食品必须具备的五要素是：一是原料必须来自有机农业生产体系，或采用邮寄方式采集的野生天然产品；二是严格遵循有机食品的生产、加工、包装储藏、运输标准；三是有完善的质量跟踪审查体系和完整的生产及销售记录档案；四是生产活动不污染环境，不破坏生态；五是必须通过合法的有机认证机构的认证。

有机食品与无公害食品、绿色食品三者的区别是技术等级标准不同，有机食品的技术标准要求更高，并与国际接轨。有机食品绝不使用转基因、辐照手段，以及任何化学合成的农药、化肥等；绿色食品严格限制使用化学合成的肥料、兽药、饲料添加剂等；无公害食品限量使用化学合成的肥料、兽药、饲料添加剂等；普通食品允许使用化学合成的肥料、兽药、饲料添加剂等。

可见，生产有机鸡蛋同样强调的是饲养环境和饲养条件等，对蛋鸡品种没有特殊要求，目前适合笼养和放养的蛋鸡品种均可用于生产有机鸡蛋。

无菌鸡蛋为通俗说法，实际应该称为 SPF 蛋，即由 SPF（specific pathoge free）鸡（无特定病原鸡，一般指饲养于可控环境中，不能检出国际、国内流行的鸡主要传染病的病原，具有良好的生活力和繁殖性能的鸡群）所产的受精卵，即 SPF 鸡胚。SPF 鸡及 SPF 鸡胚因其微生物学上的相对纯净性而成为病毒学、营养学、病理学研究及生物制品生产、检验中不可缺少的标准实验动物和实验材料。这类鸡蛋目前在我国主要以受精蛋的形式供应给疫苗生产厂家，供生产疫苗使用。国外则还有出售给普通消费者供食用，而且销量很大，我国也有少量进口，前景非常好，是一个值得大力发展的好蛋品。但是，无菌鸡蛋的养殖条件要求高，资金投入大，对整个养殖的场区、蛋鸡、鸡舍、设施、设备、饲料、饮水、空气调节、鸡蛋的保管、运输和养殖人员都必须实行无菌化处理和操作。在生产过程中，极为重视蛋鸡的营养、疾病控制以及高标准卫生条件等重要环节。例如蛋鸡的饮用水均通过紫外线过滤器，以杀灭任何可能存在的细菌。因此，资金投入比生产普通鸡蛋投入大很多。另外，生产管理难度大。SPF 蛋的生产要求，除设施、种鸡质量因素外，还有一个最重要的因素是人员的管理。要求尽可能地减少人员的进出，有的企业为此采用了网上本交饲养方式，自动饮水、机械加料、机械捡蛋、整群淘汰后清粪。除机械故障检修外，人不能进入鸡舍。尽最大可能来减少人为因素造成的污染，从而保证 SPF 鸡蛋的质量。纯的无菌蛋要求蛋鸡养殖过程中不能随意用药和疫苗，蛋鸡成活率低。由于是从全程都必须实行无菌化操作，其中某个环节出问题，都会前功尽弃。还有，无菌鸡蛋的蛋品质量风险也大。如供生产疫苗的无菌鸡蛋还要求达到规定的孵化率，否则也不合格。可见，无菌鸡蛋的生产要求十分严格，只能实行封闭式舍饲。因此，应选择适合笼养的蛋鸡品种。

第三章
建设科学合理的蛋鸡场

为了给蛋鸡创造适宜的生活环境，保障蛋鸡的健康和生产的正常运行，鸡舍规划建设时要符合蛋鸡生产工艺要求，蛋鸡场场址的选择要有周密考虑，统筹安排和长远规划。蛋鸡舍建筑要根据当地的气温变化特点和蛋鸡场生产、用途等因素确定。保证生产的顺利进行和畜牧兽医技术措施的实施，要做到经济合理、技术可行。此外，蛋鸡舍修建还应尽量降低工程造价和设备投资，以降低生产成本，加快资金周转。

一、蛋鸡场选址应该考虑的问题

一个合理的蛋鸡场址应该满足地势高燥平坦、向阳避风、排水良好、隔离条件好、远离污染、交通便利、水电充足可靠等条件。要根据养殖的性质、自然条件和社会条件等因素进行综合衡量而决定选址。具体应该考虑以下几个方面。

（1）地势 蛋鸡场场址应选择地势高燥、采光充足、远离沼泽湖洼的地段，避开山坳谷底及山谷洼地等易受洪涝威胁地段；地下水位在2米以下，地势在历史洪水线以上；背风向阳，能避开西北方向的风口。场区空气流通，无涡流现象。南向或南偏东向，夏天利于通风，冬天利于保温。应避开断层、滑坡、塌陷和地下泥沼地段。要求土质透气透水性强、毛细管作用弱、吸湿性和导热性小、质地均匀、抗压性强，以沙壤土类最为理想。地形开阔整齐，利于建筑物布局和建立防护设施。

（2）符合卫生防疫要求，隔离条件好　场址选在远离村庄及人口稠密区，其距离视鸡场规模、粪污处理方式和能力、居民区密度、常年主风向等因素而决定，以最大限度地减少干扰和降低污染危害为最终目的，能远离的尽量远离。附近无大型化工厂、矿厂，鸡场与其他畜牧场。

（3）水源充足可靠　水源包括地面水、地下水和降水等。资源量和供水能力应能满足鸡场的总需要，且取用方便、省力，处理简便，水质良好。蛋鸡养殖过程中需要大量清洁饮水，棚舍和用具的清洗及消毒也都需要水。养殖户应考虑在所建鸡场附近打井，修建水塔。要求水质要符合无公害食品饮用水质的要求。

（4）供电稳定　不仅要保证满足最大电力需要量，还要求常年正常供电，接用方便、经济。最好是有双路供电条件或自备发电机，以及送配电装置。

（5）地形　要开阔，地面要平坦或稍有坡度，便于排放污水、雨水等。保证场区内不积水，不能建在低洼地。地形应适合建造东西长、坐南朝北的棚舍，或者适合朝东南或朝东方向建棚。不要过于狭长和边角过多，否则不利于养殖场及其他建筑物的布局和棚舍、运动场的消毒。

（6）远离噪声源和污染严重的水渠及河边　家禽场周围3千米内无大型化工厂、矿厂，距离其他畜牧场应至少1千米以外。严禁在饮用水源、食品厂上游、水保护区、旅游区、自然保护区、其他畜禽场、屠宰厂、候鸟迁徙途经地和栖息地、环境污染严重以及畜禽疫病常发区建场。

（7）交通便利　据公路干线及其他养殖场较远，至少在距离1000米以上，能保证货物的正常送料和销售运输即可。

（8）面积适宜　蛋鸡场包括蛋鸡舍、生活住房、饲料库、育雏室等房舍，建筑用地面积大小应当满足养殖需要，最好还要为以后发展留出空间。如建造一个1万只蛋鸡的养鸡场，占地面积一般为2500平方米，若考虑以后发展，面积还要增加。

（9）符合国家畜牧行政主管部门关于家禽企业建设的有关规定　禁止在生活饮用水水源保护区、风景名胜区、自然保护区的核心区及缓冲区，城市和城镇居民区、文教科研区、医疗区等人口集中地区，以及国家或地方法律、法规规定需特殊保护的其他区域内修建禽舍。

二、污染控制是新建鸡场或维持老鸡场的首要要求

当前，畜禽养殖业发展对环境造成的污染问题日益突出，畜禽养殖业已成为一个不可忽视的环境污染源。畜禽养殖业造成的环境污染，不仅对人类生存环境构成严重危害，而且会引起畜禽生产力下降，导致养殖场周围环境恶化。毫不夸张地说，畜禽养殖业环境污染已成为世界性公害。因此，必须采取有效措施，认真做好畜禽养殖业环境污染的控制工作。

2015 年 1 月 1 日，新修订的《中华人民共和国环境保护法》正式实施，加大了对企业违法的处罚力度，也大大提升了执行力。加上之前的《畜禽规模养殖污染防治条例》及"水十条"(《水污染防治行动计划》)，2015 年的畜牧养殖业迎来了历史性转折关键期，随着国家颁发的一系列堪称史上最严的法律，养鸡业乃至整个养殖业都迎来了环保的"大考"，很多污染严重和治污不达标的鸡场都消失在了这部零容忍的法律之中。无论是新建鸡场还是经营多年的老鸡场，都面临这个问题。因为环保问题，全国很多市、县都划定了禁养区和限养区，养鸡业迎来了史无前例的禁养、限养和鸡场拆迁的大潮，许多在禁养区或限养区的养鸡场只有退出、搬迁或被关停。但这也是环保要求对养鸡业持续健康发展的一种促进和提升。畜禽养殖业污染物为粪便、尿、污水、饲料残渣、垫料、畜禽尸体等，需要经过科学的处理。

养鸡场在养鸡过程中如果不注意污染控制，会出现很多环境污染问题，有的养鸡场粪污处理设备简陋，甚至部分鸡场根本没有采取任何处理，粪污在其周边环境四处乱流，严重污染土壤、水源和空气，破坏生态环境。

养鸡场的污染控制包括养鸡场自身的（即场内的）和养鸡场所处外界环境的污染两部分，理想的污染控制是养鸡场内不产生污染，同时养鸡场外不面对污染的威胁。

养鸡场内的污染控制要做到畜禽养殖场规划科学、养鸡舍布局合理、建设结构合理的养鸡舍、科学高效的排污系统、废弃物的无害化

处理、科学配制日粮、应用环保型饲料添加剂、加强卫生管理、加强用药管理、降低有害气体浓度等。同时还要保证这些设施的良好运转，真正达到污染控制的目的。在建设鸡场时，要通过环境影响评价，对建设项目实施后可能造成的环境影响进行分析、预测和评估，提出预防或者减轻不良环境影响的对策和措施，环境影响评价未通过的，坚决不能建设。并按照"三同时"（"三同时"是指建设项目需要配套建设的环境保护设施必须与主体工程同时设计、同时施工、同时投产使用）制度的规定，要求建设单位建设防治污染的设施。

而养鸡场外环境的污染控制则主要是从养鸡场的选址上予以克服。要在养鸡场建设的初期，即从养鸡场的规划选址时就要进行充分的考察和论证，避免选址不当。

污染控制既是环保法的要求，同时也是养殖企业自身发展的需要，如果养鸡场没有完善的污染控制系统，将会造成养鸡场生产麻烦不断。一个肮脏的养殖环境，必将造成养鸡场疫病流行，疾病会绵延不绝，鸡场将难以维持正常的经营，更谈不上发展了。积极实行污染控制还可以推动养鸡场的节水减排、种养结合，以及废弃物无害化处理、资源化利用设施设备及技术的应用。

提倡实行生态养殖、种养结合、沼气工程和集中处理等模式，把养鸡场的污染控制问题做到最佳状态。

三、养鸡场规划布局要科学合理

规模化养鸡场、养鸡小区建设规划布局要本着科学合理、整齐紧凑，既有利于生产管理，又便于动物防疫的原则。根据蛋鸡场的生产工艺要求，按功能分区布置各个建（构）筑物的位置，为蛋鸡生产提供一个良好的生产环境。

养鸡场、养鸡小区分生活管理区（包括办公室、食堂、值班监控室、消毒室、消毒通道、技术服务室）、生产区（包括鸡舍、兽医室、隔离观察室、饲料库房和饲养员住室）、废弃物及无害化处理区〔病畜禽隔离室、病死畜禽无害化处理间和粪污无害化处理设施（沼气池、粪便堆积发酵池等）〕和辅助生产区（供水、供电、供热、设备维修、物资仓库、饲料储存等设施）等4个部分。

各功能区的布局要求：管理区、生产区处于上风向，废弃物处理区处于下风向，并距生产区一定距离，由围墙和绿化带隔开；生产区入口处应设消毒通道。养鸡场、养鸡小区周围建有围墙或其他隔离设施，场区内各功能区域之间设置围墙或绿化隔离带，围墙距一般建筑物的间距不应小于 3.5 米；围墙距畜禽舍的间距不应小于 6 米，以便于防火及调节生产环境等。养鸡场的辅助生产区应靠近生产区的负荷中心布置。精饲料库的入料口开在辅助生产区内，精饲料库的出料口开在生产区内，杜绝生产区内外运料车交叉使用。养鸡场大门应位于场区主干道与场外道路连接处，设施布置应使外来人员或车辆应经过强制性消毒，并经门卫放行才能进场。

充分利用场区原有的地形、地势，在保证建筑物具有合理的朝向，满足采光、通风要求的前提下，尽量使建筑物长轴沿场区等高线布置，以最大限度减少土石方工程量和工程费用。场区地形复杂或坡度较大时，应作台阶式布置，每个台阶高度应能满足行车坡度要求。在布局时还要做到，凡属功能相同的建筑物应尽量集中和靠近。各栋养鸡舍均应平行整齐排列（一行和二行排列），并有利于养鸡舍的通风、采光、防暑和防寒。

养鸡场、养鸡小区应设净道和污道，并严格区分开，人员、畜禽和物资运转采取单一流向。净道主要用于饲养员行走、运料和畜禽周转等。净道也作为场区的主干道，宜用水泥混凝土路面，也可用平整石块或条石路面。宽度一般为 3.5～6.0 米，路面横坡 1.0%～1.5%，纵坡 0.3%～8.0% 为宜。污道主要用于粪便等废弃物运出。污道路面可同清洁道，也可用碎石或砾石路面，石灰渣土路面。宽度一般为 2.0～3.5 米，路面横坡为 2.0%～4.0%，纵坡 0.3%～8.0% 为宜。场内道路一般与建筑物长轴平行或垂直布置，清洁道与污物道不宜交叉。道路与建筑物外墙最小距离，当无出入人口时 1.5 米为宜，有出入口时 3.0 米为宜。

场区实行雨污分流的原则，对场区自然降水可采用有组织的排水。对场区污水应采用暗管排放、集中处理的措施。场区绿化选择适合当地生长，对人畜无害的花草树木，绿化率不低于 30%。树木与建筑物外墙、围墙、道路边缘及排水明沟边缘的距离应不小于1 米。

鸡舍建筑是一项畜牧生物环境工程，它包括生物措施和工程措施两种技术，鸡舍建筑既要符合鸡的生物学要求，又要便于养鸡操作。我国地域辽阔，各地自然地理环境差异明显，南北方气候差异非常大，因此对鸡舍的建筑类型要求也不一样。但是无论南方北方，鸡舍都必须满足其基本要求：一是满足鸡舍功能，适应鸡对环境的要求，为鸡的生长发育、繁殖、健康和生产创造良好的环境条件；二是适合工厂化生产的需要，有利于规模化经营管理，提高经济效益，减轻饲养人员劳动强度，满足机械化、自动化所需要条件或留有余地；三是便于饲料、鸡蛋和鸡粪等的运输。

四、建设合理的鸡舍

　　鸡舍是蛋鸡养殖的重要基础，合理的蛋鸡舍要能满足蛋鸡生产对环境的需要，也是保证蛋鸡场持续稳定生产的必备条件之一。因此，养鸡场必须重视蛋鸡舍的建设。

　　南方鸡舍要求通风降温要好，而北方则是通风保暖要好，对于资金实力雄厚、大型集约化蛋鸡养殖企业来说，这些要求比较容易做到。通常建设封闭式无窗鸡舍，鸡舍完全封闭，屋顶和四周墙壁隔热性能好，舍内通风、光照、温度和湿度等靠电子设备或人工通过机械设备进行控制，舍内环境几乎不受外界环境的影响，节省人工，优点很多。但是这类鸡舍投资大，鸡舍建筑成本高，技术要求和使用维护成本也高，尤其是耗费电力和机械，不是一般养殖场能够承受得了的，只有大型蛋鸡养殖企业能够做得到。而对于目前我国蛋鸡养殖以中小规模大群体为主的养殖现状来说，需要一种能够被绝大多数养殖场（户）所接受的，投资不多，又实用的鸡舍，经过多年的实践和同行的反馈，笔者认为比较实用的鸡舍还是有窗式封闭鸡舍，这种鸡舍最常见的形式是以砖瓦结构为主，四面是实墙，37厘米厚的砖墙，至少也要24厘米厚。最好是墙体中间加10厘米厚的苯板，这样的墙保温性能好。南墙留大窗户，窗户高1.5～1.8米，窗下框距离地面1～1.2米，宽1.5米，北墙留小窗户与南窗位置相对应，高度和宽度均为1米，鸡舍内净高为2.4～2.8米；网上平养鸡舍内净高为3.2～3.5米。屋顶和墙保温隔热性能好，鸡舍跨度9～12米。鸡舍朝向宜采取南北方向位，南北向偏东或偏西10°～30°为宜，保持鸡舍纵向轴线与当地常年主导风向呈30°～60°角。地面采用水泥地面，内墙表面应耐酸碱等消毒药液清洗消毒。内外墙均用水泥抹面，应能防止雨雪侵入，保温隔热，能避免内表面结水。鸡舍以自然通风和自然光照为主，用机械通风和光照设备补充自然条件下通风和光照的不足。这种鸡舍坚固耐用，建设成本和使用维护成本相对较低，适合中小养殖户。

五、采用养蛋鸡设备

现代养鸡生产是良种、饲料、防疫、环境、管理和机械设备等多种因素的有机整体。在规模化、集约化养鸡生产过程中，使用先进的机械设备可以大幅度地提高劳动生产率，同时还可以为鸡群创造较为理想的生活环境，促进生产性能的提高。因此选择和使用性能好的机械设备，是提高养鸡生产效益的关键措施之一。

1. 笼具

笼具是笼养蛋鸡的主要设备，从目前蛋鸡养殖效益来看，笼养蛋鸡是最佳的饲养方式。虽然购买鸡笼的一次性投资较高，但收回投资的时间较短，且属于一次投资多年使用，一般可使用5～7年，如果使用保养得当，甚至使用时间更长。

优质笼具使用优质碳素钢丝，冷拔高线经过拉直、布模、排焊、点焊、剪裁、定型、镀锌、铬钝化等生产工序。近几年生产的喷塑鸡笼，经过除油锈、流动水清洗、防锈液浸泡、风干喷塑、高温烤化、产成品等工序，外表看像皮线，里面是钢筋。防锈时间和使用寿命是电镀笼的好几倍。这两种笼具都具有易组装、饲养方便、蛋的清洁度高破损率低、易于管理、节省场地、有效预防传染病、提高鸡成活率的优点，能根据场地大小作适当调整，可加装自动饮水系统、料槽或供料系统。

鸡笼由笼体和笼架组成，单体鸡笼可以组合成笼组。按其用途可分为育雏笼、育成笼、蛋鸡笼、种鸡笼和配种笼等，常用的有育雏笼和蛋鸡笼。种鸡笼有育种用的个体笼，祖代、父母代鸡可以用普通的产蛋鸡笼，也可以用小群配种笼。小群配种笼可在笼的一端专设布帘遮光，可为母鸡产蛋创造一个安静的环境，同时防止产蛋时发生啄肛现象。

按其组装形式可分为叠层式、阶梯式、阶叠混合式和平置式；按其距粪坑底部的高度又可分为普通式和高床式。

阶梯式鸡笼指各层组装笼之间不完全重叠配置的鸡笼，又可分为全阶梯式鸡笼和半阶梯式鸡笼两种。

全阶梯式鸡笼各层之间全部错开，下层笼的后网与上一层笼的前网位置对应，粪便可直接落到笼下粪坑，不需装承粪板，清粪简便，多采用三层结构。各笼层之间不重叠，相互无遮挡，通风充分，光照均衡；结构简单，在机器故障或停电时便于人工操作。其缺点是捡蛋费时，因此在采用二层全阶梯式鸡笼时最好用浅型笼，有利于捡蛋；舍饲密度相对较低，每平方米为10~20只。

近年来为降低舍内氨气浓度和方便除粪，南方很多鸡场均采用高床饲养，即笼子全部架空在距地2米左右的水泥条板上。这种结构单位面积上养鸡数量虽不及其他方式多，但生产中使用效果较好。

半阶梯式鸡笼的配置形式介于全重叠与全阶梯式鸡笼之间，上、下层笼体的重叠量可达笼体深度的1/3~1/2，下层笼的顶网在重叠部分制成斜面，上置承粪板，使鸡粪能直接落入地面或粪坑。由于有一半重叠，故节约了地面而使单位面积上的养鸡数量比全阶梯式增加了1/3，同时也减少了鸡舍的建筑投资。半阶梯式鸡笼提高了饲养密度，采光和通风效果也较好，因此适用于密闭式鸡舍或通风条件好的开放式及半开放式鸡舍。我国生产的育成鸡笼和种鸡笼多采用这种形式。

半阶梯式鸡笼进一步发展就形成了叠层式鸡笼。在饲养业较发达的国家，绝大多数集约化蛋鸡场都采用了4~8层的叠层式鸡笼，这是目前世界上最先进的鸡笼，不但把饲养密度提高到每平方米50只以上，而且有全部的配套设备，包括给料、给水、集蛋、清粪、通风、降温等全部实现了机械化、自动化，极大地改善了鸡舍的环境，保证了鸡群的健康成长。

这种高饲养密度叠层式鸡笼每层均设置纵穿鸡笼横断面中央的通风道，通风道两侧有通风小孔，外界新鲜空气在（正压）通风压力作用下，经过通风分配管网进入中央通风道，经由通风小孔进入鸡笼，使每只鸡均可呼吸到新鲜空气。

① 半阶梯式育雏笼。育雏笼有阶梯式育雏笼、半阶梯式育雏笼

图 3-1　半阶梯式育雏笼

（图 3-1）和层叠式育雏笼 3 种。育雏笼通常分为三层阶梯育雏笼和四层立式育雏笼。三层阶梯育雏笼整架规格，长 1.95 米、宽 2.40 米、高 1.40 米，可饲养 600～900 只；四层立式育雏笼整架规格，长 1.40 米、宽 0.70 米、高 1.55 米，可饲养 200～400 只。育雏初期笼底可铺上报纸或硬纸板，也可在笼底铺一层 0.12 米×0.12 米孔径的硬质塑料网，5～6 周龄时再将网片撤去。使用时育雏舍内统一用火炉、暖气、地下烟道等加温，地下烟道加温可使上下层鸡笼的温度差缩小，效果较好。

阶梯式育雏笼还可作为育成期（青年鸡）笼使用。

② 蛋鸡笼。组合形式常见的有阶梯式（图 3-2）和重叠式（图 3-3），每个笼长 1.88～2.00 米，宽 0.34～0.50 米，前高 0.35～0.45 米，后高 0.30～0.38 米，笼底坡度为 6°～8°。伸出笼外的集蛋槽为 0.12～0.16 米。单笼内有隔网将整个笼分成 4～5 个单笼，每个单笼长 0.4 米，每个单笼一个笼门，笼门前开，宽 21～24 厘米，高 40 厘米，下缘距底网留出 4.5 厘米左右的滚蛋空隙。笼底网孔径间距 2.2 厘米，纬间距 6 厘米。顶、侧、后网的孔径范围变化较大，一般网孔经间距 10～20 厘米，纬间距 2.5～3 厘米，每个单笼可养 3～4 只鸡。3 层全阶梯式全架鸡笼的规格一般长度为 1.88～1.98 米，宽度为 2.18 米（下层）。

图 3-2　阶梯式蛋鸡笼

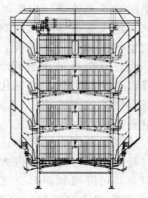

图 3-3　重叠式蛋鸡笼

选购蛋鸡笼要注意以下问题：a. 目前国内生产鸡笼的厂家很多，选购的时候要看生产厂家的规模、信誉和质量，切忌贪图便宜；b. 使鸡有一定的活动空间，有足够的采食宽度；c. 鸡笼底网有一定的弹性，以减少破蛋；d. 底网有一定的倾斜角度（8°～10°），以使产下的蛋能自动滚出笼外，进入集蛋槽内；e. 底条间隙，纵向条间距为2.2～2.5厘米，横向条间距为5～6厘米，这样才能使鸡爪踩在底网上稳固，不会漏蛋，并能使蛋顺利滚出；f. 笼条要耐腐蚀、强度好；g. 笼的后侧和两侧的隔网间隙的间距以3厘米为好，要防止鸡头钻到另一笼内，发生互啄。

③ 育成鸡笼。为了提高育成鸡的成活率和均匀度，增加舍饲密度和便于管理，育成鸡笼普遍得到应用。一般育成鸡笼为3～4层，6～8个单笼。

④ 育雏育成一段式鸡笼。在蛋鸡饲养两段制的地区，普遍使用该鸡笼。该鸡笼的特点是鸡可以从1日龄一直饲养到产蛋前（100日龄左右），减少转群对鸡的应激和劳动强度。鸡笼为三层，雏鸡阶段只使用中间一层，随着鸡的长大，逐渐分散到上下两层。

⑤ 种鸡笼。有单层鸡笼和人工授精种鸡笼。与一般的鸡笼有所不同，种鸡笼为了确保公母鸡正常交配或人工授精，应注意：a. 单笼尺寸与笼网片钢丝直径要适应种鸡体重较大的特点；b. 一般每个单笼只养2只母鸡；c. 笼门结构要便于抓鸡进行人工授精。

2. 喂料设备

喂料设备包括供料机械和食槽。大型养鸡场供料系统实行机械化自动化喂料，有行车式全自动喂料机（图3-4）、链式喂料机（图3-5）和塞盘式喂料机等。有节省时间、减少劳动力、解决人工喂料时产生的喂料不均匀、洒料和浪费饲料等优点。食槽是中小养殖场（户）最常采用的，常用的有长形食槽和吊桶式圆形食槽等，食槽的形状影响饲料能否充分利用。食槽过浅，没有护沿会造成较多的饲料浪费。食槽一边较高、斜坡较大时，能防止鸡采食时将饲料抛撒到槽外。食槽的大小要根据鸡体大小的不同来设置。食槽有塑料的，也有金属和木板制作的。金属槽不易变形，但易生锈，不耐腐蚀，使用寿命短。塑料槽耐腐蚀，容易洗刷，但易变形。

图 3-4　行车式全自动喂料机

图 3-5　链式喂料机

（1）喂料机　喂料机是我国蛋鸡饲养中常用的供料机械，通常由驱动器、料箱、食槽、链片、转角器、清洁器等组成。驱动器是喂料机的主要动力来源，由电动机、减速器和驱动链轮组成。驱动链轮采用 45 钢制造，并经热处理使其达到一定硬度。为防止意外事故发生，驱动器链轮上装有安全销，一旦链片发生故障卡死，即切断安全销以保护驱动装置。根据配置的不同，料箱也不同。对于平养链式喂料机，为了保证每次喂料有足够的饲料量，料箱容积较大。而笼养链式喂料机，由于空间位置限制，料箱容积较小，一般做成矩形，并在一侧制成斜滑板，以利饲料下滑。由于这一特点，凡使用笼养链式喂料机，都必须配有自动输料机，由喂料机料箱内的上、下料位器控制自动上料，以确保笼养链式喂料机正常工作。食槽是喂料机的主要部件。根据鸡的生长阶段不同，饲养工艺不同，食槽有不同的形状。它由镀锌钢板冲压而成，厚度为 1~1.2 毫米，长度一般为 2 米，采用插接式接头连接。链片是喂料机的关键零部件，喂料机的工作性能和可靠性很大程度上取决于链片质量的好坏。目前生产的链片是内翻钩形链片，该种链片采用 2.5~2.7 毫米的 20 钢或 30 钢板冲压成型后再进行热处理，破断拉力达 1000 千克以上。链片节距有 42 毫米和50 毫米两种，宽度为 70 毫米。转角器的作用是支撑链片在水平面内均匀地转弯。链片与转角轮的接触压力很大，这就要求转角轮的表面硬度高，因此在用钢铸件时要经热处理，用灰铸铁时则要求白口。为了保证转角轮在长期工作时能转动灵活，轮轴间要安装轴承，并应有注油孔。清洁器用来清除混于饲料中的鸡毛、鸡粪等杂物，该装置应安装于平养喂料机中，它的结构主要由食槽、链轮、罩壳、筛子等几部分组成。

喂料机可以根据不同周龄的笼养鸡采食量不同，调整下料量，完全代替人工喂料。节省时间、减少劳动力。采用均匀喂料装置，饲料经过料管均匀地填至料槽，通过行走与喂料定比传动，传动平稳，运行均匀，从而能保证整机均匀喂料，解决人工喂料时产生的喂料不均匀、洒料等一系列问题。3～4层阶梯式笼养鸡均可使用。平养蛋鸡也可使用。

（2）长形食槽　长形食槽是养鸡场采用的最多的喂料方式。平养和笼养蛋鸡的育雏期、育成期和产蛋期都适用，几乎笼养蛋鸡都用长的通槽，平养鸡可使用这种供料方式，也可用饲料吊桶供料。一般采用木板、镀锌板和硬塑料板等材料制成。所有饲槽边口都应向内弯曲，以防止鸡采食时挑剔将饲料刨出槽外。根据鸡体大小不同，饲槽的高和宽要有差别，雏鸡饲槽口宽10厘米左右，槽高5～6厘米，底宽5～7厘米；大雏或成鸡饲槽口宽20厘米左右，槽高10～15厘米，底宽10～15厘米，长度1～1.5米。

（3）吊桶式圆形食槽　吊桶式圆形食槽（图3-6）又叫喂料桶或自动喂料吊桶，适用于地面垫料平养或网上平养的蛋鸡，蛋鸡生长的各个时期都可以使用。吊桶式圆形食槽由一个可以悬吊的无底圆桶和一个直径比桶略大些的浅圆盘所组成，桶与盘之间用短链相连，并可调节桶与盘之间的距离。圆桶内一次能放较多的饲料，使用时饲料装入桶内，饲料便可通过圆桶下缘与底盘之间的间隙自动流进盘内，供鸡自由采食，鸡边吃料，饲料边从料桶落

图 3-6　吊桶式圆形食槽

向料盘。使用时应注意料桶的高度，通常料桶上缘的高度与鸡站立时的肩高相平即可，并随着鸡体的生长而提高悬挂的高度。目前市场上销售的吊桶式圆形食槽有4～10千克的不同规格。根据蛋鸡的大小选择相应容量的桶即可。

（4）喂料盘　喂料盘（图3-7）又叫开食盘，用于0～2周龄前的雏鸡开食及育雏早期使用。雏鸡要用饲料浅盘。喂料盘是由塑料和镀锌铁皮制成的圆形和长方形的浅

图 3-7　喂料盘

盘。盘底上有防滑突起的小包或线条，以防雏鸡进盘里吃食打滑或劈腿。喂料盘上可以盖上隔网，以防鸡把料刨出盘外。每盘可供80～100只雏鸡使用。若饲养的雏鸡数量较少，也可用硬纸板或牛皮纸代替开食盘。

3. 饮水设备

鸡的饮水问题十分重要，饮水设备是养鸡必需的设备。规模化养鸡中必须装备可靠的自动饮水设备。以保证随时都能供给鸡充足、清洁的水，满足鸡的生理要求。目前常用的蛋鸡饮水器有槽形饮水器、塔形真空饮水器、乳头式饮水器和普拉松自动饮水器等4种。

（1）槽形饮水器　水槽供水因为其结构简单、安装方便，在我国蛋鸡养殖中曾经被广泛应用。平养和笼养蛋鸡均可使用。槽形饮水器一般可用竹、木、塑料、镀锌铁皮等多种材料制作成"V"字形、"U"字形或梯形等，目前采用最多的材料是塑料。"V"字形水槽多由铁皮制成，但金属制作的一般使用3年左右水槽便腐蚀漏水。用塑料制成的"U"字形水槽解决了"V"字形水槽腐蚀漏水的现象，而且"U"字形水槽使用方便，易于清洗。梯形水槽多由木材制成。水槽一般上口宽5～8厘米，深度为5～6厘米，水槽每个一般长3～5米，槽上最好加一横梁，可保持水槽中水的清洁，尽可能放长流水。一般中雏每只鸡占有1.5～2.0厘米的槽位，种鸡3.6厘米的槽位。另外水槽一定要固定，防止鸡踩翻水槽造成洒水现象。注意两个水槽结合处要结合严密，防止结合处漏水。鸡在饮水时容易污染水质，增加疾病的传染机会，对防疫不利，故使用水槽式饮水器应定时清洗。

（2）塔形真空饮水器　塔形真空饮水器（图3-8）由圆桶和水盘两部分组成，可用镀锌铁皮和塑料等制成。这种饮水器多由尖顶圆桶和直径比圆桶略大一些的底盘构成。圆桶顶部和侧壁不漏气，基部离底盘高2.5厘米处开有1～2个小圆孔。利用真空原理使盘内保持一定的水位直至桶内水用完为止。这种饮水器构造简单、使用方便，清洗、消毒容易。它可用镀锌铁皮、塑料等材料制成，也可用大口玻璃瓶制作。有1.5升和3.0升两种容量，使用时根据鸡的大小选用相适应的容量。适用于平养蛋鸡和放养蛋鸡使用。

图3-8　塔形真空饮水器

（3）乳头式饮水器　乳头式饮水器（图3-9）已在世界上广泛应用，使用乳头式饮水器可以节省劳力，防止鸡病交叉感染，改善饮水的卫生程度。但在使用时注意水源洁净、水压稳定、高度适宜。另外，还要防止长流水和不滴水现象的发生。乳头式饮水器系用钢或不锈钢制造，由带螺纹的钢（铜）管和顶针开关阀组成，可直接装在水管上，利用重力和毛细管作用控制水滴，使顶针端部经常悬着一滴水。鸡需水时，触动顶针，水即流出；饮毕，顶针阀又将水路封住，不再外流。乳头式饮水器有雏鸡用和成鸡用两种。每个饮水器可供10～20只雏鸡或3～5只成鸡。乳头式饮水器可用于平养和笼养。乳头式饮水器需要和专用水箱（图3-10）配套安装。

图3-9　乳头式饮水器　　　　　图3-10　配套水箱

（4）普拉松自动饮水器　普拉松自动饮水器（图3-11）由饮水碗、活动支架、弹簧、封水垫及安在活动支架上的主水管、进水管等组成。活动支架上有一个围绕进水管的防溅水护板。该产品结构合理，从根本上解决了人工喂水劳动强度大的缺点。普拉松自动饮水器不仅节约了用水和饲料，而且改善了养鸡场的卫生环境，使鸡每时每刻饮入新鲜水，是养鸡场理想的鸡用饮水器。适用于3周龄后平养蛋鸡使用，能保证蛋鸡饮水充足，有利于生长。每个饮水器可供100～120只鸡用，饮水器的高度应根据鸡的不同周龄的体高进行调整。

图3-11　普拉松自动饮水器

4. 供暖设备

育雏阶段和严冬季节，用电热、水暖、气暖、煤炉、火炕和热风炉等设备加热，都能达到加热保暖的目的。电热、水暖、气暖比较干净卫生。水暖是把热能转化为蒸汽或热水，煤炉加热要注意防止煤气中毒事故发生。火炕加热比较费燃料，但温度较为平稳。电热的设备有电热保温伞、电暖器、电热膜、电热板等；水暖的加热设备有取暖锅炉和水套炉；供暖常用的设备还有热风炉和煤炉。只要能保证达到所需温度，采取哪一种供暖设备都是可行的。

（1）地下烟道式供暖设备　地下烟道式供暖也被称为地炕或火炕。直接建在育雏舍内，用砖或土坯砌成，较大的育雏室可采用长烟道，较小的育雏室可采用田字形环绕烟道。在设计烟道时，烟道进口的口径应大些，通往出烟口处应逐渐变小；进口应稍低些，出烟口应随着烟道的延伸而逐渐提高，以便于暖气的流通和排烟，防止倒烟。烟囱在南墙外，要高出屋顶，使烟畅通。添烧材的烧火口设在室外，可按照整个育雏鸡舍内面积建设，一般可使整个炕面温暖，平养育雏的雏鸡可在炕面上按照各自需要的温度自然而均匀地分布。所以，火炕育雏效果良好，加之火炕育雏操作简便，所用燃料可以就地取材，因此，北方地区中、小型鸡场育雏多用此法。使用时要随时注意检查室内烟道是否漏烟。

（2）电热伞　电热伞又叫保温伞，有折叠式（图3-12）和非折叠式两种。非折叠式又分方形（图3-13）、长方形及圆形等。伞内热源有红外线灯、电热丝、煤气燃烧等，采用自动调节温度装置。保温伞罩形状的设计使其热量损失最少。保温伞适用于网上育雏和地面育雏，电热伞装有自动控温装置，省电，育雏效率高。每个2米直径的伞面可育雏500只，平养蛋鸡将电热伞挂在场地的居中位置，高度在1.8～2.0米之间，也可根据实际情况自行调节高度；立体养殖（多层笼养）将电热伞装在场地中间的笼子上方，也可避开笼子，只要是居中并高于笼子的位置安装即可。电热伞安装数量根据场地大小及所需温度而定。在使用前应校正好其控温调节与标准温度计，以便正确控温。冬季使用电热保温伞育雏，可以用火炉、电暖器等补充热源，增加一定的舍温。

图3-12　折叠式育雏伞

图3-13　电热育雏伞（方形）

（3）热风炉　热风炉（图3-14）是比较先进的供暖系统，已成为畜禽养殖业电热源和传统蒸汽动力热源的换代产品。主要由热风炉、轴流风机、风管和调节风门等设备组成。它以空气为介质和载体，煤为燃料，更大地提高热利用率和热工作效果。可为空间提供无污染的洁净热空气，对鸡舍进行加温。该设备结构简单，热效率高，送热快，成本较低，能自动调节室温。亦可用锅炉热水循环系统作加温，自动恒温，但这种设备热效率较低，起温慢。

图 3-14　热风炉　　　　　　图 3-15　煤炉

（4）煤炉　煤炉（图3-15）可用铁皮制成，或用烤火炉改制。炉上应有铁板制成的平面炉盖。炉身侧上方留有出气孔，以便接上炉管通向室外排出煤烟及煤气，煤炉下部侧面，在出气孔的另一侧面留有1个进气孔，并有铁皮制成的调节板，由进气孔和出气管道构成吸风系统，由调节板调节进气量以控制炉温，炉管的散热过程就是对舍内空气的加温过程。炉管在舍内应尽量长些，也可一个煤炉上加2根出气管道通向舍外，炉管由炉子到舍外要逐步向上倾斜，到达舍外后应折向上方且以超过屋檐为好，从而利于煤气的排出。煤炉升温较慢，降温也较慢，所以要及时根据舍温更换煤球和调节进风量，尽量不使舍温忽高忽低。

5. 通风设备

密闭鸡舍必须采用机械通风，以解决换气和夏季降温的问题。机械通风有送气式和排气式两种。送气式通风是用通风机向鸡舍内强行送新鲜空气，使舍内形成正压，将污浊空气排走；排气式通风是用通风机将鸡舍内的污浊空气强行抽出，使舍内形成负压，新鲜空气便由进气孔进入鸡舍。过去密闭式鸡舍多采用横向通风，由一侧进风，另一侧排气。近年来有些鸡场采用纵向通风，结果证明其通风效果更好，在高温季节对降温的效果更为明显。

开放式鸡舍主要采用自然通风，利用门窗和天窗的开关来调节通风量，当外界风速较大或内外温差大时通风较为有效，而在夏季闷热天气时，自然通风效果不佳，需要机械通风予以补充。通风方式是采用风扇送风（正压通风）、抽风（负压通风）和联合式通风，安装位置在鸡舍内空气纵向流动的位置。

通风换气设备有轴流式风机、离心式风机、排气扇、换气扇等和吊扇等。通风机械的种类和型号很多，可以根据实际情况选购。

（1）轴流式风机　轴流式风机（图3-16）又叫局部通风机，气流与风叶的轴同方向（即风的流向和轴平行），是蛋鸡养殖常用的通风换气设备。轴流式通风机主要由轮毂、叶片、轴、外壳、集风器、流线体、整流器和扩散器，以及进风口和叶轮组成。进风口由集风器和流线体组成，叶轮由轮毂和叶片组成。叶轮与轴固定在一起形成通风机的转子，转子支承在轴承上。当电动机驱动通风机叶轮旋转

图 3-16　轴流式风机

时，就有相对气流通过每一个叶片。轴流式风机的电机和风叶都在一个圆筒里，外形就是一个筒形，用于局部通风，安装方便，通风换气效果明显，安全，可以接风筒把风送到指定的区域。

（2）排气扇　排气扇（图3-17、图3-18）又被称作通风扇、负压风机、负压风扇等，由电动机带动风叶旋转驱动气流，利用空气对流让舍内一直处于负压状态，形成一股吸力，源源不断地吸入室外的空气，并排出室内闷热的空气，从而达到通风透气、除去室内的污浊空气，调节温度、湿度和感觉的效果。排气扇按进排气口形式分为隔墙型（隔墙孔的两侧都是自由空间，从隔墙的一侧向另一侧换气）、导管排气型（一侧从自由空间进气，而另一侧通过导管排气）、导管进气型（一侧通过导管进气，而另一侧向自由空间排气）、全导管型（排气扇两侧均安置导管，通过导管进气和排气）。按气流形式分为离心式（空气由平行于转动轴的方向进入，垂直于轴的方向排出）、轴流式（空气由平行于转动轴的方向进入，仍平行于轴的方向排出）和横流式（空气的进入和排出均垂直于轴的方向）。广泛应用于家庭及公共场所以及养殖业。

图 3-17　方形排气扇　　　　　　图 3-18　喇叭形排气扇

　　排气扇与降温水帘一同使用可一举解决通风、降温问题。排气扇的运行过程中会在室内形成一个负压环境。如果在排气扇出风口的另一侧墙上安装降温水帘，排气扇在将室内闷热空气排出室外的同时，也将通过降温水帘进入室内含有丰富水蒸气的低温空气吸入室内，从而达到通风、降温的效果。

　　（3）电风扇　电风扇是一种利用电动机驱动扇叶旋转，来达到使空气加速流通的电器，主要用于清凉解暑和流通空气。按用途分类可分为家用电风扇和工业用排风扇。工业用电风扇主要用于强迫空气对流之用。电扇主要由扇头、风叶、网罩和控制装置等部件组成。扇头包括电动机、前后端盖和摇头送风机构等。按电动机结构可分为单相电容式、单相罩极式、三相感应式、直流及交直流两用串激整流子式电风扇。有可移动电风扇（图 3-19）和吊扇（图 3-20），消暑效果很好，应用比较广泛。

图 3-19　可移动电风扇　　　　　　图 3-20　吊扇

　　吊扇一般是固定安装在天花板上，安装使用简便。安装方法是将吊扇在天花板固定好后，再把电网火线接到吊扇调速器的一端，风扇的一条线接调速器的另一端，零线直通（即零线接风扇的另一条线）。可有效促使空气循环，加强舍内外空气流通，新风与舍内滞留空气可不断地充分混合，舍内大面积风的流动加快了蛋鸡体表热的蒸发速度，从而形成自然降温现象，就像人沐浴后吹风感到寒战一样。可以改变鸡舍内闷热通风不良的环境，在风扇覆盖的区域（最大直径的风扇可至1500平方米）蛋鸡可以感觉到4～6℃的温差凉爽效果。

图3-21　二层式产蛋箱

6. 产蛋设备

饲养种鸡或平养蛋鸡可采用二层式产蛋箱（图3-21），按每4只母鸡提供一个箱位，上层的踏板距地面高度应不超过60厘米。每只产蛋箱约30厘米宽，30厘米高，32～38厘米深。产蛋箱两侧及背面可采用栅条形式，以保证产蛋箱内空气流通和利于散热，在底面的外沿应以防止鸡蛋滚落地面。有约8厘米高的缓冲挡板。

7. 清粪设备

小型养鸡场（户）一般采用人工定期清粪，大中型鸡场则采用刮粪板机械清粪。机械清粪可以提高劳动生产率，节省大量的劳动力，是实现规模化、集约化养鸡的主要途径。

（1）牵引式刮粪机　牵引式刮粪机（图3-22）是由电机转动牵引刮粪板完成清粪的一种专用清粪机械。由牵引机、刮粪板、框架、钢丝绳、转向滑轮、钢丝绳转动器等组成。主要用于同一平面一条或多条粪沟的清粪，相邻两粪沟内的刮粪板由钢丝绳相连，也可用于楼上楼下联动清粪，刮粪板高度0.3

图3-22　牵引式刮粪机

米即可，一条粪槽内一般装3个刮板，采用接力的方式把鸡粪刮出。保证清粪效果的关键是粪沟的宽度，要求粪沟的宽度在保证鸡粪能落入沟内的前提下越窄越好，通常情况下，整组三层笼的沟宽1.7米左右，沟深0.4米，一般情况下，长度越大，深度也要越大，以保证刮粪时粪便不涌到粪沟外。当然，出粪间隔时间也有关系。沟底要夯实砼、抹平和抹实，粪沟平直，沟底表面越平滑越好。粪沟底面最好有一定坡度，出粪端比另一端低一些。该机结构比较简单，维修方便，但钢丝绳易被鸡粪腐蚀而断裂，可以改用 12 毫米优质硬尼龙绳。

（2）输送带清粪机　输送带清粪机（图 3-23）是通过电机驱动主动辊，带动输送带运转，将落在输送带上的鸡粪运送到设定的地点的一种清粪机械。输送带式清粪机主要由电动机、减速机，链传动，主、被动辊，承粪带等组成，适用于叠层式笼养鸡舍。输送带安装在每层鸡笼下面，当机器启动时，由电机、减速器通过链条带动各层的主动辊运转，在被动辊与主动辊的挤压下产生摩擦力，带动输送带沿笼组长度方向移动，将鸡粪输送到一端，被端部设置的刮粪板刮落，从而完成清粪作业。常用于高密度重叠式笼的清粪，粪便经底网空隙直接落于传送带上，可省去承粪板和粪沟。

图 3-23　输送带清粪机现场图

8. 光照设备

光照是舍内环境控制中又一比较重要的因子，光照不仅使鸡看到饮水和饲料，促进鸡的生长发育，而且对鸡的繁殖有决定性的刺激作用，即对鸡的性成熟、排卵和产蛋均有影响。根据有关资料显示，不同的光照颜色对鸡的行为和生产性能有不同的影响，育成期的光照可采用暖色光源，而产蛋期可采用冷色光源。由于自然光属于不同波长的光混合而成的复合白光，所以采用白炽灯、荧光灯和电子节能灯等作为封闭式鸡舍的光源和开放式鸡舍补充光源。

在安装设计时应考虑：对于多层笼养的蛋鸡舍，照明灯要高低错落地布置，不能在同一条水平线上；一般光源间距为其高度的 1.0 ～ 1.5 倍（不同列灯泡采用梅花状分布），鸡笼下层的光照强度是否满足鸡的要求。使用灯罩比无灯罩的光照强度增加约 45％。由于鸡舍内的灰尘和小昆虫粘落，灯泡和灯罩容易脏，需要经常擦拭干净，及时更换坏灯泡，以保持足够亮度。鸡场实践证明，在灯上加装球型罩，能起到防水防尘的作用，延长使用寿命。

鸡舍的光照强度要根据鸡的视觉和生理需要而定，过强或过弱均会带来不良的后果：光照太强不仅浪费电能，而且鸡显得神经质，易惊群，活动量大，消耗能量，易发生斗殴和啄癖；光照过弱，影响采食和饮水，起不到刺激作用，影响产蛋量。鸡场应对节能灯进行调光，使用 LED 灯便于调节光照强度，而且有直流调光和交流调光两种方法，不调光还会缩短其使用寿命。

（1）白炽灯　白炽灯是最常见的鸡舍光照设备，因为白炽灯的大部分辐射光是红外线，所以白炽灯的照明效率在 2400 开尔文时约为 81 米/瓦，一般 100 瓦白炽灯只有 7％的电功率转变为可见光。白炽灯寿命衰减的主要原因是钨丝蒸发，白炽灯的一般寿命为 750～1000 小时，但是因为白炽灯价廉，所以被大量应用在住宅、公共场所以及养殖业增加光照。白炽灯与荧光灯相比，产热多、光效低、耗电量大，但是价格便宜，投资少，且容易启动，所以两种光源都有使用。

（2）电子节能灯　节能又叫紧凑型荧光灯（国外简称 CFL 灯），它是 1978 年由国外厂家首先发明的，由于它具有光效高（是普通灯泡的 5 倍）、节能效果明显、寿命长（是普通灯泡的 8 倍）、体积小、使用方便等优点，我国已经把它作为国家重点发展的节能产品（绿色照明产品）推广和使用。节能灯用于蛋鸡舍光照对蛋鸡的应激小，现在生产的色温为 2700 开尔文的暖色调节能灯的光谱已经很接近白炽灯。实

图 3-24　鸡舍灯光
控制器

践证明，即使使用色温 6400 开尔文的白光型节能灯，对蛋鸡的生产也没有任何影响。而且采用三基色为发光材料的灯管，在接通电源时亮度只是正常发光的一半，5 分钟后，才能达到最大亮度，慢慢变亮，非常符合自然界的规律，可以减少鸡的应激反应，有利于蛋鸡的生产。

（3）鸡舍灯光控制器　鸡舍的灯光控制是蛋鸡饲养中重要的一个环节。鸡舍灯光控制器（图 3-24）取代人工开关灯，既能保证光照时间

的准确可靠，实现科学补光，同时又减少了因为舍内灯光的突然明暗
给鸡群带来的应激。鸡舍灯光控制器有可编光照程序、时控开关、渐
开渐灭型灯光控制和速开速灭型灯光控制 4 种功能。其功能主要有：
根据预先设定，实现自动调节鸡舍光的强弱明暗、设定开启和关闭时
间和自动补充光源等。使用鸡舍灯光控制器好处非常多。养殖场
（户）可根据鸡舍的结构与数量、采用的灯具类型和用电功率、饲养
方式等进行合理选择。

9. 降温设备

鸡舍温度不是太高的时候，用开窗通风、风扇、风机都可以起到
一定的降温作用。但是，如果温度过高，仅仅用开窗、风扇和风机是
解决不了问题的，降温通常要用加湿通风来实现。因此，要使用降温
系统。降温系统包括两种，第一种是湿帘-风扇降温系统（图 3-25），
由湿帘箱、循环水、轴流式风机、湿帘风机（图 3-26）和控制系统
组成。第二种加湿系统主要由雾化喷头、加压水泵、控制阀、电控箱
组成。加湿系统可以提高鸡舍内湿度，降低温度，亦可以用作消毒
装置。

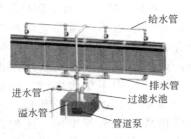

图 3-25　湿帘-风扇降温系统

图 3-26　湿帘风机

10. 清洗消毒设备

（1）火焰消毒器　火焰消毒器（图 3-27）利用煤气燃烧产生高
温火焰对舍内的笼具、工具等设备及建筑物表面进行瞬间高温燃烧，
达到杀灭细菌、病毒、虫卵等消毒净化目的。其优点主要有杀菌率高
达 97％；操作方便、高效、低耗、低成本；消毒后设备和栏舍干燥，
无药液残留。

图 3-27　火焰消毒器

图 3-28　喷雾消毒器

（2）喷雾消毒器　喷雾消毒器（图 3-28）可用于鸡舍内部的大面积消毒，也可作为生产区人员和车辆的消毒。用于鸡舍内的固定喷雾消毒（带鸡消毒）时，可沿每列笼上部（距笼顶不少于 1 米）装设水管，每隔一定距离装设一个喷头；用于车辆消毒时，可在不同位置设置多个喷头，以便对车辆进行彻底的消毒。

这套设备的主要零部件包括固定式水管和喷头、压缩泵、药液桶等。工作时将药液配制好，使药液桶与压缩泵接通，待药液所受压力达到预定值时，开启阀门，各路喷头即可同时喷出。由于雾粒直径大小对鸡的呼吸有影响，因此应按鸡龄大小选择合适的喷头。

图 3-29　高压冲洗消毒器

（3）高压冲洗消毒器　高压冲洗消毒器（图 3-29）用于房舍墙壁、地面和设备的冲洗消毒，由小车、药桶、加压泵、水管和高压喷头等组成。这种设备与普通水泵原理相似。高压喷头喷出的水压大，可将消毒部位的灰尘、粪便等冲掉；若加上消毒药物，则还可起到消毒作用。

（4）自动喷雾器　背负式的小型喷雾器（图 3-30）是背在肩上进行喷雾作业的小型药械。有人力和动力两类。前者将活塞泵放在药液箱内，用手抽动活塞杆，压送药液经喷杆至喷头雾化后喷出。工作压力 300～500 千帕；后者由药箱、风机及小型汽油机等共同装在由钢管焊成的机架上组成。机体为高强度工程塑料，抗腐蚀能力强，一次充气可将药液喷尽。

图 3-30　背负式的小型喷雾器

11. 其他设备

（1）断喙器　断喙器（图 3-31）又称切嘴机，类型很多，有脚踏式、手提式和自动式，是养鸡场必备的机具，具有断喙快速、止血、清毒的功能。切嘴机主要由调温旋钮、变阻调温器、变压器、上刀片、下刀口、机壳等组成。它用变压器将 220 伏的交流电变成低压大电流（即 0.6 伏、电流为 180～240 安培），使刀片工作温度在 600～800℃，刀片红热时间不大于 30

图 3-31　断喙器

秒，消耗功率 70～140 瓦，每小时可断喙 750～900 羽。脚踏式有专门的机架支撑切嘴机的机头，通过弹簧、吊钩和链条连接踏脚板部件，实现切嘴动作。电磁控制一般设有支撑架，可放在桌面上操作，接通电源就可以开始工作，通过电磁开关，完成刀片和刀口的上下动作，完成切嘴工作。对于不同年龄的鸡，通过调节变阻器来控制输入电流的大小。

操作时，机身的高低可因人进行调节。切嘴机接通电源后，将调温开关向升温方向转到最大位置，观察刀片的红热情况，根据所要断喙的鸡只的大小，调到微红或暗红。一般上喙要切掉一半，下喙切掉从嘴尖到鼻孔的1/3。注意在断喙时，鸡头应向下倾斜一些，使切后上喙比下喙略短一些。在断喙时，必须将拇指压在鸡头后部，将食指按在喉部，这样鸡的舌头就会收进，不会接触红热刀片。上下喙同时切下后，还须停留2～3秒，使之烧灼止血。切嘴机使用220伏交流电，必须注意用电安全，停止工作时，先把调温旋钮转到"0"再切断电源。

（2）电子秤　电子秤（图3-32）属于衡器的一种，是利用胡克定律或力的杠杆平衡原理测定物体质量的工具。电子秤主要由承重系统（如秤盘、秤体）、传力转换系统（如杠杆传力系统、传感器）和示值系统（如刻度盘、电子显示仪表）3部分组成。

图 3-32　电子秤

电子秤采用现代传感器技术、电子技术和计算机技术一体化的电子称量装置，满足并解决现实生活中提出的"快速、准确、连续、自动"的称量要求，同时有效地消除人为误差，使之更符合法制计量管理和工业生产过程控制的应用要求。

该秤适用于种鸡的体重测量，尤其是在种鸡生长过程中的定期测量，使用时无须绑缚，应激小。

六、西北地区规模养鸡场设计

西北地域辽阔，包括陕西、甘肃、宁夏、青海、新疆，面积304.3万平方米，占国土陆地面积的31.7%。西北地区地处亚欧大陆腹地，大部地区降水稀少，全年降水量多数在500毫米以下，属干旱半干旱地区，冬季严寒、夏季高温，气候干旱是西北地区最突出的自然特征。同时，西北地区也属于经济欠发达地区，因此鸡场设计既要综合考虑资金、技术、人员配备、环保、节能等方面的因素，又要考虑鸡舍冬季保温、夏季降温的问题，结合农业部实施蛋鸡标准化规模养殖示范创建活动及西北蛋鸡养殖实际及未来发展，西北地区不同规模鸡场以适合农户群体（1万～5万只）、中等规模群体（5万～10万只）、集约化养殖（20万只以上）3种模式为主。

1. 概述

（1）鸡场设计的原则

① 场址选择。鸡场选址不得位于《畜牧法》明令禁止的区域。应遵循节约土地、尽量不占耕地，利用荒地、丘陵山地的原则；远离居民区与交通主干道，避开其他养殖区和屠宰场。

a. 地形地势：应选择在地势高燥非耕地地段，在丘陵山地应选择坡度不超过 20°的阳坡，排水便利。

b. 水源水质：具有稳定的水源，水质要符合《畜禽饮用水水质》标准。

c. 电力供应：采用当地电网供应，且备有柴油发电机组作为备用电源。

d. 交通设施：交通便利，但应远离交通主干道，距交通主干道不少于 1000 米，距居民区 500 米以上。

② 场区规划。

a. 饲养模式：采用"育雏育成"和"产蛋"两阶段饲养模式。

b. 饲养制度：采用同一栋鸡舍或同一鸡场只饲养同一批日龄的鸡，全进全出制度。

c. 单栋鸡舍饲养量：建议半开放式小型鸡场每栋饲养 5000 只以上，大中型鸡场密闭式鸡舍单栋饲养 1 万只、3 万只或 5 万只以上。

③ 鸡场布局。

a. 总体原则：结合防疫和组织生产，场区布局为生活区、办公区、辅助生产区、生产区、污粪处理区。

b. 排列原则：按照主导风向、地势高低及水流方向依次为生活区→办公区→辅助生产区→生产区→污粪处理区。地势与风向不一致时，则以主导风向为主。

生活区：在整个场区的上风向，有条件时最好与办公区分开，与办公区距离最好保持在 30 米以上。

办公区：鸡场的管理区，与辅助区相连，要有围墙相隔。

辅助生产区：主要有消毒过道、饲料加工车间及饲料库、蛋库、配电室、水塔、维修间、化验室等。

生产区：包括育雏育成鸡舍、蛋鸡舍。育雏育成鸡舍应在生产区的上风向，与蛋鸡舍保持一定距离。一般育雏育成鸡舍与蛋鸡舍按

1：3 配套建设。

污粪处理区：在鸡场的下风向，主要有焚烧炉、污水和鸡粪处理设施等。

c. 鸡场道路：分净道和污道。净道作为场内运输饲料、鸡群和鸡蛋的道路；污道用于运输粪便、死鸡和病鸡。净道和污道二者不能交叉。

（2）鸡舍建设设计

鸡舍建筑设计是鸡场建设的核心，西北地区在鸡舍设计上要考虑夏季防暑降温、冬季保暖的问题。

① 鸡舍朝向及间距。

a. 鸡舍朝向：坐北朝南，东西走向或南偏东 15°左右，有利于冬季鸡舍保温和避免夏季太阳辐射，利用主导风向，改善鸡舍通风条件。

b. 鸡舍间距：育雏育成舍 10～20 米，成鸡舍 10～15 米；育雏区与产蛋区要保持一定距离，一般在 50 米以上。

② 鸡舍建筑类型。根据西北地气候特点，应以密闭式和半开放式鸡舍为主。

a. 密闭式鸡舍：鸡舍无窗，只有能遮光的进气孔，机械化、自动化程度较高，鸡舍内温湿度和光照通过调节设备控制。要求房顶和墙体用隔热性能好的材料。

b. 半开放式鸡舍：也称有窗鸡舍，南墙留有较大窗户，北墙有较小窗户。这类鸡舍全部或大部分靠自然通风、自然光照，舍内环境受季节的影响较大，舍内温度随季节变化而变化；如果冬季鸡舍内温度达不到要求，一般西北地区冬季在舍内加火炉或火墙来提高温度。

③ 鸡舍结构要求。

a. 地基与地面：地基应深厚、结实，舍内地面应高于舍外，大型密闭式鸡舍水泥地面应作防渗、防潮、平坦处理，利于清洗消毒。

b. 墙壁：要求保温隔热性能好，墙面外加保温板，能防御风、雨、雪侵袭；墙内面用水泥挂面，以便防潮和利于冲洗消毒。

c. 屋顶：密闭式鸡舍一般采用双坡式，屋顶密封不设窗户，采用 H 型钢柱、钢梁或 C 型钢檩条，屋面采用 10 厘米厚彩钢保温板。

d. 门窗：全密闭式鸡舍门一般设在鸡舍的南侧，不设窗户，只有通风孔，在南北墙两侧或前端工作道墙上设湿帘。半开放式鸡舍门一般开在净道一侧工作间，双开门大小 1.8 米×1.6 米。窗户一般设在南北墙上，一般为 1.2 米×0.9 米（双层玻璃窗），便于采光和通风。

通过多年的摸索，宁夏一些鸡场在夏季防暑降温上大胆创新，采用空心砖作为湿帘，应用效果较好，主要是西北地区风沙比较大，对纸质湿帘的使用寿命有影响，冬季用保温板或用泥涂抹后即可解决保温问题。

e.鸡舍跨度、长度和高度：鸡舍的跨度、长度和高度依鸡场的地形、采用的笼具和单栋鸡舍存栏而定。例如密闭式鸡舍，存栏 1 万只，采用 3 列 4 道 4 阶梯，跨度 11.4～13.8 米，长度 65 米、高度 3.6 米（高出最上层鸡笼 1～1.5 米）。半开放式鸡舍存栏 5000 只，采用 3 列 4 道 3 阶梯式，鸡舍长 40 米，跨度 10.5 米，高度 3.6 米。

（3）鸡舍设备

① 鸡笼成阶梯式或层叠式。

② 自动喂料系统：行车式，半开放式鸡舍也可采用人工喂料。

③ 自动饮水系统：乳头式。

④ 自动光照系统：节能灯、定时开关系统。

⑤ 清粪系统：刮粪板、钢丝绳、减速机。

2. 特点

标准化规模养殖是今后一个时期我国蛋鸡养殖的发展方向，它在场址选择、布局上要求较高，各功能区相对独立且有一定距离，生产区净道和污道分开，不能交叉，采用全进全出的饲养模式，有利于疫病防控。同时，密闭式鸡舍由于机械化、自动化程度高，需要较大的资金投入，造价高，但舍内环境通过各种设备控制，可减少外界环境对鸡群的影响。提高了饲养密度，可节约土地，并能够提高劳动效率。半开放式鸡舍与密闭式相比，土建和鸡舍内部设备投资相对较少，造价低，但外部环境对鸡群的影响较大。

3. 成效

标准化规模养鸡场的建设，在鸡场场址选择、布局、鸡舍建设、鸡舍内部设施以及附属设施建设上要求较高，必须严格按照标准进行，同时采取了育雏育成期和产蛋期两阶段的饲养模式，实施"全进全出"的饲养管理制度，有效地阻断了疫病传播，提高了鸡群健康水平。全自动饲养设备，配套纵向通风湿帘降温系统和饮水、喂料、带鸡消毒等自动化工艺，先进的自动分拣、分级包装设备，极大地提高了劳动效率。采用全自动设备养鸡，使鸡舍小环境得到有效控制，蛋鸡的生产性能得到充分发挥，主要表现在育雏育成成活率高达97%以上，产蛋期成活率在94%以上；77周龄淘汰，料蛋比2.20：1。

七、华南丘陵地区开放式蛋鸡舍建设模式

1. 概述

　　我国南方广大地区夏季气温高，持续时间长，属于湿热性气候。7月平均气温为28～31℃，最高气温达30～39℃，日平均温度高于25℃的天数每年有75～175天。盛夏酷暑太阳辐射强度高达每平方米390～1047瓦。据资料分析，南方开放式鸡舍在酷热期间，饲料耗量下降15%～20%，产蛋率下降15%～25%，而耗水量却上升50%～100%，同时各种疾病的抵抗能力也下降。克服夏季高温对鸡只生产的影响一直是南方高密度养鸡的一大技术难题。在夏天，当舍内温度较高时，鸡舍通风是实现鸡舍内降温的有效途径，在通风降温的同时，可排出舍内的潮气及 CO_2、NH_3、H_2S 等有害气体，也可将鸡舍内的粉屑、尘埃、菌体等有害微生物排出舍外，对净化舍内空气也有有利作用。

　　当前在推动蛋鸡标准化养殖的过程中，多数从业者倾向采用纵向通风水帘降温的机械通风方式，这种方式已被证明是南方炎热地区夏季降低舍内温度的有效方式。但机械通风耗能大，生产成本相对较高。实际上如果能充分利用地形地貌，因地制宜，巧妙规划设计开放式鸡舍的自然通风，则可充分利用自然热压与风压，从而大大节约机械通风所需的能源，极为经济。基于良好的生产管理，自然通风鸡舍同样能取得良好的生产成绩。

　　（1）鸡场的选址　场地选择是否得当，关系到卫生防疫、鸡只的生长以及饲养人员的工作效率，关系到养鸡的成败和效益。场地选择要考虑综合性因素，如面积、地势、土壤、朝向、交通、水源、电源、防疫条件、自然灾害及经济环境等，一般场地选择要遵循如下几

项原则。

① 有利于防疫。养鸡场地不宜选择在人烟稠密的居民住宅区或工厂集中地，不宜选择在交通来往频繁的地方，不宜选择在畜禽贸易场所附近；宜选择在较偏远而车辆又能达到的地方。这样的地方不易受疫病传染，有利于防疫。

② 场地宜在高燥、干爽、排水良好的地方。鸡舍应当选择地势高燥、向阳的地方，避免建在低洼潮湿的水田、平地及谷底。鸡舍的地面要平坦而稍有坡度，以便排水，防止积水和泥泞。地形要开阔整齐，场地不要过于狭长或边角太多，交通水电便利，远离村庄及污染源。

在山地丘陵地区，一般宜选择南坡，倾斜度在 20°角以下。这样的地方便于排水和接纳阳光，冬暖夏凉。而本技术的关键之一是因地制宜，充分利用丘陵地区的自然地形地貌，如利用林带树木、山岭、沟渠等作为场界的天然屏障，将鸡舍建在山顶，达到防暑降温的目的。

③ 场地内要有遮阴。场地内宜有竹木、绿树遮阴。

④ 场地要有水源和电源。鸡场需要用水和用电，故必须要有水源和电源。水源最好为自来水，如无自来水，则要选在地下水资源丰富、适合于打井的地方，而且水质要符合人饮用的卫生要求。

⑤ 应选在村庄居民点的下风处，地势低于居民点，但要离开居民点污水进出口，不应选在化工厂、屠宰场等容易造成环境污染企业的下风处或附近。

⑥ 要远离主要交通要道（如铁路、国道）和村庄至少 300~500 米，要和一般道路相隔 100~200 米距离。

（2）鸡舍的建筑标准

① 鸡舍规格。高 2.4 米（即檐口到地面高度），宽 8~12 米，长度依地形和饲养规模而定。每 4 米要求对开 2 个地脚窗，其大小为 35 厘米×36 厘米。鸡舍不能建成有转弯角度。鸡舍周围矮场护栏采用扁砖砌成，要求砌 40~50 厘米（即 4~5 个侧砖高），不适宜过高，导致通风不良。四周矮墙以上部分的塑料卷帘或彩条布要分两层设置，即上层占 1/3 宽，下层占 2/3 宽或设计成由上向下放的形式，以便采用多种方式进行通风透气及遮挡风雨。一幢鸡舍间每 12 米要开

设瓦面排气窗一个，规格为 1.5 米×1.5 米，高 30 厘米，排气窗瓦面与鸡舍瓦面抛接位要有 40 厘米。

② 鸡舍朝向。正确的鸡舍朝向不仅有助于舍内自然通风、调节舍温，而且能使整体布局紧凑，节约土地面积。鸡舍朝向主要依据当地的太阳辐射和主导风向这两个因素加以确定。

a. 我国大多数地区夏季日辐射总量东西向远大于南北向；冬季则为南向最大，北向最小。因此从防寒、防暑考虑，鸡舍朝向以坐北朝南偏东或偏西 45°以内为宜。

b. 根据通风确定鸡舍朝向，若鸡舍纵墙与冬季主风向垂直，对保温不利；若鸡舍纵墙与夏季主风向垂直，舍内通风不均匀。因此从保证自然通风的角度考虑，鸡舍的适宜朝向应与主风向呈 30°～45°。

③ 鸡舍的排列。场内鸡舍一般要求横向成行，纵向成列。尽量将建筑物排成方形，避免排成狭长而造成饲料、粪污运输距离加大，管理和工作不便。一般选择单列式排列。

（3）材料选择及建筑要求

① 鸡舍使用砖瓦结构，支柱不能用竹、木，必须用水泥柱或扁三余砖柱。

② 地面用水泥铺设。在铺水泥地面之前采用薄膜纸过底。水泥厚 4～5 厘米，舍内地面要比舍外地面高 30 厘米左右。

③ 鸡舍四周矮墙以上部分的薄膜纸或彩条布要分两层设置，即上层占 1/3 宽，下层占 2/3 宽，或设计成由上向下放的形式，以便采用多种方式进行通风透气及遮挡风雨。

④ 鸡舍屋顶最低要求采用石棉瓦盖成，最好采用锌条瓦加泡沫隔热层，不得采用沥青纸。

2. 特点

充分利用了华南地区丘陵地形地貌，因地制宜，巧妙规划设计开放式鸡舍的自然通风，从而大大节约机械通风所需的能源，极为经济。

3. 成效

巧妙利用丘陵地区的地形地貌设计建造的开放式鸡舍饲养蛋鸡（如罗曼粉壳蛋鸡），在良好的生产管理条件下，产蛋高峰期产蛋率可达97％，其中90％以上产蛋率可维持6～8个月。相对于纵向通风水帘降温的密闭式鸡舍，开放式鸡舍最大的优势是大大降低了能源成本。此外，它还具有如下优点：

① 鸡只能充分适应自然条件，可延长产蛋期，产蛋期死亡率较低。

② 由于鸡只适应自然环境变化，淘汰鸡在抓鸡、运输等过程中的应激适应性强，死亡率低，深受淘汰鸡销售客户的欢迎。在广东地区开放式鸡舍养殖的蛋鸡其淘汰鸡出场价每500克比密闭式鸡舍的鸡只高1.0元以上。

第章

掌握规模化蛋鸡养殖关键技术

技术是降低养殖风险，取得效益，保证养殖成功的关键。规模化养蛋鸡有很多实用技术，这些技术是经过畜牧科研工作者和广大养鸡生产者经过长期实践总结出来的，并在生产中不断发展和完善，对养鸡生产具有非常重要的指导作用。

科学技术是第一生产力，而养鸡技术就是养鸡的第一生产力，养鸡离不开养鸡技术，要养好鸡必须掌握科学的养鸡技术。供求关系影响市场价格，养殖水平决定生存发展，养鸡人改变不了供求，但可以改变养殖水平。只有熟练掌握和在养鸡生产中运用好规模化养鸡技术，才能使养鸡的效益实现最大化。

一、雏鸡脱温技术

雏鸡随着日龄的增长，采食量增大，体重增加，体温调节机能逐渐完善，抗寒能力较强，或育雏期气温较高，已达到育雏所要求的温度时，此时要考虑脱温。

脱温或称离温，是指停止保温，使雏鸡在自然的室温条件下生活。脱温时期，春雏和冬雏一般在30~45日龄，夏雏和秋雏脱温时间可适当提前。脱温时期的早、晚应根据气温高低、雏鸡品种、健康状况、生长速度快慢等不同而定，脱温时期要灵活掌握。如冬雏往往已到脱温日龄，但室内外温度较低、昼夜温差较大，或者雏鸡体弱多病，要延迟脱温。而南方夏季炎热，脱温时间可提前。

脱温工作要有计划逐渐进行，开始时白天停温，晚上仍然供温，或气温适宜时停温，气温低时供温，经 1 周左右，当雏鸡已习惯于自然温度时，才完全停止供温。在养鸡实践中常遇到，特别是冬雏，脱温后不久，气候突变，冷空气袭击，此时仍要适当供温，保证最低温度不能低于 13℃。因此，雏鸡脱温时候，仍要注意天气的变化和雏鸡的活动状态，采取相应的措施，防止因温度降低而造成损失。

二、体重和胫长抽测方法

衡量后备蛋鸡发育状况的指标有成活率、体重、胫长、开产日龄等，其中又以胫长、体重最为重要。胫长能够反映后备蛋鸡的体型发育状况（即骨骼的发育状况），而体重则直接反映蛋鸡身体和器官的发育状况，体重达标是蛋鸡按时开产的基本保证。为了检查鸡群发育的整齐度，要定期对育成鸡体重和胫长及产蛋鸡进行体重称测。育成鸡称测体重，也是培育合格育成鸡的一项重要管理手段，而产蛋鸡的体重称测可以随时掌握产蛋鸡的营养状况，也是检验蛋鸡成绩优劣的主要标志之一。尤其是产蛋高峰期以后，必须关注体重是否合乎淘汰鸡的体重标准。

1. 抽测对象

育成鸡和产蛋鸡。

2. 体重与胫长标准

部分蛋鸡育成鸡的体重和胫长标准见表 4-1（海兰褐青年鸡体重与胫长标准）、表 4-2（海兰 W-36 白壳蛋鸡体重与胫长标准）、表 4-3（迪卡褐父母代种鸡体重与胫长标准）、表 4-4（罗曼褐壳蛋鸡体重与胫长标准）、表 4-5（京红 1 号、京粉 1 号、京粉 2 号蛋鸡体重与胫长标准）。

表 4-1　海兰褐青年鸡体重与胫长标准

周龄	体重/(克/只)	体重均匀度	胫长/毫米
1	70		34
2	125	＞85％	40
3	190		46

续表

周龄	体重/(克/只)	体重均匀度	胫长/毫米
4	265		54
5	360	>65%	63
6	460		70
7	560		77
8	670		83
9	780		88
10	890	>75%	92
11	990		96
12	1080		99
13	1160		101
14	1230		103
15	1300	>85%	104
16	1370		105
17	1440		105
18	1480	>90%	106

注：以上数据仅供参考，具体数据以本品种饲养手册为准。

表4-2 海兰 W-36 白壳蛋鸡体重与胫长标准

周龄	体重/克	胫长/毫米	周龄	体重/克	胫长/毫米
6	390	62	14	1100	96
7	470	69	15	1160	97
8	550	76	16	1210	98
9	640	82	17	1250	98
10	740	87	18	1280	98
11	850	91	19	1300	99
12	950	93	20	1320	99
13	1030	95			

注：以上数据仅供参考，具体数据以本品种饲养手册为准。

表 4-3 迪卡褐父母代种鸡体重与胫长标准

周龄	体重/克	胫长/毫米	周龄	体重/克	胫长/毫米
1	70	33	11	870	91
2	110	40	12	960	95
3	160	46	13	1050	99
4	220	52	14	1140	101
5	310	58	15	1230	102
6	400	65	16	1310	103
7	500	71	17	1400	104
8	600	78	18	1480	105
9	690	83	19	1560	105
10	780	87	20	1650	106

注：以上数据仅供参考，具体数据以本品种饲养手册为准。

表 4-4 罗曼褐壳蛋鸡体重与胫长标准

周龄	公鸡		母鸡	
	体重/克	胫长/毫米	体重/克	胫长/毫米
4	310	58	282	54
6	520	73	415	66
8	740	86	585	78
10	980	98	778	88
12	1220	110	985	96
14	1460	119	1100	101
16	1720	123	1320	103
18	1950	125	1500	104
20	2130	126	1620	104

注：以上数据仅供参考，具体数据以本品种饲养手册为准。

表 4-5 京红 1 号、京粉 1 号、京粉 2 号蛋鸡体重与胫长标准

周龄	京红 1 号体重/克	京粉 1 号体重/克	京粉 2 号体重/克
1	70	65	75
2	115	110	125
3	180	180	180

续表

周龄	京红1号体重/克	京粉1号体重/克	京粉2号体重/克
4	280	270	270
5	380	360	370
6	470	450	460
7	580	550	550
8	680	660	660
9	780	760	760
10	880	850	850
11	980	940	940
12	1070	1020	1020
13	1150	1100	1100
14	1250	1170	1170
15	1330	1240	1240
16	1400	1310	1320
17	1480	1370	1400
18	1550	1420	1460

注：以上数据仅供参考，具体数据以本品种饲养手册为准。

3. 抽测时间

育成鸡的称测，白壳蛋鸡从 6 周龄开始，每 1～2 周抽测 1 次体重和胫长；褐壳蛋鸡从 4 周龄开始，每 1～2 周抽测 1 次体重，直到育成期末；产蛋鸡的称测每个月抽测 1 次。

4. 抽测数量

抽取的比例取决于鸡群大小，一般应占全群鸡数的 5％（5000 只以上的鸡群可抽取 2％～3％，5000 只以下的鸡群可抽取 5％），大群不应少于 100 只，小群也不应少于 50 只。

5. 体重的测量

体重测量可采用合适量程的电子秤进行（图 4-1）。逐只称重做好记录，并根据称重结果计算出群体体重均匀度。

图 4-1　体重称量

图 4-2　胫长的测量

体重均匀度是指鸡只实测体重值在平均体重±10%范围内所占的百分比。均匀度的计算方法如下。

首先计算该品种蛋鸡的标准体重±10%。因为要求的体重不是绝对数，而是有一定范围，即标准体重±10%＝体重范围。

例：某海兰褐育成鸡群 4 周龄平均体重为 265 克，超过或低于平均体重±10%的范围是

超过平均体重 10%的数值＝265＋（265×10%）＝291.5（克）

低于平均体重 10%的数值＝265－（265×10%）＝238.5（克）

然后根据实际称重结果统计出平均体重在±10%范围内的蛋鸡数量。达到这个范围的都算合格。

如某场 10000 只海兰褐青年鸡群中抽样 5%的 500 只中，标准体重±10%（291.5～238.5 克）范围内，即合格只数的鸡为 405 只。

最后计算群体的均匀度。

均匀度＝合格只数÷抽样只数×100%。按照此公式，该群体的均匀度为 405÷500×100%＝81%，则该鸡群的群体均匀度为 81%。

6. 胫长的测量

蛋鸡胫部的解剖部分是跖骨和跗骨，主要是跖骨。在养鸡学中胫部和跖部是通用的，胫长又称跖长。但胫长却不同于胫骨长度，应注意区分。不同品种的鸡胫长不完全相同。蛋鸡的胫长可采用游标卡尺进行测量，如图 4-2 所示。逐只测量，并做好记录。

胫长均匀度是指胫长的实测值在平均值±5%以内所占的百分数。其计算方法与体重均匀度一样。

7. 结果判定及应用

衡量体重和胫长的优劣分别用体重均匀度和胫长均匀度来表示。

鸡群体重均匀度在 70％以下为不合格，70％～76％时为合格，77％～83％为良好，84％～90％为优秀。

胫长的实测值处于标准值±5％范围内即为达标，蛋鸡体型和骨骼发育良好，超过标准 5％为超标，低于标准 5％为不达标。一般情况下，当平均胫长达标且胫长均匀度大于 90％时，后备蛋鸡的群体发育状况较为理想，为具备高产潜力的合格育成鸡群。

如果某鸡群的均匀度被判定为不合格，鸡场必须及时查找原因，并加以改正。如在料槽长度和位置、输料链的速度、断喙的质量、鸡群免疫状况、疾病及寄生虫等方面进行检查，找出导致均匀度差的原因。任何情况下 8 周时应对鸡群中体重太小的鸡进行矫正或淘汰。建议笼养时从 6 周开始把最轻的鸡分群放到上层笼内饲养，每个笼中装的鸡数一样。

8. 抽测要求

（1）每周的鸡数要点清，防止串群，并将伤残鸡剔除。

（2）称重的时间应予固定，称重在每周的同一天、同一时间、鸡空腹时进行。

（3）称重时要求用质量好、灵敏度高的电子秤，一只一只地称量，不可一次多只。

（4）为了客观反映鸡群的生长发育状况，在初次选择抽测鸡只时，笼养蛋鸡要挑选鸡舍内不同部位的鸡称重，如鸡笼的上层、中层、下层、靠近过道的、鸡舍两端的、靠近窗户的、四个角落的等，都要抽测到。笼养的做到定位称重，做好标记，每次都抽测，并认真做好每一只的记录，这样能够对比每周的增重情况。

（5）抽测没有上笼的群养育成鸡时，一般先将鸡舍内各区域的育成鸡统统驱赶，使各个区域的鸡分布均匀，然后随机在鸡舍的任一地方用木板或铁丝网等围出需要抽测数量的鸡，最后再对围栏内的鸡进行逐只抽测登记。如果鸡群被分开饲养在几个栏内，则需要从每个栏中抽称规定比例的鸡只。

（6）体重称量的结果还可以使用称重表，直接把体重数据记入柱形图，使体重在总体中的分布简单明了，一目了然。

三、断喙方法

断喙（图 4-3）是借助专用器械将雏鸡的喙尖端断去，上喙稍短，下喙稍长，俗称"地包天"。断喙是养鸡生产中重要的技术措施之一。断喙不但可以防止啄羽、啄趾、啄肛等啄癖的发生，还可节约饲料 5%～7%。断喙是一项精细的工作，必须由经过训练的、有经验的养殖人员来完成。如断喙不当，会造成鸡采食、饮水困难，会使鸡群不均匀，甚至造成雏鸡死亡、生长发育不良、均匀度差和产蛋率上升缓慢或无高峰等后果，给养鸡者带来很大的经济损失。

图 4-3　断喙操作

1. 断喙时机的选择

断喙时间在 7～10 日龄较为合适，此时断喙对蛋鸡体重生长发育的负面影响最小。并且在大多数情况下不需要在育成期进行第 2 次断喙。对第 1 次段喙效果不理想的，在 8～10 周内进行修喙。

2. 断喙的操作方法

根据鸡的大小选择断喙机合适的孔眼。操作者左手抓住鸡腿，右手拿鸡，将右手拇指放在鸡头上，食指放在咽下，稍施压力，使鸡缩舌。在离鼻孔 2 毫米处（指鼻孔到喙尖的距离），上喙断去 1/2，下喙断去 1/3，切刀在喙切面四周滚动烧灼 2～3 秒，压平切面边缘，达到止血和破坏生长点，阻止喙外缘重新生长的要求。合格的断喙和不合格的断喙分别见图 4-4 和图 4-5。

图 4-4　合格的断喙　　　　　图 4-5　不合格的断喙

3. 注意事项

① 断喙时鸡群要健康。避开免疫期。若与免疫接种重叠，可造成抗体效价上升。

② 检查断喙器，确保刀片温度（600～650℃，颜色暗红色）正确，以防止出血。刀片温度过低不行，但也不能过高，刀片温度过高会导致断喙以后长出水泡。每断喙 500 只鸡，用砂纸清理刀片。对使用次数过多、断喙效果差的刀片，应及时更换新的刀片。

③ 断喙前，断喙器要清洁消毒，防止烧烙时交叉感染。每小时检查 1 次刀片的温度。

④ 抓鸡动作要轻，不宜粗暴，以免造成更大应激。

⑤ 组织好人力物力，保证最短时间内完成，速度保持每分钟 15 只。

⑥ 断喙后增加料槽内料厚度。断喙伤口使鸡有痛感，若槽内料浅会增加痛感。

⑦ 为防止流血和感染，可在断喙前后 2 天，在饮水中加入维生素 K_3 和电解多维。

⑧ 虽在断喙时同时止血，但个别断喙后还会流血。仔细观察鸡群，对流血的重新烧烙止血。

⑨ 保证雏鸡充足饮水，增加饮水器的装水深度，调整水管的压力，使鸡群更易饮水。若使用乳头饮水器，应再保留真空饮水器 3～5 天。

四、育成鸡限制饲养技术

限制饲养是通过饲料投喂数量和饲料质量的调控，防止青年鸡即育成期鸡吃料过多而增加脂肪积累，从而保证育成鸡的正常生长发育，及形成蛋时鸡对营养物质的合理需要，这样的饲养技术称之为限制饲养技术。

限制饲养的优点很多，可以使蛋鸡延迟性成熟期，达到性成熟和体成熟同步，即卵巢输卵管充分发育，机体活动增强，开产母鸡产蛋整齐。有利于节省饲料，提高育成后的产蛋饲料利用效能，降低生产成本。还可以提高产蛋量，产蛋强度下降缓慢，降低产蛋期间死亡率。对种鸡来说，限制饲养可以使种鸡的体重符合品种标准并保持良好的繁殖体况，提高种蛋合格率、受精率和孵化率。

1. 限饲时间

限制饲养通常从育成鸡的第 6～8 周龄开始。

2. 限制饲养的方法

限制饲养的方法有限时、限质、限量 3 种。限时是指限定饲喂时间，有每天限时、每周停喂 1 天或每周停喂 2 天等不同方式；限量是指不限采食时间，但把每天每只鸡的平均饲喂量限制在充分采食量的 90%；限质是指降低日粮中某种营养水平，人为造成日粮不平衡。目前多采用限制采食量的方法。不管采用哪种方法，限制饲养只应当减少脂肪的积蓄，而不应妨碍鸡体其他器官和组织的发育。

3. 限饲操作

每周的饲料进食量多少应根据全群的平均体重和标准体重来决定。育成鸡的体重超过标准时，可以根据本场饲料来源情况采取以下三种方法中的一种。养鸡场购买全价配合饲料的，可以限制采食量，比自由采食减少 10%～20%，直到符合标准为止；如果养鸡场自己配制饲料，可以在日粮能量和蛋白质方面限制，增加纤维素，降低能量，降低蛋白质和氨基酸量，直到符合标准为止；无论是自配还是外购全价饲料，均可以在吃料时间上限制，每日定时采食或每周 1 天停料不停水，直到符合标准为止。

4. 限制饲养注意事项

① 限饲前应将体重过小和体弱的鸡剔出来或者淘汰，还应断喙，防止啄癖。育成鸡群整齐度太差时，还应按育成鸡体重大小分为超标、标准、未达标3个等级分群饲养。

② 定期称测体重，掌握好饲喂量。

③ 设置足够的饲槽。

④ 限饲时最好与控制光照同时进行，一般将光照时间控制在每日8小时以内，但不应少于6小时。

⑤ 注意观察鸡群动态，防止各种应激因素，当发病、接种疫苗或转群时，应停止限饲，改为自由采食。

⑥ 当母鸡产蛋率达到5%时，应停止限饲，要在1周内逐渐改变成产蛋鸡的日粮和饲养制度。

⑦ 限制饲养应以增加总体经济效益为目的，不能因"限饲"而造成过多的死亡或降低产品质量。还要做好饲养管理方面的工作，如提高环境温度，减少能量消耗，从而降低耗料量。

五、蛋鸡的强制换羽技术

产蛋鸡在自然条件下，经过1年左右的产蛋时间，才发生换羽而休产。自然换羽的过程很长，一般持续时间可达3~4个月，休产期需投入大量的成本，且鸡群中换羽很不整齐，产蛋率较低，蛋壳质量也不一致。为了缩短换羽时间，延长蛋鸡的生产利用年限，取得好的经济效益，常给鸡采取人工强制换羽。强制换羽与自然换羽相比，具有换羽时间短、换羽后产蛋较整齐、蛋重增大、蛋质量提高、破蛋率降低等优点。

1. 强制换羽适宜时间

最佳强制换羽日龄是蛋鸡达到350日龄，体质健壮、体重均匀的健康鸡群。对健康状况不佳的鸡群进行强制换羽，会造成死淘率增加，养殖成本变相提高。

2. 强制换羽方法

常用的强制换羽方法有药物法、饥饿法和药物-饥饿法。其中饥饿法由于操作简单最常用。

(1) 药物法　在饲料中添加氧化锌或硫酸锌，使锌的用量为饲料的 2%～2.5%。连续供鸡自由采食 7 天，第 8 天开始喂正常产蛋鸡饲料，第 10 天即能全部停产，3 周以后即开始重新产蛋。

(2) 饥饿法　饥饿法是传统的强制换羽方法。开始强制换羽后，鸡群头 3 天停水停料，注意，如果是炎热的夏季可以每天给水 1 小时。第 4 天开始给水，每天给水 2 次，每次半小时，继续停料。停料时间一般经过 9～13 天，具体时间根据鸡失重情况和脱毛情况掌握。以鸡体重下降 30% 左右为宜。在断料后第 5～7 天称重 1 次，接下来每 1～2 天称重 1 次。当鸡群中有 85% 左右的鸡体重下降达到 30% 左右时开始喂料，添加饲料量要逐步添加，第 1 天每只鸡饲喂 20 克，此后每天每只鸡递增 15 克，直至达到自由采食。要选择含有充足氨基酸和微量元素的饲料，使羽毛快速再生，各个指标达到标准。饲粮中蛋白质为 16%、钙 1.1%，待产蛋开始回升后，再将钙增至 3.6%。

停料过程中光照也要控制，因为光照与鸡卵巢的生理功能关系密切。开放式鸡舍采用自然光照，封闭式鸡舍光照时间，头 2 周光照缩短到 2 小时，这样可以促使卵巢退化。2 周后每天逐步增加光照的时间，直到每天光照 14 小时左右为止。光照增加幅度不要过大，否则不能充分发挥刺激卵巢重新发育功能。

换羽母鸡 6～8 天内停产，第 10 天开始脱羽，15～20 天脱羽最多，35～45 天结束换羽过程。30～35 天恢复产蛋，65～70 天达到 50% 以上的产蛋率，80～85 天进入产蛋高峰。

(3) 药物-饥饿法　药物-饥饿法首先对母鸡停水断料 2 天半，并且停止光照。然后恢复给水，同时在配合饲料中加入 2.5% 硫酸锌或 2% 氧化锌，让鸡自由采食，连续喂 6 天半左右。第 10 天起恢复正常喂料和光照，3～5 天后便开始脱毛换羽，一般在 13～14 天后便可完全停产，19～20 天开始重新产蛋，再过 6 周达到产蛋高峰，产蛋率可达 70%～75% 以上。

3. 注意事项

① 实施强制换羽前要整理鸡群。蛋鸡经过 11 个月左右的产蛋，鸡群中会出现病、残、弱及脱肛等个体，实施强制换羽前，要把这部分鸡剔除淘汰掉。同时，健康鸡群中也会出现个别已经进行换羽的蛋

鸡，应将这部分换羽的蛋鸡挑出来单独放在一个区域饲养。

② 对鸡群进行免疫接种、称重和做好饲料准备。在强制换羽实施前 1 周，对鸡群接种新城疫灭活疫苗。同时按照 5% 的比例对鸡群抽测体重，并做好记录，被抽测的鸡要做好标记，以便于实施过程中体重监控。强制换羽前要准备石粉或贝壳粒，及恢复期所需的饲料和维生素添加剂。

③ 换羽过程出现零星死淘为正常情况。一般会出现 3%～5% 的死淘，如果发现死亡率超过 5%，即为不正常，应及时查找出原因，采取必要措施。在夏季断水时，如果鸡的死亡率超过 5% 应立即饮水。在断料期间，如果鸡的死亡率超过 5%，应即刻给料。

④ 换羽成功率高低直接影响换羽后的产蛋率，换羽不成功，产蛋率跟换羽前基本一样。鉴定换羽是否成功，可以看蛋鸡主翼羽羽毛脱落情况，主翼羽更换越多，产蛋就越高，更换越少，产蛋率越低或所产下的蛋质量越差。

⑤ 换羽后在饲料里添加钙磷要充足，搭配要合理，以防止鸡体内钙的不足，影响鸡产蛋率及产蛋质量。

⑥ 换羽期间鸡舍温度不能忽高忽低，应保持在 15～20℃。为保持鸡舍温度适宜，夏季注意通风换气，舍内或舍外喷洒凉水，适当减少养殖密度，尽量将鸡舍温度降到 29℃ 以下；冬季注意保暖，舍内温度保持在 8℃ 以上。当鸡群产蛋率达到 50%，新生的羽毛才可以维持体温，舍内温度才能恢复正常。恢复喂料时要必须保证每只鸡均匀采食和饮水。

六、转群方法

转群是饲养蛋鸡过程中必须做的工作之一，也是非常重要的一项工作，因此，养鸡场（户）要把握好转群的时机和转群的方法，认真做好转群工作。

1. 转群的时机

一般在 17 周左右见蛋，因此必须在 16～17 周龄前上笼，让新母鸡在开产前有一段时间熟悉和适应环境，形成和睦的群序，并有充足时间进行免疫接种和其他工作。如果上笼过晚，会推迟开产时间，影响产蛋率上升；已开产的母鸡由于受到转群等强烈应激也可能停产，甚至有的鸡会造成卵黄性腹膜炎，增加死淘数。

2. 转群前准备

提前 1 周将鸡舍进行彻底消毒。准备好装鸡的塑料筐、抓鸡人戴的手套，在转群鸡舍要先放好饲料和饮水，保证鸡到就能吃喝。这样鸡群会安静一些，并在饲料中投喂 2～3 天维生素 C 或抗生素，以减少应激反应和增强抵抗力。为减少劳动力和时间消耗及多次抓鸡引起的应激，在转群时，未断喙或未注射鸡新城疫疫苗的，最好在转群前进行。

3. 实施转群

转群工作冬季在暖和的中午进行，夏季在凉爽的早晨进行。转群前让鸡空腹，抓鸡、放鸡动作要轻。要抓腿，不要抓翅膀，以防折断。装笼运输时，要少装勤运，防止压死，防止闷死鸡。

由有经验的人员把关，只选留合格的鸡转群或入笼。主要注意观察眼睛、冠髯发育，体重大小，胸腿发育，羽毛状况等，把那些病、弱、残等不健康鸡剔除，将来就可能得到一个健康而整齐度较好的鸡群。上笼时把较小的和较大的鸡留下来，分别装在不同的笼内，以便于下一步采取特殊措施加强管理，促使其均匀整齐。如过小鸡装在温度较高、阳光充足的南侧中层笼内，适当增加营养，促进其生长发育；过大鸡则应适当限饲。

按鸡笼容纳的鸡数，每个单笼一次入够数量，避免先入笼的欺负后入笼的鸡。育成期笼养的鸡，应注意转入蛋鸡舍相同层次的鸡笼，以免层次改变造成不良影响。

转群时要集中人力，在最短时间内完成转群工作。因为转群所花时间越少，对鸡的干扰就越轻。同时鸡舍灯光要暗一些，鸡的惊扰也就更少些。

七、更换饲料的方法

很多养鸡场（户）给鸡换料凭感觉，不懂得如何科学换料，影响了蛋鸡养殖的效益。根据不同季节、不同日龄给鸡科学换料，不但鸡生长快，还可增加母鸡体内的营养物质储备，从而确保母鸡开产整齐和持续连产。

一般蛋鸡每个生理阶段都有相应的饲料，这些饲料是根据蛋鸡的生长发育规律而定的，需要的粗蛋白质、代谢能以及氨基酸、矿物质、维生素等也是有区别的。因此，各个阶段的饲料不能相互代替。

通常是在需要换料的时候，如育雏料换成育成鸡饲料（9周龄的时候）、育成鸡饲料换成产蛋前期饲料（19周龄的时候）、产蛋前期饲料换成产蛋高峰期饲料（26周龄的时候）、产蛋高峰期饲料换成产蛋后期饲料（41周龄的时候）4个阶段，每个阶段提前5天开始换料，第1天给鸡添加20%的新料，同时减少原饲料20%，第2天添加40%新饲料，同时减少原饲料40%，以此类推，到第5天的时候全部换成新料，完成整个换料工作。

切忌突然更换饲料。鸡对采食有习惯性，若突然更换饲料，势必产生强烈的应激反应，影响鸡的食欲和产蛋量，有的甚至造成死亡。特别是蛋白质增高，而引起饮水量增加，鸡体往往因消化吸收不良而出现拉稀。因此，在换料的时候要提前给鸡几天的适应时间，采取逐渐替换的办法，切不可图省事一次性换料。

八、不产蛋蛋鸡的辨别方法

在蛋鸡的饲养过程中，为了增加养鸡的经济效益，降低养殖成本，保持鸡群的持续高产，一般要经常要对低产蛋鸡进行必要的淘汰。

一看外形。不产蛋母鸡性情较神经质，易惊吓，羽毛往往较整洁，经常梳理，但鸡冠萎缩苍白，鸡冠立起不倒，有白点或白霜，冠薄；如果是马立克氏病，鸡冠萎缩、没有温度、冠凉；若有紫冠、黑冠的鸡要及时淘汰。而产蛋鸡则性情温驯，羽毛呈土色、蓬乱、不油亮、不光滑，颈部、背部、胸部有羽毛脱落或掉光的现象。但鸡冠鲜红、柔软，细腻有温度，倒向一侧，神态活泼，眼睛明亮。

二看头脚。高产鸡产蛋前黄腿、黄嘴，褪色越多，产蛋率越高；250～300日龄的仍然眼圈及脚趾处皮肤较黄，黄腿、黄嘴的为低产鸡，或甚至为不产蛋鸡。产白壳蛋的鸡腿、嘴为正黄色；产粉壳蛋的鸡腿、嘴为棕黄色。

母鸡开始产蛋后，这些色素因为逐渐转移到蛋黄里，而在母鸡肛门、喙、眼睑、耳叶、胫部、脚趾等的黄色素缺乏补充，逐渐变成褐色-淡黄色-白色。一般情况下，春天育雏的鸡到秋天，产蛋鸡的这些部位的表皮层黄色素已经褪完，而停产鸡的这些部位仍呈黄色。

三看腹部。不产蛋母鸡腹部收缩，羽毛粗糙，两耻骨间仅能容纳1～2指；而产蛋鸡则腹部饱满、柔软，耻骨间可容纳3～4指。

四看肛门。不产蛋鸡肛门干燥而皱缩，圆形，呈黄色；而肛门阔约肌松弛，呈白色，较大，呈椭圆形，挤压阔约肌周围富有弹性，有湿润感，并立即收缩，流出黏性分泌物，这样的鸡为高产鸡。

五看粪便。不产蛋鸡粪干燥，多呈绿色；而产蛋鸡粪便成型饱满，湿润，形状成小头带白色，表面被覆一层白色黏液（即尿酸盐）。

六听声音。触摸不产蛋鸡则骚动不安，并发出"叽叽"的惊叫，长期不产蛋的鸡不叫，发现异常易"炸群"；而产蛋鸡却紧缩起翅膀，蹲伏在笼内，发出"咯咯"的叫声。高产鸡叫声洪亮，整齐均匀。

七看采食情况。辨别饲喂时，高产鸡如饿虎扑食、狼吞虎咽、食欲旺盛，吃时不抬头，迅速吃净。低产鸡挑食，甚至将饲料啄成一堆不吃。

八做记录，多观察。挑出产蛋率低的蛋鸡进行淘汰。对不产蛋的鸡还可采用7天记数法，第8天早8点采用摸裆法。对吃蛋的鸡，无隔离条件时及时淘汰。

以上八条一般符合2条以上就可能为低产蛋鸡，应及时淘汰。

九、蛋鸡光照管理技术

光照在刺激产蛋鸡垂体激素分泌活动，使促滤泡激素分泌增加，促进卵巢的生长发育等方面起着至关重要的作用。光照是蛋鸡生产过程中重要的饲养条件之一。制订科学合理的光照程序，可以最大限度地提高蛋鸡的生产能力和养殖场（户）的经济效益。实行人工控制光照或补充照明是现代养鸡生产中不可缺少的技术措施之一。

1. 不同周龄蛋鸡对光照强度的要求

适宜的光照强度有利于蛋鸡的正常生长发育，过强的光照可使鸡烦躁不安，造成严重的啄癖、脱肛和神经质。而低强度的光照能使体内的脂肪沉积加快，但照度太低，会使鸡的采食量下降，饮水减少，生产发育受阻。光照强度控制方法有两种：一是通过更换不同功率的灯泡调整亮度；二是通过调整电压来控制亮度。不管怎样调整，在每次开、关灯时要做到逐步由暗到亮、由亮到暗，给鸡一个适应过程，如果光照强度突然增强，可使鸡群的破壳蛋、软皮蛋、畸形蛋显著增多，鸡的猝死率提高。

实践证明，当光照强度为6～20勒克斯时鸡产蛋最多，若光线均匀，5.5勒克斯亦可维持鸡最高的产蛋水平。鸡的育成期以5勒克斯为佳，产蛋期以10勒克斯为宜。因此，光照强度应按照以下标准执行，即1周龄光照强度为20勒克斯；2～19周龄光照强度为5～10勒克斯；20～72周龄光照强度为10～20勒克斯。这里的标准是一个通用的标准，具体光照强度要按照所饲养蛋鸡品种的饲养手册规定的光照强度要求执行。

2. 蛋鸡光照管理的制订原则

雏鸡及育成期光照时间宜短或逐渐缩短，不宜逐渐延长，光照强度宜弱。产蛋期光照时间宜长，不宜逐渐缩短，强度也不可减弱。

3. 蛋鸡舍照明系统的设计和布置

首先要计算出鸡舍所需灯泡的数量，其计算公式如下。

鸡舍光照总功率＝鸡所需光照度×鸡舍内面积/6.15（普通灯泡每瓦大约发出6.15流明的光到达鸡背水平）

所需灯泡数量＝鸡舍光照总功率/灯泡瓦数

例如：有一个400平方米的育成鸡舍，育成鸡需要的光照强度按10（勒克斯），则该育成鸡舍总共需安装650（10×400/6.15）瓦的灯泡。如果是安装25瓦的灯泡，则需26盏灯泡（650/25）。如果是安装45瓦的灯泡，则需要15盏（650/45）灯泡。

也有按照灯泡距地面2米，每15平方米鸡舍安一个有良好反射灯罩的40瓦灯泡，在鸡所处高度照度为10勒克斯这个简易方法计算的。养鸡场也可以根据参考这个标准安装计算灯泡的数量。

比如，育雏第1周内，每15平方米的鸡舍安装一个40瓦的灯泡；第2周每15平方米的鸡舍换用一盏25瓦灯泡，并交叉排列安装灯泡；进入育成期交叉排列安装灯泡，每15平方米的鸡舍换用一盏30瓦灯泡。

注意不同灯具之间光照度的换算：1瓦LED灯泡＝3～5瓦节能灯＝12瓦普通白炽灯。

　　计算出鸡舍内需要多少个灯泡以后，接下来就是如何布置灯泡。灯泡布置的要求是，分布均匀，没有暗区，使鸡舍内光线均匀地照射到舍内的各个部位。灯泡的功率不宜大于 60 瓦，否则会引起鸡的啄癖。

　　采用阶梯式笼具饲养蛋鸡的，通常安装灯泡的高度为 2.0～2.4 米，即高出鸡笼顶层 40～60 厘米的地方为宜。灯泡间距一般为 3 米，灯与墙的距离应为灯泡间距的一半，即 1.5 米。一般鸡舍内的灯泡要选择在鸡舍过道的上方安装，安装两列以上的灯泡需要交叉排列，使舍内照度均匀。

　　采用叠层式笼具饲养蛋鸡的，采取高低两层布置形式，以保证各层鸡的光照条件比较均匀。通常下层灯离地面 1.8～2.2 米，上层灯离鸡笼顶部 0.2～0.4 米。

　　注意灯泡最好加圆形灯罩，可提高光效率 30％～40％。并经常擦拭灯泡，时刻保持灯泡的清洁，及时换掉坏灯泡。

4. 制订合理的光照管理程序

　　（1）密闭式鸡舍的光照管理程序　　饲养于密闭鸡舍的鸡群由于完全采用人工光照，光照强度和时间可以人为控制，因此可按所饲养蛋鸡品种规定的制度准确执行。

　　密闭式鸡舍处于 1～3 日龄的雏鸡要 24 小时开灯，这样有助于雏鸡适应新环境，学会采食和饮水。从 4 日龄开始，一直到育成期结束，也就是 18 周龄左右，每天的补光时间保持在 10～12 小时。光照时间要恒定，不可让有光照的时间递减或递增。具体人工光照的补充方法是，在雏鸡进入鸡舍前，把灯打开一直持续到 3 日龄结束。4 日龄至 18 周龄的开灯时间可以根据雏鸡 4 日龄当天第 1 次喂料的时间来确定。例如，如果第 1 次的喂料时间是在上午 9 点左右，就要提前 2 个小时开灯，即在早上的 7 点开灯，然后在晚上 7 点关灯。这样的开关灯时间要一直持续到育成期结束。

　　当鸡群长到 19 周龄的时候，就进入了产蛋期，此时要让有光照的时间做阶梯式的递增，光照增加以后，决不可再减少。从 19 周龄开始每周多补充 2 个小时的人工光照，直到每天的人工光照时长达到 14～16 小时。这个时期的开关灯时间采用早晨提前，晚上延迟的方法。也就是在每天早晨的 4 点到 6 点开灯，晚上 8 点到 10 点关灯即可。

（2）封闭式鸡舍和半开放式鸡舍光照管理程序 饲养于封闭式鸡舍和半开放式鸡舍光照的鸡群，由于封闭式鸡舍和半开放式鸡舍光照时间受自然光照影响，在制订光照程序时应与当地自然日照相结合。具体时间见表4-6。

表 4-6 不同纬度自然日照时间表

北半球	0°	10°	20°	30°	40°	50°	南半球
1 月 5 日	12：07	11：34	10：59	10：17	9：27	8：14	7 月 5 日
1 月 20 日	12：07	11：38	11：05	10：31	9：47	8：45	7 月 20 日
2 月 5 日	12：07	11：44	11：19	10：52	10：19	9：32	8 月 5 日
2 月 20 日	12：06	11：50	11：35	11：16	10：55	10：23	8 月 20 日
3 月 5 日	12：06	11：58	11：49	11：38	11：28	11：11	9 月 5 日
3 月 20 日	12：06	12：07	12：06	12：06	12：07	12：09	9 月 20 日
4 月 5 日	12：06	12：14	12：25	12：35	12：49	13：08	10 月 5 日
4 月 20 日	12：06	12：24	12：41	13：02	13：27	14：03	10 月 20 日
5 月 5 日	12：07	12：31	12：56	13：26	14：02	14：54	11 月 5 日
5 月 20 日	12：07	12：37	13：08	13：45	14：32	15：37	11 月 20 日
6 月 20 日	12：07	12：41	13：17	14：00	14：53	16：09	12 月 20 日
7 月 20 日	12：07	12：37	13：11	13：49	14：38	15：46	1 月 20 日
8 月 5 日	12：07	12：32	12：59	13：29	14：09	15：02	2 月 5 日
8 月 20 日	12：06	12：25	12：44	13：06	13：35	14：14	2 月 20 日
9 月 5 日	12：06	12：17	12：26	12：40	12：55	13：16	3 月 5 日
9 月 20 日	12：06	12：08	12：10	12：13	12：16	12：22	3 月 20 日
10 月 5 日	12：07	12：01	11：53	11：46	11：37	11：26	4 月 5 日
10 月 20 日	12：07	11：52	11：36	11：20	10：59	10：31	4 月 20 日
11 月 5 日	12：07	11：44	11：20	10：55	10：21	9：36	5 月 5 日
11 月 20 日	12：07	11：38	11：07	10：34	9：51	8：51	5 月 20 日
12 月 5 日	12：07	11：35	10：59	10：19	9：29	8：18	6 月 5 日
12 月 20 日	12：07	11：33	10：55	10：13	9：20	8：05	6 月 20 日

由于自然光照随着季节的变化而变化，以夏至和冬至为临界点，夏至到冬至的时候，每天的自然光照是一个由长到短的变化过程，而冬至到夏至的时候自然光照是一个由短逐渐变长的过程，所以对于封闭式鸡舍和半开放式鸡舍，要根据蛋鸡对光照需求的程度，对不同月份出壳的蛋鸡采取不同的自然光照和人工补光。

人工补充光照时间的计算应根据蛋鸡所需要的光照时间减去当地当时白天自然光照时间，补充光照应该在天亮前和天黑之后补足，缩短光照时可采用遮黑鸡舍的方法。

1~3日龄的雏鸡白天采用自然光照，晚间补充一定量的人工光照，使得每天的光照总时长达到23小时即可。开关灯的时间安排：距离天亮还有1小时的时候关灯，或者在晚间关灯1小时。

从4日龄开始直到7日龄，每天的光照总时长达到20小时即可。开关灯的时间安排为凌晨2点左右开灯，天明后关灯，天黑前再次开灯，到晚上10点左右关灯。

从2周龄开始一直到18周龄育成期结束，如果正处在春末到秋初这段时间，基本上采用自然光照即可。如果正处在秋末到春初这段时间，白天采用自然光照，晚间在天亮前或者天黑后补充1~2小时的人工光照，使得每天的光照总时长达到10~12小时即可。

19周龄以后，每周增加1小时的人工光照，在天亮前或者在天黑之后开灯，直到每天的光照时长达到14~16小时即可。

注意，不同时期内每天的开关灯时间和光照强度要固定，不能随意更改，以避免鸡群产生应激反应。如果遇到阴雨天或者鸡舍内的光线比较昏暗时，要及时开灯补充光照。

（3）特殊情况补充光照的方法　如雏鸡的均匀度低、开产的周龄没有见蛋、没有产蛋高峰等，导致这些现象的问题很多，有的甚至是综合性的，如防疫不当、温度湿度控制不合理、通风不良、饲料营养不充足等都会导致以上现象的出现。养鸡场一定要准确查找原因，同时在光照方面加以调整和补充。

对雏鸡均匀度低（低于70%）的光照补充方法：在原有光照制度的基础上，每天多补充一定量的人工光照，每天以半个小时到1小时为宜。这样可以促使雏鸡增加采食量，结合饲养管理的其他措施，当雏鸡的均匀度达到80%以上时，恢复到正常的光照即可。

对达到开产的周龄没有见蛋或者没有产蛋高峰，也多是由于管理措施不到位，导致鸡体发育不良或者是发育迟缓造成的。这个时候要及时查找原因，及时进行纠正，同时在原有光照基础上，每天多补充一定量的人工光照，以1～2小时为宜，以便刺激蛋鸡产蛋。

（4）蛋鸡的光照管理制度实例

0～3日龄，24小时光照

注：因初生雏视力差，为促进雏鸡及早熟悉环境，尽快饮水和吃料，采用长光照，而且光照强度稍大，用60瓦白炽灯或9瓦节能灯（20～30勒克斯），不宜离雏鸡太近，以免啄肛、啄羽发生。

4日龄后每天递减：

4日龄23小时，23：00～24：00熄灯

5日龄22小时，23：00～次日1：00熄灯

6日龄21小时，23：00～次日2：00熄灯

7日龄20小时，23：00～次日3：00熄灯

注：强度60瓦或9瓦节能灯。

8日龄19小时，即23：00～次日4：00熄灯

注：8～10日龄择时进行断喙，次日开始递减光照1小时。

9日龄18小时，即23：00～次日5：00熄灯

10日龄17小时，即22：30～次日5：30熄灯

11日龄16小时，即22：00～次日6：00熄灯

12日龄15小时，即21：30～次日6：30熄灯

13日龄14小时，即21：00～次日7：00熄灯

14日龄13小时，即20：30～次日7：30熄灯

注：光照强度更换为45瓦白炽灯或7瓦节能灯。

15日龄12.5小时，即20：00～次日7：30熄灯

16日龄12小时，即19：30～次日7：30熄灯

17日龄11.5小时，即19：00～次日7：30熄灯

18日龄11小时，即18：30～次日7：30熄灯

19日龄10.5小时，即18：00～次日7：30熄灯

20日龄10小时，即17：30～次日7：30熄灯

21日龄9.5小时，即17：00～次日7：30熄灯

注：光照强度减半（5～10勒克斯）。

22 日龄光照时间调至 9 小时后恒定不变，至 113～119 日龄加至 10 小时。

19 周龄开始每周递加半小时，从此只能加不能减，特殊情况除外！

总体要求：一是必须采用渐减光照制度；二是光照日出日落时间差距随各地季节变化而变化，依据鸡体发育情况，可自行合理调定。

十、养鸡场消毒技术

规模化蛋鸡场的消毒工作是保障鸡场安全生产的重要措施，通过消毒可以达到杀灭和抑制病原微生物扩散或传播的效果。消毒这项工作应该是很容易做到的，但鸡场常常会放松这些标准，甚至流于形式，从而不知不觉中让坏习惯得以形成。为了降低鸡群的疾病挑战，提高鸡群的健康水平、生长速度及效率及生产放心安全的鸡蛋，必须重视消毒工作。养鸡场的消毒通常有清舍消毒和带鸡消毒，这里介绍清舍消毒方法。

1. 养鸡场消毒的时机

（1）进鸡前消毒　购买雏鸡或者育成鸡进入产蛋舍的至少提前 1 周时间，对育雏舍或者蛋鸡舍及其周边环境进行 1 次彻底消毒，杀灭所有病原微生物。

（2）定期消毒　病源微生物的繁殖能力很强，无论养禽还是养畜，都要对畜禽圈舍及其周围环境进行定期消毒。规模养殖场都要有严格的消毒制度和措施，一般每月至少消毒 1～2 次。

（3）鸡转群或者淘汰出栏后　鸡转群或者淘汰出栏后，舍内外病原微生物较多，必须来一次彻底清洗和消毒。消毒鸡舍的地面、墙壁及其周边，所有的清理出的垃圾和粪便要集中处理，鸡粪可堆积发酵，垃圾可单独焚烧或者深埋，所有养殖工具要清洗和药物消毒。

（4）高温季节加强消毒　夏季气温高，病原微生物极易繁殖，是畜禽疾病的高发季节。因此，必须加大消毒强度，选用广谱高效消毒药物，增加消毒频率，一般每周消毒不得少于 1 次。

（5）发生疫情紧急消毒　如果畜禽发生疫病，往往引起传染，应立即隔离治疗，同时迅速清理所有饲料、饮水和粪便，并实施紧急消毒，必要时还要对饲料和饮水进行消毒。当附近有畜禽发生传染病时，还要加强免疫和消毒工作。

2. 清舍消毒的方法

（1）消毒前要做好准备　如参加消毒的人员穿着必要的防护服装，了解消毒剂的安全使用事项和处置办法。搬出可移动物件，如料槽、饮水器、清扫工具等，这些物件要单独清洗消毒。要记住将固定的供电设施绝缘！清洗消毒饮水系统（包括主水箱和过滤器）应单独进行。注意用消毒液清洗饮水系统的过程中乳头饮水器可能会堵塞，因此清洗完成后要检查所有的饮水器。

（2）准备消毒药物　消毒药物按作用效果分为高效、中效、低效3类。高效消毒药对病毒、细菌、芽孢、真菌等都有效，如戊二醛、氢氧化钠、过氧乙酸等，但其副作用较大，对有些消毒不适用；中效消毒药对所有细菌有效，但对芽孢无效，如乙醇、碘制剂等；低效消毒药属抑菌剂，对芽孢、真菌、亲水性病毒无效，如季铵盐类等。

（3）选择消毒液时，要根据消毒对象、目的、疫病种类，调换不同类型的药物。如对带鸡消毒，刺激性大，腐蚀性强的消毒药不能使用，如氢氧化钠等，以免造成人畜皮肤的伤害。

（4）配制消毒药液时，应按照生产厂家的规定和说明，准确称量消毒药，将其完全溶解，混合均匀。大多数消毒药能溶于水，可用水作稀释液来配制，应选择杂质较少的深井水或自来水，但需注意水的硬度，如配制过氧乙酸消毒液，最好用蒸馏水。有些不溶于或难溶于水的消毒药，可用降低消毒液表面张力的溶剂，以增强药液的消毒效果或消除拮抗作用。临床表明，乙醇配制的碘酊比用水配制的碘液好，相同条件下碘所发挥的消毒效力强。

（5）实施消毒作业　清洗消毒共分为以下 6 个基本步骤。

第一步：清除有机质。将栏舍内粪便、羽毛、垃圾、杂物、尘埃等清扫干净，不留任何污物。污物是消毒的障碍，干净是消毒的基础。因此，消毒前必须将栏舍空间、地面全部清理干净。要去除鸡舍内外的有机物，例如鸡笼、喂料车等设备上、墙壁上、地面上的粪污和血渍、垫料、泥污、饲料残渣和灰尘。

第二步：使用洗涤剂。用冷水浸透所有表面（天花板、墙壁、地板以及任何固定设备的表面），并低压喷洒清洗剂，如洗衣粉、洗洁精、多酶洗液等，最好是鸡场专用的洗涤剂。至少浸泡 30 分钟（最好更长时间，例如过夜）。注意一定不要把这个步骤省掉，洗涤剂可提高冲洗、清洁的效率，减少高压冲洗所需的时间，最主要的是因为有机质会令消毒剂失活，即便是彻底的热水高压冲洗都不足以打破保护细菌免遭消毒剂杀灭的油膜，只有洗涤剂可以做到这一点。

第三步：清洗。使用高压清洗机将栏舍用清水按照从顶棚→墙壁→地板，自上向下的顺序反复冲洗干净，特别要注意看不见的和够不到的角落，例如风扇和通风管、管道上方、灯座等等，确保所有的表面和设备均达到目测清洁。

最好用热达到 70℃ 以上的净水高压冲洗。注意不能使用高压冲洗的设备，如雏鸡采暖灯，必须通过手工清洗。要确保脏水可自由排出，而不会污染其他区域。

第四步：消毒。采用消毒剂进行正式消毒。鸡舍地面、墙壁、笼具用 3%～5% 的烧碱水洗刷消毒，待 10～24 小时后再用水冲洗一遍。舍内空气可采用喷雾消毒法，气雾粒子越细越好。消毒剂选择复合酚类、强效碘、氯类均可。按标签推荐用量配制药剂，特殊时期、疫病流行期可适当加大浓度。墙面也可用生石灰水粉刷消毒。

第五步：干燥。细菌和病毒在潮湿条件下会持续存在，所以在下一批鸡进舍之前舍内应彻底干燥。消毒完毕后，栏舍地面必须干燥 3～5 天，整个消毒过程不少于 7 天。7 天的干燥可将细菌负载降低至原来的 1/10。

第六步：熏蒸消毒。熏蒸消毒法适合空鸡舍的彻底消毒。利用福尔马林与高锰酸钾发生反应快速释出甲醛气体杀死病原微生物，对杀灭墙缝、地板缝中残余的病原微生物和虫卵效果好。熏蒸消毒之前，先要对鸡舍的所有门窗、墙壁及其缝隙等进行密封，可将鸡笼、水槽、料槽等用具移进同时进行消毒。

按每立方米空间使用福尔马林溶液 28 毫升、高锰酸钾 14 克的标准（刚发生过疫病的鸡舍，要用 3 倍的消毒浓度，即每立方米空间用福尔马林溶液 42 毫升、高锰酸钾 21 克）准备整个鸡舍所需要的高锰酸钾和福尔马林溶液，然后将高锰酸钾放入消毒容器内置于鸡舍内，如果鸡舍面积过大，可以分成若干个消毒容器，分别放置在鸡舍内不同的部位，并将与高锰酸钾放入量相当的福尔马林溶液放在装有高锰酸钾的消毒容器旁边。

操作时，将福尔马林溶液全部倒入盛有高锰酸钾的消毒容器内，然后迅速撤离，把鸡舍门关严并进行密封，2～3天后打开通风即可。

熏蒸消毒的注意事项：

① 甲醛气体的穿透能力弱，只有表面的消毒作用。故进行熏蒸消毒之前，先要对鸡舍地面、墙壁和天花板等处的粪便、灰尘、蜘蛛网、鸡羽毛、饲料残渣等污渍和杂物进行彻底清扫，然后用高压喷雾式水枪对其进行冲洗，确保鸡舍内任何地方皆一尘不染，以便使甲醛气体能够和病毒、芽孢、细菌及细菌繁殖体等病原微生物充分接触。

② 能够对鸡舍进行熏蒸消毒的有效药物是甲醛气体，它在鸡舍内的浓度越高、停留时间越长，消毒的效果就越好。因此，熏蒸消毒之前，一定要用塑料薄膜或胶带将鸡舍的所有门窗、墙壁及其缝隙等密封好。

③ 盛消毒液的容器要比消毒液体积大5～10倍，以免剧烈反应时溢出容器外，因为福尔马林和高锰酸钾均有腐蚀性，持续时间达10～30分钟，并释放出大量的热。最好用耐腐蚀、耐热的陶瓷或搪瓷容器。

④ 用于熏蒸消毒的福尔马林浓度不得低于35%，它与高锰酸钾的混合比例要求达到2∶1。福尔马林和高锰酸钾的混合比例是否合适，可根据其反应结束后的残渣颜色和干湿程度进行判断：若是一些微湿的褐色粉末，说明比例合适；若呈紫色，说明高锰酸钾用量过大；若太湿，说明福尔马林用量过大。

⑤ 消毒容器应均匀地置于鸡舍内，且尽量离舍门口近一些，以便使甲醛气体能够更好地弥漫于整个鸡舍空间和有利于工作人员操作结束后迅速撤离。操作时，工作人员应先将高锰酸钾放入消毒容器内，然后按比例倒入福尔马林，绝对禁止向福尔马林中放入高锰酸钾。

⑥ 为防止甲醛聚合沉淀，舍温应保持18℃以上，温度越高，消毒效果越好，相对湿度也应在65%以上。为了达到上述要求，可通过在鸡舍内用火炉加热的方法使温度保持在18～26℃，用喷雾器喷洒清水或按每立方米空间用清水6～9毫升加入高锰酸钾6～9克的办法，使相对湿度上升到65%以上。

⑦ 在进行熏蒸消毒鸡舍之前，要打开所有门窗通风换气2天以

上，排净其中的甲醛气体。如果急需使用，先按每立方米空间使用碳酸氢铵（或者氯化铵）5克、生石灰10克、75℃的热水10毫升的标准，将它们放入消毒容器内混合均匀，用其产生的氨气中和甲醛气体30分钟，最后打开鸡舍门窗通风换气30～60分钟。

十一、带鸡消毒的方法

带鸡消毒（图4-6）就是对鸡舍内的一切物品及鸡体、空间用一定浓度的消毒药液进行喷洒消毒。它是集约化养鸡综合防疫的重要组成部分，是控制鸡舍内环境污染和疫病传播的有效手段之一。尤其对那些隔离条件差，不同批次的鸡在同一鸡场饲养及各种疫病经常发生的老鸡场更为有效。带鸡消毒既能直接杀灭隐藏于鸡舍空气中的病原微生物，又能直接杀灭鸡体表、呼吸道浅表滞留的病原体。对马里克氏病、传染性法氏囊、新城疫有良好的预防作用，对细菌性疾病如葡萄球菌病、大肠杆菌病、沙门氏杆菌病、支原体等也有良好的防治作用，尤其对预防传染性鼻炎、支原体病等呼吸道系统疾病的效果更佳。此外，还可以防暑降温、提高湿度、净化空气、改善鸡舍环境，也利于饲养人员的健康。

图4-6　带鸡消毒操作

带鸡消毒应包括鸡体消毒和地面、墙壁、天棚等鸡舍内的空间和环境的消毒，而不应仅仅是鸡体消毒。

1. 消毒前清洁环境

带鸡消毒前应扫除屋顶、墙壁、鸡舍通道的灰尘等污染物，以提高消毒效果和节约药物用量。尽可能彻底地扫除鸡笼、地面、墙壁、物品上的鸡粪、羽毛、粉尘、污秽垫料和屋顶蜘蛛网等。

2. 冲洗干净

主要是用清水冲洗地面、粪沟、排污沟、下水道等地方，冲洗的目的是将污物冲出鸡舍，提高消毒效果。冲洗的污水应由下水道或暗水道排流到远处，不能排到鸡舍周围。

3. 合理选择消毒药

消毒药必须广谱、高效、强力，对金属、塑料制品的腐蚀性小，对人和鸡的吸入毒性、刺激性、皮肤吸收性小，不会残留在鸡肉和蛋中。对鸡体喷雾消毒可用的消毒剂有过氧乙酸、新洁尔灭、次氯酸钠、菌毒敌、百毒杀、复合酚等。对下水道和排污沟等地方消毒可用氢氧化钠（但一定要在消毒后再冲洗）。

4. 科学配制消毒药液

配制消毒药液用杂质较少的深井水或自来水较好。一般喷雾量按每平方米 30～50 毫升计算，平养喷雾量可少些，笼养喷雾量应多些；雏鸡喷雾量少些，中大鸡喷雾量多些。

消毒液的浓度要均匀，对不易溶于水的药应充分搅拌使其溶解。消毒药液温度由 20℃提高到 30℃时效力可增加 2 倍，所以配制消毒药液时要用温水稀释。一般水温应控制在 40℃以下。寒冷季节水温要高一些，以防水分蒸发引起鸡受凉而患病；炎热季节水温要适当低一些，选在气温高的时候，以便消毒的同时还能起到降温作用。消毒液稀释后稳定性变差，不宜久存，消毒药液应现用现配，一次用完。

5. 正确实施消毒

带鸡消毒可使用雾化效果较好的自动喷雾装置或农用小型背包式喷雾器。要控制好雾滴的大小，雾粒太小易被鸡吸入呼吸道，引起肺水肿，甚至诱发呼吸道疾病；雾粒太大易造成喷雾不均匀和增加鸡舍湿度。雾粒大小控制在 80～120 微米，喷头距鸡体 50 厘米左右为宜。喷雾时喷头向上，将喷头嘴向上以划圆圈方式先内后外逐步喷雾，使消毒药液像雾一样缓慢下落，不得直接喷在鸡体上。喷雾时以地面、墙壁、天花板均匀湿润和鸡体表微湿为止，喷雾时应将舍内温度较平时提高 3～4℃，冬季寒冷，不要把鸡体喷的太湿；夏季可选用大雾滴的喷头，有利于降温和减少鸡的热应激。

密闭式鸡舍亦可选用易挥发的消毒药挂放在进风口处，随着空气进入鸡舍，达到鸡舍空气消毒的效果。

一般每周带鸡消毒 1～2 次，发生疫情期间每天带鸡消毒 1 次。带鸡消毒不适合太小的雏鸡，至少在 1 周龄以后方可实行，消毒时间可以根据禽舍内的污染情况而定，一般在育雏期 42 日龄以前每周进行 1 次，育成期 7～10 天进行 1 次。

6. 注意事项

① 活疫苗免疫接种前后 3 天内应停止带鸡消毒，以免影响免疫效果。

② 喷雾消毒时间最好固定，宜在光线较暗条件下进行，以防应激。

③ 消毒后应加强通风换气，以利鸡体及鸡舍干燥。

④ 根据不同消毒药的特性、成分、原理、消毒作用，交替使用，以防产生抗药性。一般每 3～4 周更换一种。

十二、免疫接种技术

免疫接种是用人工方法将免疫原或免疫效应物质输入到鸡体内，使鸡体通过人工自动免疫或人工被动免疫的方法获得防治某种传染病的能力。用于免疫接种的免疫原（即特异性抗原）、免疫效应物质（即特异性抗体）等皆属生物制品。

《无公害食品　畜禽饲养兽医防疫准则》（NY/T 5339—2006）规定：畜禽饲养场应根据《中华人民共和国动物防疫法》及其配套法规的要求，结合当地疫病流行的实际情况，制订免疫计划，有选择地进行疫病的预防接种工作；对国家兽医行政管理部门不同时期规定需强制免疫的疫病，疫苗的免疫密度应达到 100%，选用的疫苗应符合《中华人民共和国兽用生物制品质量标准》，并注意选择科学的免疫程序和免疫方法。

1. 疫苗的类型

疫苗是指由病原微生物及其产物制成的并接种动物后能激发机体产生自动免疫，从而预防疫病的一类生物剂。用细菌制成的叫菌苗；

用病毒制成的叫疫苗，另外还有一些类毒素、灭活疫苗和亚单位疫苗以及各种新型的疫苗等。

弱毒活疫苗是通过物理的、化学的和生物的方法获得的减毒毒株或从天然毒株中筛选出自然弱毒株制备的疫苗。其优点是接种较少量就可诱导产生坚强的体液和细胞免疫，免疫力持久，无须使用佐剂，产量高，生产成本低。其缺点是残毒在鸡群中持续传递后毒力有增强、返祖为毒力型的可能；弱毒苗多制成冻干苗，以便于运输和延长保存期，如克隆-30、新城疫（ND）Ⅰ系疫苗，传染性支气管炎（IB）弱毒疫苗，鸡传染性喉气管炎（ILT）弱毒疫苗和马立克病（MD）疫苗等。病原体是个活体，会有变异。如 IB 病毒、传染性法氏囊（IBD）病毒引起的疾病，用标准株疫苗不行，必须用变异型病毒制造的疫苗才有效，这种疫苗称为变异株疫苗。

灭活疫苗也称死苗，是将病原体用物理的或化学的方法，使细菌或病毒丧失感染性或毒性，但仍保持其免疫原性。最常用的灭活方法是使用化学灭活剂如福尔马林。灭活苗的优点是研制周期短、无毒、安全并易于保存运输，疫苗稳定，便于制备多价或多联苗，不受干扰，能刺激机体产生较长时间的较高水平的体液免疫应答。但死苗不能在体内复制，所以，每单位容积内要含有大量抗原。为了增强灭活苗的免疫效果，做疫苗时必须加入适当的佐剂。

单价疫苗是利用同一种微生物菌株或同一种微生物中的单一血清型菌株的增殖培养物制备的疫苗，或简称单苗。单苗可对单一血清型微生物所致的疫病有免疫保护作用，如新城疫各疫苗株制备的疫苗，都能使被接种鸡获得完全的免疫保护，但单价苗仅能对多血清型微生物所致疾病中的对应血清型有保护作用，而不能使被免疫鸡获得对所有血清型的免疫保护，如预防 MD 的火鸡疱疹病毒冻干苗，只对 MD 血清Ⅰ型毒株有效免疫保护，而对血清Ⅱ型等其他血清型毒株无保护作用。

多价疫苗是指用同一种细菌中若干血清型菌株的增殖培养物共同制备的疫苗。多价疫苗能使免疫鸡完全的免疫保护，并且可在不同地区使用，如 MD 二价疫苗、IBD 三价疫苗等。

多联疫苗：又称混合疫苗，指利用不同细菌联合制成的疫苗。这种疫苗具有减少接种次数、使用方便等优点，可以达到免疫一次预防几种疫病的目的。多联疫苗根据实际疫病流行情况、微生物组合的多少，有二联疫苗、三联疫苗、四联疫苗等之分，如 ND、IB 二联苗，ND、IB、EDS（减蛋综合征）-76 三联苗等。

2. 常用的疫苗介绍

已经商品化的常规疫苗达 60 多种。主要传染病中，除白血病、网状内皮增生症、沙门氏菌病外，几乎都有商品化疫苗，尤其是一些新病如鸡贫血因子、肿头综合征也有了疫苗。在常规商品疫苗中，灭活苗的比例占 70%。而且多为 2～4 联疫苗，一次免疫可预防多种传染病，简单而节省人工。蛋鸡常用疫苗及使用方法见表 4-7。

表 4-7　蛋鸡常用疫苗及使用方法

名称	用途	用法	免疫期	注意事项
鸡新城疫中等毒力活疫苗（Ⅰ系，Mukteswar 株）	用于经鸡新城疫低毒力活疫苗接种过的 2 月龄以上鸡	按瓶签注明羽份，用灭菌生理盐水、蒸馏水或水质良好的冷开水稀释，皮下或胸部肌内注射，每只 1 毫升（1 羽份），点眼剂量为每只 0.05 毫升（1 羽份），也可刺种和饮水接种	注射疫苗后 72 小时（3 天）产生免疫力，免疫期 1 年	不得用于雏鸡；对纯种鸡有反应；产蛋鸡免疫可能影响产蛋，产软壳蛋
鸡新城疫活疫苗（CS2 株）	用于预防鸡新城疫。专供已经用鸡新城疫低毒力活疫苗接种过的鸡使用	适合于 1 月龄左右鸡。按瓶签注明的羽份，用灭菌生理盐水或适宜的稀释液稀释，皮下或胸部肌内注射 1 毫升	免疫期为 1 年	(1)不得用于初生雏鸡 (2)本疫苗对纯种鸡反应较强，产卵鸡在接种后 2 周内产卵可能减少或产软壳蛋，因此，最好在产卵前或休产期进行接种 (3)在有成鸡和雏鸡的饲养场，使用本疫苗时，应注意消毒隔离，避免苗毒的传播，引起雏鸡的死亡 (4)疫苗加水稀释后，应放冷暗处，必须在 4 小时内用完

续表

名称	用途	用法	免疫期	注意事项
鸡新城疫活疫苗(Clone 30株)	用于预防鸡新城疫	滴鼻、点眼、饮水或喷雾接种均可。按瓶签注明的羽份,用生理盐水或适宜的稀释液稀释。滴鼻或点眼,每只0.05毫升;饮水或喷雾,剂量加倍		(1)有鸡支原体感染的鸡群,禁用喷雾接种 (2)稀释后,应放冷暗处,限在4小时内用完 (3)饮水接种时,饮水中应不含氯等消毒剂,饮水要清洁,忌用金属容器 (4)用过的疫苗瓶、器具及未用完的疫苗等应进行无害化处理
鸡新城疫Ⅱ系活疫苗	预防鸡新城疫	两个月以内的雏鸡。10倍稀释后滴鼻、点眼、注射、饮水或气雾	免疫7~9天产生免疫力,免疫期受多种因素影响,3~6周不等	免疫后10天应监测抗体,滴度不上升时应继续免疫,并采取必要的措施
鸡新城疫Ⅲ系(F系)活疫苗	预防鸡新城疫	7~8日龄雏鸡。10倍稀释后滴鼻、点眼用,液可气雾免疫用	7~9天产生免疫力,免疫期受多种因素影响,3~6周不等	免疫后10天应监测抗体,没有上升时应继续免疫,该苗生产少,应少用
鸡新城疫灭活疫苗(La Sota株)	预防鸡新城疫	颈部皮下注射。14日龄以内雏鸡,每只0.2毫升,同时用La Sota株或Ⅱ系活疫苗按瓶签注明羽份稀释后进行滴鼻或点眼(也可用Ⅱ系活疫苗进行气雾接种)。肉鸡用上述方法接种1次即可 60日龄以上的鸡,每只0.5毫升,免疫期可达10个月。用活疫苗接种过的母鸡,在开产前14~21日接种,每只0.5毫升,可保护整个产蛋期	免疫期为4个月	(1)切忌冻结,冻结后的疫苗严禁使用 (2)使用前,应将疫苗恢复至室温,并充分摇匀 (3)接种时,应做局部消毒处理 (4)用过的疫苗瓶、器具及未用完的疫苗等应进行无害化处理 (5)用于肉鸡时,屠宰前21日内禁止使用;用于其他鸡时,屠宰前42日内禁止使用

续表

名称	用途	用法	免疫期	注意事项
鸡新城疫油乳剂灭活疫苗	预防鸡新城疫	雏鸡 0.25 毫升,成鸡 0.5 毫升,皮下注射	注射育苗后 2 周产生免疫力,免疫期 3～6 个月不等	必须逐只注射,剂量一定要准确,严禁冻结保存,免疫后仍需要进行监测,疫苗质量影响免疫期
鸡马立克氏病活疫苗	用于预防鸡马立克氏病	各种品种 1 日龄雏鸡均可使用,肌内或皮下注射。按瓶签注明羽份,用稀释液稀释成 0.2 毫升/羽份,每羽 0.2 毫升	接种后 8 日可产生免疫力,免疫期为 18 个月	(1)应在液氮中保存和运输 (2)从液氮中取出后应迅速放于 38℃ 温水中,待完全融化后加稀释液稀释,否则影响疫苗效力 (3)稀释后,限 1 小时内用完。接种期间应经常摇动疫苗瓶使其均匀 (4)接种时,应作局部消毒处理 (5)用过的疫苗瓶、器具和未用完的疫苗等应进行无害化处理
鸡马立克氏病火鸡疱疹病毒活疫苗	预防鸡马立克病	适用于各品种的 1 日龄雏鸡,肌内或皮下注射。按瓶签注明羽份,加 SPG 稀释,每羽 0.2 毫升	免疫期为 1.5 年,免疫后 2～3 周产生免疫力	(1)已发生过马立克氏病的鸡场,雏鸡应在出壳后立即进行项防接种 (2)疫苗应随配随用,用专用稀释液稀释。稀释后放入盛有冰块的容器中,必须在 1 小时内用完
鸡马立克病二价冷冻疫苗	预防高发区鸡马立克病	1 日龄皮下或肌内注射 0.2 毫升。0.2 毫升中含Ⅰ、Ⅱ型毒共 3000 个蚀斑单位以上	接种 1 周后产生免疫力,可获终生免疫	同鸡马立克氏病活疫苗

名称	用途	用法	免疫期	注意事项
鸡传染性法氏囊病活疫苗（中等毒力）	预防法氏囊病	供有母源抗体的雏鸡饮水免疫用，也可用滴眼及口服法免疫，首次免疫在 2 周龄左右，二次免疫于 3 周后进行	3～5 个月	(1)免疫前应按规定用琼脂扩散法测定母源抗体 (2)免疫前后应严格消毒，将鸡舍及环境中的传染性法氏囊病病毒降至最低程度，才能保证免疫效果
鸡传染性法氏囊病灭活疫苗	通过种蛋传递母源抗体，保护雏鸡在 3～4 周龄不患法氏囊病	对经过二次活疫苗免疫过的种母鸡，在 18～20 周龄和 40～42 周龄时颈部皮下注射	10 个月	在 40～42 周龄时注射第 2 次灭活苗后，才能保证产蛋后期的种母鸡有较高的母源抗体，并使子代抗体均匀一致
鸡传染性法氏囊病活疫苗（弱毒苗）	预防法氏囊病	供无母源抗体的雏鸡在 1～7 日龄经饮水或点眼、口服用，二次免疫 2 周后进行	2～3 个月	免疫前后应对鸡舍环境进行严格的消毒，将传染性法氏囊病病毒降低至最低程度
鸡传染性支气管炎疫苗 H52	用于雏鸡支气管炎病二免	4 周龄以上雏鸡，滴鼻或饮水	5～6 个月	本疫苗中等毒力，适用于经过 H120 免疫过的鸡应用。对肾毒株引起的肾型传染性支气管炎无效
鸡传染性支气管炎疫苗 H120	预防 3 周龄以内鸡的支气管炎	滴鼻或饮水	3～4 周	本疫苗弱毒力适用 1 月龄的鸡，对肾毒株引起的肾型传染性支气管炎无效
传染性支气管炎、鸡新城疫二联活疫苗	预防鸡新城疫和鸡传染性支气管炎	(1)1 日龄以上用 H120＋Ⅱ系二联苗进行滴鼻，饮水用量加倍 (2)4 周后用 H52＋Ⅱ系二联苗饮水免疫 (3)4 个月后用 H52＋Ⅰ系二联苗饮水免疫	1 年	饮水免疫中不得使用金属饮水器；不用含氯清洁水稀释疫苗；水中加入 0.5% 的脱脂奶粉；根据日龄计算饮水量

续表

名称	用途	用法	免疫期	注意事项
鸡传染性喉气管炎弱毒活疫苗	预防鸡传染性喉气管炎	对8～10周龄的鸡点眼、滴鼻或饮水接种	6个月	本疫苗毒力较强,不得用于8周龄以下的鸡,没有发生过本病的地区不要使用此苗
鸡痘鹌鹑化弱毒冻干活疫苗	预防鸡痘	按规定稀释后在翅下刺种,按说明书规定的稀释倍数并刺种1月龄以内雏鸡刺1下,1月龄以上雏鸡刺两下	雏鸡2个月,大鸡5个月	接种苗后10天抽测0.5%的鸡,刺种部有痘痂形成则有效,否则应重新接种
鸡痘弱毒冻干苗	预防鸡痘	按含毒实量,用50%甘油磷酸缓冲盐水稀释50倍,20日龄以下刺种1下,20日龄以上刺种2下,60日龄后再刺种1下	雏鸡2个月,大鸡5个月	接种苗后10天抽测0.5%的鸡,刺种部有痘痂形成则有效,否则应重新接种
鸡葡萄球菌多价灭活苗	预防雏鸡葡萄球菌病	20日龄以内雏鸡皮下注射	1～1.5个月	免疫期不长,免疫后保护易感鸡(40～60日龄)少发病
鸡脑脊髓炎弱毒活疫苗	免疫种鸡,传递母源抗体,保护雏鸡	对10周龄及产蛋前1个月鸡饮水免疫	保护子代鸡6周龄内不发生本病	本疫苗对4周龄内的雏鸡毒力较强,使用中严防传染给易感雏鸡
禽霍乱氢氧化铝弱毒疫苗	预防群霍乱	对3个月的鸡注射0.5毫升含2000万个活菌	3个半月	必须使用专用的20%氢氧化铝胶生理盐水稀释。若第1次注射后8～10天再注射1次,可使免疫力提高并延续
禽霍乱油乳剂灭活菌苗	预防禽霍乱	2个月龄以上鸡颈部皮下或肌内注射1毫升	6个月	严禁冻结保存
副鸡嗜血杆菌灭活油佐剂苗	预防鸡传染性鼻炎	30～40日龄的鸡肌内注射0.3毫升,120日龄左右在重复注射0.5毫升	大鸡6个月以上,40日龄以下鸡为3个月	根据疫情,必要时才免疫注射

续表

名称	用途	用法	免疫期	注意事项
鸡新城疫病毒（La Sota 株）、禽流感病毒（H9 亚型，SS 株）二联灭活疫苗	用于预防鸡新城疫和由H9 亚型禽流感病毒引起的禽流感	颈部皮下或肌内注射。1～5 周龄鸡，每只 0.3 毫升；5 周龄以上鸡，每只 0.5 毫升；母鸡在开产前 2～3 周接种，每只 0.5 毫升	4 个月	（1）严禁冻结，在运输过程中应避免日光直射 （2）使用前应先放置室温，摇匀后使用 （3）若出现破损、异物或破乳分层现象，切勿使用 （4）仅用于健康家禽预防接种。疫苗开启后限当日用完，残留的疫苗要报废 （5）接种器具必须灭菌 （6）屠宰前 28 日内禁用 （7）当鸡群新城疫或禽流感 H9 亚型的 HI 抗体少于 4.0lg2 时，应根据生产需要合理安排免疫
鸡新城疫、传染性支气管炎、减蛋综合征三联灭活疫苗（La Sota 株 ＋M41 株＋K-11 株）	用于预防鸡新城疫、鸡传染性支气管炎和减蛋综合征	颈部皮下或胸部肌内注射。开产前 1 个月左右的产蛋鸡，每只鸡 0.5 毫升	免疫期约为 4 个月	（1）体质瘦弱、患有其他疾病的鸡，禁止使用 （2）疫苗开启后限当日用完，残留的疫苗要报废 （3）接种时，应作局部消毒处理，且接种器具必须灭菌 （4）接种本疫苗的种鸡的子代鸡具有较高的抗体水平，因此，应对子代鸡的有关免疫程序进行适当调整。建议免疫期内的种鸡的子代鸡于10～14 日龄时初次进行鸡新城疫、鸡传染性支气管炎活疫苗接种

续表

名称	用途	用法	免疫期	注意事项
鸡新城疫、传染性支气管炎、禽流感（H9 亚型）、传染性法氏囊病四联灭活疫苗（La Sota 株＋M41 株＋YBF003 株 ＋ S-VP2 蛋白）	用于预防鸡新城疫、传染性支气管炎、H9 亚型禽流感、传染性法氏囊病	肌内或颈部皮下注射。7～14 日龄雏鸡，每只 0.3 毫升；14 日龄以上鸡，每只 0.5 毫升	接种后 21 日产生免疫力。雏鸡免疫期为 4 个月；成鸡免疫期为 6 个月	（1）该疫苗免疫前或免疫同时应用鸡新城疫、鸡传染性支气管炎活疫苗作基础免疫 （2）体质瘦弱、患有其他疾病的鸡，禁止使用 （3）应仔细检查疫苗，如发现破乳、疫苗中混有异物等情况时，不能使用 （4）使用前应先使疫苗恢复到常温，并充分摇匀 （5）疫苗启封后，限当日使用 （6）本品不能冻结 （7）注射器具用前需经消毒，注射部位应涂擦 5％碘酒消毒 （8）用过的疫苗瓶、器具和未用完的疫苗，应经无害化处理后废弃

3. 常用的免疫接种方法

　　免疫是一项技术性很强的细致工作，每一种疫苗都有一定的免疫方法，只有正确地使用才能获得预期的效果。常用的免疫方法有饮水、滴鼻、点眼、皮下、肌注、刺种、涂擦和喷雾等。在生产中采用哪一种方法，应根据疫苗的种类、性质及本场的具体情况决定。

　　（1）饮水法　饮水免疫法（图 4-7）是将弱毒疫苗混入饮水中，让鸡群在 1～2 小时内饮完的免疫接种方法。加入疫苗前，给鸡群禁水 30～90 分钟或更长，取决于气候和渴的程度，如夏季最好夜间停水，清晨饮水免疫。免疫接种前，检查饮水器和乳头是否清洁和运行正常。将饮水器反复洗刷干净，再用凉开水冲洗一遍，确保所有水消毒系统已关闭，水管内无残留消毒剂或异物，仅有清洁的水。彻底排空整个水管系统，确保所有的水都被排干，特别是水箱底部和水管系统最低处的水。

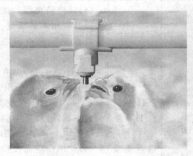

图 4-7　饮水免疫法

预测饮水量，应能够在约 2 小时饮完。饮水量大约是前 1 天饮水量的 1/7。如 5～15 日龄的鸡每只 5～10 毫升，16～30 日龄的鸡 10～20 毫升，30～60 日龄的 20～30 毫升。然后，将疫苗溶入少量矿泉水（或蒸馏水）中，疫苗剂量应至少满足该日龄免疫的鸡数。再把其完全混合（用塑料搅拌棒）到预先制备好的加入奶粉（每升水中加 2.5 克的脱脂奶粉，避免结块）的水中。可用标记颜色的方法识别疫苗溶液。保持疫苗液常温，避免暴露于阳光下直射。检验所有饮水器和乳头是否充满疫苗溶液，特别是使用乳头饮水器时，打开水管末端的开口，使管内的空气排出，确保疫苗溶液注满末端。检查整个鸡舍，确保所有鸡均饮到疫苗溶液。最后，打开水管阀，转到正常饮水。再过半小时方可喂料，2 小时内不准饮高锰酸钾及其他消毒药水，此法适合新城疫Ⅳ系苗、传染性支气管炎 H120 和 H52 弱毒苗、法氏囊炎等弱毒苗可以应用这种方法免疫接种。

该法的优点是省时、省力、免疫接种后反应温和、安全可靠，减少鸡群的应激反应，近年来已被广泛使用。其缺点一是由于每只鸡的饮水量不同，导致整个鸡群免疫水平高低不齐；二是水中的盐碱杂质影响疫苗的效力。

（2）滴鼻、点眼法　滴鼻、点眼是常用的对鸡进行免疫的两种方法，具有操作简便的特点。优点是使每只鸡都能得到准确的疫苗量，鸡苗接种均匀，免疫效果较好，被养殖界称为弱毒苗的最佳方法，适用于任何年龄的鸡只；缺点是需要捉鸡只，对免疫鸡群应激大，费时费力。

点眼：对于小鸡雏要用左手轻握住鸡，使其不乱动，右手拿点眼瓶，向左右眼睛各轻轻点一滴（图4-8），等鸡做完一个眨眼动作，药液完全进入眼中吸收后再松开，否则放手早了，药液只在眼球表面，没有进入眼内，鸡很容易甩头，这样就把药液甩出去了，没达到免疫的目的。成鸡免疫时，只需打开鸡笼门，握住鸡颈部（鸡只是头颈部在笼外，身体在笼内），点眼方法同小鸡雏。

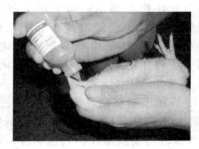

图4-8　点眼法

滴鼻：滴鼻也是鸡进行免疫的一种方法，有些疫苗对眼睛刺激很大，如传喉，点眼后往往鸡出现闹眼眼，所以应滴鼻，其方法为：左手握住鸡颈部使其不能动，右手拿滴鼻瓶朝鸡鼻孔左右各轻滴一滴（图4-9），也要待鸡完成1次呼吸，完全将药液吸入鼻孔内后，左手方可松开鸡，若药液滴入后，不向鼻内渗入，又想加快免疫进程，工作人员可用右手轻捏鸡的嘴或用手堵另一侧鼻孔，药液自然会渗入。

图4-9　滴鼻法

此法适合雏鸡的新城疫Ⅱ、Ⅲ、Ⅳ系疫苗和传支、传喉等弱毒疫苗的接种。

（3）皮下注射法　皮下注射（图4-10）是将疫苗注入皮肤与肌肉之间的组织，疫苗被机体缓慢吸收后即可获得免疫力。可分为颈部、胸部、腿部皮下注射等。颈部皮下注射操作时，注射部位选择在颈部正中线的下 1/3 处，一手食指和拇指分开在鸡头部横向由下而上将皮层挤压到上面提住拉高，不能只拉住羽毛，使表皮和颈部肌肉分离，另一手将注射器针头向着背部方向，以小于 30°的角度刺入捏起的皮下，缓慢注入疫苗。注射正确时可感到疫苗在皮下移动，推注无阻力感。

图 4-10　皮下注射法

进针位置应在颈部背侧中段以下，针尖不伤及颈部肌肉骨头，否则易引起肿头或颈部赘生物生长。同时针体以与头颈部在一直线为宜，可减少刺穿机会，若针头刺穿皮肤，则有疫苗溶液流出，可看到或触摸到。发现刺穿现象应补注。

适用于马立克氏病疫苗及各种灭活苗免疫。优点是颈部由于皮下活动区域较大，皮下血管丰富，油乳剂灭活疫苗吸收迅速，免疫效果好，产生的抗体维持时间较长，是最常用的注射方法，也是油乳剂灭活疫苗免疫接种的最佳方法；缺点是如果注射不当，会造成严重不良后果。

（4）肌内注射法　肌内注射法根据注射部位的不同，可分为胸部肌内注射、腿部肌内注射和翅根肌内注射等 3 种注射方法。根据被注射鸡只大小、日龄、用途等选择适合的肌内注射方法。

胸部肌内注射操作方法（图4-11）：一手持双翅根固定鸡只，鸡只平放使胸部朝上，胸部上 1/3 处，龙骨突两侧，注射针距龙骨 2～3 厘米，锁骨 2～3 厘米，在胸部肌肉厚实处进针，进针方向与胸骨平行，与胸肌呈30°角刺入。雏鸡刺入深度为 0.5～1 厘米，较大鸡为1～1.5 厘米，将药液注入浅层肌肉。

翅根肌内注射操作方法（图4-11）：一手持双翅翅根，暴露翅根

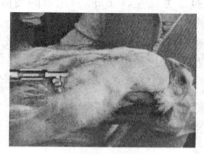

(a) 翅根肌内注射法　　　　　　　(b) 胸部肌内注射法

图 4-11　肌内注射法

部。在鸡翅膀根部内侧肌肉部位，将注射器针头平行翅膀骨骼垂直于身体刺入，注入药液后，观察药液是否倒流，轻按针孔。注意翅根部中央存在血管，不要在中央进针及作为进针方向。

腿部肌内注射方法：青年鸡一人单独操作，产蛋鸡两人或三人操作，一人注射，一人或两人抓鸡。抓鸡人固定好鸡只并充分暴露鸡腿部肌肉，在正后侧腿部上 1/3 处进针，针头呈 30°倾斜，朝背部方向刺入腿部肌肉，注射完毕轻轻把鸡放回笼内。

肌内注射法的优点是肌肉内神经分布少，吸收速度较快，疼痛刺激小，适用于各种灭活疫苗；缺点是抗体形成快，维持时间少。操作复杂，劳动量大，易造成死亡，疫苗及吸收因素会影响屠宰胴体品质等。

（5）刺种法　将疫苗按规定剂量稀释后，充分摇匀，用蘸笔（文具店有售）或接种双峰刺种针蘸取疫苗，在鸡翅膀内侧无血管处刺种 1～2 下（图 4-12），此法适用于鸡痘弱毒苗的接种，但需 3 天后检查刺种部位，若有小肿块或红斑则表示接种成功，或者 7 天后检查刺种部位是否结痂，结痂说明刺种成功，否则需重新刺种。

图 4-12　双针头刺种免疫

（6）涂擦法　涂擦法主要用于特殊情况下鸡传染性喉气管炎强毒

的免疫。方法是将 1000 只剂量的疫苗加入 30 毫升生理盐水稀释，捉鸡倒提，用手捏腹使肛门黏膜外翻，用消毒的棉签或小刷子蘸取疫苗，直接涂擦在泄殖腔的黏膜上（图 4-13），使黏膜发红为止。接种过程中，应严禁疫苗接触鸡的其他部位，否则易引起喉气管炎。擦肛后 4~5 天，可见泄殖腔黏膜潮红，否则应重新接种。

图 4-13　涂擦法

图 4-14　喷雾接种操作

（7）喷雾接种法　喷雾免疫（图 4-14）是一种常用的蛋鸡免疫形式，主要在鸡大群免疫时应用。省时、省力，对散养或笼养的鸡免疫都很方便；可诱导鸡的呼吸道局部免疫力的产生，同时刺激机体产生循环抗体，使鸡群产生良好一致的免疫效果，而且产生免疫力的时间要比其他方法快，适于较大型鸡场。按要求将疫苗稀释后，用专用喷雾器将药液均匀地喷于鸡舍内。

喷雾前先关通风孔，将 1000 只剂量的疫苗加蒸馏水 150~300 毫升稀释，用纱布过滤，用喷雾器（枪）喷于 500 只鸡的鸡舍空中，要求喷雾均匀，喷头离鸡 1.5 米，喷完 20 分钟打开通气孔，免疫后的饲料中添加抗生素防止气囊炎。此法适合鸡瘟Ⅱ、Ⅲ、Ⅳ系，传支疫苗接种。喷雾免疫不适用于 30 日龄内的雏鸡。比较适合 8 周龄以上鸡免疫，因为 8 周龄以内鸡的免疫系统发育不健全，容易产生一定的免疫副反应，所以在小鸡阶段进行喷雾免疫要更加小心。

缺点是对禽群有一定干扰，往往会加剧慢性呼吸道病及大肠杆菌引起的气囊炎；对操作的技术要求比较严格，操作不当时往往达不到预期的免疫效果甚至可引起免疫失败，导致严重的疫苗反应。

4. 免疫接种注意事项

① 加强鸡群的饲养管理和隔离消毒工作。健康的鸡群才能获得

良好的免疫效果。

② 根据本地疫病情况、饲养蛋鸡品种、数量和免疫程序选择相应的疫苗。随着病原微生物变异株的不断变化，给免疫防治造成困难，选择恰当的疫苗株是取得理想免疫效果的关键。若疫苗株与疫病病原的血清（亚）型有差异，则难以取得良好的免疫效果。因此，针对血清型的疫病，应使用多价苗，如选用预防传染性法氏囊病的三价苗、预防传染性支气管炎的三价油苗等。到畜牧兽医行政主管部门指定的畜禽疫苗供应处去购买，购买时要看好疫苗的名称、批准文号、生产日期、有效时间、包装剂量等，要仔细查看有无破损、有无变质、变色、上下分层、絮状沉淀等现象。要优先购买近期生产的疫苗，不得使用即将到期或已经过期的疫苗，更不能贪图便宜到其他兽药经营点购买无批准文号的劣质疫苗。严格按要求运输保管，注意疫苗的失效期。按照说明书要求选择合适的免疫接种方法。

③ 根据本地鸡病流行情况，制订合理的免疫程序。主要包括什么时间接种什么疫苗，剂量多少，采用什么接种方法，间隔多长时间加强免疫等。首先考虑危害严重的常发病，其次是本地特有的疫病。雏鸡首免时间要考虑母源抗体对免疫力的影响，一般母抗体要降到一定程度才能取得好的免疫效果。还应考虑疫苗间的互相干扰。

④ 工作人员穿工作服、戴工作帽、穿工作鞋，工作前后手应消毒。做好预防接种记录，包括日期、品种、数量、日龄、疫苗名称、生产厂家、批号、生产日期、保存温度、稀释剂和稀释浓度、接种方法等。注射器具要严格消毒，注射部位也应消毒。疫苗要摇匀，用量要准确。

⑤ 免疫接种前应先检查鸡群的健康情况，健康鸡群才能按照标准的接种程序接种。鸡群在断喙或转群的同时，应与接种错开。三种以上的单苗不可在同一天接种。接种前（后）48 小时补充抗应激制剂以缓解应激和促进抗体的产生，青年鸡或成鸡接种前 1 周进行驱虫，免疫效果会更好。

⑥ 选择应激小的接种方式。鸡场要根据疫苗特点和自己的技术水平选用适宜的免疫方法以减少应激。如接种鸡新城疫、法氏囊冻干苗可选择饮水免疫方式，鸡痘苗多在翅下无血管处刺种，接种喉苗则宜选择点眼方式。

⑦ 注射部位要正确。注射疫苗的部位应选择在颈部皮下（下 1/3 处）或浅层胸肌进行注射。不提倡在腿肌注射，特别是细菌苗的注射。许多养鸡户在进行颈部皮下注射时，直接握住鸡头，注射器与颈部呈 90°角进行注射，导致油苗注射到颈部肌肉内。由于颈部肌肉较少，血管、神经非常丰富，注射后容易引起鸡颈部肿胀，鸡群出现缩颈弯脖、精神不振，采食下降，消瘦、排黄绿色稀粪，很似发生疫病的鸡群。如果注射部位靠近头部，极易在注射疫苗后 7 天左右出现鸡的肿头肿脸。另外有许多养鸡户为了图省事，不把鸡抓出笼外进行注射，而是直接在笼子中进行抓鸡注射，由于鸡扑腾乱动容易使注射部位过深。在进行胸肌注射时，应该用 7～9 号短针头，针头与注射部位成 30°角，于胸部的上 1/3 处，朝背部方向刺入胸肌，不能垂直刺入，以免刺入胸腔而损伤内脏器官。

⑧ 疫苗与饮水混合时须特别注意计算用水量，因为不同气候条件和日龄的用水量不同，稀释量不能太大。同时免疫前鸡群必须限水，这样才能使配制的疫苗在规定时间内让鸡群饮完。另外，应避免使用自来水或其他消毒水稀释疫苗（因自来水含有漂白粉消毒剂）。

⑨ 由于有些疫苗间（尤其是弱毒苗之间）会发生干扰，因此，不能为了节省时间和劳力，把两种疫苗混在一起进行免疫接种。一般两种疫苗注射时间要间隔 1～2 周，活菌苗注射前后 7～20 天避免使用抗生素和磺胺类药。

⑩ 疫苗接种期间要停止饮水中加消毒剂和带鸡消毒。疫苗接种后要保护好鸡群，免受野毒的侵袭，保证鸡舍有良好的通风，保持空气新鲜，有足够的饮水。

⑪ 鸡群的营养状况是免疫防治中不可忽略的因素。饲料中氨基酸、维生素、微量元素缺乏都会使机体免疫功能下降，例如维生素 A 缺乏会导致淋巴器官萎缩，影响淋巴细胞的分化、增殖、受体表达与活化，导致体内 T 淋巴细胞和自然杀伤细胞（NK 细胞）数量减少，吞噬细胞的吞噬能力下降，B 淋巴细胞的抗体产生能力下降。另外，受到霉菌毒素和其他化学物质污染的饲料也会引起淋巴细胞中毒，导致体液和细胞免疫抑制。因此，鸡的饲料不但需要营养全面，而且应防止有毒物质的污染，方能提高鸡群的免疫效果。

十三、鸡群体用药技术

鸡群体用药的方法有饮水给药、拌料给药、气雾给药、注射给药、口服给药等 5 种方法，不同的给药途径不仅影响药物吸收的速度和数量，而且与药理作用的快慢和强弱有关。要根据鸡病防治的需要，采用合适的给药方法，达到防治的目的。

1. 饮水给药

饮水给药是将药物溶于水中，让家禽自由饮用。此法是目前养鸡场最常用的方法，用于禽病的预防和治疗。饮水方法利用禽群发病时往往出现采食量下降，甚至不采食，而饮水量增加的现象，采用饮水给药，一举两得，既保证了病禽对水的需求，又达到了用药治病的目的。是禽用药物的最适宜、最方便的途径，这一方法适用于短期投药和紧急治疗投药。

饮水给药时，首先要了解药物在水中的溶解度。易溶于水的药物，能够迅速达到规定的浓度，难溶于水的药物，或经加温、搅拌、加助溶剂后，能达到规定浓度，也可混水给药。其次，要注意饮水给药的浓度，并要根据饮水量计算药液用量。一般情况下，按 24 小时 2/3 需水量加药，任其自由饮用，药液饮用完毕，再添加 1/3 新鲜饮水。若使用水中稳定性差的药物或治疗的需要，可采用"口渴服药法"，即用药前让整个禽群停止饮水一段时间，具体时间视气温而定，一般寒冷季节停水 4 小时左右，气温较高季节停水 2～3 小时。然后以 24 小时需水量 1/5 加药供饮，令其在 1 小时内饮毕。此外，禁止在流水中给药，以避免药液浓度不均匀。家禽的饮水量受舍温、饲料、饲养方式等因素的影响，计算饮水量时应予考虑。

注意事项：

① 对油剂及难溶于水的药物不能用此法给药。

② 不知道哪些制剂中有不溶于水或难溶于水的药物成分，为保证起见，建议在投药时先把药品溶于水盆中，并充分搅拌后再倒入水箱或大的盛水容器中。

③ 对微溶于水且又易引起中毒的药物片剂，要充分研磨，再用纱布包好浸泡在水中给饮。

④ 在水溶液中不容易破坏的药物，可让鸡长时间自由地饮用。

但有些药物在水中是不稳定的，例如氨苄西林很快水解是其不稳定的原因，当选用含有氨苄西林药物成分的制剂时，应采用口渴法给药，即在给鸡群饮用药物溶液前停止饮水，夏季约 2 小时，冬季约 3 小时。

⑤ 使用水槽饮水的，水槽摆放要均匀。使用饮水器的要做好检查，因为水中添加药物易堵塞饮水器。应保证使每只鸡都能饮到。

2. 拌料给药

拌料给药是将药物均匀地混入饲料中，供家禽自由采食。拌料给药是常用的一种给药途径。拌料给药的药物一般是难溶于水或不溶于水的药物。此外，如一般的抗球虫药及抗组织滴虫药，只有在一定时间内连续使用才有效，因此多采用拌料给药。抗生素用于控制某些传染病时，也可混于饲料中给药。

拌料给药简便易行，节省人力，减少应激，效果可靠，主要适用于预防性用药，尤其适用于几天、几周甚至几个月的长期性投药。

拌料时首先要准确掌握混料浓度，准确、认真计算所用药物的剂量和称量药物。若按禽只体重给药，应严格按照禽只体重，计算总体重；折算出需要的药物添加量。药物的用量要准确称量，切不可估计大约，以免造成药量过小起不到作用，或过大引起中毒等不良反应。混于饲料中的药物浓度以百万分之（毫克/千克）表示，例如百万分之 100（100 毫克/千克），等于每吨饲料加入 100 克药物，或每千克饲料加入药物 100 毫克。然后进行搅拌，常用递增稀释法进行混料，因为直接将药加入大批饲料中是很难混匀的，以避免因混合不均匀而造成个别禽只中毒的发生。拌料时先将药物加入少量饲料中混匀，再与 10 倍量饲料混合，依次类推，直至与全部饲料混匀。

注意事项：

① 要保证有充足的料位，让所有禽只能同时采食，从而使每只禽都吃到合适的药量。

② 用药后密切注意有无不良反应。有些药物混入饲料后，可与饲料中的某些成分发生拮抗反应，这时应密切注意不良作用。如饲料中长期混合磺胺类药物，就易引起 B 族维生素和维生素 K 的缺乏，这时应适当补充这些维生素。另外还要注意中毒等反应，发现问题及时加以补救。

③ 对于用药量少，毒副作用较大的药物不宜拌料投用。

3. 气雾给药

气雾给药是利用机械或化学方法，将药物雾化成微滴或微粒弥散到空间，通过家禽呼吸道吸入体内或作用于鸡只体表的一种给药方法。也可用于鸡舍、鸡舍周围环境、鸡用具、孵化器及种蛋等的消毒。

注意事项：

① 恰当选择气雾用药，充分发挥药物效能。要选择对鸡呼吸道无刺激性，且能溶解于呼吸道分泌物中的药物，否则不宜使用。

② 准确掌握气雾剂量，确保用药效果。气雾给药的剂量与其他给药途径不同，一般以每立方米空间用多少药物来表示，如硫酸新霉素对鸡的气雾给药剂量为每立方米 100 万单位，鸡只吸入 1.5 小时。为准确掌握气雾用药量，首先应计算鸡舍的体积，再计算出总用药量。

③ 严格控制雾粒大小，防止不良反应发生。微粒愈细，越容易进入肺泡，但与肺泡表面的黏着力小，容易随呼气排出；微粒越大，则大部分落在空间或停留在上呼吸道的黏膜表面上，不易进入肺的深部，则吸收较差。通常治疗深部呼吸道或全身感染，气雾微粒宜控制在 0.5～5 微米；治疗上呼吸道炎症或使药物作用于上呼吸道，如治疗鸡传染性鼻炎时，气雾微粒宜控制在 10～30 微米。

4. 注射给药

注射用药主要是肌肉和皮下注射，药物不经肠道就直接进入血液，适用于个体治疗，尤其是紧急治疗，但必须每日 2～3 次（油剂和长效药剂除外）。除给大群鸡注射疫苗外，一般适用于小群体发病或发病严重的个体。因为大群注射比较费时费工。注射部位一般在鸡体的胸部和腿部肌肉。由于是群体饲养，频繁抓鸡易造成应激或损伤，影响其生长。

皮下注射：主要用于疫苗接种或需要缓慢吸收的药物，因为这种方法的特点是药液吸收慢，作用时间长。按部位不同可分为两种：颈皮下注射，适用于小鸡，如马立克疫苗则应用此法注射；翅内侧皮下注射，适用于中、大鸡，注意避开血管，严防刺伤骨骼。

肌内注射：主要是治疗疾病注射抗生素针剂时使用，有时也用于注射疫苗。优点是药液吸收快，用药量容易精确掌握。肌内注射分为胸肌注射和腿部注射。

嗉囊注射：适用于用药量准确的药物（抗寄生虫药等），或经口咽有刺激性的药物（四氯化碳等），或用于有暂时性吞咽障碍的鸡。最好在嗉囊有一定食物的情况下注射。

注射注意事项：

① 腿部打针不要打内侧。因为鸡类腿上的主要血管神经都在内侧，在这里打针易造成血管、神经的损伤，出现针眼出血、瘸腿、瘫痪等现象。

② 皮下打针不要用粗针头。粗针头打针因深度小、针眼大，药水注入后容易流出，且容易发炎流血。因此，皮下注射特别是给仔鸡注射要用细针头（人用针头），注射油苗可以用略粗一点的针头。

③ 胸部打针不能竖刺。给仔鸡、雏鸡打针时，因其肌肉薄，竖刺容易穿透胸膛，将药液打入胸腔，引起死亡，所以，应顺着胸骨方向，在胸骨旁边刺入之后，回抽针芯以抽不动为准（说明针头在肌肉中），这时再用力推动针管注入药液。

④ 药液多时不要在一点注射。因鸡的肌肉比猪、牛等的薄，在一点打入多量药液，易引起局部肌肉损伤，也不利于药物快速吸收。应将药液分次多点注入肌肉。

⑤ 刺激性强的药液不要在腿部注射。鸡的主要活动器官是腿部，有些药物刺激性强、吸收慢，如青霉素、油苗等，这些药物打入腿部肌肉，使鸡腿长期疼痛而行走不便，影响饮食和生长发育。所以应选翅膀或胸部肌肉多的地方打针。

⑥ 捉拿鸡只要掌握力度。打针时捉拿鸡只应既牢固又不伤禽。如力度过大，轻则容易造成针眼扩大、撕裂、出血或流出药液，影响药效，重则造成刺入心、肺等重要部位而导致内出血死亡。

5. 口服给药

适用于个别病禽的用药，优点是针对性强，节约药费，收效较快，主要是片剂剂型。此法多用于用药量较少或用药量要求较精确的鸡群。

十四、配合饲料的配制技术

饲料是能提供动物所需营养素，促进动物生长、生产和健康，且在合理使用下安全、有效的可饲物质。

1. 养蛋鸡需要的饲料产品种类

养蛋鸡常用的饲料有配合饲料、浓缩饲料和添加剂预混合饲料。

（1）配合饲料　根据饲养动物的营养需要，将多种饲料原料和饲料添加剂按饲料配方经工业化加工的饲料。

（2）浓缩饲料　主要由蛋白质饲料、矿物质饲料和饲料添加剂按一定比例配制的均匀混合物，与能量饲料按规定比例配合即可制成配合饲料。

（3）添加剂预混合饲料　由两种（类）或两种（类）以上饲料添加剂与载体或稀释剂按一定比例配制的均匀混合物，是复合预混合饲料、微量元素预混合饲料、维生素预混合饲料的统称。

2. 配合饲料的配制技术

（1）确定营养需要标准　饲养标准中规定了动物在一定条件（生长阶段、生理状况、生产水平等）下对各种营养物质的需要量。如中国《鸡的饲养标准》（2004）、美国 NRC《家禽营养需要》（1994）、法国 RPLC 鸡饲养标准（1993）、日本 1997 年版鸡饲养标准，以及部分家禽公司饲养管理手册。养鸡场要根据蛋鸡的品种、生长阶段选用不同营养需要标准，特别是饲养品种的饲养管理手册所列的饲养标准，对我们有很重要的参考价值。

（2）掌握常用饲料的营养价值　可参照最新的《中国饲料成分及营养价值表》。但是，成分并非固定不变，要充分考虑到饲料成分及营养价值可因收获年度、季节、成熟期、加工、产地、品种、储藏等不同而不同。要充分考虑原料的水分、粗灰分、粗蛋白质、粗纤维等的变化可能影响到能量值的高低。原则上要采集每批原料的主要营养成分数据，掌握常用饲料的成分及营养价值的准确数据，还要知道当地可利用的饲料及饲料副产物、饲料的利用率等。

（3）日粮配制的方法　根据确定的饲养标准、可用的饲料原料营养成分数据，进行配方设计。设计时要掌握原料的容量、饲喂方式、加工工艺、适口性和各种原料的价格等。

　　配置前要注意以下几点。一是控制粗纤维的含量。配合饲料中的粗纤维含量，雏鸡 2%～3%，育成期 5%～6%，产蛋鸡 2.5%～3.5%，一般鸡控制在 5% 以下。二是控制饲料中的有害、有毒原料。很多饲料原料中含有一些天然的有毒、有害物质。如雏鸡饲料不用菜籽粕、棉籽粕等，配合饲料中不能有沙门氏杆菌（致病菌），重金属含量也不宜超过规定含量。三是饲料组成体积应与动物消化道大小相适应。饲料组成的体积过大，可造成消化道负担过重，影响饲料的消化和吸收；体积过小，即使营养物质已满足需要，但动物仍感饥饿，而处于不安状态，不利于正常生长、生产。同时还要了解不同饲料的组合特性，对饲料之间的相互影响要根据原料之间的相互作用科学搭配。

　　日粮配合方法有计算机法、正方形法、联立方程法和试验-误差法等 4 种方法。我们以目前普遍采用的计算机法为例介绍日粮配合方法。

　　饲料配方软件很多，从简单的电子制表 Excel 饲料配方系统到大型饲料生产商专用的饲料配方系统，无论采用哪种方式，都必须经过以下步骤。

　　① 根据饲养对象确定饲养标准，营养需要量通常代表的是特定条件下实验得出的数据，是最低需要量。实际应用中需要根据饲养的品种、生理阶段、遗传因素、环境条件、营养特点等进行适当调整，确定保险系数，使鸡达到最佳生产性能为目的。

　　② 参照最新版的《中国饲料成分及营养价值表》确定可用原料的营养成分，必要时可对大宗和营养价值变化大的原料的氨基酸、脂肪、水分、钙和磷等进行实测。

　　③ 确定用于配方的原料的最低和最高量并输入饲料配方系统。

　　④ 对配方结果从以下几个方面进行评估。

　　a. 该配方产品能否基本或完全预防动物营养缺乏症发生，特别是微量元素的用量是重点。

　　b. 配方设计的营养需要是否适宜，不出现营养过量情况。

　　c. 配方的饲料原料种类和组成是否最适宜、最理想，整个配方有利于营养物质的吸收利用。

d. 配方产品成本是否最适宜或最低，最低成本配方的饲料应不限制鸡对有效营养物质摄入，动物生产的单位产品饲料成本。

e. 配方设计者留给用户考虑的补充成分是否适宜。

f. 对配合的饲料取样进行化学分析，并将分析结果和预期值进行对比。如果所得结果在允许误差的范围内，说明达到饲料配制的目的。反之，如果结果在这个范围以外，说明存在问题，问题可能出在加工过程、取样混合或配方，也可能出在实验室。为此，送往实验室的样品应保存好，供以后参考用。

⑤ 实际检验。配方产品的实际饲养效果是评价配制质量的最好尺度，有条件的最好以实际饲养效果和生产的畜产品品质作为配方质量的最终评价手段。根据试验反馈情况进行修正后完成配方设计工作。

十五、饲料加工技术

饲料是畜禽生产的基础，饲料成本决定着畜牧业的经济效益，规模化养鸡最主要的工作之一就是饲料供应问题。目前，养鸡场所用的各种全价配合饲料已经能够从专业生产饲料的公司购买到。但是，通常从饲料公司购买的全价配合饲料价格往往较高，为了节约养鸡成本，规模较大的养鸡场都是采购鸡用预混合饲料，然后按照全价配合饲料的配方自行添加玉米、豆粕、麦麸等原料来生产全价配合饲料。因此，规模化养鸡有必要掌握饲料加工技术。

1. 鸡饲料的加工工艺流程

鸡饲料的加工工艺流程主要包括饲料原料接收、原料去杂除铁、粉碎或微粉碎或超微粉碎、配料、混合、输送、称重包装等工序，对颗粒状鸡饲料还包括制粒或膨化、熟化、烘干、冷却、筛分或破筛分等。

2. 饲料加工设备

饲料加工设备主要有输送设备、原料清理设备、粉碎设备、混合设备、制粒设备、挤压膨化设备、计量设备、包装设备、化验设备等。

（1）输送设备 在饲料生产过程中，从原料到成品的生产过程中的各个工序之间，除部分依靠物料自流外，都需采用不同类型的输送设备来完成输送工作，以保证饲料厂生产顺利进行。因此输送机械是饲料生产的重要设备之一。饲料加工常用的输送设备有适合远距离水平输送的刮板输送机、适合短距离水平输送的螺旋输送机、适合提升散装物料的斗式提升机、适合容重轻的物料的水平和垂直输送的气力输送机，以及输送线路适应性强又灵活，线路长度可根据需要而定的，并可以上下坡传送，有节奏流水线作业所不可缺少的经济型物流输送设备带式输送机等。

（2）原料清理设备　SCY型冲孔圆筒初清筛。

（3）粉碎设备　粉碎设备是影响饲料质量、产量、电耗和加工成本的重要因素。粉碎机动力配备占饲料厂总功率配备的1/3左右，微粉碎能耗所占比例更大。因此合理选用先进的粉碎设备、设计最佳的工艺路线、正确使用粉碎设备，对于饲料生产企业至关重要。

锤片式粉碎机因其有适应性广、生产率高、操作维修方便等优点，在国内外大中小型饲料厂中被普遍采用。有9FQ和SFSP两大系列。目前以SFSP系列为主，在饲料生产企业，一般选用中碎的锤片式粉碎机作为主要粉碎机械。

（4）制粒设备　分为环模饲料制粒机、平模饲料制粒机、对辊饲料制粒机。各种不同的饲料制粒机，以外观和生产方式的不同予以分类。

（5）挤压膨化设备　挤压膨化设备有单螺杆膨化机、双螺杆膨化机、膨胀器等。

（6）混合设备　性能优越的混合机应该满足耗能少、混合时间短、混合均匀度高和物料残留少等优点，具有较高的生产效率等要求。但实践证明，无论何种混合机都无法完全满足以上要求，每种混合机各具优缺点。需根据混合对象、液体物料的添加量及生产者的要求选择适合的混合机。卧式螺带混合机混合速度快，混合时间短，混合质量好。该混合机不仅能混合散落性较好的物料，且能混合散落性较差、黏附力较大的物料。可允许液态添加（如添加油脂或糖蜜），因此在饲料厂中被广泛使用。

（7）化验设备　烘箱、马弗炉、定氮仪、显微镜等。

（8）附属设备和设施

① 台秤：用于包装原料的进厂称重。

② 自动秤：散装原料的称重。

③ 缝包机：为塑料编织袋（物）、纸袋（物）、纸塑复合袋（物）、敷铝纸袋等袋口用线缝合而制的设备，主要完成袋或编织物的拼接、缝口等工作。

④ 地中衡：自动车辆接收原料和发放产品的称重。

⑤ 设施：原料储存仓（存放玉米、小麦、豆粕等颗粒状原料的立筒式，各种包装原料的房式仓，微量矿物元素和添加剂的存仓）、卸货台、卸料坑等。

根据饲料生产数量多少的要求，以及生产饲料品种的不同，需要的加工设备也不一样。目前，还有集合粉碎设备、混合设备、垂直提升器、制粒设备、计量设备、包装设备等以上部分设备组成的大、中、小型饲料加工机组。选购设备时可以根据本场加工饲料品种和数量选择相应的设备。养鸡场如果加工数量不大，建议选用小型饲料加工机组。

3. 饲料加工

（1）原料的接收　原料的接收是将生产饲料所需的各种原料用一定的运输设备运送到饲料加工厂内，并经过质量检验、数量称重、初清（或不清理）入库存放或直接投入使用。原料的进厂接收是饲料厂饲料生产的第一道工序，也是保证生产连续性和产品质量的重要工序。根据接收原料的种类、包装形式和采用的运输工具的不同，采用不同的原料接收工艺，从而对原料进行质检和斤检。原料接收一般程序：原料运输→质量检测→计量称重→清理→计量→入库。

① 散装车的接收。散装卡车和罐车适合谷物籽实及其加工副产品，经过地中衡称重后，自动卸入接料坑。

汽车接料坑应配置栅栏（栅栏格间隙约为 40 毫米），可保护人车安全又可以除杂。接料坑处需配吸风罩，其风速为 1.2～1.5 米/秒，以减少粉尘。

原料卸入接料坑后，经水平输送机、斗提机、初清筛磁选器和自动秤，送入立筒仓储存或直入待粉碎仓或配料仓（不需要粉碎的粉状副料）。

② 气力输送接收。气力输送适合从汽车、罐车和船舱等吸收原

料，尤其适用于从船舱接收原料。大饲料厂采用固定式气力输送的形式，小型饲料厂采用移动式。

③袋装接收。袋装饲料原料可采用人工接收，即用人力将袋装原料从输送工具上搬入仓库、堆剁、拆包和投料，劳动强度大、生产效率低、费用高。也可以采用机械接收，即汽车或火车将袋装原料运入厂内，由人工搬至胶带输送机运入仓库，机械堆垛。或由吊车从车、船上将袋吊下，再由固定式胶带输送机运入库内码垛。

④液体原料的接收。饲料厂接收最多的液体是糖蜜和油脂。液体原料接收时，需首先进行检验。检验的内容有颜色、气味、密度、浓度等。

液体原料需要用桶车或罐车装运。桶装液料可用车运人搬或叉车搬运入库。罐车进入厂内，由厂配置的接收泵将液体原料泵入储存罐内。储存罐内配有加热装置，使用时先将液体原料加热，后由泵输送至车间添加。

⑤质量检测。通用感官判定标准：色泽新鲜一致、无发酵、无霉变、无虫蛀、无结块、无异味、无异嗅、无掺假等。

其他直观判定项目：包装、标签、生产日期、定量包装计量等。

化验指标：水分、粗蛋白、灰分、钙、磷等。

常用的玉米、麦麸、豆粕等质量标准及验收指标如下。

a. 玉米的质量标准及验收指标

色泽：黄或金黄色，霉变粒≤2％，无虫害、无霉味、无异味异嗅。

水分≤14.0％，粗蛋白质≥8.0％，粗纤维≤2.0％，粗灰分≤2.0％，黄曲霉毒素 B_1 ≤50×10^{-9}，玉米赤霉烯酮毒素≤500×10^{-9}，呕吐毒素≤1000×10^{-9}，杂质≤1％，容重≥680克/升，不完善粒≤6.5％，玉米脂肪酸值≤50毫克 KOH/100克。

b. 麸皮（适用于白色硬质、软质、混合硬质、软质等各种小麦为原料，按常规制粉工艺所得到产物中的饲料用小麦麸。不得掺入麸皮以外的其他物质）的质量指标及验收指标。

色泽：新鲜一致，淡褐色或红褐色。细度：本品为片状，90％以上可通过 10 目标准筛，30％以上可通过 40 目标准筛。味道：特有的香甜风味，无酸败味、无腐味、无结块、无发热、无霉变、无虫蛀、无其他异嗅。杂质：木质素检验，石粉检验。

水分≤13.0%，粗蛋白质≥15.0%，粗纤维≤10.0%，粗灰分≤6.0%。酸值≤50毫克KOH/克，呕吐毒素≤$500×10^{-9}$。

c. 大豆粕（以大豆为原料经浸提法提取油后所得饲料用大豆粕）的质量指标以及验收指标

色泽：淡黄至淡褐色，颜色过深表示加热过度，太浅则表示加热不足；具有烤大豆香味；如颜色异常，做尿素酶活性和KOH溶解度试验。

水分≤13%，粗蛋白质≥43%，粗脂肪≤2.0%，粗纤维≤7.0%，粗灰分≤6.0%。尿素酶活性0.05～0.4，（0.2%）KOH溶解度70.0%～85.0%，黄曲霉毒素≤$50×10^{-9}$。

（2）原料的清理　就是将饲料厂所需的各种原料经一定的程序，入库存放或直接投入使用的工艺过程。一般为饲料厂生产能力的3～5倍。

谷物饲料及其加工副产品等饲料原料中不可避免地会有石块、泥块、麻袋片、绳头、金属等杂物。如果不在加工前进行清理，将会影响动物的生长，造成管道的堵塞，甚至破坏设备。玉米、小麦、大麦、高粱、稻谷等谷物原料中清选出的碎屑中，可含有各种霉菌病菌。有鸡场实证，使用经过彻底清选的玉米，鸡的发病率明显降低。

原料清理方法：一是利用饲料原料与杂质尺寸的差异，用筛选法分离；二是利用导磁性的不同，用磁选法磁选；三是利用悬浮速度的不同，用吸风除尘法除尘；四是综合利用以上几种方法进行清理。

（3）原料的粉碎　粉碎是用机械的方法克服固体物料内聚力而使之破碎的一种操作。饲料原料的粉碎是饲料加工过程中的最主要的工序之一。

① 原料粉碎的工艺流程。饲料粉碎的工艺流程根据要求的粒度、饲料的品种等条件而定。按原料粉碎次数，可分为一次粉碎工艺和循环粉碎工艺或二次粉碎工艺。按与配料工序的组合形式可分为先配料后粉碎工艺与先粉碎后配料工艺。

a. 一次粉碎工艺：一次粉碎工艺是最简单、最常用、最原始的一种粉碎工艺，无论是单一原料、混合原料，均经一次粉碎即可。按使用粉碎机的台数可分为单机粉碎和并列粉碎，小型饲料加工厂大多采用单机粉碎，中型饲料加工厂有用两台或两台以上粉碎机并列使用，缺点是粒度不均匀，电耗较高。

b. 二次粉碎工艺。二次粉碎工艺是在第 1 次粉碎后，将粉碎物料进行筛分，对粗粒再进行 1 次粉碎的工艺流程，二次粉碎工艺弥补了一次粉碎工艺的不足，该工艺成品粒度一致，产量高，能耗也省。缺点是增加分级筛、提升机、粉碎机等，投资大。

c. 先配料后粉碎工艺。按饲料配方的设计先进行配料并进行混合，然后进入粉碎机进行粉碎。这种工艺适用于小型饲料厂或饲料加工机组。

d. 先粉碎后配料工艺。本工艺先将待粉料进行粉碎，分别进入配料仓，然后再进行配料和混合。

② 粉碎粒度要求。饲料粉碎对饲料的可消化性和动物的生产性能有明显影响，对饲料的加工过程与产品质量也有重要影响。适宜的粉碎粒度可显著提高饲料的转化率，减少动物粪便排泄量，提高动物的生产性能，有利于饲料的混合、调质、制粒、膨化等。

饲料粉碎的粒度各国有各国的标准。据报道，美国常用 4 毫米孔径筛片。我国国家技术监督局 1988 年 035 号文件的规定，上层筛应有 99.8％的颗粒通过，筛上物仅有 0.2％，只有这样才算全部通过。我国商业部 1985 年 3 月发布的配合饲料质量标准规定生长鸡、产蛋鸡和肉用仔鸡的粒度标准是 0～6 周龄全部通过 2.5 毫米圆孔筛，孔径 1.5 毫米圆孔筛上物不大于 15％；7～20 周龄全部通过孔径 3.5 毫米圆孔筛，孔径 2.5 毫米圆孔筛上物不大于 15.0％；0～4 周龄肉用仔鸡全部通过孔径 2.5 毫米圆孔筛，孔径 1.5 毫米圆孔筛上物不大于 15.0％；4 周龄以上肉用仔鸡全部通过孔径 3.5 毫米圆孔筛，孔径 2.5 毫米圆孔筛上物不大于 15.0％。

通过大量综合研究结果，鸡采食小粒度饲料的增重显著高于采食大粒度。肉鸡饲料中谷物的粉碎粒度在 700～900 为宜。产蛋鸡对饲料的粉碎度反应不敏感，一般控制在 1000 为宜。

据张燕鸣等试验结论，在试验条件下，综合考虑各项指标，玉米-豆粕型饲粮中最适合蛋鸡生产的饲料粒度为玉米粉碎后通过 8 毫米筛孔，豆粕粉碎后通过 4.5 毫米筛孔。

鸡的饲料不宜过细，因鸡喜食粒料或破碎的谷物料，可以粗细搭配使用。稻谷、碎米可直接以粒状加入搅拌机，小麦、大麦的粉碎细度在 2.5 毫米以下为宜，玉米、糙米和豆饼应加工成粉状料。

③ 影响锤片粉碎机粉碎效果的因素。

a. 筛孔直径。粉碎的越细能耗越多，筛孔加大不仅可以节省能量，而且还可提高产量和生产率。据我国标准，筛孔直径分为四个等级，小孔 1～2 毫米，中孔 3～4 毫米，粗孔 5～6 毫米，大孔 8 毫米。

b. 筛面面积。开孔率随筛孔直径的增大而增大，随筛孔孔距的增大而减小。开孔率大则粉碎效率和生产率也大。所以在选择筛片时，在满足饲养要求的饲料粒度标准的前提下，应选用较大孔、较小孔距的筛片。但应注意如果将孔距取得过小，则筛片的强度和刚度不够，筛片容易损坏，发生穿大孔现象。国外粉碎机筛片的开孔率达到 45% 以上，国内一般为 30% 左右。

c. 湿度。粉碎效率与物料的湿度成反比。当相对湿度高于 12%～14% 时，粉碎所需能量增加。

d. 锤片末端线速度。对不同物料，最佳线速度不同。锤片末端线速度与粉碎细度成正比。

e. 锤片厚度。锤片过厚，粉碎效率不高。而大型粉碎机由于锤片尺寸大，仍采用 5 毫米的较厚锤片。

f. 锤片数目及锤片排列。锤片数目增多时，空载能耗增加，在其他条件相同时，粉碎粒度变细，产量下降。

g. 锤筛间隙。锤筛间隙直接决定粉碎室内物料的厚度。物料层太厚，摩擦粉碎作用减弱，粉料可能将筛孔堵塞，不易穿过筛孔。物料层太薄，物料太易穿孔，对粉碎粒度有影响。

h. 谷物种类。

i. 进料口位置。有中央进料和切向进料两种，中央进料使生产率降低 20%；切向进料时，会使物料直接随气流落入锤片的最大速度区。

j. 喂料速度。负荷小，产量低，能耗大；负荷过大，产量高，但粉碎机寿命会缩短。

k. 粉碎机内的空气流量。长期连续运转的粉碎机要进行吸风，以免堵塞筛孔。

（4）饲料的配料计量 饲料的配料计量是按照预设的饲料配方要

求，采用特定的配料计量系统，对不同品种的饲用原料进行投料及称量的工艺过程。饲料配料计量系统指的是以配料秤为中心，包括配料仓、给料器、卸料机构等，实现物料的供给、称量及排料的循环系统。现代饲料生产要求使用高精度，多功能的自动化配料计量系统。电子配料秤是现代饲料企业中最典型的配料计量秤。

提高配料秤准确度的途径如下。

① 正确使用和维护。

a. 保持整机清洁，检查电路及气路有无故障、接地是否良好；检查各执行机构有无异物阻挡；附近应避免强电、强磁的干扰。

b. 螺旋输送机连接处应防水防潮，并便于维护，确保称量的准确度，该机配备专人操作及管理，严格按说明书要求操作。

c. 不要在配料系统上进行电焊作业，以免损害传感器，影响称量准确度。

d. 料斗与部件之间应柔性连接，气管管道不能过于紧张，以免影响称量准确度。

e. 安装称重传感器的支撑框架必须牢固可靠，并应有足够的刚度，不应由于加载振动而引起框架变形或颤动影响系统计量准确度。

② 不定期校准配料秤是在动态下对物料实现称量，因此，除了必须严格按照国家计量检定规程由法定计量技术机构定期检定外，使用中还应根据生产工艺的实际需要对其校准，确保称量的准确度。根据检定规程规定配备一定数量标准砝码，根据实际需要不定期对其静态进行校准；经常用物料进行使用中动态测试，发现失准及时联系计量技术机构重新检定。

③ 合理设置参数。为了满足配料秤使用准确度，必须合理设置分度数，累计分度值应不小于最大称量的 0.01%，不大于最大称量的 0.2%；使静态准确度等级与自动称量准确度等级匹配。累计分度值设置过小，影响静态准确度，累计分度值设置过大则影响自动称量准确度。合理设置加料速度、落差、过冲量、自动补偿等参数是保证配料秤准确度的决定因素。

（5）混合　饲料混合是整个饲料生产的关键环节之一，直接影响饲料产品的质量。饲料的混合均匀度是反应饲料加工质量的重要指标之一，也是评定混合机性能的主要参数。因此，饲料混合是饲料加工工艺中的一项重要检测指标。饲料混合不均将影响饲料产品品质，影响动物的生长性能，给饲料用户带来经济损失。

　　实际生产过程中影响饲料混合均匀度的因素很多，主要因素有混合机类型及其装载率、饲料混合时间、饲料物料的特性、饲料物料的添加比例和饲料的生产工艺等。需要采取针对性措施加以克服。

　　① 适宜的混合机装载率。大多数混合机的装载率要求为 70％～85％。研究表明，卧式螺带式混合机的装载率以 60％～85％ 为宜，立式混合机一般为 80％～85％，双轴桨叶式混合机为 80％～90％（朱乾巧等，2014）。

　　② 饲料混合时间。不同机型的最佳混合时间不同，对于添加液体添加剂的混合机，其混合时间应包括干混和湿混两个时间，这种区分是非常重要的。混合过程中要求干的饲料物料进入混合机后需要按预定的时间进行干混，液体添加后再进行固体和液体的湿混。同时，为获得最佳混合效果及生产效益，通常在整个混合周期中，干混时间占整个混合时间的 1/3 左右。

　　③ 饲料物料的物理特性。饲料混合过程即物料不同颗粒间的混合，混合物料的物理特性越接近，其分离度越低，越容易被混合，混合效果越好。力求选用粒度相近的物料进行混合。以饲料添加剂为例，单位质量下物料的粒度越小，颗粒数就越多，混合均匀度越好。同时，实际生产过程中一般要求被混物料的水分含量不超过 12％。水分含量高的物料不仅不利于储存、易发霉等，同时易结块或成团，不易均匀分散，不利于饲料的混合。

　　④ 饲料物料的添加比例。饲料物料的添加比例对饲料的混合均匀度也有很大影响，尤其是添加比例较少的饲料添加剂，像氨基酸和维生素等。如氨基酸的添加比例由小于 0.05％ 不断增加至大于 0.2％ 时，其在饲料中的混合均匀度逐步改善。

　　⑤ 正确的进料程序。为提高混合均匀度，减少物料的飞扬，在进料时应先把配制好的配比量比较大的大综原料先进，再进小组分物料，最后再把 20％ 的大组分物料加在上面，既保证这些微量组分易于混合，又避免飞扬损失。

　　⑥ 避免分离。在物料过度混合、运输、流动、振动、打包过程中都可能产生分离。在分离过程中小的粒子有移向底部、较大的粒子

有移向顶部的趋势。为避免混合料成品进一步分离，一般采取如下措施。一是力求混合物料组分的容重、粒度一致，必要时添加液体饲料；二是掌握好混合时间，以免混合不均或过度混合；三是掌握适宜的装满系数及安排正确的进料程序；四是混合料成品最好采用刮板或皮带输送机进行水平输送，不宜采用绞龙和气力输送，或者在混合机与螺旋输送机之间放缓冲仓，且成品仓的高度要低于 2.5 米，以避免严重的自动分级。

（6）制粒　颗粒饲料的加工是在粉料的基础上又增加的一道工序，饲料加工费用明显提高。制粒是把混合均匀的配合饲料通过制粒机的高温蒸汽调质和强烈挤压压制成颗粒，然后再经过冷却、破碎和筛分，即成颗粒料成品。饲料颗粒通常是圆柱形，根据饲喂鸡的阶段不同而有各种尺寸。由于加工工艺复杂，通常养鸡场不具备自行加工的条件，这里不做详细介绍。

（7）饲料的挤压膨化　膨化饲料是将粉状饲料原料（含淀粉或蛋白质）送入膨化机内，经过一次连续的混合、调质、升温、增压、挤出模孔、骤然降压，以及切成粒段、干燥、稳定等过程所制得的一种膨松多孔的颗粒饲料。由于加工工艺复杂，通常养鸡场不具备自行加工的条件，这里不做详细介绍。

4. 原料及成品的储存

饲料中原料和物料的状态较多，必须使用各种形式的料仓，饲料厂的料仓有筒仓（也称为立筒库）和房式仓两种。筒仓的优点是个体仓容量大、占地面积小，便于进出仓机械化，操作管理方便，劳动强度小。但造价高，施工技术要求高。主原料如玉米、高粱等谷物类原料流动性好，不易结块，多采用筒仓储存。房式仓造价低，容易建造，适合于粉料、油料（饼、粕）及包装的成品。小品种价格昂贵的添加剂原料还需用特定的小型房式仓由专人管理。房式仓的缺点是装卸工作机械化程度低、劳动强度大，操作管理较困难。

饲料厂的原料和成品的品种繁多、特性各异，所以对于大中型饲料厂一般都选择筒仓和房式仓相结合的储存方式，效果较好。设计仓型和计算仓容量时要做到：一是根据储存物料的特性及地区特点，选择仓型，做到经济合理；二是根据产量、原料及成品的品种、数量计算仓容量和仓的个数；三是合理配置料仓位置，以便于管理，防止混杂、污染等。

储存饲料时做到如下几点。

① 原料的储存要划区存放，以减少交叉污染、便于流转管理、条理清晰。划区存放时按照同类相近物料相邻、兼顾卸货、投料方便、相邻垛位间距合理（药物、动物源性原料重点关注）、统筹库区整体美观的原则。

② 控制水分，低温储存。在储存过程中遭受高温、高湿是导致饲料发生霉变的主要原因。因为高温、高湿不仅可以激发脂肪酶、淀粉酶、蛋白酶等水解酶的活性，加快饲料中营养成分的分解速度，而且还能促进微生物、储粮害虫等有害生物的繁殖和生长，产生大量的湿热，导致饲料发热霉变。因此，储存饲料时要求空气的相对湿度在70％以下，饲料的水分含量不应超过 12.5％。

③ 防霉除菌，避免变质。饲料在储存、运输、销售和使用过程中极易发生霉变。大量的霉菌不仅消耗、分解饲料中的营养物质，使饲料质量下降、报酬降低，而且还会引起采食这种饲料的畜禽发生腹泻、肠炎等，严重的可致其死亡。实践证明，除了改善储存环境之外，延长饲料保质期的最有效的方法就是采取物理或化学的手段防霉除菌，如在饲料中添加脱霉剂等。

④ 注意保质期。一般情况下，颗粒状配合饲料的储存期为 1～3个月；粉状配合饲料的储存期不宜超过 10 天；粉状浓缩饲料和预混合饲料因加入了适量的抗氧化剂，其储存期分别为 3～4 周和 3～6个月。

十六、雏鸡饲养管理关键技术

根据雏鸡的生理特点，采用雏鸡饲养管理关键技术措施，进行科学的饲养和精心的管理，给雏鸡创造适宜的环境，是提高雏鸡成活率、促进雏鸡正常生长发育的根本保证。

（一）育雏准备

1. 确定育雏方式

常用的育雏方式有地面育雏、网上育雏和立体育雏 3 种。各有优缺点，养鸡场根据自身条件选择适合的育雏方式。

（1）地面育雏　要求舍内为水泥地面，再铺20～25厘米厚的垫料，垫料可以是锯末、麦草、谷壳、稻草等，应因地制宜，但要求干燥、卫生、柔软。地面育雏投资少，占地面积大，管理不太方便。

（2）网上育雏　就是用网面来代替地面育雏。网面的材料有铁丝网、塑料网，也可用木板条或竹竿，但以铁丝网最好。网孔的大小应以饲养育成鸡为适宜，不能太小，否则，粪便下漏不畅。网上育雏最大的优点是解决了粪便与鸡直接接触这一问题。

（3）立体育雏　这是大中型饲养场常采用的一种育雏方式。立体笼一般分为3～4层，每层之间有接粪板，四周外侧挂有料槽和水槽。立体育雏提高了单位面积的育雏数量，提高鸡舍利用率，具有热源集中、容易保温、雏鸡成活率高、管理方便等优点。

2. 供热方式

由于雏鸡对温度要求非常高，因此，育雏舍增温也是育雏工作的主要内容之一，常用的增温方式有电热保温伞、红外线灯、暖气、火炕、地下烟道等。

（1）电热保温伞　这是平面育雏常采用的一种方式。育雏伞由热源和伞罩等组成。优点是干净卫生，雏鸡可在伞下进出，寻找适宜的温度区域；缺点是耗电较多。

（2）红外线灯供热　利用红外线灯做热源，一般1盏250瓦红外线灯泡，可供100～250只雏鸡保温。红外线灯育雏，温度稳定，室内干燥，但耗电多，成本高。

（3）暖气供热　优点是冬季育雏效果好，但一次性投资大，成本高。

（4）火炕、地下烟道　在我国北方地区专业户广泛使用的火炕、地下火道供热方式也很好。

3. 做好接雏准备

根据雏鸡的生理特点，创造一个雏鸡适宜的生长发育环境。

（1）房舍准备　用于育雏的鸡舍最好是专用的育雏舍。对使用多年的育雏舍要提前做好门窗、屋顶、地面、供暖、供水、电路等的检修。育雏舍应做到保温良好，不透风，不漏雨，不潮湿，无鼠害。

（2）育雏舍的清洁消毒　每批雏鸡转出后，育雏舍必须进行彻底消毒。经高锰酸钾和福尔马林熏蒸消毒后封闭待用。进雏前一周，打开封闭的育雏舍，空舍时间间隔在 2 个月以上的，要再次对育雏舍进行清扫和熏蒸消毒。

4. 器具用品准备

准备好育雏用育雏笼、食槽、饮水器、增温设备、围栏、饲料、药品等。

采用立体育雏的，组装好育雏笼、水线和料槽；采用网上育雏的，要检查铁丝网或塑料网有无破损，加固支撑架。采用地面育雏的，室内应铺好干燥无霉变的刨花、谷壳、稻草等垫料。

养好雏鸡必须有足够的水槽和食槽，用水槽供水的，每只雏鸡需保证 1.5 厘米宽的饮水位；用 2.5 升的钟式饮水器可供 50 只雏鸡的饮水；5 升的普拉松饮水器可供 100 只雏鸡的饮水。

用料槽供饲料的，每只雏鸡要有 2.5 厘米宽的料位，一个吊式圆料桶可供 50 只雏鸡吃料。

雏鸡专用饲料，要求是大厂家、信誉好的雏鸡料，准备好 5 天的饲喂量。

常用的药品，如消毒药、抗生素等必须适当准备一些。有的养鸡场用雏鸡开口药，注意选择抗菌谱广、对肝肾器官无损害的预防疾病的药物。另外可以加 2%～5% 的红糖或蔗糖，用一些质量好的电解多维。

5. 育雏舍试温、升温

育雏舍在进鸡雏前 3 天要进行升温，通过升温使育雏舍的温度达到雏鸡要求的温度。同时，提前升温，也可以掌握鸡舍的保温情况，如果育雏舍的温度保持的不好，可以及时查找原因加以解决，这是很多养鸡场（户）容易忽视的地方。一旦鸡雏要进来或者已经进来而鸡舍温度达不要求，就非常被动。尤其是冬季育雏，困难更多。因此，提前升温很重要。

（二）育雏日常管理

雏鸡进入育雏舍后，真正的育雏工作就开始了，主要做好饲喂、饮水、光照、温度、湿度、密度、通风、免疫、断喙、饲养管理等方面的工作。

1. 温度管理

温度是育雏的首要条件，是决定育雏成活率的关键，也是育雏成败的关键因素之一。温度与雏鸡的体温调节、采食、活动和饲料的消化吸收等均有密切关系。雏鸡对冷暖的感觉比较灵敏，所以要特别注意防止温度忽高忽低，尽最大努力保持温度均衡。无贼风侵入，温度分布均匀，不使热源集中而导致雏鸡围绕一个中心点来取暖。

育雏前期对采取育雏伞、红外线灯育雏的，育雏伞或红外线灯的保温中心离地面 5 厘米高处的温度应保持 32～35℃；采取火炕、地下烟道加温的，要求地面保温区温度在 30～32℃。随着雏鸡日龄的增加，育雏温度也要逐渐下降，下降的幅度视季节及雏鸡的承受能力而定，一般以每周下降不超过 3℃为宜，直到 20℃时，方可脱温。

温度的高低还应根据季节、昼夜、雏鸡日龄、品种等有所变化。施温原则为小群宜高，大群宜低；稀群宜高，密群宜低；冬季宜高，夏季宜低；夜晚宜高，白天宜低；阴雨雪天宜高，晴天宜低；弱雏宜高，强雏宜低。

看鸡施温。温度是否适宜，一是直接检查温度计，看和要求是否一致；二是通过观察鸡群的行为来进行判断。观察鸡群的精神状态和活动规律这一点更为重要。温度正常时，雏鸡精神活泼，食欲良好，饮水适度，睡眠安静，睡姿伸展舒适，多呈伏卧式，整个育雏舍内雏鸡分布均匀，羽毛平整光亮。

温度高时，雏鸡表现为精神不振，远离热源，两翅展开，伸颈张口喘气，饮水频繁，食欲差。长期温度偏高，则生长缓慢，喙、爪及羽毛发干，缺乏光泽。此时应根据雏鸡的表现，减少热源，并加大通风。

温度低时，雏鸡运动量减少，行动缓慢，雏鸡聚集在温源或墙角附近，发出"唧唧"的叫声，食欲差，羽毛蓬乱。雏鸡过于寒冷时紧密堆集在一起，这在育雏上是常见的现象，称为聚堆或扎堆。特别是地面或网上平养育雏时更为严重，聚堆时由于正常的代谢产热排不出去，雏鸡堆很容易过热、过湿，堆内缺乏空气，使雏鸡出汗、感冒、呼吸困难，乃至昏厥，部分雏鸡可能会被压死，严重者会大批死亡。饲养员要重点看护，发现聚堆时要及时用手扒开分散，或者用木板、纸板等分隔开，将大群分成小群，尤其是在育雏头 3 天尤为重要。除人工分散外，要及时升高育雏舍温度，尽快达到雏鸡适宜的温度。

2. 湿度管理

湿度是指舍内空气的相对湿度。湿度与鸡体内水分蒸发、体热散发和鸡舍清洁卫生密切相关。湿度过大，育雏舍内潮湿，有害气体含量超标，雏鸡腹内余留蛋黄不易吸收，且易引起一些传染病和寄生虫病的发生。湿度过低，易引起雏鸡呼吸道疾病，雏鸡表现出脚趾干瘪、皱纹多、干瘦等。低温高湿时，舍内既冷又潮湿，雏鸡易感冒，引起垫料潮湿，而发生胃肠道疾病和球虫病；高温高湿时，雏鸡体内热量不易正常散发，闷气，食欲下降，生长缓慢，抵抗力减弱。湿度控制的好坏与雏鸡的成活率有直接关系，直接影响雏鸡的健康和成活率。有人试验，在注意和不注意湿度的情况下，10 日龄的成活率分别为 98.3％和 94.2％。

雏鸡舍内环境适宜的湿度，0～10 日龄为 70％～75％，11～20 日龄为 65％～70％，以后为 55％～60％。

在实践中，舍内的湿度往往受外界气候影响甚大。在南方地区往往湿度过大，尤应注意防潮防湿，特别是开放式鸡舍，防湿更加困难。鸡舍应建设在地势较高、通风良好的地方。保证育雏舍不漏雨，鸡舍地面铺设防潮层，适当提高鸡棚内的温度，加强通风换气，勤换垫料，及时清除舍内潮湿的粪便和垫料，防止饮水器漏水等。

在北方，往往空气中相对湿度过低（低于 40％）。尤其是在使用火炕烟道育雏的条件下，由于地表面的水分不断蒸发，导致育雏舍内湿度过低时，可在舍内走廊、地面、四周墙壁或烟道上面洒水，也可在热源上放水盆蒸发水汽，以增加舍内湿度。

3. 通风管理

雏鸡新陈代谢旺盛，呼吸快，必须吸入足够的氧气；在集约饲养时，雏鸡数量多，密度大，呼出大量的二氧化碳；此外，雏鸡排出的粪便和所用垫料，在微生物、温度和水分的作用下发酵，产生大量的有害气体，如氨气和硫化氢等；某些燃烧式保温方式会放出大量二氧化碳、一氧化碳，直接危害雏鸡的健康。因此，在雏鸡管理上要加强通风换气。加强育雏室内通风，保持育雏室内空气新鲜也是防范雏鸡发生疾病的重要因素。

鸡舍进行通风换气时，要求既要能够排出舍内的有害气体，使之降低到最低限度，又要避免因通风换气而造成舍内温度降低。

　　育雏舍应有通风换气设备和设施，通气设备有排风扇，还可用鸡舍的百叶窗和通气孔等通风换气设施，但要注意百叶窗、通气孔必须有开闭装置，以便于根据需要开闭和不使用时能保持育雏舍内的温度。育雏舍的窗户面积与育雏室的面积比例为 1∶30。

　　普通育雏鸡舍的适宜换气量：冬季最高 0.054 立方米/（分钟·只），最低 0.027 立方米/（分钟·只）；夏季最高 0.135 立方米/（分钟·只），或平均每分钟舍内空气能更换 1 次。还有一个判断是否换气的简单方法，即人进入鸡舍时如果嗅不到氨味、臭味和其他刺鼻气味即为通风良好。否则，就应该立即采取通风换气措施。育雏头 3 天育雏室封闭，以后可打开顶部通气孔。夏、秋季根据外界气温适当打开门窗，但要防止冷空气直接吹到雏鸡身上；寒冷季节通风前先提高舍温 2～3℃，在中午或下午外界气温高时适当打开向阳的窗子，进行通风换气；炎热季节可用排风扇或电风扇等设备辅助通风换气。

　　利用开启门窗通风换气的，门窗的开启幅度应逐渐从小到大进行，直到最后将门窗开启为半开放状态。切不可因育雏室内空气污浊而突然将门窗大开，让冷风直接吹入育雏室内，如若育雏室内室温突然下降，则极易诱发雏鸡患感冒等呼吸道疾病。另外，最好用布窗换气，使外界冷空气流进室内时，逐渐变暖和，并可防止室内有过于流动的空气。通风换气时还要注意防止贼风和过堂风。

◀ 4.密度管理 ▶

　　育雏密度是指鸡舍每平方米面积饲喂雏鸡数。密度不仅关系到雏鸡在平面上活动、饮水和采食，而且关系到舍内气体的污染和交换、地面的污染程度与啄癖、应激等问题。密度过小时浪费地方，浪费保温电力，设备费成本提高；密度过大时活动范围小，常常互相践踏，食、睡不舒服，弱雏争不到食，出现较多的落后鸡，或引发啄癖等，另外，密度大了，雏鸡排出粪便亦多，鸡舍内二氧化碳量增高，造成湿度过大，由于空气污浊，影响雏鸡生长速度和群体均匀度。因此，定期调整鸡只密度是提高成活率的重要措施。

　　各个生长阶段雏鸡的舍饲密度以多大为合理，应视鸡的品种、育雏方式、季节而合理安排。每群雏鸡以不超过 3000 只为宜，最好在

1000~1500 只。在大批量育雏时，可在大育雏室内分成若干个育雏栏。目的是防止因温度过低或雏鸡抢食堆积相互拥挤踩踏而死。如有可能最好能按出雏前后分成小群，雏弱、大小不整齐的雏鸡每群数量少些为好。如不知出雏时间，在安放初生雏时留出一两个空栏，在观察雏群时将一部分弱小的雏鸡捉出放入空栏另养。养弱、小雏的小栏尽可能处于育雏室内温度较高之处。

雏鸡生长很快，随着日龄的增大，要调整相应的饲养密度，以网上育雏为例，第 1~7 天，饲养密度为每平方米 45~55 只；第 8~14 天，每平方米 30~40 只；第 15~21 天，每平方米 20~30 只；第 22 天到育雏期结束每平方米为 20 只左右。可见，同样数量的雏鸡，第 3 周时的饲养面积比第 1 周大 1 倍，第 4 周又比第 3 周扩大 50%。地面平养时密度要小些，多层笼养的可略加大密度。密度调节可结合护围调节来进行。密度适当时，雏鸡应均匀地分布在护围内，无明显堆集现象，睡态伸展舒适，行动悠游自在。

5. 光照管理

光照对雏鸡的生长没有直接影响，但照明时间的长短对采食量有较大影响，因而间接影响生长。通常 1~3 日龄的雏鸡应连续 24 小时照明（15~30 勒克斯），使其熟悉环境，会采食和饮水。用育雏笼养的雏鸡须在 0~7 日龄 24 小时照明，而后采用 11~15 小时的恒定光照法（至 6 周龄）或间断光照法。恒定光照法对开放式鸡舍以自然日长加上午夜 2 小时照明就已足够。断续光照法须在不采用自然光照时才实行。雏鸡以 30 分钟明比 150 分钟暗的 3 小时一个周期组最好。断续照明和限食一样，必须有足够的食槽长度及饮水位置，以免影响采食量和饮水。

一般雏鸡合理的光照时间是 0~3 日龄 24 小时，4~14 日龄 16~19 小时，15 日龄以后逐渐过渡到采用自然光照。光照强度在第 1 周龄时按每 15 平方米的鸡舍，用一个 40 瓦的灯泡悬挂在 2 米高的位置即可，从第 2 周龄时即可换用 25 瓦的灯泡，保持适当的光照时间即可。

6. 饮水管理

雏鸡在进入育雏室后，首先要给水，然后开食。出壳后的幼雏腹部卵黄囊内还有一部分卵黄尚未吸收完，这部分营养物质需要 3~5 天才能基本上吸收完，尽早利用卵黄囊的营养物质，对幼雏生长发育有明显的效果。雏鸡饮水能加速这种营养物质的吸收利用。另一方面，雏鸡在长时间运输及育雏室高温条件下，因呼吸蒸发量大，也需要饮水来维持体内水代谢的平衡，防止脱水死亡。

雏鸡入舍 1~2 小时后，用足够的饮水器开始供饮水。第 1 天饮水中加 5% 葡萄糖或白糖，0.1% 的维生素 C。第 2 天饮水中加 0.01% 高锰酸钾。另外要做到饮水不断，保证雏鸡随时自由饮用。防止断水、缺水和间断给水，这一点往往被很多饲养员忽视。间断饮水使鸡群干渴，造成抢水，容易使一些雏鸡被挤入水里淹死，即使采用塔型饮水器也难以避免这种现象发生。抢水的另一后果是许多雏鸡羽毛弄湿，出现发冷扎堆压死的现象，如不及时发现，会造成严重损失。

幼雏饮水最好用温开水，饮水的温度与舍温基本一致，要求水温 18~20℃，1~2 周龄内的雏鸡禁止饮用凉水。饮水器每天清洗 1~2 次，水要保持清洁，定时更换，育雏期内，每只雏鸡最好有 2 厘米的饮水位置。为了让雏鸡尽快学会饮水，可轻轻抓住雏鸡头部，将嘴部按入水中 1 秒左右，每 100 只雏鸡教 5 只，则全群很快学会。

7. 饲喂管理

雏鸡运到育雏室休息片刻后先饮水，饮水后 2~3 小时开食，出壳后到开食一般不要超过 36 小时。

开食时使用浅平食槽或食盘，或直接将饲料撒于反光性强的已消毒的硬纸、塑料布上，当一只鸡开始啄食时，其他鸡也纷纷模仿，全群很快就能学会自动吃料、饮水。个别不会采食的小鸡，可以人工帮助喂料，采用人工诱食的方法，让鸡群尽快吃上饲料。开食料提倡饲喂颗粒料，要求新鲜、颗粒大小适中，易于雏鸡啄食，营养丰富易消化。也可以在饲喂干粉料时在饲料中加入 30% 的饮水，拌匀后饲料捏起来成团，撒下去能散开即可，这样饲料中的粉面能粘在粒状饲料上便于雏鸡采食。常用的有碎玉米、小麦、碎米、碎小麦等，这些开食料最好先用开水烫软，吸水膨胀后再喂，经 1~3 天后改喂配合日粮。大群养鸡场最好直接使用雏鸡配合料，刚开始的时候少给勤添以刺激食欲，最初几天内，昼夜每隔 3 小时喂 1 次，以后夜间不喂，白天每 4 小时喂 1 次。

每次喂料要防止过饱，用手摸嗉囊感到既鼓起来又不发胀，有松软感为宜。雏鸡用的食槽和饮水用具，必须经常清洗，定期消毒。鸡舍内的垫料要勤换勤晒。每天必须准确纪录雏鸡的食量，以便随时了解鸡群的发育情况。

8. 免疫管理

免疫接种是保障雏鸡健康生长的重要的技术手段。只有做好雏鸡的免疫接种工作，并结合实施综合防疫措施，才能使鸡群健康地生长发育，为以后充分发挥其生产潜力打下坚实的基础。养鸡场要根据本场、本地区疾病的流行情况、危害程度、鸡场疫病的流行病史、发病特点、多发日龄、流行季节、鸡场间的安全距离等制订和设计免疫程序。如传染性支气管炎首免的时间一般在 7～9 日龄，由于在春、秋两季温度变化较大，是传染性支气管炎高发期，首免的时间应选择在 3～5 日龄。免疫程序由免疫项目、接种手段和免疫日龄三部分组成。

雏鸡常见的免疫项目有鸡马立克氏病、鸡新城疫、鸡传染性法氏囊炎、鸡传染性支气管炎、鸡痘等。此外，有些鸡场还应接种鸡传染性喉气管炎、禽脑脊髓炎、传染性鼻炎、病毒性关节炎。

鸡群的免疫可分为个体免疫和群体免疫。个体免疫包括注射免疫、滴鼻、点眼免疫、刺种等。群体免疫包括饮水免疫、气雾免疫、拌料免疫等。个体免疫的优点是每只鸡都能接受足够量的疫苗，产生可靠的免疫力，其缺点是鸡易发生应激反应。群体免疫的优点是省力、省时间，对鸡群影响小，缺点是免疫效果不均，个别或少数鸡可能接种的疫苗量不够，不能产生足够的免疫力。

首次免疫时，不管用什么种类的疫苗进行免疫，都应该用个体免疫的方法，以确保免疫的质量，保证抗体的均匀一致。二次免疫及以后的免疫可以用群体免疫的方法进行，但应注意根据雏鸡的健康状况来确定，雏鸡群生长发育健康时，可采用群体免疫；而当鸡群受到细菌、病毒感染，抗体抵抗力下降或受到各种应激因素影响时，应注意给雏鸡补充营养、维生素，免疫时采取个体免疫的方式，以确保免疫的确切、有效、均匀。

附：蛋鸡雏鸡免疫程序（供参考）。

1 日龄：预防马立克氏病，用马立克氏病双价苗。免疫方法：颈部皮下注射 0.2 毫升。用单价苗或发病严重鸡场，可用 2 次免疫方法，即在 10 日龄重复免疫 1 次，可明显降低发病率。

7 日龄：预防新城疫，用Ⅳ系苗。免疫方法：滴鼻。

11 日龄：预防传染性支气管炎，用传染性支气管炎 H120。免疫方法：滴口、滴鼻。

14 日龄：预防法氏囊炎，用中毒株疫苗。免疫方法：滴口。

18 日龄：预防传染性支气管炎，用呼吸型、肾型、腺胃型传染性支气管炎油乳剂灭活苗 0.3 毫升。免疫方法：肌内注射。

22 日龄：预防法氏囊炎，用中毒株法氏囊炎疫苗（法倍灵）。免疫方法：饮水给予。

27 日龄：预防新城疫、鸡痘，同时用活疫苗与灭活苗。免疫方法：新城疫活苗 2 头份饮水，新城疫油乳剂苗 0.2 毫升肌内注射。在接种新城疫疫苗的同时用鸡痘苗于翅膀下穿刺接种。

9. 断喙

断喙是防止各种啄癖的发生和减少饲料浪费的有效措施之一。断喙的时间、断喙的方法、注意事项参见本章"断喙方法"一节。

10. 饲养管理

雏鸡由于体小，抗病力弱，对外界不良环境的适应能力差，在大群密集饲养条件下，很少能 100% 成活。造成雏鸡死亡的原因很多，主要原因有胚胎发育不良、压死、淹死、中毒、病死、兽害、啄死等。从以上的死亡原因分析，除胚胎发育不良是鸡雏本身的问题以外，绝大部分的死亡原因与饲养管理不到位有直接的关系。这就要求鸡场一定要采用全进全出的饲养方式，坚持做好日常消毒，适时确实地做好各种免疫，注意及时预防性用药。饲养管理人员在育雏时做到精心、细心、耐心，为雏鸡创造舒适稳定的生活环境，减少各种应激，就可以减少和杜绝各种疾病的发生。

饲养员应经常观察雏鸡群，随时掌握好鸡群的动态，如有异常应立即采取积极的解决措施。特别是育雏开始的 7 天之内，做到每天 24 小时有人值守。随时检查室温，将育雏室内的温度始终保持在适宜雏鸡生长的温度；雷雨天气饲养员要时刻关注鸡群动态，防止雏鸡受到雷电惊吓以后，造成拥挤踩压致死。严防猫、鼠等进入育雏室；如发现有啄肛、啄羽的雏鸡，应及时调整好雏鸡的日粮配合，并将被啄雏鸡及时挑出单独喂养，在被啄处涂上紫药水，以防止啄肛、啄羽现象在雏鸡群中蔓延，同时，对 7～11 日龄的雏鸡应及时断喙。

十七、育成鸡饲养管理关键技术

通常将 7 周龄到 20 周龄产蛋前的鸡称为育成鸡，育成鸡也叫青年鸡、后备鸡。育成鸡饲养的总目标是要培育出具备高产能力、有维持长久高产体力的青年母鸡群。具体目标是体重符合标准、均匀度好（85％以上）；骨骼发育良好、骨骼发育和体重增长相一致；具有较强的抗病能力，在产前确实做好各种免疫，保证鸡群适时开产并安全度过产蛋期。

1. 分群管理

为了将体重相近的育成鸡在一起饲养，实行立体笼养育成鸡的，一定要按照体重大小、体格强弱分开饲养。上笼后的育成鸡应该根据体重抽测结果进行两次分群，可结合转群或在接种疫苗时进行；有条件的应逐只或抽样称重，这样才能保证鸡群85％的数量达到标准体重的±10％范围以内。体重超过标准，可减少饲料喂量或减少饲料中蛋白质含量。体重低于标准的，可采取推迟更换育成鸡饲料，或加大饲喂量的措施，使其赶上标准；对于超标严重的，可控制饲喂量，延缓料量增加，或者提前更换育成鸡饲料。

2. 光照管理

因为光照可以刺激青年鸡的性成熟，为了不使青年鸡开产期过早，影响蛋重和产蛋全期的产蛋量。所以育成期光照总的原则是宜减不宜增、宜短不宜长。封闭式鸡舍最好控制在 8 小时，到 20 周龄，每周递增 1 小时，一直到15～17 小时为止。开放式鸡舍，在育成期不必补充光照。还要注意光照强度，光照强度要保持一定的水平，不能太暗，也不要太亮，一般需要间隔 3 米挂相当于 40 瓦左右的灯，最好有灯罩，并注意保持灯具的清洁干净。

3. 饲喂管理

6～8 周龄的青年鸡采食量少，免疫接种频繁，相对增重快，因此，这一阶段要提供高营养浓度的日粮，保证阶段结束时体重达标；8～12周龄是青年鸡的肌肉、骨骼发育较快的阶段，利用这一特性，饲喂上满足该阶段鸡的营养需要和正常饲喂量，促使青年鸡的体重达到这一阶段标准体重的上限或略高于上限；从12周龄开始，随着性器官成熟，脂肪开始加速沉积，这时要适当控制青年鸡的增重速度，如果增重过快，脂肪沉积增多。要限制日粮的能量和蛋白质水平。这一阶段体重如果超标，饲料量应维持上周不变，但千万不能减少饲料的喂量，防止体重下降。

采用笼养方式的每天饲喂2～3次，采用平养方式料桶饲喂的每天可以饲喂1次。为保证所有鸡采食均匀，达到每只鸡每天摄入的营养相近、鸡群均匀度高的育成目标，要求有足够的采食位置，而且投料时速度要快。这样才能使全群鸡同时吃到饲料，平养时更应如此。特别是育成阶段一般都是采用限制饲喂的方法，在绝大多数鸡每天都吃不饱的情况下保证采食位置和投料速度这两点更为重要。

养鸡场使用自己配制饲料的，要定期饲喂沙砾。可在配制的饲料中添加沙砾，或单独将沙砾添加到料槽中供蛋鸡采食。8周龄后，垫料平养育成鸡的，每100只鸡每天补给65克，网上平养和笼养的每100只鸡每4～6周补给450～500克不溶性沙砾，要求沙砾的粒径为3～4毫米，一天用完。

为了节省饲料和促进生长，需要多次换料，换料越及时，经济效益越高。换料要有一个逐步过渡阶段，使育成鸡对换料刺激有一个适应过程，不可突然换料。一般可采用5天换料法。即在育雏料中按比例每天增加15%～20%育成料，直到全部换成育成料。

4.饮水管理

饮水供应要充足，水质要符合无公害食品畜禽饮用水水质的要求，保证24小时不间断供水。经常检查饮水设备内的水分布情况，防止缺水和漏水。使用水槽和饮水器时每天要刷漆，定期进行消毒。

通常每栋鸡舍要有一个大的蓄水箱，这对采用深井水和定时供水的水源尤其重要，可保证持续稳定的供水。也要定期清洗和消毒水箱。

5. 通风换气管理

育成鸡采食量和排泄量大，产生的有害气体多，尤其是在冬季和早春鸡舍密封的情况下，若不注意通风换气，极易发生呼吸道疾病，影响鸡的生长发育，但不要有贼风。因此，必须给育成鸡供应足够新鲜的空气。育成鸡对环境温度适应能力强，可以加大通风换气量。

6. 密度管理

进入育成期以后，要及时调整饲养密度，育成期育成鸡饲养密度的要求是，采用笼养饲养方式的，6～10 周龄密度为每平方米 35 只，10～18 周龄密度为每平方米 28 只；采用平养饲养方式的，6～10 周龄密度为每平方米 10～12 只，10～18 周龄密度为每平方米 9～10 只。

7. 温度和湿度管理

育成鸡适宜的温度范围是 18～25℃。尽管育成期的鸡对湿度的变动有很大的适应能力，但应避免急剧的温度变化，日温差的变化最好能控制在 8℃以下。舍温过低或过高均会对育成鸡的生长造成不良的影响，如果舍温在 10℃以下，应该及时采取热风炉、电暖等增温对策；如舍温在 30℃以上，应该及时采取通风、湿帘等降温对策。

育成鸡对环境湿度不太敏感，湿度在 40%～70%范围之内都能适应。鸡舍的日常湿度控制主要是结合鸡舍的通风换气一起进行的，湿度过大可加大通风换气量。地面湿度过大，可在地面放些大块生石灰吸收空气小水分，待石灰潮湿后除去即可。还要重点做好饮水线和育成鸡舍的管理，保证水线的接头严密无渗漏和饮水器完好，育成鸡舍不漏雨等。饮水线接头或饮水器漏水应及时更换或维修。

8. 防病管理

制订合理的免疫计划和程序，进行防疫、消毒、投药工作。要严格按免疫程序，12 周龄用新城疫活疫苗和（或）灭活疫苗强化免疫，17～18 周龄或开产前再用新城疫灭活疫苗免疫 1 次；56 日龄时使用鸡传染性支气管炎活疫苗进行三免，110～120 日龄时用鸡传染性支气管炎灭活疫苗进行四免；110～120日龄时用鸡传染性法氏囊病灭活疫苗进行三免；40～50日龄用禽流感（H9亚型）灭活疫苗进行二免，110～120日龄时进行三免。夏季蚊虫多，应提前做好鸡痘苗的刺种，防止发生鸡痘，影响鸡的生长发育和造成死亡。40～60日龄期间是鸡的葡萄球菌病多发阶段，要做好防治工作。多雨的季节，容易暴发球虫病，平养的育成鸡更要注意及时投药预防。

要经常做好鸡舍的消毒工作，应坚持每周用消毒药对鸡舍进行带鸡消毒。

做好抗体检测。抗体检测可以准确地了解鸡群的抗体水平，进而了解鸡群对疾病的抵抗力和健康状况。因此，规模化养蛋鸡在育成后期应全面地做一次抗体检测。根据鸡群的抗体检测结果有针对性地制订本场的免疫接种程序，以使鸡体内保持较高的抗体水平。

9. 日常管理

做好鸡群的日常观察。发现鸡群在精神、采食、饮水、粪便等有异常时，要及时处理。

做好选留。在鸡群上笼时，选留发育快的，淘汰发育不全、过于弱小或有残疾的鸡。然后在20周龄前后，挑选外貌结构良好的，淘汰不符合品种特征、断喙过短及过于消瘦的个体。残次鸡要随时淘汰。

做好饮水、饲喂、照明、通风等设备运行情况的检查和日常维护保养，使养鸡设备始终处于最佳运行状态。

做好卫生管理，保持鸡舍内外干净整洁。保持照明设备的清洁。

每周或隔周抽样称量鸡只体重，由此分析饲养管理方法是否得当，并及时改进。

做好生产记录，每天要记录鸡群的死亡、淘汰、出售、转出等数量变动情况，记录饲料类型、变更、每天总耗料量、平均耗料量等饲料使用情况，记录药物和疫苗名称、使用时间、剂量、生产单位、使用方法、抗体监测结果等卫生防疫情况，以及体重抽测结果、调群、环境条件变化、人员调整等情况。

十八、产蛋鸡饲养管理关键技术

蛋鸡的饲养管理目的在于最大限度地为产蛋鸡提供一个有利于健

康和产蛋的环境，充分发挥其遗传潜能，生产出更多的优质商品蛋。

1. 环境控制

（1）温度管理　产蛋鸡生产的适宜温度范围是 $13\sim25℃$，最佳温度范围是 $18\sim23℃$。温度最低不能低于 $5℃$，最高不超过 $30℃$。相对来讲，冷应激比热应激的影响小。在较高环境温度下，约在 $24℃$ 以上，其产蛋蛋重就开始降低；$27℃$ 时产蛋数、蛋重降低，而且蛋壳厚度迅速降低，同时死亡率增加；达 $37.5℃$ 时产蛋量急剧下降，温度在 $43℃$ 以上，超过 3 小时母鸡就会死亡。

（2）光照管理　为使母鸡适时开产，并达到高峰，充分发挥其产蛋潜力。在生产实践中，从 20 周龄开始，每周延长光照 $0.5\sim1$ 小时，使产蛋期的光照时间逐渐增加至 $14\sim16$ 小时，然后稳定在这一水平上，直到产蛋结束。采用自然光照的鸡群，如自然光照时间不足，则用人工光照补足。为了方便管理，可以定为无论在哪个季节都是早 6 点到晚 $20\sim22$ 点为其光照时间，即每早 6 点开灯，日出后关灯，日落前再开灯至规定时间。完全采用人工光照的鸡群，可从早 6 点开始光照至 $20\sim22$ 点结束。

（3）湿度管理　产蛋鸡环境的适宜相对湿度是 $60\%\sim65\%$，但在 $40\%\sim72\%$ 的范围，只要温度不偏高或偏低对鸡影响不大。高温时，鸡主要通过蒸发散热，如果湿度较大，会阻碍蒸发散热，造成热应激。低温高湿环境，鸡散失热较多，采食量大、饲料消耗增加，严寒时会降低生产性能。在饲养管理过程中，尽量减少用水，及时清除粪便，保持舍内通风良好等，都可以降低舍内的湿度。

（4）通风换气管理　通风换气可以补充氧气，排出水分和有害气体，保持鸡舍内空气新鲜和适宜的温度它与舍内的温、湿度密切相关。炎热季节加强通风换气，而寒冷季节可以减少通风，但为了舍内空气新鲜要保持一定的换气量，鸡舍中对鸡只影响较大的有害气体是下列几种。

① 二氧化碳：主要是鸡群呼吸时产生的，一般要求鸡舍中的含量不超过 0.2%。

② 氨气：主要由粪便厌气性细菌分解而产生的。氨气易吸附在水的表面及鸡的口、鼻、眼等黏膜、结膜上，直接侵害鸡只。一般要求含量不能超过 0.02%。

③ 硫化氢：是由含硫的有机物分解而来的。超标时会引起急性肺炎和肺水肿及组织缺氧。

④ 微生物尘埃：舍内的各种微生物吸附在尘埃和水滴上，被鸡吸入呼吸道会诱发和传播各种疾病。

2. 日常管理

（1）观察鸡群　注意观察鸡群的精神状态和粪便情况，尤其是清晨开灯后，若发现病鸡及时隔离并报告管理人员，观察鸡群的采食和饮水情况，还要注意歪脖、扎翅，有无啄肛、啄蛋的鸡，有无跑出笼外的鸡；检查舍内设施及运转情况，发现问题，及时解决。

（2）减少应激　任何环境条件的突然变化，都能引起鸡群的惊恐而发生应激反应。突出的表现是食欲不振、产蛋量下降、产软皮蛋、精神紧张，甚至乱撞引起内脏出血而死亡。这些表现需数日才能恢复正常。因此，应认真制订和严格执行科学的鸡舍管理程序，鸡舍固定饲养人员，每天的工作程序不要轻易改动，动作要稳，声音要轻，尽量减少进出鸡舍的次数，避免猫、狗惊吓，鸡舍附近严禁燃放鞭炮和汽车鸣笛，保持鸡舍环境安静。

（3）合理饲喂及充足的饮水　无论采用何种方法供料，必须按该鸡种饲养手册推荐的采食标准执行，过多过少都会产生不良影响，一旦建立，不宜轻易变动。喂料过程中要注意匀料，防止撒布不匀。要保证不间断供给清洁的饮水，炎热夏季要注意供给清洁的凉水。

（4）保持环境卫生　室内外定时清扫，保持清洁卫生。定期对舍内用具进行清洗、消毒。

（5）适时收蛋　蛋鸡的产蛋高峰一般在日出后的 3～4 小时，下午产蛋量占全天的 20%～30%。因此，每日至少上、下午各捡蛋 1 次，夏季 3 次。捡蛋时动作要轻，减少破损。

（6）及时淘汰低、停产鸡　产蛋鸡与停产鸡、高产鸡与低产鸡在外貌及生理特征上有一定区别，及时淘汰低产鸡，可以节省饲料、降低成本和提高笼位利用率，可根据外貌和生理特征进行选择。

3. 不同产蛋时期的饲养管理

（1）初产至产蛋高峰期的管理　产蛋鸡从 16 周龄起进入预产期，

25 周龄达到产蛋高峰，这个时期的饲养管理状况是否符合鸡的生长发育和产蛋的要求，对产蛋量影响极大。

① 适时转群，按时接种、驱虫。蛋鸡入笼工作最好在 18 周龄前完成，以便使鸡尽早熟悉环境。过迟易使部分已开产鸡停产或使卵黄落入腹腔引起卵黄性腹膜炎。在上笼前或上笼的同时应接种新城疫苗、减蛋综合征苗及其他疫苗。入笼后最好进行一次彻底的驱虫，对体表寄生虫如螨、虱等可喷洒药物驱除，对体内寄生虫可内服丙硫咪唑 20～30 毫克/千克体重，或用阿福丁（虫克星）拌料服用。转群和接种前后应在料中加入多种维生素、抗生素以减轻应激反应。

② 适时转换产蛋料。为了适应鸡体重和生殖系统的生长发育需求，可在 18 周龄开始喂产蛋鸡料，20 周龄起喂产蛋高峰期料。同时在料中额外添加 1 倍量多种维生素。自由采食，开灯期间饲槽中要始终有料。

③ 控制体重。蛋鸡的体重是重要的检测指标，只有保持适宜的体重，才能保证鸡群的健康，发挥产蛋鸡的遗传潜力，产蛋期的体重控制重点是防止过肥。

（2）产蛋高峰期的管理　鸡群产蛋率达到 80% 时，就可以确定为进入产蛋高峰期，一般 90% 产蛋率可以维持 3 个多月，管理好的甚至可以维持 5～6 个月。

① 提供足够的蛋白质饲料。蛋鸡产蛋高峰期间，日粮的各种营养素要全面平衡，母鸡对蛋白质的需求随着产蛋率的上升而增加。一般情况下，鸡群产蛋率每上升 10%，其日粮中的粗蛋白含量就应提高 1%，到鸡群产蛋率达到 90% 时，其日粮中的粗蛋白含量应提高到 19%。尽量少用不易吸收利用的非常规饲料原料。

② 补充足够的钙质。蛋鸡产蛋高峰期间，鸡对钙质的需要量增加，日粮中的钙含量应由 3% 提高到 3.5%～4%。但应该注意，日粮中的钙含量最高不能超过 4%，否则会影响鸡的食欲。

③ 补充适量的添加剂。蛋鸡产蛋高峰期间，每 1000 千克日粮饲料中要添加多种维生素 100 克，维生素 A、维生素 D、氯化胆碱、蛋氨酸、微量元素各 1000 克。

④ 做好疾病防治。蛋鸡产蛋期间，除了坚持每周至少 1 次的鸡

舍及运动场消毒外，每隔半月还要在饲料中拌入广谱抗菌药物添加剂等，饲喂 3～4 天，这样可有效地预防慢性呼吸道疾病、鸡霍乱、鸡传染性鼻炎等细菌性疾病的发生，确保蛋鸡旺盛高产。

⑤ 蛋壳质量控制。及时检修鸡笼设备，鸡笼破损处及时修补，减少鸡蛋的破损；防止惊群引起的产软壳蛋、薄壳蛋现象。

（3）产蛋后期的管理　产蛋后期（48 周～淘汰）是鸡群生产性能平稳下降的阶段，这个阶段鸡只体重几乎没有变化，但是蛋重增大、蛋壳质量变差，且脂肪沉积，易患输卵管炎、肠炎。然而整个产蛋后期占产蛋期接近 50％ 的比例，且部分养鸡场在 500 多日龄淘汰时，产蛋率仍可维持在 70％ 以上的水平，所以产蛋后期生产性能的发挥直接影响养鸡场的收益水平。

① 饲喂管理。要适当降低日粮营养浓度，防止鸡只过肥造成产蛋性能快速下降，加大杂粮类原料的使用比例。若干鸡群产蛋率高于80％，请继续使用产蛋高峰期饲料；如果产蛋率低于 80％，则使用产蛋后期料。

实施少喂勤添勤匀料的原则。喂料时，料线不超过料槽 1/3；加强匀料环节，保证每天至少匀料 3 遍，分别在早、中、晚进行。

② 观察鸡群。经常观察鸡群的采食、饮水、呼吸、精神和产蛋等情况，发现问题及时解决，并做好生产记录，便于总结经验、查找不足。

③ 防病管理。产蛋后期要做好疾病的预防与治疗。有抗体检测条件的根据抗体水平的变化实施免疫新城疫和禽流感疫苗；没有抗体检测条件的，新城疫每 2 个月免疫 1 次，禽流感每 3～4 个月免疫 1次油苗。

预防坏死性肠炎、脂肪肝等病的发生。夏季是肠炎的高发季节，除做好日常的饲养管理外，可在饲料中添加药物添加剂预防。防止霉菌毒素、球虫感染损伤消化道黏膜而引起发病；保护肠道黏膜，减少预防性用药次数，增加用药间隔时间。

④ 及时剔除病弱鸡、寡产鸡。应及时将不再产蛋的鸡剔除，以减少饲料浪费，节省养鸡成本。病弱鸡、寡产鸡应及时剔除，每 2～4 周检查淘汰 1 次。病弱鸡可直接淘汰，而寡产鸡要通过观察羽毛、鸡冠、肉垂、粪便、耻骨、腹部、肛门等加以鉴别。寡产鸡的体质、

肤色、精神、采食、粪便、羽毛状况与高产鸡不一样。

⑤ 体重监测与限饲。轻型蛋鸡（白壳）产蛋后期一般不必限饲。中型蛋鸡（褐壳）为防止产蛋后期过肥，可进行限饲，但限饲的最大量为采食量的 6%～7%。限饲要在充分了解鸡群状况下进行，每周监测鸡群体重，称重结果与所饲养的品种标准体重进行对比，体重超重再进行限饲，直到体重达标。观测肥鸡、瘦鸡的比例，调整饲喂计划。

十九、种鸡人工授精技术

种鸡人工授精从 20 世纪 90 年代以来在许多规模化的养殖企业普遍推广应用。种鸡人工授精可以减少公鸡饲养只数，扩大公母配种比例，节约饲料，降低成本，可提高种蛋受精率，使全程受精率达 92%～95%，雏鸡成本下降 10%左右。笼养还可节约垫料。能及时挑出寡产鸡淘汰，降低成本，并及时发现疾病和饲养管理存在的问题。采用一鸡一管输精技术还能有效防止母鸡之间的疾病交叉感染，对鸡白痢等种源性疾病的预防十分有利。

种鸡人工授精是一项操作技术性很强的工作。包括种公鸡的选择及训练、用具准备、采精、精液品质检查、精液稀释、输精等操作技术。

1. 种公鸡的选择及训练

（1）种公鸡的挑选分四个阶段　第一阶段（1～2 周龄），选择符合品种特征，卵黄吸收良好，绒毛整洁，体格健壮，精神活泼，叫声清脆，握时双腿蹬弹有力，生殖器突起明显，结构典型的公鸡，在选留数量上 1∶10 左右配套；第二阶段（3～4 周龄），选择精神好，体重符合标准体重，性成熟明显的留作种用，在选留数量上以 1∶15 左右配套；第三阶段（6～8 周龄），此时公鸡的雄性特征表现明显，应选择鸡冠发育明显，颜色鲜红，具有明显品种特征，体格健壮者，在选留数量上以 1∶18 左右配套；第四阶段（18～20 周龄），此时公鸡已发育成熟，也是选留的最后一个环节，为开始输精做好准备，应选择体格健壮，发育良好，冠髯鲜红，精液品质良好的种公鸡留做种用。选留数量上以 1∶（20～30）为宜。

（2）种公鸡的训练　受训公鸡单笼饲养 3～4 周。在训练前，剪除肛门周围2厘米左右的羽毛。在配种前2～3周，开始采精训练，将公鸡逐只捉出，反复进行背部按摩，使其建立条件性反射。按摩方法是左手掌向下，贴于公鸡背部，从翼根向背腰部，由轻渐重推至尾羽区，按摩数次，即引起公鸡的性反射。采精宜在相对固定时间进行，每天1次或隔天1次，一旦训练成功，则应在固定时间采精。经3～4次训练，大部分公鸡都能采到精液。注意体重轻、经常有排粪反射、拉稀便的以及经多次训练仍不能建立条件反射的公鸡应淘汰。

2. 用具准备

种鸡人工授精器材一般有集精杯、保温瓶、胶头、细头玻璃吸管、药棉等。

在使用前应将集精杯、采精杯、输精器等器具用洗涤剂洗刷污垢，用水冲洗干净，再用蒸馏水冲洗1～2次，然后用纱布包好，放入消毒锅或消毒柜消毒15～30分钟，烘干备用。

3. 采精时间

一般安排在14：30～15：30为宜。在公鸡的利用上，一般刚开始采精1天，休息1天，数周后可以采精2天休息1天。

4. 采精

采精一般采用背腹式按摩法，通常由2人操作，1人捉住公鸡保定，1人按摩与收集精液。保定员双手将公鸡双腿和翅膀握住置于腋下固定，头朝后，尾朝前。采精员左手拇指和其他四指自然分开，以掌面贴在公鸡背部两翅内侧向尾部区域轻快按摩，并往返多次，一般经过训练的公鸡1次按摩即可出现性反射，表现为尾羽上翘，泄殖腔外翻，待公鸡引起性反射，立即翻转左手，并以左手掌将尾羽向背部拨，使其向上翻，拇指和食指放在勃起的交配沟两侧，向交配器挤压。与此同时，右手紧握集精杯，手背紧贴公鸡腹部柔软处触动按摩几次，等精液射出时，把集精杯口转到交配器下承接精液。左手挤压几次见已无精液流出时，即可将接精杯移去。采精员的左手的食指和中指夹一小团药棉，采精时发现有尿酸盐流出时，立即用药棉擦去，防止污染精液。采好的精液要在30分钟内完成输精工作。正常情况下，每只公鸡每次采精量为0.3～0.6毫升。

采精注意事项如下。

① 采精时应注意将公鸡从笼内抓出时动作要轻，防止公鸡过分挣扎，精液自动流失。

② 采精人员相对固定，因为每个人的手势不同，公鸡已适应了某一人手势，换人后，往往采精量下降或采不到精液。挤压生殖器不可太猛，防止生殖器出血，污染精液。

③ 留心一些性反射较快的鸡，每天要先采这部分鸡，否则等采完其他鸡，再采这部分鸡就采不到精液了。建立公鸡采精制度，不能因为某些公鸡好用就多用，要坚持隔日采精。

④ 公鸡采精前3～4小时停食，防止公鸡过饱时采精排粪，污染精液；每只公鸡准备1个接精杯，弃去不合格精液，将合格精液用吸管吸出，集中于集精杯中。

⑤ 收集精子时不要将粪便、羽毛等混入集精杯内，以免造成精子污染，影响精子活力；由于保温、酸碱度、氧化性等诸多因素，要求采精要迅速准确。采精时间控制在30分钟左右为宜。

5. 精液品质检查

精液品质检查包括外观检查和活力检查。

（1）外观检查　正常精液为乳白色不透明液体。混入血液为粉红色；被粪便污染为黄褐色；尿酸盐混入时则呈粉白色棉絮状；过量的透明液混入则有水泽状。凡受污染的精液其品质急剧下降，受精率不会高，应弃之不用。

（2）活力检查　精子活力在人工授精时对受精率、孵化率影响较大。试验表明，精子活力指数在0.8以上，受精率为92.5%；精子活力指数在0.7时，受精率仅有67.5%。

采精后20～30分钟内进行，取精液及生理盐水各一滴，置于载玻片一端混匀，放上盖玻片。精液不宜过多，以布满两片空隙不溢出为宜。在37℃用200～400倍显微镜检查，活力高、密度大的精液呈旋涡翻滚状态。精子呈直线前进运动的，有授精能力。精子呈圆周运动、摆动两种方式的均无授精能力。

6. 精液稀释

通常可用原精液输精。精液稀释通常采用生理盐水（0.9%的氯化钠溶液）、葡萄糖生理盐水或专用精液稀释液。稀释比例以 1：1 为宜。实践证明，在稀释液中加入适量的青链霉素可提高 1% 的受精率。采精后应尽快稀释，将精液和稀释液分别装于试管中，并同时放入 30℃ 保温瓶或恒温箱中，使两者温度相等或相近。稀释时稀释液应沿装有精液的试管壁缓慢加入，轻轻转动，使均匀混合。加入稀释液后不能急速晃动或用吸管、玻璃棒快速搅动，以免精子的颈部断裂。

7. 输精

种母鸡在 180 日龄，产蛋率达到 5% 时，就可以进行人工授精，一般每只母鸡每隔 4～5 天输精 1 次，产蛋后期或夏季可 3～4 天输精 1 次。输精时间在每天 16：00 产蛋后，夏季可安排在 19：00 进行。输精宜采用一鸡一管输精技术，即输精时采用移液管，每只母鸡配 1 个管套。可用棉布缝制一张能插入数百个管套的围裙，输精人员将所有消毒好的管套插入特制的围裙中，将围裙扎在腰间，围裙的侧面挂一个特制器皿，即可进行一鸡一管输精操作。

输精时由 2～3 人操作，其中一人输精，另外 1～2 人翻肛。可将母鸡抓到笼外面输精，也可以不抓出，直接在笼内进行输精操作。将母鸡抓到笼外面输精的，翻肛人员右手抓住母鸡腿的基部，左手拇指与其他四指自然分开放在母鸡腹部左侧，从肛门向头前方挤压，掌心用力，借腹部压力便可翻出输卵管口，输精员用消毒吸管吸取已被稀释的精液 0.025～0.03 毫升（母鸡接受第 1 次输精时或产蛋后期的输精量应该加倍），向位于泄殖腔左侧的输卵管口插入，滴管插入阴道不宜过深，一般没过精液的高度即可（2～3 厘米），同时翻肛员左手迅速放开肛门，精液即可输入。输精员每输完 1 只母鸡后，都要用消毒药棉擦净输精滴管口。

在笼内直接输精的，翻肛人员左手抓住母鸡鸡尾，向上提起，拉至笼门口。右手紧贴泄殖腔向下抓起腹部，增加腹压，使泄殖腔外翻，暴露出输卵管口。输精人员将吸有精液的移液器吸嘴插入输卵管口 2～3 厘米，将精液挤入输卵管内，移液器沿输卵管口上壁拔出。抓鸡人员松开右手，左手将母鸡推回笼内。输精后的吸嘴用脱脂棉擦拭，再吸入精液等待给下 1 只母鸡输精。

输精的注意事项如下。

①　输精人员要有责任心、有耐心，操作要细心。翻肛用力不能太猛，防止将输卵管内的蛋挤破，造成输卵管炎或腹膜炎。翻肛员给母鸡腹部加压力时，一定要着力于腹部左侧，因为输卵管开口在泄殖腔的左上方，右侧为直肠开口，如果着力相反便会引起母鸡排粪。碰到输卵管有蛋或感觉精液未输入的鸡做好记号，隔日重输。

②　翻肛员与输精员在操作上要密切配合，当输精器插入的瞬间，翻肛员应迅速解除对母鸡腹部的压力，使精液借助于腹内压降低作用将精液输入输卵管内。输精员应熟练掌握吸取精液的力度，保证每次吸取的精液量相等，既不浪费精液也保证输精量，要求输入的精液所含精子 0.5 亿～0.7 亿个，输精剂量以 0.025～0.03 毫升为宜。

③　输精时的力度应保证和吸取精液时的力度相同，在滴管插入阴道前，发现前端有空气柱应排空，否则输入的精液会包裹空气而形成泡沫，而且将空气泡输入输卵管内，会使精液外溢，输精失败，影响受精率。

④　吸嘴不能太尖，防止刺伤输卵管。平时采精后最好半个小时内把精液输完，冬季输精不超过半个小时。精液暴露时间过长，精液的 pH 值、渗透压等已发生改变，会降低受精率，影响输精效果。第1 次输精输精量加倍，以后每次输 0.025 毫升原精即可。

⑤　投精员左手紧握刻度试管稍微倾斜向右，右手拿滴管从精液斜面最顶端吸取精液，滴管插入精液越浅越好。人为地搅动精液会增加精子的畸形率。

⑥　输精时间应在 16：00 以后，如有可能，越晚越好。因为如果输卵管内有蛋影响受精率，过了 16：00 后输卵管内有蛋的鸡的比例减少，可以减轻翻肛对母鸡的伤害。每输完 1 组鸡，要更换一个吸嘴，减少疾病传播机会。

⑦　在人工授精方案实施中，维持高水平受精率需要随季节（日龄）的推移逐步提高输精量，以弥补功能性精子的渐进减少。其输入的有效精子数应达 0.6 亿～1 亿个，产蛋高峰期每次输入原精液0.025 毫升，末期以 0.05 毫升原精液为宜。

⑧　不论是两人一组还是三人一组的输精组合，输精员都应站在翻肛人员的右边完成输精。根据鸡左侧输卵管的生理特点，在左边输

精很容易划伤鸡的阴道，造成创伤，影响鸡的健康。

⑨ 严格执行灭菌、消毒制度。为防止相互感染，每输一次精液应更换新的输精管，即使是同一只鸡重复输精也应更换，以防污染精液。每次使用后的玻璃器械应清洗干净，再放入干燥箱中高温消毒，烘干备用。每使用一段时间还应在沸水中煮沸消毒以去除水垢。操作中也应做到小心谨慎，防止因污染而引起母鸡生殖器官的感染。

⑩ 加强种公鸡的饲养管理至关重要，要调配好公鸡的日粮，种公鸡使用较勤时，应适当地增加其日粮中蛋白质含量和多种维生素，特别是维生素 A、维生素 B_1、维生素 B_2 以及微量元素。母鸡 5 天输精 1 次，频繁的应激会降低抗病能力，平时也应在种鸡日粮中多添加一些维生素。

第五章
满足蛋鸡的营养需要

　　品质优良的饲料是鸡只获得高产的物质基础。针对不同品种蛋鸡在育雏、育成、产蛋等阶段的营养需要，采用科学的配方和优质的原料，提供安全、全价、均衡的优质日粮，满足蛋鸡的营养需要，蛋鸡的生产潜力才能得以充分发挥，实现蛋鸡高产，而高产才能降低料蛋比，料蛋比越低，经济效益就越高。

一、了解和掌握蛋鸡对营养物质需要的知识

　　营养物质通常是指那些从饲料中获得、能被动物以适当的形式用于构建机体细胞、器官和组织的物质。为了维持基本的生命活动、生长、繁殖需要多种营养物质，归纳起来分为能量饲料、蛋白质、矿物质、维生素和水等几大类。

1. 能量

　　家禽的一切生理活动都需要能量的支持，其中维持、生长、生殖占用所摄入能量的大部分。鸡饲料中能量饲料占到 $60\% \sim 70\%$，占饲料成本的最大部分，也是蛋鸡营养中最重要的要素。

　　能量包括维持能量需要和产蛋能量需要。维持能量需要的多少受母鸡体重、活动量、环境温度等因素的影响。产蛋能量需要的多少受蛋重及产蛋率的影响。一般来说，产蛋鸡对能量需要的总量约有 2/3 用于维持，1/3 用于产蛋。而且，鸡每天从饲料中摄取的能量首先满足维持需要，然后才能用于产蛋。

　　能量过剩会造成浪费，且容易引发疾病；能量不足会使得动物生

长发育受阻，降低生产效率，影响经济效益。

2. 蛋白质

蛋白质是生命的物质基础，它不仅是构筑机体一切细胞、组织和器官的基本材料，而且以酶、激素、抗体的形式参与机体功能的调节及一切生命活动。它对于鸡的生长发育、维持鸡体的健康、保证鸡的正常繁殖功能和较高的生产性能是必不可少的，不能由其他物质所代替。

蛋白质由 20 余种氨基酸构成，蛋白质需要实质上是氨基酸需要。通常根据其在饲料中的必需性，分为必需氨基酸和非必需氨基酸。家禽所必需的氨基酸有赖氨酸、蛋氨酸、异亮氨酸、精氨酸、色氨酸、苏氨酸、苯丙氨酸、组氨酸、缬氨酸、亮氨酸等。其中蛋氨酸与赖氨酸是蛋鸡第一、第二限制性氨基酸，只有这两种氨基酸保持适当比例的充足供给，才能保证其他氨基酸的吸收与利用。必需氨基酸在家禽体内不能合成，必须从饲料中摄取。必需氨基酸中任一种氨基酸不足均会影响家禽体内蛋白质的合成，并会引起其他氨基酸的分解代谢。

饲料所需蛋白质水平的高低要看它所含的必需氨基酸是否都达到了日粮营养标准。多余的、未能被鸡体利用的蛋白质可在体内脱氨并转变成尿酸随尿排出。其非氮部分可转化为脂肪，或氧化分解释放与供能。由于蛋白质是昂贵的营养素，而且其转化为可利用能的效率低于脂肪和碳水化合物，故以蛋白质供能是不经济的。同时，过量蛋白质的含氮部分必须在肝脏中转化为尿酸，通过肾脏排出。这个过程需消耗能量，且增加肝、肾的负担。

鸡饲料中蛋白质不足时，生长鸡生长受阻，食欲减退，羽毛长势和光泽不佳或换羽缓慢，免疫力下降，对疾病的抵抗力弱。母鸡性成熟延迟，产蛋率（量）不高，蛋重小，受精率与孵化率也低。

3. 矿物质

矿物质或矿物质元素是指除由有机物主要组成成分的碳、氢、氧、氮四元素外的无机元素。在鸡体内可检测出 40 多种无机元素，现已掌握有 16 种元素具有营养作用。通常按它们占鸡体总重量的比例分为常量元素和微量元素。常量元素是占鸡体总重量 0.01% 以上的元素，包括钙、磷、镁、钠、钾、氯和硫 7 种；微量元素是占鸡体总重量 0.01% 以下的元素，包括铁、锌、锰、铜、碘、钴、钼、硒、铬 9 种。矿物质元素在鸡体内含量虽少，却起着重要作用。它们不能在体内合成，必须由外界摄入（饮水或采食），某种元素太少，将产生缺乏症；太多，将引起中毒或产生不平衡；严重时会造成鸡死亡，所以要根据需要，恰当地在饲料中添加矿物质。

钙：钙是鸡骨骼和蛋壳的主要成分，对产蛋鸡至关重要。当日粮中短期缺钙，鸡动用储存的钙形成蛋壳，维持正常生产；当长期不足时，鸡体储存的钙满足不了需要，则产软壳蛋，甚至停产。

磷：磷对鸡的骨骼、蛋壳和体细胞的形成，以及对碳水化合物、脂肪和钙的利用有重要作用。尤其母鸡需要更多磷，因为蛋黄中含有较多的磷。磷有总磷和有效磷之分，其中有效磷是衡量磷利用率的主要指标。由于鸡对不同磷源的利用率不同，植物性饲料中的磷多为植酸磷（大约 65% 以上），因鸡的肠道中缺少植酸酶而不能充分利用；而矿物性饲料中的磷鸡可充分利用。故饲料中应以添加矿物性磷为主。鸡日粮中磷的需要量为 0.6%，其中有效磷应含 0.5%。所以饲料中须加 1%～2% 的骨粉或磷酸钙，以补充钙、磷不足。

注意钙、磷的比例要适当，一般日粮中钙、磷比例以（6～8）:1 为宜。如果钙、磷比例不当，不论是钙多磷少还是磷多钙少，对鸡的健康、生长和产蛋及蛋壳质量都会产生不良影响。如蛋鸡产薄壳或软壳蛋。

由于鸡蛋壳的钙化主要发生在头天晚间，所以应适当延长傍晚采食时间。因此，每天傍晚给鸡补喂贝壳碎粒或骨粉，能提高蛋壳质量。

钠：钠是机体正常代谢的必需元素，在调节体液渗透压和缓冲酸碱平衡方面有重要作用。钠与其他离子共同参与维持肌肉神经的正常兴奋性。鸡体内的钠主要存在于软组织与体液中，是血浆与其他细胞外液中的主要阳离子。

在植物性饲料中钠含量通常很少，所以养鸡生产中要添加氯化钠（食盐）来补充钠的不足。国外的营养标准中多有钠的要求量；中国营养标准则要求食盐的含量。当钠的摄入量满足不了鸡的需要时，鸡体内将减少钠的排泄量。当钠的摄入量超过需要量时，在一定范围内鸡可通过多饮水，将过多的钠排出体外，如超出量很大，将发生食盐中毒。

饲粮中缺少钠后，鸡的食欲与消化系统受影响，生长受阻，骨骼变软，产蛋鸡产蛋率下降，体重减轻，有时诱发啄癖。当鸡发生啄癖后，可在短时期内（1～2天）加大2～3倍添加食盐，对减轻症状有益处。

钾：钾是细胞内液中最主要的阳离子。钾与钠和氯共同调节渗透压和保持酸碱平衡，并对保持细胞容积起重要作用。钾在应激反应缓解中起作用，并参与碳水化合物代谢，在赖氨酸分解代谢中也有钾参与。

在通常饲料中，钾的含量都会超过鸡对钾的需要量，不会发生缺乏，但在应激反应严重时会发生低钾血症。

氯：氯离子是鸡体细胞外液中重要的阴离子，与钠、钾共同调节酸碱平衡与渗透压。在鸡的胃液中氯以盐酸形式作为胃液组成成分，对激活胃蛋白酶原起重要作用。氯还与唾液中的淀粉酶形成复合物。氯缺乏后鸡生长受阻，出现神经症状，严重缺乏后可导致死亡。

同钠一样，氯在植物性饲料中含量较少，不能满足鸡体需要，要以食盐形式在饲料中添加。

硫：在含硫氨基酸（蛋氨酸、胱氨酸与半胱氨酸）、含硫维生素（硫胺素与生物素）、含硫激素（胰岛素等）中都含有硫，这三类物质都与鸡的生长、生产有重要关系。硫的功能也是通过上述三种物质的作用表现出来的。鸡体内硫的主要来源是饲料中的蛋白质，当蛋白质缺乏时，就产生缺硫症状，羽毛生长不良，脱羽，食欲降低，体质弱，长期缺硫后可发生死亡。

镁：在鸡体所有组织中都有镁，但主要存在于骨骼中。在代谢反应中很多酶由镁激活，在碳水化合物与蛋白质代谢中，镁起重要作用。镁与钙、磷代谢有关，过多镁影响钙的沉积，如钙、磷过多也影响镁的作用。鸡体缺镁后，钾不能在体内留存而发生钾缺乏。

在植物性饲料中镁含量丰富，特别是在麸皮、棉籽粕中含量多，鸡对镁的需要量不大，通常 0.05％即可满足，所以一般饲养中不会出现缺镁，营养标准也多不列出镁的需要量。

铁：铁是蛋鸡进行正常生理活动所必需的微量元素之一。铁参与鸡体内氧的运输、交换和组织呼吸过程，鸡体内有 2/3 的铁存在于血红蛋白中。铁还储存在鸡体肝脏、脾脏与骨髓中，还有少量存在于肌红蛋白与某些酶系中。铁主要在鸡十二指肠内以亚铁形式被吸收，靠调节吸收量来维持体内平衡。并非任何形式的铁都可被鸡吸收，只有硫酸亚铁与柠檬酸铁铵的生物学效价高，而三氧化二铁利用率最低。

足量的铁是机体生长发育与代谢不可缺少的基本条件之一，缺铁会引起血清铁传递蛋白的饱和度过低，导致造血组织铁的供应不足和贫血症状的产生。鸡缺铁后，发生贫血，使有色羽褪色。过高供给，则会造成中毒，引起消化机能紊乱，使生长减慢。

钴：钴是维生素 B_{12} 的成分，而维生素 B_{12} 能促进血红素的形成，并在蛋白质代谢中起重要作用。缺钴，维生素 B_{12} 合成受阻，机体表现食欲不振，精神差，生长停滞，出现贫血症状。喂钴盐或注射维生素 B_{12} 可治愈。

铜：铜是许多氧化功能酶的组成部分，如铁氧化酶、酪氨酸酶等。在形成血红蛋白时也要有铜，如没有铜，仅有铁无法形成血红蛋白。铜多在小肠中被吸收，肠内 pH 值与铜吸收有关，钼也影响铜的吸收；pH 值升高，钼含量高，都影响铜的有效吸收。

饲料中缺铜，鸡生长受阻，羽毛褪色，骨脆易断，产蛋量减少，种蛋在孵化中胚胎死亡，有时也表现运动失调与痉挛性瘫痪。通常饲料中不会缺铜，但当土壤含铜量低时，植物性饲料原料含铜量低，在配制饲料时注意添加铜。

锌：锌具有促进生长、预防皮肤病的作用。锌是许多酶类、激素、骨、毛、肌肉等的构成成分。锌是鸡体内多种酶的组成成分或激活剂，如碳酸酐酶、磷酸酶和某些脱氢酶，核糖核酸聚合酶需锌激活，胰岛素中也有锌。

各种饲料原料中只含有微量的锌，一般情况下不能满足鸡的需要，无论是生长鸡还是产蛋鸡都要在日粮中补加锌。日粮中高钙时，可影响锌的吸收，诱发缺锌症。生长鸡缺锌后，生长受阻，皮肤上有鳞片屑，羽毛蓬乱，食欲不振，严重缺锌可引起死亡。产蛋鸡缺锌后产蛋率下降，孵化率降低，鸡雏畸形，即使能孵出鸡雏，生命力也不强，育雏成活率低。通常以碳酸锌或氧化锌作添加剂。

锰：锰对鸡的生长、繁殖和代谢起着重要作用。主要是促进钙、磷的吸收和骨骼的形成，以及性细胞的形成。也是一些酶的组成成分。锰是许多酶系的激活剂，如激活半乳糖转移酶和精氨酸酶等。锰还参与胆固醇的合成。锰主要存在于鸡的肝脏中，卵、皮肤、肌肉和骨骼中也含有锰。

锰缺乏时，鸡的新陈代谢机能发生紊乱。生长鸡缺锰后，可见骨短粗症（跛行、腿短而弯曲、关节粗大）与滑腱症（腓肠肌腱从髁骨脱落）。产蛋鸡缺锰后产蛋率下降，蛋壳品质恶化，所产种蛋孵化后，多在胚胎后期（18～21 天）死亡，即便孵出雏鸡也产生共济失调。一般饲料中均缺乏锰，必须在饲料中添加。以玉米、豆粕为主的饲粮中，锰含量不足，要额外添加。

碘：碘主要存在于鸡体的甲状腺中，碘是甲状腺素的重要成分，对营养物质代谢起调节作用。甲状腺素属于激素中的一种，它调节鸡体的新陈代谢，对生长与繁殖都有影响。产蛋鸡吸收碘后，可迅速转移到蛋黄中，所以有人生产高碘蛋。

缺碘时甲状腺机能衰退，蛋白质的合成受阻，蛋鸡的生长发育和肌肉的生长缓慢，呈侏儒状。在内陆山区都缺碘，需要在鸡日粮中加碘，可在食盐中加入碘化钾，每吨食盐加碘化钾 50～100 克便可；为防止碘化钾分解损失，还应在每吨食盐中加 200～400 克碳酸钠作为稳定剂。但加碘食盐不可多补，以免引起碘中毒。碘中毒后产蛋鸡产蛋停止，身体肥胖，生长鸡生长迟缓，骨架短小。

硒：硒在机体内主要对酶系统起催化作用，是谷胱甘肽过氧化酶的必需成分，能促进蛋鸡的生长发育。当硒缺乏时，出现渗出性素质病，表现为皮下大块水肿和组织出血、贫血、肌肉萎缩、肝脏坏死等。含量过高又会引起中毒。在配合日粮中加硒时一定要拌匀。

4. 维生素

鸡对维生素的需要量虽然很少，但它对保持鸡的健康，提高鸡的免疫力，促进其生长发育，提高产蛋率和饲料利用率的作用却是很大的。维生素是一组化学结构不同、营养作用和生理作用各异的化合物。鸡从日粮中摄取的维生素有 14 种，其中最易缺乏的是维生素 A、维生素 D_3、核黄素、维生素 B_{12}、维生素 E 和维生素 K 等。

维生素 A：维生素 A 的主要作用是加强上皮组织的形成，维持上皮细胞和神经细胞的正常功能，保护视觉正常，增强机体抵抗力，促进生长。维生素 A 缺乏时，初生雏鸡出现眼炎或失明，2 周龄内生长发育迟缓。3 周龄时，体质衰弱，运动共济失调，羽毛蓬乱。如不及时补充，眼鼻发炎，眼睑肿胀。育成鸡则消瘦衰弱，羽毛松乱。雏鸡也有类似的症状。

维生素 C：维生素 C 可以减轻热应激、预防疾病、抗御严寒、强健雏鸡体质、辅助治疗疾病、强化疫苗功能、缓解转群及运输应激、提高蛋壳质量、预防鸡群啄癖等。

维生素 D：维生素 D 参与骨骼、蛋壳形成的钙、磷代谢过程，促进肠胃对钙、磷的吸收。对蛋鸡具有免疫调节作用，能提高蛋鸡的免疫水平，增强蛋鸡对大肠杆菌、病毒病的抵抗力。维生素 D 缺乏时，雏鸡生长不良，羽毛松散，喙爪变软、弯曲，胸骨弯曲，胸部内陷，腿骨变形。舍饲的笼养鸡无阳光照射时会缺乏维生素 D_3，必须补充。维生素 D 性质稳定，但硫酸锰可使之破坏。

维生素 E：维生素 E 是有效的抗氧化剂、代谢调节剂，对消化道和鸡体组织中的维生素 D 有保护作用，能提高种鸡繁殖性能，调节细胞核的代谢机能。雏鸡维生素 E 缺乏时，易患脑软化症、渗出性素质病和白肌病。产蛋鸡日粮中缺乏，可造成产蛋率低，受精率低，溶血性贫血，皮下及肠道出血，鸡冠发白等症状。添加维生素 E 可以促进雏鸡生长，提高种蛋孵化率。鸡处于逆境时对维生素 E 的需要量增加。配合饲料粉碎、加热过程会破坏维生素 E。

维生素 K：维生素 K 的主要作用是催化合成凝血原酶。缺乏维生素 K 时，病鸡容易出血且不易凝固，冠苍白，死前呈蹲坐姿势。维生素 K 缺乏的母鸡，孵出雏鸡亦易患出血病。

维生素 B_1（硫胺素）：硫胺素的主要作用是开胃助消化。缺乏硫胺素时，雏鸡生长不良，食欲减退，消化不良，发生痉挛；严重时头向后背极度弯曲、瘫痪、倒地不起。成年鸡的症状与雏鸡类似，且鸡冠发紫。硫胺素在糠麸、青饲料、胚芽、草粉、豆类、发酵饲料和酵母粉中含量丰富，在酸性饲料中相当稳定，但遇热碱易被破坏。

维生素 B_2（核黄素）：核黄素对体内氧化还原、调节细胞呼吸起重要作用，能提高饲料的利用率。缺乏核黄素时，雏鸡生长缓慢，足趾向内弯曲，有时以关节触地走路，皮肤干而粗糙。种蛋孵化率低，胚胎死亡；出壳雏鸡脚趾弯曲、绒毛稀少。核黄素在青饲料、干草粉、酵母、鱼粉、糠麸、小麦中含量较多。它是 B 族维生素中对鸡最为重要，而又不易满足的一种维生素，肉用仔鸡容易出现缺乏症，应注意补给。

维生素 B_3（烟酸）：烟酸对机体碳水化合物、脂肪、蛋白质代谢起重要作用，并有助于产生色氨酸。雏鸡需要量高，缺乏时鸡生长受阻，发生黑舌病，采食减少，羽毛发育不良，有时脚和皮肤呈现鳞状皮炎。饲料中大多含有烟酸，但籽实类和它们的副产品中的烟酸大多不能利用。烟酸性质稳定。

维生素 B_5（泛酸）：泛酸是辅酶 A 的组成部分，与碳水化合物、脂肪和蛋白质代谢有关。缺乏时，雏鸡生长受阻，羽毛粗糙，骨变短粗，随后出现皮炎，口角有局限性损伤。泛酸与核黄素的利用有密切关系，一种缺乏时另一种需要量增加。此外，泛酸很不稳定，与饲料混合时容易受破坏，故常以其钙盐作添加剂。泛酸在酵母、青饲料、糠麸、花生饼、干草粉、小麦中含量丰富。

维生素 B_6（吡哆素）：吡哆素与糖、脂肪、蛋白质代谢有关。缺乏维生素 B_6 时，鸡表现兴奋异常，不能控制地奔跑，长时间抽搐而死亡；雏鸡食欲减退、生长缓慢、皮炎、脱羽、出血。吡哆素在饲料中含量丰富，又可在体内合成，很少有缺乏现象。

维生素 B_{11}（叶酸）：叶酸对羽毛生长有促进作用，与维生素 B_{12} 共同参与核酸的代谢和核蛋白的形成，并能防治恶性贫血。缺乏叶酸时，雏鸡生长缓慢，羽毛生长不良，贫血，骨短粗。常用饲料中含量丰富，草籽中含量尤其丰富。

生物素：生物素是中间代谢过程中起催化羧化作用的多种酶的辅酶，与各种有机物代谢有关系。缺乏时，鸡喙发生皮炎，生长速度降低；雏鸡患曲腱症、运动失调、骨骼畸形。生物素分布广泛，性质稳定，消化道内合成充足，不易缺乏。

胆碱：胆碱有调节脂肪代谢的作用。缺乏时容易引起脂肪肝，繁殖力下降，食欲减退，羽毛粗糙，雏鸡、生长鸡生长受阻，并引起骨短粗症。一般饲料含量都较丰富。

维生素 B_{12}：维生素 B_{12} 参与核酸合成、碳水化合物的代谢、脂肪代谢以及维持血液中谷胱甘肽，有助于提高造血机能，能提高日粮中蛋白质的利用率。雏鸡缺乏维生素 B_{12} 时，生长缓慢，贫血，饲料利用率低，食欲不振，甚至死亡。维生素 B_{12} 在肉骨粉、鱼粉、血粉、羽毛粉等动物性饲料中含量丰富，鸡粪和禽舍厚垫料内也含有维生素 B_{12}。氧化剂和还原剂可使之破坏。

5. 水

水是动物体需要量最大的养分，水也是蛋鸡除了氧气之外的最重要养料之一。水在鸡体内具有重要的作用。水可参与鸡的生化反应，蛋鸡体内消化、代谢过程中的许多生化反应都必须有水的参与，如淀粉、蛋白质和碳水化合物的水解反应、氧化还原反应以及加水反应等；水可参与物质输送，水是良好的溶剂，易于流动，有利于动物体内养分的输送和代谢废物的排泄等；水可参与体温调节，水的比热大，需要失去或获得较多的热能，才能使水温明显下降或上升，因而蛋鸡体温不易因外界温度的变化而明显改变；水可参与维持组织器官的形态，水能与蛋白质结合成胶体，使组织器官呈现一定的形态、硬度和弹性；水作为润滑液，使骨骼的关节面保持润滑和活动自如。

动物耐受缺水的能力不及对缺乏营养物质的耐受力。绝食时，畜禽几乎可以消耗全部体脂肪或半数体蛋白质，或失重 40%，仍可维持生命；但脱水达 20% 时可致死亡，蛋鸡断水 24 小时，产蛋下降 30%，补水后仍需 25～30 天才能恢复生产水平。适量限制饮水最显著的影响是降低采食量和生产能力，尿与粪中排水量明显下降。高温时限制饮水还会引起动物脉搏加快，体温升高，呼吸速率加快，血液浓度明显增高。

鸡皮肤没有汗腺，通过呼吸的失水量大于皮肤的失水量。呼气蒸发水分，占鸡失水量的 80%，是鸡最重要的失水途径。鸡在炎热季节会张口呼吸，当环境温度由 10℃ 上升到 40℃ 时，总的蒸发水分量显著增加，主要是通过呼气蒸发水分散失热量。鸡的另一失水途径是产蛋，每产 1 克蛋失水 0.7 克。鸡通过排泄物失去的水分有限。

鸡体内水的主要来源有饮水、饲料水和代谢水。鸡的胃与哺乳动物不一样，胃里的持水能力有限。鸡采食过程中边采食边饮水，过后是间隙性饮水。为使鸡具有良好的生产性能，必须持续不断地、无限制地供给洁净的饮水，保证蛋鸡能够自由饮水；饲料中均含一定量的水，其含量与饲料种类密切相关。规模化饲养条件下，鸡采食的配合饲料含水量为 10% 左右，故从饲料中获得的水量不大；代谢水是动物体内有机物质氧化分解或合成过程产生的水。每 100 克碳水化合物、脂肪和蛋白质氧化，相应形成 60 毫升、108 毫升和 42 毫升代谢水。但氧化脂肪时呼吸加强，水分损失增多，净效率低于碳水化合物。

1～6 周龄的雏鸡，每天每只鸡供给 20～100 毫升；7～12 周龄的青年鸡，每天每只鸡供给 100～200 毫升；不产蛋的母鸡，每天每只鸡供给 200～230 毫升；产蛋的母鸡，每天每只鸡供给 230～300 毫升。

鸡的饮水量和环境温度的关系最大。天气炎热时，鸡的饮水次数和饮水量增多。气温在 21℃以上，每升高 1℃，饮水量增加 7%。在 32℃和 37℃的饮水量分别为在 21℃时的 2 倍和 2.5 倍。环境温度升高，导致鸡体温度上升，38～39℃的高温，将引起体温明显上升。因此，当环境温度升高时，必须增加饮水。在高温应激时，充足的饮水供应，可在鸡将头部伸入水中饮水的同时，吸收头部热量，减缓体温升高。

随着季节和环境温度的不同，雏鸡和蛋鸡的耗料量与饮水量之比分别是（2.0～2.5）∶1 和（1.5～2.0）∶1。

水温也影响饮水量。蛋鸡饮用水的最佳水温为 10～12℃，水温高于 30℃或降至 0℃时鸡的饮水量大减。

饲料也影响饮水量。采食高能饲料比采食低能饲料对水的需要量低，食用高纤维饲粮所需饮水量大。

蛋鸡对水质的要求较高，如果鸡场有自己的水源，每年必须至少采 2 次水样（分别在夏末和冬末采样）。使用公共水源的鸡场，每年可检测 1 次水样。应了解在实验室化验水质时装在烧瓶中的硫代硫酸钠只中和氯或漂白粉，而与季铵化合物不发生反应。规模化养鸡场的水质应符合《无公害食品　畜禽饮用水水质》（NY 5027）的要求。

鸡场要做到每天清洗饮水设备，定期消毒。在经过饮水投药后，特别是抗生素饮水后必须清洗水槽。饮水器中的水经常被饲料残留物及其他可能的传染源污染。为防止饮水器中细菌的繁殖，育雏最初的两周应每天清洗饮水器 1 次，之后则每周 1 次。在炎热气候下，必须每天清洗饮水器，饮水器的水位应达到 15 毫米深度。

二、要熟悉常用饲料的营养特点

根据国际饲料的分类方法，饲料分为八类，即粗饲料、青绿饲料、青贮饲料、能量饲料、蛋白质饲料、矿物质饲料、维生素饲料和饲料添加剂。现将与蛋鸡生产有关的常用饲料及其营养特点介绍如下。

（一）能量饲料

每千克干物质中粗纤维的含量在 18% 以下，可消化能含量高于 10.45 兆焦/千克，粗蛋白质含量在 20% 以下的饲料称为能量饲料。能量是维持蛋鸡正常生理活动和生产活动的动力，是最主要的营养物质，也是用量最多的一类饲料，占日粮总量的 50%～80%。包括禾谷类籽实、糠麸类及块根块茎类等。

1. 谷实类籽实饲料

禾谷类籽实饲料是提供蛋鸡能量的最主要饲料。常用的原料有玉米、大麦、高粱等。禾谷类籽实饲料的干物质消化率高达 70%～90%；无氮浸出物含量高达 70%～80%；纤维含量低，为 3%～8%；粗脂肪含量 2%～5%；粗灰分含量 1.5%～4%；禾谷类籽实中蛋白质含量低而且品质差，粗蛋白含量一般为 4%～8%，赖氨酸、蛋氨酸和色氨酸等必需氨基酸含量少。磷含量高，钙含量低，磷含量为 0.31%～0.45%，但磷是以植酸磷的形式存在，家禽对其利用率很低。B 族维生素和 E 族维生素含量丰富，但缺乏维生素 A 和维生素 D。

（1）玉米　玉米的能量含量在谷实类籽实中居首位，其用量超过任何其他能量饲料，是畜禽生产的主要饲料粮，在各类配合饲料中占50%以上，所以玉米被称为"饲料之王"。

玉米适口性好，粗纤维含量很少，而无氮浸出物高达74%～80%，而且主要是淀粉，消化率高达90%；脂肪含量可达3.5%～4.5%，可利用能值高，是鸡的重要能量饲料来源。玉米中必需脂肪酸含量高达2%，是谷实类饲料中最高者。但玉米的蛋白质含量低（7%～9%），而且品质差，玉米氨基酸组成不平衡，特别是赖氨酸、蛋氨酸及色氨酸含量低。缺少赖氨酸，故使用时应添加合成赖氨酸。玉米营养成分的含量不仅受品种、产地、成熟度等条件的影响而变化，同时玉米水分含量也影响各营养素的含量。玉米水分含量过高，还容易腐败、霉变而容易感染黄曲霉菌。因不饱和脂肪酸含量高，玉米经粉碎后，易吸水、结块、霉变，不便保存。因此一般玉米要整粒保存，且储存时水分应降低至14%以下，夏季储存温度不超过25℃，注意通风、防潮等。

玉米在蛋鸡配合料中占50%～70%。要求玉米的质量必须是无霉变、无虫蛀、籽粒饱满的玉米，现配现用。

（2）高粱 高粱的籽实是一种重要的能量饲料，高粱磨的米与玉米一样，主要成分为淀粉，粗纤维少，可消化养分高。一般认为高粱的饲用价值为玉米的95%左中，当高粱的价格为玉米价格的95%以下时，可考虑使用高粱。高粱蛋白质含量略高于玉米，同样品质不佳，缺乏赖氨酸和色氨酸，蛋白质消化率低，同玉米一样，含钙量少，含非植酸磷量较多，矿物质中锰、铁含量比玉米高，钠含量比玉米低。缺乏胡萝卜素及维生素D，B族维生素含量与玉米相当，烟酸含量多。另外，高粱中含有单宁，有苦味，适口性差，含有抗营养因子。

因此，蛋鸡配合饲料中用量不宜超过10%，粉碎成粗粉使用。使用单宁含量高的高粱时，还应注意添加维生素A、蛋氨酸、赖氨酸、胆碱和必须脂肪酸等。

（3）小麦 小麦是人类最主要的粮食作物之一，营养价值高，适口性好，在来源充足或玉米价格高时，小麦可作为蛋鸡的主要能量饲料。

小麦的代谢能是玉米的90%，达13%。小麦中的营养成分比较容易消化。蛋白质含量高于其他禾谷类籽实饲料，有的品种甚至高过玉米1倍，赖氨酸比例较其他谷类完善，含量较高，而苏氨酸的含量与玉米相当。小麦氨基酸利用率与玉米没有显著差别。用小麦替代玉米作能量饲料时，配合饲料中的豆粕用量可降低。小麦总磷的含量高于玉米，而且利用率高，这是由于小麦中含有植酸酶，能分解植酸获得无机磷。小麦的能量和亚油酸含量比玉米低。日粮中用50%的玉米则能满足鸡必需脂肪酸的需要，而小麦则不能。小麦中不含叶黄素，叶黄素能沉积在脂肪、皮肤和蛋黄中。所以用小麦作日粮饲养的蛋鸡皮肤、喙、腿颜色苍白。可向日粮中添加混合脂肪以调节能量和亚油酸的含量，叶黄素则通过添加2%～3%的苜蓿（含叶黄素198～396毫克/千克）或玉米蛋白粉（粗蛋白质为60%的玉米蛋白粉含叶黄素253毫克/千克）而得到补充。小麦中总的生物素含量比玉米高，但利用率较低。如果家禽日粮主要成分是小麦（次粉），应添加生物素，一般每吨配合饲料应添加50毫克生物素。如果是玉米-豆粕日粮则不需添加。种鸡日粮应加生物素，如果日粮主要成分是小麦（次粉），则每吨配合饲料应添加200毫克生物素。小麦的抗营养因子主要是非淀粉多糖，非淀粉多糖溶于水后可形成黏性凝胶，引起胃肠道内容物的黏度增加，阻碍单胃动物对营养物质的消化和吸收。

试验证明，添加酶制剂后饲粮代谢能提高，鸡的生产性能得到改善。粉碎的小麦配制饲料要制成颗粒料，或压扁、粗粉碎饲用，如果粉碎太细，以粉料状态饲喂会不利于鸡的采食。

小麦一般占日粮的30%左右，当日粮中添加量超过50%时，家禽易患脂肪肝综合征。

（4）大麦　大麦种类按栽培季节有春大麦和冬大麦，按有无麦稃，可将大麦分为有稃大麦（皮大麦）和裸大麦。裸大麦又称裸麦、元麦、青稞。一些欧洲国家用大麦作为饲料的数量较多。我国大麦年产量较少，仅一些局部地区用大麦作为动物的饲料，如青海、西藏、四川西部，是一种重要的饲用精料。

大麦含粗蛋白平均12%，国产裸大麦13%，最高达20.3%，质量稍优于玉米，鸡的代谢能为11.30兆焦/千克，赖氨酸大于0.52%，粗脂肪2%，饱和脂肪酸含量高，亚油酸占50%；无氮浸出物 66.9%，低于玉米，主要是淀粉；粗纤维 4%，钙 0.03%，磷 0.27%。胡萝卜素和维生素 D 不足，维生素 B_1 含量较多，而维生素 B_2 少，烟酸含量丰富。适口性不如玉米（原因是含有单宁，约 60% 存在于麸皮，10% 存在于胚芽）。大麦不仅是良好的精饲料，而且由于生长期短，分蘖力强，适应性广，再生力强，可以刈割青饲。其种粒可以生芽，是良好的维生素补充料。

因为含有不易消化的 $β$-葡聚糖和阿拉伯木聚糖，饲养效果明显比玉米差，喂量过多易引起家禽肠道疾病。

能值低而导致采食量和排泄量增加，大麦不含色素，无着色效果，带皮大麦用于育雏其配比量以 5% 以下为宜。育成期日粮配比量为 15%～25%，产蛋鸡日粮配比量为 10%。

（5）稻谷和糙米　我国的稻谷产量居世界首位，约占世界总产量的 1/3。我国从南到北都有种植，但主要产地在长江以南。由于稻谷主要用作人的粮食，在我国南方稻谷主产区，长期以来就有用糙米作饲料喂猪禽的习惯。稻谷去壳后为糙米，糙米去米糠为精白米，在加工过程中生成一部分碎米。

稻谷粗蛋白质 7%～8%，亮氨酸稍低，粗纤维为 8% 左右，粗纤维主要集中于稻壳中，且半数以上为木质素等，能值较低，仅为玉米的 67%～85%，粗脂肪为 1.6%，主要存在于胚中，组成以油酸（45%）和亚油酸（33%）为主，淀粉颗粒较小，呈多角形，易糊化；B 族维生素丰富，$β$-胡萝卜素极低；含钙少，含磷多，主要是植酸磷，磷的利用率 16%；稻谷因粗纤维含量较高，限量使用，在蛋鸡日粮中不宜用量太大，一般应控制在 20% 以内，同时要注意优质蛋白饲料的配合，补充蛋白质的不足。

糙米中无氮浸出物多，蛋白质含量（8%～9%）及其氨基酸组成与玉米相似，碎米养分变异大，糙米饲喂肉仔鸡（20%～40%），效果好；糙米作蛋鸡料，产蛋率及饲料报酬无影响，蛋黄颜色较浅。糙米可完全取代玉米，增加背脂硬度，以粉碎较细为宜，带壳整粒稻谷影响饲料利用率，粉碎后价值约为玉米的 85%。糙米粉碎后极易变质，不可久储。

2. 糠麸类

糠麸类是谷实类加工的副产品。制米的副产品称为糠，制粉的副产品称作麸。糠麸类是畜禽的重要能量饲料原料。一般说来，谷实类加工产品如大米、面粉等为籽实的胚乳，而糠麸则为种皮、糊粉层、胚三部分，视加工的程度有时还包括少量的胚乳。种皮的细胞壁厚实，粗纤维很高，B族维生素多集中在糊粉层和胚中，而且这部分蛋白质和脂肪的含量较高。胚是籽实脂肪含量最高的部位，如稻谷的胚中含油量高达35%。因此，糠麸同原粮相比，粗蛋白、粗脂肪和粗纤维含量都很高，而无氮浸出物、消化率和有效能值含量低。糠麸的钙、磷含量比籽实高，但仍然是钙少磷多，且植酸磷比例大。糠麸类是B族维生素的良好来源，但缺乏维生素D和胡萝卜素。此外，这类饲料质地疏松，容积大，同籽实类搭配，可改善日粮的物理性状。糠麸类饲料主要有米糠、小麦麸、大麦麸、燕麦麸、玉米皮、高粱糠及谷糠等，其中以小麦麸和米糠占主要位置。

（1）小麦麸和次粉　小麦是人们的主食之一，所以很少用整个小麦粒作为饲料。作为饲料的一般是小麦加工副产品。小麦麸和次粉均是面粉厂用小麦加工面粉时得到的副产品。小麦麸俗称麸皮，成分可因小麦面粉的加工要求不同而不同，一般由种皮、糊粉层、部分胚芽及少量胚乳组成，其中胚乳的变化最大。在精面生产过程中，大约只有85%的胚乳进入面粉，其余部分进入麦麸，这种麦麸的营养价值很高。在粗面生产过程中，胚乳基本全部进入面粉，甚至少量的糊粉层物质也进入面粉，这样生产的麦麸营养价值就低得多。一般生产精面粉时，麦麸约占小麦总量的30%，生产粗面粉时，麦麸约占小麦总量的20%。次粉由糊粉层、胚乳和少量细麸皮组成，是磨制精粉后除去小麦麸、胚及合格面粉以外的部分。小麦加工过程可得到23%~25%小麦麸、3%~5%次粉和0.7%~1%胚芽。小麦麸和次粉数量大，是我国畜禽常用的饲料原料。

粗蛋白质含量高（12.5%~17%），这一数值比整粒小麦含量还高，而且质量较好。与玉米和小麦籽粒相比，小麦麸和次粉的氨基酸组成较平衡，其中赖氨酸、色氨酸和苏氨酸含量均较高，特别是赖氨酸含量（0.67%）较高；粗纤维含量高。由于小麦种皮中粗纤维含量较高，因此麦麸中粗纤维的含量也较高（8.5%~12%），这对麦麸的能量价值稍有影响，鸡的代谢能为7.1~7.9兆焦/千克，有效能值较低，可用来调节饲料的养分浓度；脂肪含量约4%，其中不饱和脂肪酸含量高，易氧化酸败；B族维生素及维生素E含量高，维生素B_1含量达8.9毫克/千克，维生素B_2达3.5毫克/千克。但维生素A、维生素D含量少；矿物质含量丰富，钙（Ca 0.13%）、磷（P 1.18%）比例极不平衡，钙：磷比为1：8以上，磷多属植酸磷，约占75%，但含植酸酶，因此用这些饲料时要注意补钙；小麦麸的质地疏松，适口性好，含有适量的硫酸盐类，有轻泻作用，可防止便秘。

作为能量饲料，其饲养价值相当于玉米的65%。麸皮密度小，体积大，在日粮中配合后则容积大，可以调节日粮的能量浓度。由于蛋鸡日粮的能量浓度要求较高，饲喂量不宜过大，一般雏鸡和产蛋鸡日粮中用量为5%～10%，为了控制生长鸡及后备种鸡的体重，在其饲料中可使用15%～25%，这样可降低日粮的能量浓度，防止体内过多沉积脂肪。

（2）米糠　稻谷的加工副产品称稻糠，稻糠可分为砻糠、米糠和统糠。砻糠是粉碎的稻壳，米糠是糙米（去壳的谷粒）精制成的大米的果皮、种皮、外胚乳和糊粉层等的混合物，统糠是米糠与砻糠不同比例的混合物。一般100千克稻谷可出大米72千克，砻糠22千克，米糠6千克。米糠的品种和成分因大米精制的程度而不同，精制的程度越高，则胚乳中物质进入米糠越多，米糠的饲用价值越高。米糠的能值高，鸡的代谢能为11.16兆焦/千克，主要是米糠含脂肪高，最高达22.4%，且大多属不饱和脂肪酸。蛋白质含量比大米高，平均达14%，高于大米、玉米和小麦。氨基酸平衡情况较好，其中赖氨酸、色氨酸和苏氨酸含量高于玉米。米糠的粗纤维含量不高，约为9.0%。所以有效能值较高。米糠含钙少磷多，微量元素中铁和锰含量丰富，锌、铁、锰、钾、镁、硅含量较高，而铜偏低。维生素B族及维生素E含量高，是核黄素的良好来源，而缺少维生素A、维生素D和维生素C。米糠是能值较高的糠麸类饲料，但含有的生长抑制剂会降低饲料利用率，未经加热处理的米糠还含有影响蛋白质消化的胰蛋白酶抑制因子。因此，一定要在新鲜时饲喂，新鲜米糠在蛋鸡日粮中可用到5%～25%。

由于米糠含脂肪较高，且大部分是不饱和脂肪酸，极易氧化酸败变质，储存时间不能长，尤其是夏季高温期间，更应注意保存。最好经压榨去油后制成米糠饼（脱脂处理）再作饲用。

（3）其他糠麸类饲料　其他糠麸类饲料主要包括高粱糠、玉米糠和小米糠。对鸡的饲用价值以小米糠最高。高粱糠的消化能和代谢能值比较高，但因高粱糠中含有较多的单宁，适口性差，易引起便秘，故喂量受到限制。玉米糠是玉米制粉过程中的副产品，主要包括外皮、胚、种胚和少量的胚乳，因其外皮所占比重较大，粗纤维含量较高，故不适于饲喂蛋鸡。如果日粮中大量使用此类饲料要注意补充矿物质饲料。

3. 块根块茎类饲料

这类饲料主要有甘薯、土豆、胡萝卜、饲用甜菜和南瓜等。种类不同，营养成分差异很大，营养共性为水分高，粗纤维含量较低（DM）；干物质中含有很多淀粉和糖，无氮浸出物 50%～85%，所以能量高，属于能量饲料。粗蛋白质比谷类籽实低，为 4%～12%，品质差；矿物质中钙、磷都极少，钾丰富。这类饲料主要用于散养鸡。

（1）甘薯　甘薯又称为红薯、红苕、地瓜等，鲜薯水分高达 60%～80%；干物质占 20%～40%，其中无氮浸出物 75%；粗蛋白质 4.5%，品质差；钙的含量低。从干物质来看，甘薯属于能量饲料，并具有与谷物籽实相似的营养特点。多汁，具甜味，适口性好，并含有有机酸（如柠檬酸、延胡索酸等）和酶，易于消化吸收。

（2）胡萝卜　胡萝卜适应性强，在我国南北方都可种植。胡萝卜含有丰富的胡萝卜素，秋季将胡萝卜连叶一起做成青贮，是冬春季节维生素的重要来源。胡萝卜含有蔗糖和果糖，适口性好，能调剂饲粮的口味。

喂胡萝卜不要煮熟，以免破坏维生素。

（3）土豆　土豆又称马铃薯，北方地区栽种土豆产量较高。新鲜土豆含水 80%左右，干物质中含淀粉 70%，所以消化能高。土豆幼芽含有龙葵碱，能使鸡中毒，喂鸡前应将芽除掉。土豆宜煮熟后饲喂，煮熟后的淀粉易消化。

（4）木薯　木薯又称树薯，热带多年生灌木，块根富含淀粉，在鲜木薯中占 25%～30%，粗纤维含量少，可作为单胃动物的能量饲料。

4. 油脂

油脂属于液体能量饲料，是油与脂的总称，按照一般习惯，在室温下呈液态的称为"油"，呈固态的称为"脂"。随温度的变化，虽然两者的形态可以互变，但其本质不变，它们都是由脂肪酸与甘油所组成。

油脂来自于动植物，是畜禽重要的营养物质之一，特别是它能提供比任何其他饲料都多的能量，因而就成为配制高能饲料所不可缺少的原料。

蛋鸡料添加油脂，尤其是不饱和脂肪酸高的油脂如大豆油、玉米油、米糠油等，可补充亚油酸，增加蛋重。炎热夏季，添加油脂可避免因酷热造成的食欲不振和产蛋率下降。所以常在饲料中加入油脂。油脂的能值很高，植物油鸡的代谢能为 36.8 兆焦/千克，动物脂肪鸡的代谢能为 32.2 兆焦/千克。植物油中常用米糠油、玉米油、花生油、葵花油、豆油、棕榈油等，动物性脂肪常用牛、羊、猪、禽脂肪。另外，人类不宜食用或不喜欢食用的油或油渣都可以在鸡饲料中使用，作为饲料原料植物油优于动物脂肪。

生产中可将用于添加的猪油、牛油、米糠油、大豆油等，根据用量称好，放入锅中熬成油汤，然后加入葱花等调味剂，稍凉后直接拌入饲料中饲喂，养殖规模较小的畜禽专业户多采用此法；饲养畜禽量大的养殖场家及饲料加工厂家多使用专用的油脂添加设备。还可以把油脂熬成黏稠状，加入一定比例的糠麸类饲料或玉米面，一定数量的抗氧化剂，搅拌均匀，夏秋季节放在水泥地面上晒干，冬春季节可烘干或压成饼块，使用时把饼块粉碎后按饲料配方添加比例加入饲料中。

要合理配用动、植物脂肪，对畜禽应用脂肪通常用动物与植物脂肪配合，其比例以 1：（0.5～1）为宜。添加脂肪应根据畜禽品种、生产性能、外界环境等因素，根据机体需要量合理添加，添加太少，达不到添加效果，添加太多，会影响适口性和饲料的消化吸收，并影响其他营养水平平衡。肉用仔鸡脂肪添加量一般为 5%～8%。

注意脂肪易氧化酸败变质，酸价大于 6 的油脂不可饲喂，否则会引起机体消化代谢紊乱。

（二）　蛋白质饲料

蛋白质饲料是指饲料干物质中粗蛋白质含量大于或等于 20%，消化能含量超过 10.45 兆焦/千克，且粗纤维含量低于 18% 的饲料，与能量饲料相比，蛋白质饲料的蛋白质含量高，且品质优良，在能量价值方面则差别不大，或者略偏高。根据其来源和属性不一样，主要包括植物性蛋白质饲料和动物性蛋白质饲料两大类。

1. 植物性蛋白质饲料

植物性蛋白质饲料包括豆类籽实及加工副产品，各类油料籽实及油饼（粕）等。

植物性蛋白饲料的特点：蛋白质含量高（20%～50%），品质优，必需氨基酸含量与比例优于谷物类蛋白。但存在蛋白酶抑制剂等阻碍蛋白质的消化。粗脂肪含量差异大，油料籽实达 15%～30%，非油料籽实仅 1%。饼粕类因加工方法不同含油从 1% 至 10% 不等。粗纤维少。矿物质中钙少磷多，主要为植酸磷。B 族维生素丰富，维生素 A、维生素 D 缺乏。多数含一些抗营养因子，影响其饲用价值。这里主要介绍饼粕类饲料。

富含脂肪的豆类籽实和油料籽实提取油后的副产品统称为饼粕类饲料。经压榨提油后饼状为饼，而经浸提脱油后的碎片或粗粉状副产品为粕。种类有大豆饼（粕）、棉籽（仁）粕、菜籽饼（粕）、花生饼（粕）、胡麻饼（粕）、向日葵（仁）粕，还有芝麻饼（粕）、蓖麻饼（粕）、棕榈粕等。

脱油的方法有 3 种。第一种是压榨法脱油。冷榨较多，低温加热（65℃）或常温下对料坯直接进行压榨，有残油 44%～88% 不等，易酸败、苦化，不易保存。第二种是浸提法。浸提法一般先经料的蒸炒，再经有机溶剂浸提，油料浸提后的湿粕一般含 25%～30% 的溶剂，必须对其进行脱溶剂处理，所用设备为蒸脱机或烤粕机，但注意温度。第三种是预压-浸出法。前两种方法混合使用。

（1）豆饼和豆粕　大豆饼和豆粕是我国最常用的一种主要植物性蛋白质饲料，营养价值很高，大豆饼粕的粗蛋白质含量在 40%～45%，大豆粕的粗蛋白质含量高于饼，去皮大豆粕粗蛋白质含量可达

50％，大豆饼粕的氨基酸组成较合理，尤其赖氨酸含量 2.5％～3.0％，是所有饼粕类饲料中含量最高的，异亮氨酸、色氨酸含量都比较高，但蛋氨酸含量低，仅 0.5％～0.7％，故玉米-豆粕基础日粮中需要添加蛋氨酸。鸡的代谢能可达 10～10.87 兆焦/千克，豆饼高于豆粕。粗纤维含量较低，为 5％～6％。大豆饼粕中钙少磷多，但磷多属难以利用的植酸磷。维生素 A、维生素 D 含量少，B 族维生素除维生素 B_2、维生素 B_{12} 外均较高。粗脂肪含量较低，尤其大豆粕的脂肪含量更低。大豆饼粕含有抗胰蛋白酶、尿素酶、血细胞凝集素、皂角苷、甲状腺肿诱发因子、抗凝固因子等有害物质。但这些物质大都不耐热，一般在饲用前，先经 100～110℃加热处理 3～5 分钟，即可去除这些不良物质。注意加热时间不宜太长，温度不能过高也不能过低，加热不足破坏不了毒素则蛋白质利用率低，加热过度可导致赖氨酸等必需氨基酸的变性反应，尤其是赖氨酸消化率降低，引起畜禽生产性能下降。

合格的大豆粕从颜色上可以辨别，大豆粕的色泽从浅棕色到亮黄色，如果色泽暗红，尝之有苦味说明加热过度，氨基酸的可利用率会降低。如果色泽浅黄或呈黄绿色，尝之有豆腥味，说明加热不足，如果蛋鸡食用这样的大豆粕能导致鸡腹泻甚至中毒。处理良好的大豆饼粕对任何阶段的蛋鸡都可使用。

（2）棉籽饼　棉籽饼是棉花籽实提取棉籽油后的副产品，一般含有 32％～40％的蛋白质，产量仅次于豆饼，是一种重要的蛋白质资源。棉籽饼因工作条件不同，其营养价值相差很大，主要影响因素是棉籽壳是否脱去及脱去程度。在油脂厂去掉的棉籽壳中，虽夹杂着部分棉仁，但粗纤维也达 48％，木质素达 32％，脱壳以前去掉的短绒含粗纤维 90％，因而，在用棉花籽实加工成的油饼中，是否含有棉籽壳，或者含棉籽壳多少，是决定它可利用能量水平和蛋白质含量的主要影响因素。

棉籽饼（粕）蛋白质组成不太理想，精氨酸含量过高，达 3.6％～3.8％，远高于豆粕，是菜籽饼（粕）的 2 倍，仅次于花生粕，而赖氨酸含量仅 1.3％～1.5％，过低，只有大豆饼粕的一半。蛋氨酸也不足，约 0.4％，同时，赖氨酸的利用率较差。故赖氨酸是棉籽饼粕的第一限制性氨基酸。饼粕中有效能值主要取决于粗纤维含量，即饼粕中含壳量。维生素含量受热损失较多。矿物质中磷多，但多属植酸磷，利用率低。

棉籽饼（粕）中有效能值较低，鸡的代谢能为 7.11～9.2 兆焦/千克，主要是因为粗纤维含量较高，棉酚妨碍了机体对蛋白质和碳水化合物的消化吸收。而棉酚对单胃畜禽有毒性，主要是游离棉酚对家禽的危害，游离棉酚含量在 0.05％ 以下的棉籽饼（粕），在产蛋鸡饲料中可用到 5％～15％，未脱毒的用量小于 5％。棉酚含量取决于棉籽的品种和加工方法。棉酚中毒有蓄积性，可与消化道中的铁形成复合物，导致缺铁。去毒方法有多种，脱毒后的棉籽饼（粕）营养价值能得到提高。如用草木灰或生石灰加清水搅拌浸泡法；15％纯碱溶液拌匀用塑料薄膜密封闷 5 小时，然后蒸 50 分钟晾干；2％的碳酸氢铵或 1％的尿素溶液拌匀用塑料薄膜密封闷 24 小时；添加 0.5％～1％硫酸亚铁粉可结合部分棉酚而去毒。但有试验表明，硫酸亚铁与赖氨酸同时加入饲料中，会形成两种以上的复杂化合物而降低饲用效果，甚至无效，应用时应注意这点。

由于棉籽饼（粕）的能值低，蛋白质品质和适口性较差，即使不考虑棉酚毒性，在蛋鸡配合料中也不能大量使用，通常使用量为 5％～7％。

（3）菜籽饼（粕）　菜籽饼（粕）是油菜籽经机械压榨或溶剂浸提制油后的残渣。菜籽饼（粕）具有产量高，能量、蛋白质、矿物质含量较高，价格便宜等优点。榨油后饼粕中油脂减少，粗蛋白质含量饼 35％ 左右，粕 38％ 左右。粗纤维素含量为 12％，在饼、粕类中是粗纤维含量较高的一种，无氮浸出物含量为 30％，有机物消化率约为 70％，鸡的代谢能为 7.11～8.37 兆焦/千克。菜籽饼中氨基酸含量丰富且均衡，品质接近大豆饼水平。胡萝卜素和维生素D 的含量不足，钙、磷含量与比例比较合适，磷的含量较其他饼粕类高，但可利用的有效磷含量不高，所含磷的 65％ 是利用率低的植酸磷。

菜籽饼（粕）含毒素较高，主要起源于芥子苷或称含硫苷（含量一般在 6％ 以上），各种芥子苷在不同条件下水解，生成异硫氰酸酯，严重影响适口性。硫氰酸酯加热转变成氰酸酯，它和噁唑烷硫酮还会导致甲状腺肿大，一般经去毒处理，才能保证饲料安全。去毒方法有多种，主要有加水加热到 100～110℃ 的温度处理 1 小时；用冷水或温水 40℃ 左右浸泡 2～4 天，每天换水 1 次。近年来国内外都培育出各种低毒油菜籽品种，使用安全，值得大力推广。"双低"菜籽饼（粕）的营养价值较高，可代替豆粕饲蛋鸡。

用毒素成分含量高的菜籽制成的饼粕适口性差，也限制了菜籽饼（粕）的使用。雏鸡尽量不用，通常配合饲料中添加量为 5% 左右。

（4）花生饼（粕）　花生饼（粕）是花生去壳后花生仁经榨（浸）油后的副产品。其营养价值仅次于豆饼（粕），即蛋白质和能量都较高，由于带壳与否其质量差异大，机榨饼粗蛋白质含量 44%，浸提粕为 47%，蛋白质中不溶性的球蛋白占 63%，水溶性蛋白质仅 7%。粗纤维含量为 4%～7%，鸡的代谢能可达 12.26 兆焦/千克。花生饼的粗脂肪含量为 4%～7%，而花生粕的粗脂肪含量为 0.5%～2.0%。花籽饼（粕）中钙少磷多，钙含量为 0.2%～0.3%、磷含量为 0.4%～0.7%，但多以植酸磷的形式存在。

国内一般都去壳榨油。去壳花生饼含蛋白质、能量比较高。花生饼（粕）的饲用价值仅次于豆饼，蛋白质和能量都比较高，适口性也不错。花生粕含赖氨酸含量为 1.3%～2.0%，含量仅为大豆饼粕的一半左右，蛋氨酸含量低，为 0.4%～0.5%，色氨酸含量为 0.3%～0.5%，其利用率为 84%～88%。含胡萝卜素和维生素 D 极少。花生饼（粕）本身虽无毒素，但因脂肪含量高，长时间储存易变质，而且容易感染黄曲霉，产生黄曲霉毒素。黄曲霉毒素毒力强，对热稳定，经过加热也去除不掉，食用能致癌。因此，储藏时应保持低温干燥的条件，防止发霉。一旦发霉，坚决不能使用，用花生饼（粕）喂蛋鸡，雏鸡最好不用，其他阶段添加量控制在 10% 以内，以新鲜的菜籽饼（粕）配制最好。

（5）葵花仁饼（粕）　葵花仁饼（粕）的营养价值随粗蛋白质含量多少而定。优质的脱壳葵花子饼粗蛋白质含量可达 40% 以上，赖氨酸不足，为 1.11%～1.2%，蛋氨酸丰富，为 0.60%～0.7%，利用率高达 90%，蛋氨酸含量比豆饼多 2 倍。粗纤维含量在 10% 以下，鸡的代谢能 6～10 兆焦/千克不等（与壳含量有关）。粗脂肪含量在 5% 以下，钙、磷含量比同类饲料高，B 族维生素含量也比豆饼丰富，且容易消化。但目前完全脱壳的葵花子饼很少，绝大部分含一定量的壳，从而使粗纤维含量较高，消化率降低。目前常见的葵花子饼的干物质中粗蛋白平均含量为 22%，粗纤维含量为 18.6%；葵花子粕含粗蛋白质 24.5%，含粗纤维 19.9%，按国际饲料分类原则应属于粗饲料。因此，含壳较多的葵花子饼（粕）在饲粮中用量不宜过多，带壳一般占 10%以下，脱壳一般占 20%以下。

（6）亚麻饼（粕）　亚麻饼（粕）又称胡麻饼（粕），亚麻饼是亚麻籽经压榨取油后的副产品，亚麻粕是亚麻籽经浸提取油后的副产品。亚麻饼（粕）含粗蛋白质 32%～37%，粗纤维含量为 7%～11%；亚麻饼（粕）的营养成分受残油率、壳仁比等原料质量、加工条件、主副产品比例等条件的影响。钙含量为 0.30%～0.65%，磷含量为 0.75%～1.0%，但植酸磷含量较高。亚麻饼（粕）含有亚麻毒素（氢氰酸），亚麻饼（粕）中粗蛋白质及各种氨基酸含量与棉、菜籽饼（粕）近似，粗纤维约含 8%，从蛋白质质量及有效能供给量的角度分析，在饼粕类中属中等偏下水平。近年来有种脱壳工艺，可明显提高亚麻仁（粕）的饲用价值。

由于亚麻仁饼粕中含有黏性胶体物质，因此雏鸡采食困难，况且雏鸡对氢氰酸敏感，故不宜作为雏鸡饲料，在蛋鸡日粮中的添加量也不宜超过 5%，否则会造成食欲减退，生长受阻，产蛋量下降，并排出黏性粪便，影响环境。对黏性胶质采用水洗处理（2 倍水量）即可除去。经水浸、高压蒸汽处理或日粮中添加维生素 B_6 均可减轻危害程度。

（7）玉米蛋白粉　玉米蛋白粉是玉米淀粉厂的主要副产物之一，为玉米除去淀粉、胚芽、外皮后剩下的产品。正常玉米蛋白粉的色泽为金黄色，蛋白质含量越高，色泽越鲜艳。玉米蛋白粉一般含蛋白质 40%～50%，高者可达 60%。玉米蛋白粉氨基酸组成不均衡，蛋氨酸含量很高，可与相同蛋白质含量的鱼粉相当，但赖氨酸和色氨酸严重不足，不及相同蛋白质含量鱼粉的 25%，且精氨酸含量较高，饲喂时应考虑氨基酸平衡，与其他蛋白质饲料配合使用。粗纤维含量低，易消化，代谢能水平接近于玉米。由黄玉米制成的玉米蛋白粉含有很高的类胡萝卜素，其中主要是叶黄素和玉米黄素，是很好的着色剂。玉米蛋白粉 B 族维生素含量低，但胡萝卜素含量高。各种矿物质含量低，钙、磷含量均低。

玉米蛋白粉是高蛋白高能量饲料，蛋白质消化率和可利用能值高，对鸡适口性好，易消化吸收。但因其氨基酸不平衡，最好与大豆饼（粕）配合使用，一般用量在 5%～10%。若大量使用，须考虑添加合成赖氨酸。储存和使用玉米蛋白粉的过程中，应注意霉菌含量，尤其是黄曲霉毒素含量。

2. 动物性蛋白质饲料

动物性蛋白质饲料类主要是指水产、畜禽加工、缫丝及乳品业等加工副产品。水产制品如鱼粉、鱼溶浆、虾粉、蟹粉等，畜禽屠宰加工副产品如肉粉、肉骨粉、血粉、羽毛粉、皮革粉等。该类饲料的主要营养特点是蛋白质含量高（40%～85%），氨基酸组成比较平衡，适于与植物性蛋白质饲料搭配，并含有促进动物生长的动物性蛋白因子；品质较好，其营养价值较高，但血粉和羽毛粉例外；碳水化合物含量低，不含粗纤维，可利用能量较高；粗灰分含量高，钙、磷含量丰富，比例适宜，磷全部为可利用磷，同时富含多种微量元素；维生素含量丰富（特别维生素 B_2 和维生素 B_{12}）；脂肪含量较高，虽然能值含量高，但脂肪易氧化酸败，不宜长时间储藏；含有生长未知因子或动物蛋白因子，能促进动物对营养物质的利用。

（1）鱼粉　鱼粉是用一种或多种鱼类为原料，经去油、脱水、粉碎加工后的高蛋白质饲料。为重要的动物性蛋白质添加饲料，在许多饲料中尚无法以其他饲料取代。鱼粉的主要营养特点是蛋白质含量高，品质好，生物学价值高。一般脱脂全鱼粉的粗蛋白质含量高达 60% 以上。在所有的蛋白质补充料中，其蛋白质的营养价值最高。进口鱼粉在 60%～72%，国产鱼粉稍低，一般为 50% 左右，富含各种必需氨基酸，组成齐全而且平衡，尤其是主要氨基酸与鸡体组织氨基酸组成基本一致。鱼粉中不含纤维素等难以消化的物质，粗脂肪含量高，所以鱼粉的有效能值高，生产中以鱼粉为原料很容易配成高能量饲料。鱼粉富含 B 族维生素，尤以维生素 B_{12}、维生素 B_2 含量高，还含有维生素 A、维生素 D 和维生素 E 等脂溶性维生素，但在加工条件和储存条件不良时，很容易被破坏。鱼粉是良好的矿物质来源，钙、磷的含量很高，且比例适宜，所有磷都是可利用磷。鱼粉的含硒量很高，可达 2 毫克/千克以上。此外，鱼粉中碘、锌、铁的含量也很高，并含有适量的砷。鱼粉中含有促生长的未知因子，这种物质可刺激动物生长发育。通常真空干燥法或蒸汽干燥法制成的鱼粉，蛋白质利用率比用烘烤法制成的鱼粉高约 10%。鱼粉中一般含有 6%～12%的脂类，其中不饱和脂肪酸含量较高，极易被氧化产生异味。进口鱼粉因生产国的工艺及原料而异。质量较好的是秘鲁鱼粉及白鱼鱼粉，国产鱼粉由于原料品种、加工工艺不规范，产品质量参差不齐。饲喂鱼粉可使鸡发生肌胃糜烂，特别是加工错误或储存中发生过自燃的鱼粉中含有较多的肌胃糜烂素。因鱼粉中大肠杆菌较多，易污染沙门菌，使用时应严格检验，否则可造成疾病传播。

用鱼粉喂蛋鸡能显著提高蛋鸡的饲料利用率，可使蛋鸡增重快。鱼粉的价格昂贵，使得用量受到限制，通常在饲料中用量在 10% 以下。

鱼粉在购买和使用的时候，关键是把握好质量。由于鱼粉的原料鱼不同，加工出来的鱼粉的色泽、粒度有较大的差异。有的呈细粉状，有的则可见到鱼的碎块及鱼肉纤维，其色泽有棕色、暗绿色等。色泽和粒度与鱼粉的质量没有直接关系。优质鱼粉都应该有鱼肉松的香味，而浓腥味的鱼粉多为劣质鱼粉、掺假鱼粉或假鱼粉。鱼粉的质量鉴别可从外观的色泽、粒度、气味、肉纤维及味道做初步判断。准确的还需要化验分析。国产鱼粉含盐分较多，使用时要注意避免食盐中毒，鱼粉中脂肪含量较高，久存易发生氧化酸败，可通过添加抗氧化剂来延长储存期。

（2）肉骨粉　肉骨粉的营养价值很高，是屠宰场或病死畜尸体等成分经高温、高压处理后脱脂干燥制成的，饲用价值比鱼粉稍差，但价格远低于鱼粉，因此，是很好的动物蛋白质饲料。肉骨粉脂肪含量较高，一般粗蛋白含量 45%～60%，粗脂肪含量 3%～10%，粗纤维含量 2%～3%，粗灰分含量 25%～35%，钙含量 7%～10%，磷含量 3.5%～5.5%。肉骨粉氨基酸组成不佳，除赖氨酸含量中等外，蛋氨酸和色氨酸含量低，有的产品会因过度加热而无法吸收。脂溶性维生素 A 和维生素 D 因加工过程的大量破坏，含量较低，但 B 族维生素含量丰富，特别是维生素 B_{12} 含量高，其他如烟酸、胆碱含量也较高。钙、磷不仅含量高，且比例适宜，磷全部为可利用磷，是动物良好的钙磷供源，此外，微量元素锰、铁、锌的含量也较高。

因原料组成和肉、骨的比例以及制作工艺的不同，肉骨粉的质量及营养成分差异较大。肉骨粉的生产原料存在易感染沙门氏菌和掺假掺杂问题，购买时要认真检验。另外储存不当，所含脂肪易氧化酸败，影响适口性和动物产品品质。肉骨粉容易变质腐烂，喂前应注意检查。

肉粉和肉骨在鸡的配合饲料中可部分取代鱼粉，最好与植物蛋白质饲料混合使用，多喂则适口性下降，对生长也有不利影响，蛋鸡的使用量为 5%。

（3）蚕蛹粉　蚕蛹粉是蚕蛹干燥后粉碎制成的产品，蚕蛹粉蛋白质和脂肪含量高，含有 60% 以上的粗蛋白质和 20%～30% 的脂肪，必需氨基酸组成好，可与鱼粉相当，不仅富含赖氨酸，而且含硫氨基酸、色氨酸含量比鱼粉约高出 1 倍。不脱脂蚕蛹的有效能值与鱼粉的有效能值近似，是一种高能量、高蛋白质饲料，既可用作蛋白质补充料，又可补充畜禽饲料能量不足。新鲜蚕蛹中富含核黄素，其含量是牛肝的 5 倍、卵黄的 20 倍。蚕蛹的钙磷比为 1∶（4～5），可作为配合饲料中调整钙磷比的动物性磷源饲料。

蚕蛹的主要缺点是具有异味，蚕蛹中脂肪不饱和脂肪酸含量较高，而且富含亚油酸和亚麻酸，但不宜储存。陈旧不新鲜的蚕蛹呈白色或褐色。蚕蛹可以鲜喂，或脱脂后再作饲料。蚕蛹中含有甲壳质，不易消化，含量可通过测定"粗纤维"的方法检测出来，优质的蚕蛹不应含有大量粗纤维，凡粗纤维含量过多为混有异物。在蛋鸡日粮中蚕蛹粉主要用于补充氨基酸和能量，不宜多喂，一般占日粮的 5% 以下。

（4）血粉　血粉是一种黑褐色的细粉状产品，水分含量为 5%～8%，粗蛋白含量很高，达 80% 以上，高于鱼粉和肉粉；血粉的有效能值随加工工艺的不同有一定差别，普通干燥血粉消化率低，鸡代谢能值为 8.6 兆焦/千克，而低温、喷雾干燥血粉的消化率较高，代谢能值可达 11.70 兆焦/千克。与其他动物性蛋白质饲料不同，血粉缺乏维生素，如核黄素含量仅为 1.5 毫克/千克。矿物质中钙、磷含量很低，但含有多种微量元素，如铁、铜、锌等，其中含铁量过高（2800 毫克/千克），这常常是限制血粉利用的主要因素。血粉中赖氨酸含量很高，居天然饲料之首，达到 7%～8%，比常用鱼粉含量还高，亮氨酸含量也高（8%左右），但蛋氨酸（0.8%）、异亮氨酸（0.8%）、色氨酸（1.25%）含量很低，故与其他饼粕（花生仁饼粕、棉仁饼粕）搭配，可改善饲养效果。总之，血粉是蛋白质含量很高的饲料，同时又是氨基酸极不平衡的饲料，同时血粉的蛋白质消化率也低（消化率为 60%～70%），适口性也较差，所以降低了它的营养价值。其饲喂效果也不如肉骨粉和鱼粉，在畜禽饲粮中只能少量应用，其适宜用量不超过 2%。

血粉中蛋白质、氨基酸利用率与加工方法、干燥温度、时间的长短有很大关系，通常持续高温会使氨基酸的利用率降低，低温喷雾法生产的血粉优于蒸煮法生产的血粉。

（5）羽毛粉　羽毛粉是家禽羽毛经适当水解加工处理制成的可利用的蛋白质饲料。粗脂肪含量在 4%以下，消化率在 75%以上，鸡代谢能值可达 10.04 兆焦/千克。除维生素 B_{12} 含量较高外，其他维生素含量均很低。水解羽毛粉含粗蛋白质 80%～85%，高于鱼粉，但氨基酸中甘氨酸、丝氨酸含量高，分别达到 6.3%和 9.3%；缬氨酸、亮氨酸、异亮氨酸的含量分别约为 7.23%、6.78%、4.21%，高于其他动物性蛋白质。适于与异亮氨酸含量不足的原料（如血粉）相配合使用。水解羽毛粉的胱氨酸含量高，尽管水解时遭到破坏，但仍含有 2.93%，居所有天然饲料之首。缺点是赖氨酸和蛋氨酸含量不足，分别相当于鱼粉的 25%和 35%左右。由于胱氨酸在代谢中可代替 50%蛋氨酸，所以配方中添加适量水解羽毛粉可补充蛋氨酸的不足，同时水解羽毛粉还具有平衡其他氨基酸的功能，应充分合理利用这一资源。矿物质中含硫量可达 1.5%，在所有饲料中最高，但钙、磷含量较少，分别为 0.4%和 0.7%。此外，羽毛粉还含有钾、氯及各种微量元素，含硒量较高，约为 0.84 毫克/千克，仅次于鱼粉（2.0 毫克/千克）和某些菜籽饼（粕）（1.0 毫克/千克），大大高于其他饲料。

在雏鸡饲料中添加 1%～2%水解羽毛粉，对防止啄羽等恶癖有效。肉鸡、蛋鸡饲料中使用羽毛粉可补充含硫氨基酸的不足，可部分取代大豆粕及鱼粉，用量不宜超过 3%，否则肉鸡生长速度下降，蛋鸡产蛋率下降，蛋重减轻。使用水解羽毛粉时应注意补蛋氨酸、赖氨酸等，以平衡必需氨基酸。此外，在鸡的强制换羽日粮中添加 2％～3％的羽毛粉，有促进羽毛生长、缩短换羽期的效果。羽毛粉中还含有一种雏鸡生长所必需的未知营养因子。

（三）矿物质饲料

矿物质饲料包括人工合成的、天然单一的和多种混合的，以及配合有载体或赋形剂的痕量、微量、常量元素补充料。矿物质元素在各种动植物饲料中都有一定含量，虽多少有差别，由于动物采食饲料的多样性，可在某种程度上满足对矿物质的需要。但在舍饲条件或集约化生产条件下，矿物质元素来源受到限制，蛋鸡对它们的需要量增多，蛋鸡日粮中另行添加所必需的矿物质成了唯一方法。目前已知畜禽有明确需要的矿物元素有 16 种，其中常量元素 7 种：钾、镁、硫、钙、磷、钠和氯，饲料中常不足，需要补充的有钙、磷、氯、钠 4 种；微量元素 9 种：铁、锌、铜、锰、碘、硒、钴、钼和氟。

1. 常量矿物质补充料

常量矿物质饲料包括钙源性饲料、磷源性饲料、食盐以及含硫饲料和含镁饲料等。目前，饲料中常补充的微量元素有铁、铜、锌、锰、碘、硒、钴，猪、禽等单胃动物主要补充前 6 种，钴通常以维生素 B_{12} 的形式满足需要。由于在日粮中的添加量少，微量元素添加剂几乎都是用纯度高的化工产品，常用的主要是各元素的无机盐或有机盐类及氧化物、氯化物。近些年来，对微量元素络合物，特别是与某些氨基酸、肽或蛋白质、多糖等的络合物用作饲料添加剂的研究和产品开发有了很大进展。大量研究结果显示，这些微量元素络合物的生物学效价高，毒性低，加工特性也好，但由于价格昂贵，目前未能得到广泛应用。

（1）含氯、钠饲料 食盐即氯化钠（NaCl），一般称为食盐，钠和氯都是蛋鸡需要的重要元素，食盐是最常用，又经济的钠、氯的补充物。食盐除了具有维持体液渗透压和酸碱平衡的作用外，还可刺激唾液分泌，提高饲料适口性，增强动物食欲，具有调味剂的作用。肉用鸡钙磷比例失调会引起腿软症，饲料中应添加适量的骨粉或鱼粉。缺乏食盐后，表现为食欲不振、采食量下降、生长停滞，并伴有啄羽、啄肛、啄趾等恶癖发生。补充食盐可防止钠、氯缺乏。饲用食盐一般要求较细的粒度。美国饲料制造者协会（AFMA）建议，应100%通过 30 目筛。食盐中含氯 60%、含钠 40%，碘盐还含有0.007%的碘。纯净的食盐含氯 60%、含钠 40%，此外尚有少量的钙、镁、硫等杂质，饲料用盐多为工业盐，含氯化钠 95%以上。

食盐的补充量与动物种类和日粮组成有关。一般食盐在风干饲粮中的用量为 0.25%～0.35%为宜。添加的方法有直接拌在饲料中，也可以以食盐为载体，制成微量元素添加剂预混料。

食盐不足可引起食欲下降，采食量降低，生产性能下降，并导致异食癖。食盐过量时，雏鸡对此较为敏感，可出现食盐中毒，甚至有死亡现象。使用含盐量高的鱼粉、酱渣等饲料时应调整日粮食盐添加量，若水中含有较多的食盐，饲料中可不添加食盐。

（2）含钙饲料 常用的含钙饲料有石粉、石膏、贝壳粉和蛋壳粉等，此外，大理石、白云石、白垩石、方解石、熟石灰、石灰水等均可作为补钙饲料。至于利用率很高的葡萄糖酸钙、乳酸钙等有机酸钙，因其价格较高，多用于水产饲料，畜禽饲料中应用较少。

钙源饲料很便宜，但不能用量过多，否则会影响钙磷平衡，使钙和磷的消化、吸收和代谢都受到影响。微量元素预混料常常使用石粉或贝壳粉作为稀释剂或载体，使用量占配比较大时，配料时应注意把其含钙量计算在内。

① 石粉。石粉又称石灰石粉，主要是指石灰石粉，由优质天然石灰石粉碎而成。天然的碳酸钙（$CaCO_3$）为白色或灰白色粉末。石粉中含纯钙 35%以上，是补充钙最廉价、最方便的矿物质饲料。除用作钙源外，石粉还广泛用作微量元素预混合饲料的稀释剂或载体。石灰石粉含含有氯、铁、锰、镁等。品质良好的石灰石粉与贝壳粉必须含有约 38%的钙，而且镁含量不可超过 0.5%，只要铅、汞、砷、氟的含量不超过安全系数，都可用于鸡饲料。石粉的用量依据蛋鸡的生长阶段而定，一般配合饲料中石粉使用量雏鸡为 0.5%～1%，产蛋鸡为 7.0%～7.5%。单喂石粉过量，会降低饲粮有机养分的消化率，还对青年鸡的肾脏有害，使泌尿系统尿酸盐过多沉积而发生炎症，甚至形成结石。蛋鸡过多接受石粉，蛋壳上会附着一层薄薄的细粒，影响蛋的合格率，最好与有机态含钙饲料如贝壳粉按 1∶1 比例配合使用。石粉作为钙的来源，应根据鸡体格大小选择不同粒度的石

粉，其粒度以中等为好，禽为 26～28 目。对蛋鸡来讲，较粗的粒度有助于保持血液中钙的浓度，满足形成蛋壳的需要，从而增加蛋壳强度，减少蛋的破损率，但粗粒影响饲料的混合均匀度。

② 石膏。石膏为硫酸钙，石膏的化学式是 $CaSO_4 \cdot x H_2O$，通常是二水硫酸钙（$CaSO_4 \cdot 2H_2O$），灰色或白色结晶性粉末，是常见的容易取得的含钙饲料之一。有天然石膏粉碎后的产品，也有化学工业产品。一种是天然石膏的粉碎产品，一种是磷酸制造工业的副产品，后者常含有大量的氟、砷、铝等而品质较差，使用时应加以处理。石膏的含钙量为 20%～23%，含硫 16%～18%，既可提供钙，又是硫的良好来源，生物利用率高。石膏有预防鸡啄羽、啄肛的作用。一般在饲料中的用量为 1%～2%。

③ 蛋壳粉。禽蛋加工和孵化产生的蛋壳、蛋膜及蛋白残留物经干燥灭菌、粉碎后即得到蛋壳粉。禽蛋加工厂或孵化厂废弃的蛋壳，无论是蛋品加工后的蛋壳还是孵化出雏后的蛋壳，都残留有壳膜和一些蛋白，因此除了含有 34% 左右钙外，还含有 7% 的蛋白质及 0.09% 的磷。蛋壳主要由碳酸钙组成，但由于残留物不定，蛋壳粉含钙量变化较大，一般在 29%～37%，所以产品应标明其中钙、粗蛋白质含量，未标明的产品，用户应测定钙和蛋白质含量。蛋壳粉是理想的钙源饲料，利用率高，用于蛋鸡、种鸡饲料中，与贝壳粉同样具有增加蛋壳硬度的效果。须经干燥灭菌、粉碎后才能作为饲料使用。应注意蛋壳干燥的温度应超过 82℃，以保证灭菌，防止蛋白腐败，甚至传播疾病。一般配合饲料中使用量雏鸡为 0.5%～1%，产蛋鸡为 7.0%～7.5%。

④ 贝壳粉。贝壳粉是贝壳（包括蚌壳、牧蛎壳、扇贝壳、蛤蜊壳、螺蛳壳等）烘干后制成的粉状或粒状产品，含有一些有机物，呈白色、灰色、灰褐色粉末状或片状，主要成分是碳酸钙。也有海边堆积多年的贝壳，其内部有机质已消失，是良好的碳酸钙饲料。饲料添加的贝壳粉含钙量应不低于 33%，一般在 34%～38%。品质好的贝壳粉杂质少，含钙高，呈白色粉状或片状，用于蛋鸡或种鸡的饲料中，蛋壳的强度较高，破蛋软蛋少，含碳酸钙也在 95% 以上，是可接受的碳酸钙来源，尤其片状贝壳粉效果更佳。不同畜禽对贝壳粉的粒度要求，蛋鸡以 70% 通过 10 毫米筛为宜。

我国沿海一带有丰富的资源，应用较多。贝壳粉内常掺杂砂石和泥土等杂质，使用时应注意检查。另外，若贝肉未除尽，加之储存不当，堆积日久易出现发霉、腐臭等情况，这会使其饲料价值显著降低。必须进行消毒灭菌处理，以免传播疾病。

（3）含磷饲料　富含磷的矿物质饲料有磷酸钙类、磷酸钠类、骨粉及磷矿石等。磷补充物来源复杂，种类很多，具有以下两个特点。一是磷补充物含矿物元素较复杂。只提供磷的矿物质饲料很少，仅限于磷酸和磷酸铵，大多数常用磷补充物除含磷外还含有其他矿物元素如钙、钠，添加于饲料中往往还会引起这些元素含量的变化。不同磷源有着不同的利用率。二是磷补充物多含有氟及其他有毒有害物质。磷的补充物多来自矿物磷酸盐类，由于天然磷矿中含有较多的氟、砷、铅等有毒有害元素，用作饲料磷补充物的产品必须经过一定的加工处理脱氟除杂，使这些有毒有害物质符合饲料要求。

蛋鸡常用的磷补充饲料有骨粉、磷酸钙和磷酸氢钙。

① 骨粉。骨粉由各种动物骨骼经高压蒸煮、脱脂、脱胶、干燥、粉碎而得。由于加工方法的不同，成分含量及名称各不相同，是补充家畜钙、磷需要的良好来源。当同时需要补充钙、磷时常选用，也是我国目前常用的钙、磷补充物之一。

骨粉一般为黄褐乃至灰白色的粉末，有肉骨蒸煮过的味道。骨粉的含氟量较低，只要杀菌消毒彻底，便可安全使用。但由于成分变化大，来源不稳定，而且常有异臭，在国外饲料工业上的用量逐渐减少。骨粉按加工方法可分为煮骨粉、蒸制骨粉、脱胶骨粉和焙烧骨粉等。

煮骨粉是将原料骨经开放式锅炉煮沸，直至附着组织脱落，再经粉碎而制成。这种方法制得的骨粉色泽发黄，骨胶溶出少，蛋白质和脂肪含量较高，不易久存。含有多量的有机质，钙、磷含量低，质地坚硬、不易消化、易吸湿腐败，适口性差，饲喂动物效果较其他骨粉差。一般含钙23.0%、磷10.5%、粗蛋白质26.0%、粗脂肪5.0%。

蒸制骨粉是将原料骨在高压（2.03千帕压力）蒸汽条件下加热，除去大部分蛋白质及脂肪等有机质，使骨骼变脆，加以压榨、干燥粉碎而制成。一般含钙30%、磷14.5%、粗蛋白7.5%、粗脂肪1.2%。

脱胶骨粉也称特级蒸制骨粉，为制胶副产品。制法与蒸制骨粉基本相同。用 40.5 千帕压力蒸制处理或利用抽出骨胶的骨骼经蒸制处理而得到，由于骨髓和脂肪几乎全部除去，故无异臭，色泽洁白，可长期储存。因高压处理，动物易消化，钙、磷含量稳定，不易带病菌，是最好的骨粉制品。

焙烧骨粉（骨灰）是将骨骼堆放在金属容器中经烧制而成，这是利用废弃骨骼的可靠方法，充分烧透，既可灭菌又易粉碎。

骨粉是我国配合饲料中常用的磷源饲料，优质骨粉含磷量可以达到 12% 以上，钙磷比例为 2∶1 左右，符合动物机体的需要，同时还富含多种微量元素。一般在鸡饲料中添加量为 1%～3%。值得注意的是，用简易方法生产的骨粉，即不经脱脂、脱胶和热压灭菌而直接粉碎制成的生骨粉，因含有较多的脂肪和蛋白，易腐败变质。尤其是品质低劣，有异臭，呈灰泥色的骨粉，常携带大量病菌，用于饲料易引发疾病传播。有的兽骨收购场地为避免蝇蛆繁殖，喷洒敌敌畏等药剂，而使骨粉带毒，这种骨粉绝对不能用作饲料。

② 磷酸钙。磷酸钙为动物饲用磷的主要来源，包括磷酸二氢钙、磷酸氢钙和磷酸钙。习惯上按其钙、磷的含量与比例分为如下。

磷酸一钙（磷酸二氢钙）$CaH_4(PO_4)_2$ 或 $Ca(H_2PO_4)_2$，含 Ca 20%，含 P 21%。

磷酸二钙（磷酸氢钙）$Ca_2H_2(PO_4)_2$ 或 $CaHPO_4$，含 Ca 24%，含 P 18.5%。

磷酸三钙（磷酸钙）$Ca_3(PO_4)_2$，含 Ca38%，含 P 18%。

磷酸一钙具有吸湿性。其产品常为含 1 个结晶水的磷酸一钙 $[Ca(H_2PO_4)_2 \cdot H_2O]$。磷酸二钙常含 2 个结晶水（$CaHPO_4 \cdot 2H_2O$）。磷酸三钙含钙量高，含磷低，它们均用于同时补加钙、磷。

据研究，磷酸一钙和磷酸二钙中磷、钙的生物学效价（BV）比磷酸三钙高；含有结晶水的比脱去水的高；含结晶水的磷酸一钙和二钙中磷的有效性相同，但无水磷酸二钙效价降低 20%，故在加工时应注意。

脱氟磷酸盐是将磷酸钙或磷矿石经脱氟处理，使氟含量在要求范围内的以磷酸三钙或磷酸二钙为主要成分的产品，是很好的磷源。

磷酸一钙又称磷酸二氢钙或过磷酸钙，纯品为白色结晶粉末，多

为一水盐 $[Ca(H_2PO_4)_2 \cdot H_2O]$。市售品是以湿式法磷酸液（脱氟精制处理后再使用）或干式法磷酸液作用于磷酸二钙或磷酸三钙所制成的。因此，常含有少量未反应的碳酸钙及游离磷酸，吸湿性强，且呈酸性。本品含磷 22% 左右，含钙 15% 左右，利用率比磷酸二钙或磷酸三钙好，最适合用于水产动物饲料。由于本品磷高钙低，在配制饲粮时易于调整钙磷平衡。在使用磷酸二氢钙应注意脱氟处理，含氟量不得超过标准。

磷酸二钙又称为磷酸氢钙，为白色或灰白色粉末或粒状产品，又分为无水盐（$CaHPO_4$）和二水盐（$CaHPO_4 \cdot 2H_2O$）两种，后者的钙、磷利用率较高。磷酸二钙一般是在干式法磷酸液或精制湿式法磷酸液中加入石灰乳或磷酸钙而制成的。市售品中除含有无水磷酸二钙外，还含少量的磷酸一钙及未反应的磷酸钙。含钙不低于 23%，磷不低于 18%，其钙、磷比例为 3:2，接近于动物需要的平衡比例。铅含量不超过 50 毫克/千克。磷酸氢钙的钙磷利用率高，是优质的钙磷补充料。蛋鸡日粮的磷酸氢钙不仅要控制其钙磷含量，尤其要注意含氟量，必须是经过脱氟处理合格，氟含量不超过 0.18% 的才能用。注意补饲本类饲料往往引起两种矿物质数量同时变化。

磷酸三钙又称磷酸钙，纯品为白色无臭粉末。饲料用常由磷酸废液制造，为灰色或褐色，并有臭味，分为一水盐 $[Ca_3(PO_4)_2 \cdot H_2O]$ 和无水盐 $[Ca_3(PO_4)_2]$ 两种，以后者居多。经脱氟处理后，称作脱氟磷酸钙，为灰白色或茶褐色粉末，含钙 29% 以上，含磷 15%～18% 以上，含氟 0.12% 以下。

2. 微量矿物质补充料

本类饲用品多为化工生产的各种微量元素的无机盐类和氧化物，一般纯度高，含杂质少。有的"饲料级"产品虽含有微量杂质，但对动物有害物质均在允许范围内。微量元素补充物基本都来源于纯度较高的化工生产产品。近年来微量元素的有机酸盐和螯合物以其生物效价高和抗营养干扰能力强受到重视。常用的补充微量元素类有铁、铜、锰、锌、钴、碘、硒、镁等。

常用微量矿物质饲料见表 5-1。

表 5-1　常用微量矿物质饲料

饲料名称	化学式	补充元素	含量	细度要求	备注
硫酸铜	$CuSO_4$	铜（Cu）	25.4%Cu	200 目	易吸湿返潮，不易拌匀
碘酸钾	KIO_3	碘（I）		200 目	水中的溶解度较低，较稳定
碘化钾	KI	碘（I）	76.4% I	200 目	不稳定，易分解引起碘损失
硫酸亚铁	$FeSO_4 \cdot H_2O$	铁（Fe）	31% Fe	20 目	对营养物质有破坏作用
氧化锰	MnO	锰（Mn）	60% Mn	100 目	比其他的锰化合物价格便宜
亚硒酸钠	Na_2SeO_3	硒（Se）	45.6% Se		有毒，添加量不得超 0.5 千克/吨
氧化锌	ZnO	锌（Zn）	70%～80% Zn	100 目	生物学效价低于硫酸锌
硫酸锌	$ZnSO_4$	锌（Zn）	23% Zn		

（四）饲料添加剂

饲料添加剂是针对蛋鸡日粮中营养成分的不平衡而添加的，能平衡饲料的营养成分和保护饲料中的营养物质、促进营养物质的消化吸收、调节机体代谢、提高饲料的利用率和生产效率、促进蛋鸡的生长发育及预防某些代谢性疾病，改进动物产品品质和饲料加工性能的物质的总称。这些物质的添加量极少，一般占饲料成分的百分之几到百万分之几，但其作用极为显著。据饲料添加剂的作用我们可以把它简单地分为两种，饲料添加剂分为营养性饲料添加剂和非营养性饲料添加剂两大类。

1. 营养性饲料添加剂

营养性饲料添加剂是指添加到配合饲料中，平衡饲料养分，提高饲料利用率，直接对动物发挥营养作用的少量或微量物质，主要包括合成氨基酸添加剂、维生素添加剂、微量矿物质添加剂和其他营养性添加剂。营养性添加剂是最常用最重要的一类添加剂。下面主要介绍氨基酸添加剂和维生素添加剂。

（1）氨基酸添加剂　　氨基酸添加剂的主要作用是提高饲料蛋白质的利用率和充分利用饲料蛋白质资源。氨基酸添加剂由人工合成或通过生物发酵生产。饲料中氨基酸利用率相差很大。必须根据可利用氨基酸的含量确定氨基酸添加的种类和数量。所有影响饲料蛋白质消化吸收的因素都影响氨基酸的有效性。鸡配合料中常用的氨基酸有赖氨酸、蛋氨酸、苏氨酸、色氨酸、缬氨酸、苯丙氨酸、亮氨酸和异亮氨酸8种，其中以蛋氨酸和赖氨酸为主。

① 赖氨酸。赖氨酸是畜禽饲料中最易缺乏的氨基酸之一，赖氨酸由于营养需要量高，许多饲料原料中含量又较少，而且动物在组织中既不能合成又不能通过转氨基作用重新复原，也不能被任何一种类似的氨基酸所代替，所以在常规饲料中是第二限制性氨基酸。饲料中的天然赖氨酸是 L 型，具有生物活性，鸡的代谢能为 16.7 兆焦/千克。谷类饲料中赖氨酸含量不高，豆类饲料中虽然含量高，但是作为鸡饲料原料的大豆饼或大豆粕均是加工后的副产品，赖氨酸遇热或长期储存时会降低活性。在鱼粉等动物性饲料中赖氨酸虽多，但也有类似失活的问题。因而在饲料中可被利用的赖氨酸只有化学分析得到数值的 80% 左右。在赖氨酸的营养上尚存在与精氨酸之间的拮抗作用。蛋鸡的饲料中常添加赖氨酸使之有较高的含量，这易造成精氨酸的利用率降低，故要同时补足精氨酸。

赖氨酸的添加应本着补足配合料中赖氨酸的不足为原则，添加超过需要量，会增加配合料成本，甚至会影响鸡生产性能。赖氨酸盐酸盐在配合料中的添加比例为 0.1%～0.2%。一般以赖氨酸盐的形式出售。98% 赖氨酸盐酸盐中赖氨酸的实际含量约为 78%。在添加时应加以注意。

商品 L-赖氨酸是赖氨酸盐酸盐，色泽从类白色到浅黄褐色，具有特有的腥味，尝之有氨基酸特有鲜味和咸味，易溶于水，在水溶液中加入硝酸银试剂，有白色沉淀。不易保存，吸湿性强，受热或长期储存时易与还原糖类的醛基结合，发生美拉德反应（Maillard 反应），生成氨基糖复合物，使其失去活性等。

② 蛋氨酸及其类似物。蛋氨酸在动物体内基本被用作体蛋白质的合成，蛋氨酸是鸡的第一限制性氨基酸。蛋氨酸有 D 型和 L 型两种，在鸡体内，L 型易被肠壁吸收。D 型要经酶转化成 L 型后才能参与蛋白质的合成，工业合成的产品是 DL-蛋氨酸，外观一般为白色至淡黄色结晶或结晶性粉末，有含硫基的特殊气味，易溶于水、稀酸和稀碱，微溶于乙醇，不溶于乙醚。其 1‰ 水溶液的 pH 值为 5.6～6.1。蛋氨酸类似物不具备氨基，但有转化为蛋氨酸所特有的碳架，生物活性相当于蛋氨酸的 70%～80%，鸡的代谢能为 21 兆焦/千克。蛋氨酸类似物主要有蛋氨酸羟基类似物及甜菜碱等。蛋氨酸羟基类似物常为钙盐形式。甜菜碱即三甲基甘氨酸，为类氨基酸，是一种高效甲基供体，在动物体内参与蛋白质的合成和脂肪的代谢。因此，能够取代部分蛋氨酸和氯化胆碱的作用。另外，甜菜碱在动物体内能提高细胞对渗透压变化的应激能力，是一种生物体细胞渗透保护剂。

商品蛋氨酸是一种片形的结晶或粗粉，色泽为白色或黄白色，在阳光下有许多反光点，手捻之非常光滑。有含硫氨基酸特有的甜味或硫缓慢氧化的臭味。蛋氨酸在空气中容易点燃，浅蓝色火焰，在阳光下常常看不到火焰颜色，正在燃烧的部分熔化成液状，可闻到刺鼻的烧硫黄味。纯度高的蛋氨酸燃烧十分彻底，残留物很少。一般配合料中添加量为 0.05%～0.15%。

（2）复合维生素添加剂　复合维生素添加剂是根据鸡的营养需要，由多种维生素、稀释剂、抗氧化剂按比例、次序和一定的生产工艺混合而成的饲料预混剂。由于大多数维生素都有不稳定、易氧化或易被其他物质破坏失效的特点和饲料生产工艺上的要求，因此几乎所有的维生素制剂都经过特殊加工处理或包被。例如，制成稳定的化合物或利用稳定物质包被等。为了满足不同使用的要求，在剂型上还有粉剂、油剂、水溶性制剂等。此外，商品维生素饲料添加剂还有各种不同规格含量的产品。复合维生素一般不含有维生素 C 和胆碱，所以在配制鸡饲料时，一般还要在饲料中另外加入氯化胆碱。如鸡群患病、转群、运输及其他应激时，需要在饲料中另外加入维生素 C。一些复合维生素中可能加入了维生素 C，但对于处在高度应激环境中的鸡群，其含量是不能满足需要的。

复合维生素在配合料中的添加量应比参考产品说明书推荐的添加量略高一些。一般在冬季和春、秋两季，商品复合多维的添加量为每吨配合料 200 克，夏季可提高至 300 克。如果没有蛋鸡专用的复合多维，也可选用通用多维，用量参考产品说明书。

由于维生素不稳定的特点，对维生素饲料的包装、储藏和使用均有严格的要求，饲料产品应密封、隔水包装，最好是真空包装。储藏在干燥、避光、低温条件下。高浓度单项维生素制剂一般可储存 1～2 年，所有维生素饲料产品，开封后需尽快用完。湿拌料时应现喂现拌，避免长时间浸泡，以减少维生素的损失。

2. 非营养性添加剂

非营养性添加剂是指除营养性添加剂以外的具有特定功效的添加剂。在正常饲养管理条件下，为提高畜禽健康状况，节约饲料，提高生产能力，保持或改善饲料品质而在饲料中加入一些成分，这些成分通常本身对畜禽并没有太大的营养价值，但对促进畜禽生长，降低饲料消耗，保持畜禽健康，保持饲料品质有重要意义。包括抗生素添加剂、驱虫药物添加剂、酶制剂、抗氧化剂、防霉剂、活菌制剂、黏结剂、抗结块剂、吸附剂和着色剂等等。

（1）抗生素添加剂　其作用是保持雏鸡的健康，抑制动物体内有害微生物的生长繁殖，减少畜禽亚临床症状疾病的发生，防止疾病，促进生长，节约饲料。特别是蛋鸡饲养环境不良时，效果更加明显。包括多肽类抗生素类、大环内酯类抗生素、聚醚类抗生素、四环素类抗生素类、合成抗生素及其相关药物类和多糖类抗生素等。

抗生素添加剂一般只用于抵抗能力较差的阶段，如在雏鸡阶段、细菌性疾病流行阶段、发生管理应激（如运输、分群、高温）等情况下使用。

长期使用抗生素饲料添加剂，会引起下列问题。

一是抗药性问题。畜禽长期使用某一抗生素添加剂后，病原菌产生耐药菌株，这些耐药菌株在一定条件下又能将耐药遗传因子（又称"R 因子"）传递给其他敏感细胞，使得某些不耐抗生素的致病菌变成耐药菌株，引起畜禽疾病防治上的麻烦。对于人畜共用的抗生素如土霉素、青霉素、链霉素等，若出现耐药菌株，就会影响人类疾病的防治效果，造成不良后果。

二是抗生素在畜禽产品中的残留问题。有些抗生素易被动物肠道吸收，排泄较慢，残留在肉、蛋、奶中。这些抗生素在食品加热或制作中不易被充全"钝化"。有些抗生素有致突变、致畸胎和致癌作用。

因此在使用抗生素饲料添加剂时，应注意下列事项。

一是选择畜禽专用、吸收差、残留量少的、不产生抗药性的品种。

二是严格控制使用剂量，以尽可能少的用量达到使用效果。许多抗生素对于预防、治疗疾病及促进生长等不同作用，其剂量明显不同。

三是抗生素的使用期限。动物不同生长阶段使用不同的种类，更要注意停药期，一般在肉畜上市屠宰前7天停止用药。

① 多肽类抗生素类是具有多肽结构特征的一类抗生素。主要有杆菌肽锌、硫酸黏杆菌素、维吉尼霉素和恩拉霉素。

杆菌肽锌：杆菌肽锌主要对革兰氏阳性菌有强大的抗菌力，对少数阴性菌、螺旋体和放线菌以至耐青霉素的葡萄球菌也有效，实践中极少出现耐药菌，即使发生也很缓慢，与其他抗生素无交叉抗药性，且与青霉素、链霉素、金霉素等合用有协同作用。

杆菌肽锌在动物肠道吸收很差，排泄迅速，故不留体内；毒性极小，无副作用，很少出现抗药菌。杆菌肽锌和预混剂室温下保存3年，效价不改变。

我国规定的用量为：每吨鸡饲料添加4～20克（折合16.8万～84万效价单位）。无停药期要求。作为饲料添加剂目前该药已经被欧盟禁用。

硫酸黏杆菌素：硫酸黏杆菌素别名硫酸黏菌素、硫酸多黏菌素E。硫酸黏杆菌素是高效、安全且残留量少的抗生素，许多国家批准作为饲料添加剂。它对革兰氏阴性菌有强大的抑菌作用，可防止在集约化饲养中常见的由大肠杆菌和沙门氏菌引起的疾病。它作饲料添加剂时，可促进畜禽的生长和提高饲料利用率。

硫酸黏杆菌素为白色粉末，有吸湿性，易溶于水。它在动物体内不会产生耐药菌株，与其他抗生素不会产生交叉耐药。它和杆菌肽锌有较强的协同作用。黏杆菌素是肾毒药物，故用量宜少。建议：鸡饲料中每吨添加2～20克（效价）。产蛋期禁用，所有动物的停药期均为屠宰前 7 天。

硫酸黏杆菌素与杆菌肽锌按 1：5 比例混合制剂，叫"万能肥素"。该制剂加宽了抗菌谱，且提高了抗菌活性。建议用量：10 周龄以内的鸡，每吨饲料添加 2～20 克；产蛋期禁用，各种动物的停药期均为屠宰前 7 天。

恩拉霉素：恩拉霉素别名安来霉素、恩霉素。恩拉霉素是土壤中分离出来的放线菌发酵产生，由不饱和脂肪酸和十几种氨基酸结合成的多肽类抗生素。它对革兰氏阳性菌有很强的抑制作用，长期使用后不易产生抗药性。它能改变肠道内的细菌群落分布，有利于饲料营养成分的消化吸收，促进动物增重和提高饲料利用率。

恩拉霉素不易被吸收，故残留畜禽体内较少。产蛋期禁用，无停药期的规定。

维吉尼霉素：维吉尼霉素别名维吉尼亚霉素、维及霉素、肥大霉素等。是美国史克药厂畜禽保健公司对链丝菌发酵提取的抗生素。它由 70％M1 和 30％S1 混合组成。M1 为大环内酯，S1 为环状多肽。两者结构不同，抗菌范围也不同。S1 和 M1 混合，提高抗菌活性，而且不产生耐药性。它只对革兰氏阳性菌有抑制作用。其作用主要是抑制细菌的核糖体（ribosome），从而阻止细菌蛋白质的合成而达到杀菌效果。

维吉尼亚霉素几乎不被畜禽肠道吸收，用药后在畜禽体组织中残留量很少。该添加剂可防治细菌性下痢和鸡坏死性肠炎。它杀灭有害及多余的肠内细菌，减少乳酸、氨气、挥发性脂肪酸等有毒物质产生，从而减缓肠道蠕动，延长饲料在肠道内停留时间，增加养分的吸收。它作为抗生素，令小肠壁变薄，增加肠壁渗透性，可促进对氨基酸和磷的吸收利用，改善饲料利用率，促进生长。它还能提高鸡对饲料中黄色素的吸收，提高鸡肉、蛋的黄色素含量。它在质量上的特点是稳定性好，室温下保持三年效价不变，其微粒小，每克约 50 万粒，有利于均匀分布于饲料中。维吉尼亚霉素的预混剂称速大肥（stafac）。作为饲料添加剂目前该药已经被欧盟禁用。

建议用量：鸡每吨饲料中添加 2～5 克维吉尼亚霉素，产蛋鸡禁用，屠宰前 1 天停药。

②　大环内酯类抗生素主要有泰乐菌素、北里霉素、螺旋霉素、红霉素和竹桃霉素等。

泰乐菌素：泰乐菌素由美国礼来公司开发。它是弱碱，微溶于水，很易溶于甲醇、乙醇、乙醚等。它在强酸（pH 值＜4）或强碱（pH 值＞9）中易分解成脱碳霉糖泰乐菌素，其抗菌性与泰乐菌素相近。实际生产中，常用磷酸泰乐菌素作饲料添加剂，酒石酸泰乐菌素作饮水剂。泰乐菌素对大部分革兰氏阳性菌（葡萄球菌、链球菌、双球菌和白喉杆菌）、某些革兰氏阴性菌（脑膜炎双球菌）及分枝杆菌均有较明显的抗菌活力。泰乐菌素对鸡的慢性呼吸道疾病（CRD）有预防及治疗作用。常常以酒石酸泰乐菌素饮水，再在饲料中添加磷酸泰乐菌素。

泰乐菌素在肠道内不易被吸收，毒性小。建议用量：8 周龄以内的鸡每吨饲料添加 4～50 克。屠宰前 5 天停药。在饲料中可与潮霉素 B、莫能霉素等共同使用。

北里霉素：北里霉素是从北里放射形菌的发酵液中提取的抗生素。它包括 A1、A3～A9 等多种成分。它对革兰氏阳性菌中 10 多种菌和多种革兰氏阴性菌种以及鸡、猪的多种支原体均有较高的抗菌活性。它对鸡慢性呼吸道疾病（CRD）、猪肺炎（Sep）和猪细菌性下痢均有抑制作用；小剂量添加具有促进生长、改善饲料利用率的功效。其特点是在肠道内吸收快，并广泛分布于各组织，但分解亦快，很快从尿中排泄。故其在组织中残留量是大环内酯类抗生素中最低的一种。

建议添加量：促生长用，每吨鸡饲料加 5.5～11 克北里霉素；防治疾病用：每吨鸡饲料加 110～330 克，只连用 5～7 天。对鸡的停药期为屠宰前 2 天，产蛋期禁用。

③　聚醚类抗生素主要有莫能霉素、盐霉素钠和拉沙里菌素。聚醚类抗生素作为饲料添加剂有两个主要方向的作用，其一是抗鸡球虫作用，这类抗球虫药是由发酵生产的具有广谱抑制球虫的抗生素。聚醚类抗球虫药的作用机理不同于化学合成的抗球虫药的作用机理（生物化学作用），这是一种生物物理学作用。它们对金属离子有特殊的选择性，可与钠、钾及二价金属离子结合形成络合物，使球虫子孢子和第一代裂殖体的钠离子量急剧增加，导致细胞膜离子交换平衡失

调，子孢子和裂殖体中过剩的钠离子不能从细胞中排出，膨胀而死。因而球虫不易产生抗药性。用于对其他药物已产生耐药性的球虫时，同样有效，即不发生交叉耐药性。该药很快排出体外，无显著的积累作用，因此，是目前较为理想的抗球虫药物添加剂。其二是促进动物生长，改善饲料利用率。对鸡、猪和肉牛均有促进生长和提高饲料利用率的功效。

莫能霉素：莫能霉素别名瘤胃素、莫能菌酸、孟宁素。自 1967 年由美国礼来公司开发以来，被广泛用于世界各国。据统计，1981 年世界抗球虫药年销售额最大的是瘤胃素（达 1 亿 4 千万美元）。它对主要的 6 种鸡球虫（毒害艾氏，柔嫩艾氏，巨型艾氏，变位艾氏，波氏艾氏和堆型艾氏）都有明显的抑制作用。用于预防球虫病时，每吨饲料添加 90～122 克莫能霉素，用于肉鸡、0～16 周龄生长鸡，产蛋鸡禁用。屠宰前 3 天停药。莫能霉素不能与泰妙菌素或竹桃霉素同时使用。

美国礼来公司产品的商品名为欲可胖（elancoban）。其预混剂为欲可胖-100，其中每千克含莫能霉素 100 克。莫能霉素本身较稳定，可保存两年，但制成预混剂或混入饲料，其效价仅可保存 3 个月。

盐霉素钠：盐霉素钠别名沙利霉素钠盐、萨里诺马辛。白色或淡黄色结晶性粉末，微有臭味。取 1 克溶于 20 毫升甲醇，应澄清或接近澄清，为无色或淡黄色。盐霉素抗球虫的机理与莫能霉素相近，它对细胞中的阳离子，尤其是 K^+、Na^+ 和 Rb^+ 的亲和性特别高，扰乱球虫细胞内离子浓度，达到抑虫效果。它对大多数革兰氏阳性菌有抑菌活性，对梭菌等革兰氏阳性厌氧菌也有较高的抑制作用。

盐霉素对鸡的球虫、柔嫩艾氏、毒害艾氏、巨型艾氏、堆型艾氏和哈氏球虫均有效。连续用药，不产生有耐药性的球虫株。它与氨丙啉、氯苯胍、氯羟吡啶、莫能霉素等抗球虫剂之间不存在交叉耐药性。盐霉素不影响动物增重，且改善饲料利用率。盐霉素经饲喂给药后，在消化道中被吸收的很少，主要在胃、大小肠和盲肠内容物中，12 小时后几乎排出。少量吸收到肝脏中的盐霉素也被迅速代谢，由胆汁排出。因而盐霉素在动物体内残留量很少。盐霉素随鸡粪排出，对农作物无害，对鱼类安全，对生产操作人员没有刺激，也不影响鸡粪的综合利用。

我国于1985年批准生产和使用盐霉素。规定每吨鸡饲料中添加50～70克盐霉素，停药期5天，产蛋期禁用。混在饲料中的盐霉素，4个月后其效价仍无变化。目前进口数量较多的是盐霉素预混合制剂，其商品名为"优素精"，含有10%盐霉素钠。

拉沙洛西钠：拉沙洛西钠别名拉沙里菌素钠。白色粉末，有特异嗅味。拉沙洛西钠对二价金属离子有亲和力，抗球虫效果很好。它是白色至棕色的粉末，微溶于水，可溶于大部分有机溶剂，熔点为191～192℃（分解）。该产品在动物体内残留量少，产品性能稳定，在制备颗粒料的过程中，其含量及效价不会降低。

拉沙洛西钠由瑞士Roche公司在1951年开发。我国已批准Roche公司的该种产品进口，其预混剂的商品名为"球安"。规定用量：每吨鸡饲料添加75～125克拉沙洛西钠，屠宰前3天停药，产蛋期禁用。

④ 四环素类抗生素类主要有金霉素和土霉素。人医临床上常用此类抗生素，人们不赞成它们在饲料中添加，否则会由于耐药性的出现而影响人医的疗效。但由于国内大量生产高质量低价格的此类抗生素，我国已于1984年批准饲用土霉素钙盐生产。

金霉素：金霉素别名氯四环素。金霉素的抗菌作用及其范围与土霉素相近，但金霉素在消化道中的吸收率低于土霉素。它有强烈的组织刺激性，为黄褐色至黄色结晶粉末，味苦，110℃以上时便分解。它对畜禽肠道疾病和慢性呼吸道疾病具有明显的防治作用，并促进生长和提高饲料利用率。每吨饲料的添加量为金霉素50～100克。

土霉素：土霉素别名地霉素、地灵霉素、氧四环素。土霉素是1949年由美国开发的抗生素。它是我国生产及使用最多的抗生素。土霉素为灰白或金黄色的结晶粉末。通常以土霉素钠或钙盐生产使用，这样减少土霉素在肠胃道的吸收量，也提高土霉素的稳定性。它对革兰氏阳性菌、阴性菌、钩端螺旋体、立克氏体和大型病毒均有广泛的抗菌力，是鸡、猪及小牛的呼吸道疾病及痢疾的有效药品，并促进生长，提高饲料转化率。其主要缺点是很易被胃肠道吸收，在畜禽产品中残留较多，并能产生抗药性，故目前用量越来越少。用于促生长用量：每吨鸡饲料添加 5～7.5 克，产蛋鸡禁用，屠宰前 7 天停药。

⑤ 合成抗生素及其相关药物类主要有喹乙醇、砷制剂、铜制剂、锌制剂、卡巴氧、痢特灵和磺胺药。随着化学工业的发展，合成类抗生素种类及数量均较多。应用较早的合成类如磺胺类及呋喃类抗生素，由于其易产生抗药性及副作用较明显而逐渐被新合成的抗生素所取代。这类药物目前最常用的添加剂为喹乙醇和砷制剂，其他如磺胺类药、呋喃类及氟哌酸等则主要用于治疗疾病。

喹乙醇：喹乙醇别名快育灵、快大肥。喹乙醇本身毒性小，抗菌效力好，对革兰氏阴性菌（如大肠杆菌、沙门氏菌等）特别敏感，对革兰氏阳性菌的抑菌作用优于金霉素。它抑制有害菌，保护有益菌，对猪下痢有极好的治疗效果。

喹乙醇具有促进体内蛋白同化作用，能提高饲料氮利用率，促进生长，并且增加瘦肉率。它是较好的肉猪促生长抗生素。注意：喹乙醇的安全问题至今仍在研究之中，还没有最后结论；鸡对喹乙醇很敏感，易造成中毒死亡，故在使用时应慎重。

建议添加量：鸡饲料加添加量为 10～25 克/吨。屠宰前 28 天停药，产蛋期禁用。

砷制剂：有机砷制剂有氨苯胂酸（商品名：阿散酸）和硝基羟基苯胂酸（商品名：洛克沙胂），此类药物国外使用较多，主要作为幼龄猪和禽的生长促进剂。许多研究材料表明，有机砷制剂具有促进生长、改善饲料效率的作用，并对产蛋和猪毛色均有较好作用。使用较多的是对氨基苯胂酸（阿散酸）和四硝基苯胂酸（洛克沙胂）。猪和鸡的对氨基苯胂酸用量为 50～100 克/吨，屠宰前 5 天停药。四硝基苯胂酸的用量减半。

由于其确实存在药物残留和环境毒性，农业部在《无公害食品畜禽饲料和饲料添加剂使用准则》中已明确将二者列为禁用品。在动物饲料中应用的有机砷虽然无急性毒性，但长期使用或过量添加会引起动物组织器官崩溃，同时抑制多种组织酶的活性，使用应谨慎。

⑥ 多糖类抗生素，这类抗生素中，国外常用的有两种：大碳霉

素和黄霉素。前者已被淘汰，后者近年来在饲料中的使用率有增加的趋势。据报道，鸡饲料中添加4～5毫克/千克的黄霉素，不仅能提高鸡生长速度、提高产蛋率，还能提高蛋黄颜色，提高蛋品等级。我国目前尚未批准使用。

（2）抗球虫剂　球虫是种类很多的寄生性原虫。侵害家畜家禽，尤其对家禽危害大，球虫的卵囊生命力很强，消毒药、有机磷杀虫药、强碱和强氧化剂都不能杀死它。它的重量轻又易黏附，故传染性很强。球虫病是养禽业中造成损失最大的疾病之一。抗球虫剂通过抑制在宿主体内影响动物生产性能的引起临床或非临床性疾病的病原微生物或寄生虫的生长，防止感染性疾病的发生，改善肠道对营养物质的吸收功能，节约营养物质，相对降低机体对营养的需要量。

目前，控制球虫病有效的办法是在饲料中添加球虫药进行早期预防。由于在抗球虫药剂上存在着耐药虫株问题，所以不可长期使用一种抗虫药，必须交替轮换使用，才能达到良好的防治效果。为了有效地控制球虫病的发生，实践证明下列使用方法值得采用。

一是轮换式（rotation）用药，一种抗球虫药连续用一段时间后，改换用另一种抗球虫药；二是穿梭式（shuttle）用药，在肉鸡或蛋鸡的不同生长发育阶段，分别使用不同的抗球虫药；三是在抗球虫药的用量上，前期用量少于后期用药量，预防量不能任意加大剂量，否则效果不佳。

常用的抗球虫药有莫能菌素（90～110克/吨）、盐霉素（40～60克/吨）、盐酸氯苯胍（30～60克/吨）、氯羟吡啶（125克/吨）、马杜拉霉素（5克/吨）等。通常用2～3种作用机理不同的抗球虫药交替使用。产蛋期均禁止使用。

随着人们对球虫病的认识和重视，在家禽预混料中通常考虑添加一定量的抗球虫药，但生产者很少或没有注明使用抗球虫药的种类和用量，采用1%预混料生产配合饲料的厂家更不重视此类问题。这样易给养禽者在控制球虫病方面带来一定的盲目性。经验表明，饲料生产者和养殖者应根据不同的饲养管理条件使用合适的抗球虫药，有利于提高生产效益。

（3）合成抗菌药　这类药也存在药物残留和抗药性的问题，为此许多国家已经禁止或限制其作为饲料添加剂使用。常用的有喹乙醇和砷制剂。

①喹乙醇。喹乙醇是广谱抑菌剂，对蛋鸡有促进生长和提高饲料报酬的作用。本品与其他化学合成药物无交叉耐药性，在动物体内吸收与排泄都十分容易，几乎无残留现象。作为饲料添加剂具有稳定性高、配伍性好且毒性低等优点。喹乙醇为浅黄色结晶状粉状，其质量标准规定纯度应在98%以上，重金属含量≤20毫克/千克，砷含量≤1毫克/千克，氧化物占有量≤0.05%。每吨蛋鸡饲料中添加10～25千克，产蛋鸡不宜使用。

②砷制剂。微量砷对机体造血功能和生长发育具有一定的促进作用，能促进细胞生长和繁殖，同时可以防治畜禽的某些疾病。可提高蛋鸡的增重速度，改进饲料利用率。促进生长鸡的色素形成，并可增加种鸡和蛋鸡的产蛋率。目前广泛使用的饲料添加剂有对氨基苯胂酸（阿散酸）和硝基苯胂酸（洛克沙胂）。需要注意的是砷不是动物的必需微量元素，元素砷本身无毒，但砷的化合物有毒，其中毒性最强的是俗称砒霜的三氧化二砷，砷对人的危害非常大，可导致各种病变（如癌变）。

（4）酶制剂　饲用酶制剂作为一种饲料添加剂能有效地提高饲料的利用率、促进动物生长和防止动物疾病的发生，可明显提高动物对饲料养分的利用率，大大降低有机质、氮、磷等物质的排泄量，减少对环境的污染。与抗生素和激素类物质相比，酶制剂对动物无任何毒副作用，不影响动物产品的品质，被称为"天然"或"绿色"饲料添加剂，具有卓越的安全性。因此，引起了全球范围内饲料行业的高度重视。

常用的酶制剂有胃蛋白酶、胰蛋白酶、菠萝蛋白酶、支链淀粉酶、淀粉酶、纤维素分解酶、胰酶、乳糖分解酶、葡萄糖酶、脂肪酶和植酸酶等。

（5）抗氧化剂、防霉剂等　属于品质保证剂。在高温环境中，配合饲料中的维生素及不饱和脂肪酸容易与空气中的氧气作用失去活性或变质，抗氧化剂可以保护维生素及不饱和脂肪酸不被氧化。在潮湿季节或饲料中水分含量较高时，为了防止饲料发霉变质，可加入防霉制剂。常用的防霉剂有丙酸钙（露保细盐）、柠檬酸及柠檬酸盐、苯甲酸及苯甲酸盐等。如果生产的饲料在很短时间内即被使用，通常不必加入品质保持剂。

① 抗氧化剂。饲料中的油脂或饲料中所含有的脂溶性维生素、胡萝卜素及类胡萝卜素等物质易被空气中的氧氧化、破坏，使饲料营养价值下降、适口性变差，甚至导致饲料酸败变质，所形成的过氧化物对动物还有毒害作用。抗氧化剂是为了防止或延缓饲料中某些活性成分发生氧化变质而添加于饲料中的制剂，主要用于含有高脂肪的饲料，以防止脂肪氧化酸败变质，也常用于含维生素的预混料中，它可防止维生素的氧化失效。

可作为饲料抗氧化剂的物质很多，如 L-抗坏血酸、丁羟甲苯（BHT）、丁羟甲氧苯（BHA）、生育酚、没食子酸丙酯（或辛酯、十二酯）、乙氧基喹啉等及其他用于食品的抗氧化剂。由于价格等原因用于饲料的抗氧化剂主要是乙氧基喹啉，目前应用最广泛，国外大量用于原料鱼粉中，其次是丁羟甲苯、丁羟甲氧苯，其他的在饲料中应用不多。此外，柠檬酸、酒石酸、苹果酸、磷酸等本身虽无抗氧化作用，但对金属离子有封闭作用，使金属离子不能起催化作用，与抗氧化剂并用可增进抗氧化剂作用效果。同时，两种抗氧化剂合用，则有相加作用。

② 防霉剂。能杀灭或抑制霉菌和腐败菌代谢及生长的物质，防止因高温、潮湿等引起饲料原料或成品，特别是营养浓度高、易吸湿的原料霉变。

可作为防霉剂的物质很多，主要是有机酸及其盐类。目前应用于饲料中的防霉剂有丙酸及其盐类、苯甲酸及苯甲酸钠、山梨酸及其盐类、去水乙酸钠、富马酸及富马酸二甲酯、醋酸、硝酸、亚硝酸、二氧化硫及亚硫酸的盐类等。由于苯甲酸存在着叠加性中毒，有些国家和地区已禁用。丙酸及其盐是公认的经济而有效的防霉剂。防霉剂发展的趋势是由单一型转向复合型，如复合型丙酸盐的防霉效果优于单一型丙酸钙。

（6）活菌制剂 又名生菌剂，微生态制剂。即动物食入后，能在消化道中生长、发育或繁殖，并起有益作用的活体微生物饲料添加剂。它是近十多年来为替代抗生素饲料添加剂开发的一类具有防治消化道疾病、降低幼畜死亡率、提高饲料效率、促进动物生长等作用，安全性好的饲料添加剂。常用的活菌制剂有乳酸菌、双歧杆菌、芽孢杆菌。

　　益生菌：世界著名生物学家、日本琉球大学比嘉照夫教授将光合菌群、酵母菌群、放线菌群、丝状菌群、乳酸菌群等80余种有益微生物巧妙地组合在一起，让它们共生共荣，协调发展。人们统称这种多种有益微生物为益生菌。它的结构虽然复杂，但性能稳定，在农业、林业、畜牧业、水产、环保等领域应用后，效果良好。有益菌兑水加入饲料中直接饲喂牲畜、家禽等动物，能增强动物的抗病力，并有辅助治疗疾病的作用。用有益菌发酵饲料时，通过有益微生物的生长繁殖，可使木质素、纤维素转化成糖类、氨基酸及微量元素等营养物质，可被动物吸收利用。有益菌的大量繁殖又可消灭沙门氏菌等有害微生物。

　　目前，生产益生菌的厂家很多，要选购大型厂家生产的有批号的产品。这种产品有固体的，有液体的，以液体为好。

　　（7）黏结剂　为使颗粒饲料成型和保证一定的颗粒硬度以及增加饲料耐久性、稳定性，减少加工过程中的粉尘和活性微量组分在加工、储存过程中的损失而添加于饲料中的制剂。

　　可作为黏结剂的物质很多，凡无毒、无不良气味，具有较强黏结作用，来源广，成本低的天然物质和化学合成或半合成物质都可用作黏结剂。它们主要是些高分子有机物，如糖类、动植物蛋白类等天然高分子有机物和含羧甲基、羟基、羧基等基团的化学合成或半合成高分子物质。这些高分子化合物通过这些基团，依靠氢键及离子电性作用与饲料基料产生较强的结合力。此外，有些天然矿物粉也可作为黏结剂。各国、各地区一般根据具体情况和资源，选择不同的物质作为黏结剂。

　　（8）防结块剂　在饲料添加剂的生产和配合饲料的加工过程中，对一些易吸湿结块或黏滞性强、流动性差的原料，需添加少量流动性好的物质，以改善其流动性，防止结块。这些流动性好的物质被称为防结块剂。除防止结块外，饲料中添加防结块剂还可防止配料仓中结拱，有利于配料的准确性和饲料的混合均匀。

　　应用较普遍的防结块剂有二氧化硅及硅酸盐，如硅酸钙、硅酸铝钙、硅酸镁、硅酸铝钠、硅酸三钙等和一些天然矿物，如膨润土及其钠盐、球土、高岭土、硅藻土、某些黏土等，此外，常用的还有硬脂酸钙、硬脂酸钾、硬脂酸钠等。其中二氧化硅价低，最为常用。各种抗结块剂在配合饲料中一般不超过2%。

（9）吸附剂　蛭石、氢化黑云母、凹凸棒等一些多孔结构的天然矿物粉容重小，是很好的液体物质的吸附剂，多用于将液体添加剂生产为粉剂时。除作为吸附剂外，这些物质在饲料中还有一定的防结拱、除臭、吸附某些毒素和病菌、减少幼龄动物下痢等作用。吸附剂的添加量一般不超过成品饲料的2%。此外，玉米芯粉、稻壳粉、麸皮、大豆皮粉等粗纤维含量高、表面积大且有突脊的有机物质也是常用的液体吸附剂。吸附剂也是很好的粉状物质载体。吸附剂不宜粉碎过细以免破坏孔状结构，粒度一般为40～60目较好。

（10）着色剂　着色剂可以增加畜产品的外观品质，从而提高其商业价值。目前作为着色剂的为天然色素，常用的有叶黄素和胡萝卜素醇。通常蛋鸡饲料中的添加量为1227毫克/千克。

三、蛋鸡对饲料的要求

蛋鸡同其他家禽一样，其消化器官和消化代谢过程有独自的特点，因为蛋鸡的生长快速和饲料转化率高，因而对饲料也有特殊要求，主要有以下几点。

1. 鸡有特殊的消化特性

有特殊的排泄器官——泄殖腔，鸡没有牙齿，在颈食道和胸食道之间有一暂存食物的嗉囊，再下有腺胃和肌胃，肌胃内层是坚韧的筋膜。采食饲料主要依靠肌胃蠕动磨碎食物。因此在鸡饲料中要加入适当大小的石粒，以帮助消化食物。

2. 不适合喂大量的粗饲料

鸡的消化道很短，不能储存足够的食物，而且蛋鸡的生长速度特别快，需要的营养物质也高，肉用鸡胃肠道中没有分解、利用粗纤维的微生物，对粗纤维含量高的饲料不易消化，不但影响肉用鸡的生长速度，也影响饲养蛋鸡的经济效益。因此，在给蛋鸡配合日粮时，配合饲料中的粗纤维含量为：雏鸡2%～3%，育成期5%～6%，产蛋鸡 2.5%～3.5%，一般鸡控制在 5% 以下。另外，蛋鸡日粮中粗纤维的含量也不能过低，过低可能引起消化道生理机能障碍，使蛋鸡的抵抗力下降，导致某些疾病的发生。所以要控制蛋鸡日粮中粗纤维的含量。

3. 饲料需要添加氨基酸

鸡消化道短，食物通过消化道的时间短，有些氨基酸在鸡体内不能合成，大多依靠饲料供给，所以鸡所需的必需氨基酸种类多。在配制饲料时一定要满足鸡对各种必需氨基酸的需要。

4. 蛋鸡对饲料粒度大小的要求

研究指出，蛋鸡日粮中谷物粉碎的几何平均粒度为 0.7～0.9 毫米时具有最好的增重效果和饲喂转化率，粒度过大会出现不利影响。研究表明，与几何平均粒度 0.9 毫米的粒度相比，当粒度在 1.47～1.75 毫米时蛋鸡的体重及饲料转化率下降。按研究结果，蛋鸡前期和中后期的粉碎机筛孔孔径约为 1.6 毫米和 2.2 毫米。国内有关资料要求，小鸡的饲料粒度为 1 毫米以下，中鸡为 2 毫米以下。综合上述资料，建议蛋鸡饲料的粉碎粒度以 0.8～1.1 毫米为宜。

5. 蛋鸡对饲料营养有季节性要求

夏季来临，温度升高，对蛋鸡饲养的各种要求明显改变，当环境温度超过 25℃ 时，鸡的采食量就会相应下降，营养物质的摄取量也相应减少，导致蛋鸡产蛋性能下降，鸡蛋质量也较差，这就需要用含较高营养水平的日粮予以补偿，提高其饲料中的蛋白质水平，并保证氨基酸平衡，适当提高饲料营养水平，才可能满足蛋鸡对蛋白质的需要。

鸡属于恒温动物，每天食入的饲料营养，首先要满足维持体温恒温的需要，剩下部分再用于产蛋。但是，冬季气温较低，鸡舍寒冷，鸡食入的饲料主要用于产热，以维持体温的恒定。蛋鸡自身消耗能量增加，这是冬季蛋鸡停产或产蛋率低的主要原因。因此，为了使蛋鸡在冬季仍然能够产蛋，并保持一定的产蛋水平，冬季天冷增加营养，需要从饲料中采食补给。因此，在冬季应适当提高蛋鸡饲料中的能量水平，达到每千克 0.12 兆焦。另外，冬季在饲料中适当增加些维生素的用量，可提高蛋鸡产蛋量。

6. 蛋鸡的嗅觉和味觉没有哺乳动物发达

蛋鸡的嗅觉和味觉没有哺乳动物发达，但喙端内有丰富而敏感的物理感受器。因此，鸡对饲料的味道不太讲究，中药的苦味也不影响对饲料的采食量。

7. 雏鸡的消化能力差

雏鸡的消化器官发育不全，嗉囊和肌胃容积小，储存食物有限，要少喂勤喂，用优质饲料。

四、蛋鸡常用的配合饲料种类及适用对象

配合饲料是根据蛋鸡饲养标准，将能量饲料、蛋白质饲料、矿物质饲料、维生素饲料、饲料添加剂等按一定添加比例和规定的加工工艺配制成的均匀一致，满足蛋鸡的不同生长阶段和生产水平需要的饲料产品。

配合饲料按照营养成分和用途、饲料物理性状、饲喂对象等分成很多的种类。

1. 按营养成分和用途分类

（1）预混料　又称添加剂预混料，是指以两种（类）或者两种（类）以上营养性饲料添加剂为主，与载体或者稀释剂按照一定比例经充分混合配制而成的饲料。不经稀释不得直接饲喂。包括复合预混合饲料、微量元素预混合饲料、维生素预混合饲料，是全价配合饲料的一种重要组分。预混料即可供蛋鸡生产者用来配制蛋鸡的饲粮，又可供饲料厂生产浓缩料和全价配合饲料。用预混料配合后的全价饲料受能量饲料和蛋白质饲料原料成分、粉碎加工的颗粒度和搅拌的均匀度等影响较大，但成本较低，根据在配合中所用的比例可分为 0.5%、1%、5% 预混合饲料。适合本地玉米来源好，但缺乏饼粕的或者自配制饲料有困难的养鸡场使用。

预混料＝氨基酸＋维生素＋矿物质＋药物＋其他

（2）浓缩饲料　又称蛋白质补充料或基础混合料，是由添加剂预混料、常量矿物质饲料和蛋白质饲料按一定的比例混合配制而成的饲料。蛋鸡场（户）用浓缩料加入一定比例的能量饲料（如玉米或小

麦）即可配制成直接喂蛋鸡的全价配合饲料。一般在配合饲料中添加量为 20%～40%。配合成全价饲料的成本较低，特别适合在有广泛谷物饲料来源的地区使用。

浓缩饲料＝预混料＋蛋白质饲料

（3）全价配合饲料 是指根据养殖蛋鸡营养需要，将多种饲料原料和饲料添加剂按照一定比例配制的饲料。浓缩饲料加上一定比例的能量饲料，即可配制成全价配合饲料。它含有蛋鸡需要的各种养分，不需要添加任何饲料或添加剂，可直接用来喂蛋鸡。适用于规模化养殖场（户），质量有保证，但成本相对较高。

全价配合饲料＝浓缩饲料＋能量饲料
＝预混料＋蛋白质饲料＋能量饲料

2. 按饲料物理性状分类

按成品的物理性状区分：一是粉状饲料，根据配合要求，将各种饲料按比例混合后粉碎，或各自粉碎后再混合；二是颗粒饲料，粉状饲料经颗粒机加工成一定大小的颗粒，有利于喂料机械化。

3. 按饲喂对象分类

商品蛋鸡通常将蛋鸡划分为雏鸡、育成鸡和产蛋鸡 3 个阶段。生长蛋鸡阶段饲养标准划分为 0～8 周龄、9～18 周龄、19 周龄～开产。产蛋阶段的产蛋期饲料分两个阶段。通常以 45 周龄为分界线，之前为产蛋前期、之后为产蛋后期。前期饲料的营养浓度比较高、后期略低。

这些阶段饲养标准都不同，有不同的营养需要，具体实施时还要考虑鸡只体重情况、饲养品种、气候条件等作出相应调整。

五、根据蛋鸡的不同生长阶段选择合适的饲料

蛋鸡的营养需要科学地规定了在不同体重、不同生理状态和不同生产水平条件下，每只每天应给予的能量和各种营养物质的大致数量；通常把蛋鸡的整个生产过程分为 0～8 周龄、9～18 周龄、19 周龄至开产、开产至高峰（＞85%）和高峰后（＜85%）几个阶段，针对每个阶段蛋鸡的营养需要特点，需要不同的配方。

0～8 周龄属于雏鸡阶段。一方面，雏鸡消化系统发育不健全，

消化道内缺乏某些消化酶,致使化学消化能力弱,肌胃研磨饲料能力低,物理消化能力也差;同时胃的容积小,进食量有限。为此在饲料上要注意饲喂含纤维少、易消化的饲料,否则产生的热量不能维持生理需要。另一方面,雏鸡新陈代谢旺盛,生长发育快,因而对饲料的要求高,以满足雏鸡快速生长的营养需要。要求粗蛋白 19%、代谢能 11.9%。

9~18 周龄属于育成鸡阶段,此阶段育成鸡性腺开始活动,喂蛋白质水平过高的饲料会加快鸡的性腺发育,使鸡早熟,从而使鸡的骨骼不能充分发育,致使鸡的骨骼细,体型较小,开产时间虽有所提前,但蛋重偏小,产蛋持续性差,因而总产蛋量也少。喂蛋白质水平低的饲料,可抑制性腺发育,并保证骨骼充分发育。蛋白质水平应控制在 14%~16%。代谢能含量不宜太高,否则容易引起鸡只过肥;维生素和矿物质水平适当增加;粗纤维含量控制在 5% 左右。可以加大糠麸类饲料供应量。日粮含钙不宜过多,育成期就喂高钙饲料会降低母鸡体内保留钙的能力,到产蛋时就不能较好地利用钙质,影响产蛋性能。钙磷比例应为(2~2.5):1,其他微量元素也应满足。

19 周龄至开产,育成鸡从 18 周龄左右进入产蛋鸡舍后体重迅速增加,生殖系统也迅速发育,体积重量加大。卵巢上的卵泡大量快速生长,输卵管也迅速变粗变长、重量增加,以迎接产蛋期的到来。此时,应该增加日粮蛋白质水平,从而使鸡的体重和生殖系统充分发育。日粮代谢能含量不宜太高,否则易引起鸡只过肥;维生素和矿物质水平适当增加;粗纤维含量控制在 5% 左右。鸡开产前需要增加日粮钙的水平,以保障钙的储备。

一般将母鸡的整个产蛋周期分为产蛋初期、高峰期和产蛋后期,不同时期供给不同营养水平的日粮。产蛋初期,在开产前 1 个月鸡日采食量变化很小,从开产前 4 天起,日采食量减少 20%,且保持低采食量至开产;在开产的最初 4 天内,采食量迅速增加;此后采食量以中等速度增加,直到产蛋第 4 周后,采食量增加缓慢。从开产前 2~3 周至开产后 1 周,母鸡体重也有所增加,增加 340~450 克,其后体重增加特别缓慢。产蛋期前 8~10 周的日粮粗粉料含谷物量要高;添加 2.0%~2.5% 的脂肪,至少含有 2.0% 的亚油酸;日粮的代谢能不低于 11.6 兆焦/千克；粗蛋白质含量不高于 18%，应含有足够数量的蛋氨酸/胱氨酸、赖氨酸、苏氨酸和色氨酸；最多含有 3.5% 的钙，而且为颗粒钙。

产蛋高峰期，从 26～28 周龄进入产蛋高峰期直到 40 周龄，产蛋率达到 90% 左右，蛋重也从开产时 40 克提高到 56 克以上。母鸡体重增加也较快，一般体重从 1350 克增至约 1800 克。产蛋高峰期，应使用高营养水平日粮，对维持较长的产蛋高峰期至关重要，应特别注意提高蛋白质、氨基酸（特别是蛋氨酸）、矿物质和维生素水平，并且应保持营养物质的平衡。

产蛋后期，产蛋高峰过后，进入产蛋后期，一般是从 41～60 周龄。产蛋高峰过后，蛋鸡已经成熟，鸡体用于自身生长的营养需要将消失，产蛋率下降，而蛋重则有所增加。此阶段的营养目的是使产蛋率缓慢和平稳地下降。此期一般采用限制饲养。限食程度取决于产蛋鸡的体重、环境温度、产蛋率和日粮营养水平等因素，一般以采食量限制为正常的 90%～95% 较好。

从以上的各阶段营养特点来看，由于每个生理阶段营养需要不同，每个阶段饲料区别也很大，有雏鸡料、育成鸡料、产蛋前期料、产蛋高峰料、产蛋后期料等，不能互相代替，比如有的为了鸡群在淘汰之前多产蛋，在整个产蛋期只供给一种产蛋高峰饲料，是错误的做法，既不经济也不合理。

六、养鸡场配制饲料需要注意的问题

1. 注意饲料配方

要配制饲料，就要知道饲养标准，因为饲养标准中规定了蛋鸡在一定条件（生长阶段、生理状况、生产水平等）下对各种营养物质的需要量。蛋鸡的饲养标准很多，不但有各国的饲养标准，一些育种公司也提出了某些品种的饲养标准。在进行配方设计时，不能生搬硬套，要根据蛋鸡的品种、饲养条件、对产品的质量要求等因素灵活掌握，并根据饲养的效果进行必要的调整。

配制饲料还要考虑原料的成分和营养价值，可参照最新的"中国饲料成分及营养价值表"，而原料成分并非固定不变，要充分考虑原料成分可因收获年度、季节、成熟期、加工、产地、品种、储藏等不

同而不同。原则上要采集每批原料的主要营养成分数据，掌握常用饲料的成分及营养价值的准确数据，还要知道当地可利用的饲料及饲料副产物，饲料的利用率。

2. 注意原料采购的质量

要选用新鲜原料，严禁用发霉变质的饲料原料；要注意鉴别饲料原料的真假，禁用掺杂使假、品质不稳定的原料；慎用含有毒素和有害物质的原料，如棉饼含有棉酚，要严格控制用量，用量不要超过日粮的 5%；生豆粕含抗胰蛋白合成酶，必须进行蒸熟处理，否则不仅影响其营养，对鸡还可能致病致死。

每批原料、每个地区所产原料的成分和营养价值存都不同，必须具备完善的检验手段。采购时每进一种原料都要经过肉眼和化验室的严格化验，每个指标均合格才能进厂使用。很多蛋鸡场都有这样的经历：用同一预混料，蛋鸡养得时好时坏，多数人都怀疑预混料不稳定，其实原因很大程度是出在所选的原料上。

这里特别说一下原料造假的问题，造假者不断寻找和在钻标准或检测方法的空子，造假的技术水平不断更新，有的原料供应商在销售的时候甚至能够针对采购方的检验方法提供经过造假的原料，以保证通过检验。如采购方用测真蛋白的方法防范鱼粉掺假，掺假者便开始加脲醛缩合物使测真蛋白失效。用雷氏盐测定氯化胆碱含量时，掺假者便加三甲胺和乌洛托品；假甜菜碱更是把各种手段都用上；在肌醇中加入甘露醇、葡萄糖；硫酸锌中加硫酸亚铁和氧化剂。而一般的养殖户大部分都是凭感观或批发商提供的指标去进货，并无准确的化验数据和检验手段。只有检测手段完善的大型饲料厂可以应对这些假货，小的饲料厂或普通养殖场很难保证买到的不是假货。

选择原料要注意因地、因时制宜，充分利用当地来源有保障、价格便宜、营养价值高的饲料，尽量节省运杂费，降低饲料成本。

3. 注意原料价格

饲料厂采购大宗原料如玉米、豆粕等都是几百、几千吨的量，而一般自配料户的采购量都是几吨、十几吨地进货，价格方面应该会比饲料厂要贵。蛋鸡场如果自己配制饲料，可以通过养蛋鸡协会或养蛋鸡合作社等组织集体采购，也可以采取给大型饲料厂适当的费用的方法从饲料厂购买部分原料。

4. 注意饲料加工工艺

　　饲料加工方法和加工过程（或工艺过程）是决定饲料质量和饲料加工成本的主要因素。选定加工方法以后，工艺过程则是饲料营养价值和成本的决定因素。

　　现代配合饲料或饲料加工工业除了考虑尽量选用能耗低、效率高的设备以外，为保证饲料的适宜营养质量，工艺过程也是要重点考虑的对象之一。必须随时吸收动物营养、饲养研究成果，不断改进不同饲料用于不同动物的适宜加工工艺。大至加工工艺各个环节，小至具体饲料加工程度，不同动物的不同要求都必须认真考虑。例如玉米、豆粕等许多原料要粉碎，其粒度一般在 1.5～2 毫米为宜。

　　加工工艺过程中，提高微量养分在全价饲料中的混合均匀度也是一个至关重要的问题。考虑混合时间：立式机 15～20 分钟，卧式机 7～10 分钟。另外，必须考虑要混合的饲料特性，实行逐级预混原则，凡是在成品中的用量少于 1% 的原料，均首先进行预混合处理。如预混料中的硒，就必须先预混。否则混合不均匀就可能会造成动物生产性能不良，整齐度差，饲料转化率低，甚至造成动物死亡。还要掌握饲料进入混合机的顺序。例如，微量元素添加剂量少、密度大，不宜最先加进混合机内。

5. 注意不宜盲目添加多维素及药物

　　有的养鸡场（户）在使用浓缩料的同时，在料中任意添加各种多维素，有的为了预防禽病，在料中任意添加各种药品。其实，浓缩料中的多维素已经满足了蛋鸡的生长需求，任意添加多维素，反而容易造成多维素的失衡。因为浓缩料中含有广谱、高效的药物，所以在使用浓缩料的过程中，不要任意添加药物，防止药物中毒。

6. 注意多种浓缩料不宜同时使用

　　当鸡使用浓缩料时，不要将不同品牌或不同鸡生长期的浓缩料同时拌料。否则，会造成浓缩料的各种指标达不到蛋鸡的需求，浓缩料里的成分也不一样，特别是药物添加不一样，后果非常严重。

7. 注意浓缩料混合后存放时间不宜过长

有的养鸡户将浓缩料混合后,供蛋鸡采食长达 10 天左右。由于浓缩料含有许多维生素,时间过长特别是在阳光下容易分解变质,容易造成鸡群发生维生素缺乏症。因此,一次混合饲料的量,供鸡采食不宜超过 7 天,天热不宜超过 3 天。

七、采购配合饲料应注意的问题

绝大多数的蛋鸡养殖场(户)都不自己配制饲料,而是在饲料厂购买。生产饲料的厂家很多,如何从众多的饲料厂家选择自己所需的质优价廉的产品,可以从 3 个方面考察。

1. 到饲料生产企业现场考察

(1)一看工厂的规模 看其是否有雄厚的经济实力,良好的企业管理、生产设施和生产环境。企业部门的设置,企业的各个职能部门是否设置齐全,这是企业是否正规的一个指标,尤其是质检、采购、配方师等。一个完整的队伍是完成任务的保证。小饲料厂往往没有这些部门,所有的工作都由老板自己承担,既要管原料的采购,又要管配方,还要管生产加工和销售,一个人的精力毕竟有限,顾此失彼,不可能全部照顾得到。还有的饲料厂临时外请技术人员负责配方或购买别人的现成配方,不能够根据客户反馈适时调整配方。原料改变了,但为了节省购买配方的钱也不能够及时调整配方,这些情况下,饲料的质量很难保证。

(2)二看生产原料 原料的好坏直接影响饲料成品的好坏,看生产原料要到仓库实际查看,不能听信厂家的介绍,因为原料的价格、含量、成分、产地等等差别很大,厂家往往都会说他们使用的是进口蒸汽鱼粉,维生素是包被的、豆粕是高蛋白的等等,只有到仓库一看便知,即使对原料不是十分懂,但也可以从实物上看,是否有产品质量检验合格证和产品质量标准;是否有产品批准文号、生产许可证号、产品执行标准以及标签认可号;标签应以中文或适用符号标明产品名称、原料组成、产品成分分析、净重、生产日期、保质期、厂名、厂址、产品标准代号、使用方法和注意事项;进口饲料添加剂应有国务院农业行政主管部门登记的进口登记许可证号,有效期为 5

年，产品必须用中文标明原产国名和地区名。不明白可以抄录或拍照回去查资料了解。而没有合格证和质量标准的，没有标签或标签不完整的，没有中文标识的，应为不合格产品。

（3）三看原料和成品的保管　主要看仓储设施。主要原料如玉米是否有大型的仓库或者储料塔。看其他原料的质量主要看储存的条件和生产厂家。原料储存和供应是否充足，质量是否可靠。大型饲料企业每天的生产量都在几百吨甚至上千吨以上，如果原料供应不上，原料现进现加工，很难保证饲料的稳定供应，不能因为原料供应不及时而时断时续，储存条件要好，没有露天风吹日晒、虫害、鼠害、鸟害等，原料要保证卫生和不发霉变质。

（4）四看生产设备　好的生产设备是生产合格产品的保证。而简陋的设备不可能生产出质量稳定的产品，时好时坏，加工不好的饲料会导致粒度变化、成分混合不充分、蛋鸡挑食、饲料利用率降低、生产性能下降，极端情况下，会引起严重的健康问题。

2. 到饲料用户咨询

到附近的养蛋鸡场走访了解，走访的养蛋鸡场既要多去养殖比较好的蛋鸡场，也要去养的不好的蛋鸡场了解，看人家长期使用什么牌子的饲料，多走访几家，从市场反馈情况来看哪个厂家的饲料质量稳定，上市时间长，饲料销售的地区覆盖面大。一般生产饲料的时间早，在市场上反应好的饲料是较好的饲料。有的饲料厂在创立初期或新品种刚上市时，用好的原料生产，以占领市场，一旦用户反馈好，销量上来以后，就偷工减料，用一些质量差、廉价的原料替代质优价格贵的原料，因为用户不可能马上使用就出现问题，这样一段时间后，等用户又反馈说饲料有问题时，他们一面派技术人员去找蛋鸡场在管理方面的毛病，让蛋鸡场相信是自己饲养管理方面的问题，而不是饲料的质量问题（因为没有几个蛋鸡场能做到完全的科学管理，都或多或少地在饲养管理上存在问题），一面又改用好的原料生产，这样时好时坏的生产。养鸡场要坚决不与这样的奸商合作。

还要了解是否有高素质的专家作技术保障，是否有技术信誉；售后是否周到、及时、完善，技术服务能力能否为用户解决生产中遇到的疑难，如根据每个蛋鸡场的具体情况，设计可行的饲料配方；指导养殖场防疫、饲养管理；诊断蛋鸡的疾病，介绍市场与原料信息等。小的饲料厂家往往舍不得花钱聘请专业的售后技术服务人员，蛋鸡场出现饲料质量或蛋鸡发生疾病问题能应付就应付，实在应付不了就临时到外面请一位技术员去看一下，根本没有长期打算，只要能卖出饲料什么都不管。

3. 通过实际饲喂检验

百闻不如一见，实践是检验真理的唯一标准。通过小规模的对比试喂一段时间，看适口性、增重、粪便、发病率高低等，也可以检验一个饲料的好坏，为决策作参考。比如评价蛋鸡料一般看使用后蛋鸡采食量、生长速度是否持续增加，是否发生腹泻。

第六章
实行精细化饲养管理

以鸡为本就是按照鸡的生物学特性、生理特点及动物福利要求，为鸡创造适合其维持、生长及繁育的最佳条件，满足鸡的营养需要，保证鸡体健康和尽最大可能地发挥蛋鸡的生产潜能，从而让所饲养的蛋鸡创造财富。

精细化管理就是注重饲养管理的每一个细节，将管理责任具体化、明确化，并落实管理责任，使每一位养殖参与者都有明确的职责和工作目标，尽职尽责地把工作做到位，生产中发现问题及时纠正，及时处理，每天都要对当天的情况进行检查，做到日清日结等。

一、规模化养鸡场必须实行精细化管理

规模化养鸡场，在鸡场的日常管理的过程中，一定要针对本场蛋鸡的品种、健康状况、饲养条件，以及饲养管理人员的技术水平和能力等实际情况，制订和完善生产管理制度，调动养殖参与者的生产积极性，做到从场长到饲养员达到最佳的执行力，形成自己的管理特色。为了做到精细化管理，要从以下几个方面入手。

（一）制订科学合理的生产管理制度

科学合理的生产管理制度是实现精细化管理的保障，规模化养鸡场要想做大做强，必须有与之相适应的、完善的生产管理制度。鸡场的日常管理工作要制度化，做到让制度管人，而不是人管人。将鸡场的生产环节和人员分工细化，通过制度明确每名员工干什么、怎么干、干到什么程度。这些生产管理制度包括工作计划安排、人员管理

制度、物资管理制度、饲养管理技术操作规程、鸡病防治操作规程等。

工作计划安排包括全场（年、月、周、日）工作计划安排、各类人员（月、周、日）工作计划安排、物资供应计划等；人员管理制度包括员工守则及奖罚条例、员工休请假考勤制度、场长岗位职责、技术员岗位职责、人工授精员岗位职责、防疫员岗位职责、兽医岗位职责、饲养员（育雏、育成、产蛋）岗位职责、会计出纳电脑员岗位职责、水电维修工岗位职责、机动车司机岗位职责、保安员门卫岗位职责、仓库管理员岗位职责等；物资管理制度包括饲料（采购、保管、加工、出入库等）制度、兽药疫苗（采购、保管）制度、工具领用制度等；饲养管理技术操作规程包括育雏舍操作规程、育成舍操作规程、产蛋舍操作规程、人工授精操作规程等；鸡病防治操作规程包括兽医临床技术操作规程、卫生防疫制度、免疫程序、驱虫程序、消毒制度、预防用药及保健程序等。

【例1】某鸡场兽医及防疫员岗位职责。

（1）拟定全场的防疫、消毒、检疫、驱虫工作计划，并参与组织实施，定期向领导汇报。

（2）配合饲养管理人员加强鸡群的饲养、生产性能及生理健康监测。

（3）创造条件开展主要传染病的免疫监测工作。

（4）定期检查饮水卫生及本场饲料储运是否符合卫生防疫要求。

（5）定期检查鸡舍、用具、污水处理和养鸡场环境卫生及消毒情况。

（6）负责防疫、病鸡诊治、淘汰、病鸡剖检及其无害化处理。

（7）推广兽医科研新成果和新经验，尽可能结合生产进行必要的科学研究工作。

（8）建立在用药品、疫苗的临时性保管、免疫注射、消毒、检疫、抗体监测、疾病治疗、淘汰、剖检等各种业务档案。

【例2】某鸡场0～6周龄蛋鸡饲养管理日常操作规程。

1. 进雏前14天准备工作

（1）舍内设备尽量在舍内清洗。

（2）清理雏鸡舍内蜘蛛网、灰尘、墙壁和地面的粪便、羽毛等杂物。

（3）用高压枪冲洗鸡舍、笼具、储料设备等。冲洗原则为由上到下，由内到外。

（4）清理育雏舍周围的杂物、杂草等；并对进风口、鸡舍周围地面用2%火碱溶液喷洒消毒。

（5）鸡舍冲洗、晾干后，修复、组装笼具等养鸡设备。

（6）检查供温、供电、饮水系统是否正常。

（7）初步清洗整理结束后，对鸡舍、笼具、储料设备等消毒一遍。消毒剂可选用季铵盐、碘制剂、氯制剂等，为达到更彻底的消毒效果，可对笼具、地面进行火焰喷射消毒。

（8）注意事项

① 如果上一批雏鸡发生过某种传染病，需间隔30天以上方可进雏，且在消毒时需要加大消毒剂剂量。

② 计算好育雏舍所能承受的饲养能力（饲养密度：3周龄内笼养每平方米不可超过50只；平养不能超过30只；网养不能超过30只）。

③ 注意灭鼠、防鸟。

2. 进雏前7天准备工作

（1）将消毒彻底的饮水器、料盘、接粪板、灯伞、喂料车、塑料垫网等放入鸡舍。

（2）将门窗关闭，用塑料布或报纸等密封进风口和排风口等，然后用甲醛熏蒸消毒。

（3）进雏前3天打开鸡舍，移出熏蒸器具，然后用次氯酸钠溶液消毒一遍；鸡舍周围铺撒生石灰并洒水，起到环境消毒的作用。

（4）调试灯光，可采用60瓦白炽灯或13瓦节能灯，高度距离上层鸡头部50～60厘米。

（5）准备好雏鸡专用料、疫苗、药物（支原净、恩诺沙星等）、葡萄糖粉、电解多维等。

（6）检查供水、照明、喂料设备，确保设备运转正常。

（7）禁止闲杂人员及没有消毒过的器具进入鸡舍，等待雏鸡到来。

（8）注意事项

① 采购的疫苗要严格按照疫苗瓶上的说明保存。

② 用甲醛和漂白粉混合熏蒸消毒时，每立方米用甲醛 42 毫升、漂白粉 21 克。

3. 进雏前 1 天准备工作

（1）进雏前 1 天，饲养人员再次检查育雏所用物品是否齐全，比如消毒器械、消毒药、营养药物及日常预防用药、生产记录本等。

（2）检查育雏舍温度、湿度能否达到基本要求。温度：春、夏、秋季提前 1 天预温，冬季提前 3 天预温，雏鸡所在的位置能够达到 35℃；湿度：鸡舍地面洒适量的水，保持一定的湿度（60％）。

（3）鸡舍门口设消毒池（盆），进入鸡舍要洗手、脚踏消毒池（盆）。

（4）注意事项：物品的检查要细致、全面、到位。

4. 1 日龄（进雏当天）的日常操作规程

（1）上笼　按预定的时间，雏鸡到达育雏舍后，依次将雏鸡按照每笼预定的鸡数尽快装入育雏笼内（标准：1 周龄内，平养 20～30 只/平方米；笼养 50～60 只/平方米）。为确保育雏温度，装鸡时根据进雏数量的多少，遵照"先装顶层，后装中层"的装鸡原则。

（2）饮水管理　运雏车到达前半个小时内准备好饮水（提前预温，防止应激拉稀）。饮水方法是饮水杯装 1/4 的饮用水或凉开水，水温与育雏室温度相同。注意观察饮水杯的水位，不可断水；每天换水次数不能少于 3 次。白天在饮水中添加 1‰的电解多维、3％葡萄糖、恩诺沙星（按照说明使用）；夜间可换成无药凉开水。

（3）饲喂管理　如果雏鸡经过长途运输，饮水的同时可开食。使用雏鸡专用料，确保采食面积，少喂、勤添。严禁使用肉鸡料。

（4）温、湿度管理　雏鸡到鸡舍时的温度为 32～33℃；装鸡后两小时内缓慢升至 35～37℃，维持 3 天。温度不能忽高忽低，尤其凌晨 2：00 至 5：00 温度不能低于 35℃。在确保温度的同时，注意鸡舍的湿度，地面洒水或喷雾消毒等提高鸡舍湿度，要确保湿度在 60％。

（5）光照管理　用 60 瓦白炽灯或 13 瓦节能灯，灯泡不可离鸡体太近，否则容易啄肛。

（6）通风管理　进雏当天以保温为主、通风为辅，可适当采取间断性通风，通风前舍温要提升1～2℃，然后再通风。

（7）卫生防疫

① 免疫：1～3日龄免疫，具体按照本场免疫程序执行。

② 消毒：进雏当天由于进行了弱毒苗免疫，不能带鸡消毒；夜间可在地面洒消毒液。

（8）注意事项

① 舍内光照应均匀，若底层笼内光照强度太小（光线太暗），可适当在底层增加一个灯泡补充光照，灯泡距离下层笼高出50厘米。

② 在上笼时要将弱雏、残疾雏鸡挑出淘汰。平时注意观察每一只鸡，及时将体质较弱的雏鸡挑出，单笼饲养。

③ 使用煤炉的养殖户防止煤气中毒。

④ 水中或料中加药时，剂量准确、搅拌均匀，以免药物中毒。

⑤ 滴鼻点眼免疫时一定要确保药液充分吸收后再将鸡放入笼内。

⑥ 疫苗稀释后必须在半小时内用完，否则易造成免疫失败。

⑦ 剩余的疫苗及空瓶等不能乱扔，应火烧处理，以防疫苗毒扩散。

⑧ 严禁外来人员来舍参观，防止交叉感染。

5. 2～3日龄的日常操作规程

（1）饲喂管理　使用雏鸡专用雏料，少添勤添，保持饲料新鲜。

（2）饮水管理　在早晨、中午的饮水中添加1‰电解多维、2%～3%葡萄糖、恩诺沙星（按照说明使用），晚上饮凉开水，水温与育雏室温相同，不可断水。每日饮水不少于3次。

（3）光照管理　24小时光照。因初生雏视力差，为促进雏鸡及早熟悉环境，尽快饮水和吃料，采用长光照，而且光照强度稍大，用60瓦白炽灯或9瓦节能灯，强度20～30勒克斯，注意灯不宜离雏鸡太近，以免啄肛啄羽发生。

（4）温湿度管理　确保35～37℃，温度不可忽高忽低；同时确保60%的湿度。

（5）通风管理　进雏3天内遵照"保温为主，通风为辅"的原则，采取间歇式通风换气，保持空气新鲜。

（6）卫生防疫

① 消毒：从育雏第3天起，开始带鸡消毒，每天早晚各1次，

每周更换消毒药。

② 卫生：过道要每天打扫，保持清洁。

（7）注意事项

① 注意观察鸡群，及时挑出弱雏，放置温度较高的区域，单独饲养，个别弱雏可注射抗生素（丁胺卡那颈部皮下注射）。

② 注意鸡舍的温度、湿度变化并及时调整。冬季通风换气最好安排在中午温度较高时进行。

③ 防止煤气和药物中毒。

6. 4～7日龄（1周龄）的日常操作规程

（1）饲喂管理　使用雏鸡专用料，每天喂料6次；坚持"少喂勤添"的原则，以防饲料发霉变质。

（2）饮水管理　白天在饮水中加1‰电解多维，晚上饮凉开水。乳头饮水管可在5日龄调试使用。通水前，必须清除管内残留变质的剩水，并彻底消毒后使用，以防鸡群拉稀。注意，由杯式饮水器转为乳头饮水时，必须过渡2～3天后再撤掉杯式饮水器，以便鸡群适应，否则鸡群死亡率升高；饮水管乳头的高度应与鸡头部持平。

（3）光照管理　光照时间从4日龄开始每天减少1小时，即4日龄23小时（23：00～24：00熄灯）、5日龄22小时（23：00～次日1：00熄灯）、6日龄21小时（23：00～次日2：00熄灯）、7日龄20小时（23：00～次日3：00熄灯）；光照强度为60瓦白炽灯或9瓦节能灯。

（4）温、湿度管理　第4天起，温度可下调1～2℃，即维持在34～36℃；相对湿度保持在60%。温度、湿度保持稳定，切不可忽高忽低。

（5）通风管理　以保温为主，通风为辅，注意舍内的通风换气，适当增大通风口面积，有风机条件的每天可排风3～5次，每次5～10分钟。

（6）卫生防疫

① 卫生：注意鸡舍卫生，从第4天开始每天清粪1次。

② 免疫：按照本场免疫程序执行。

（7）注意事项

① 为了防止通风时温度下降，可将舍温提高1～2℃后再通风换气。

② 弱毒苗免疫当天不能带鸡消毒，但夜间可用次氯酸钠消毒液对地面进行消毒。

③ 每天观察鸡群，及时挑出弱雏放舍温较高处单独饲养。

④ 若鸡群出现"死亡率高、死亡快、死鸡嘴发紫"现象，可怀疑"煤气中毒"，采取"打开窗户，加大排风"等措施。

⑤ 防止药物中毒。

(8) 日常管理 第 7 天，雏鸡空腹称重，称重数量按照饲养量的 5％ 计算，但最少不低于 100 只鸡；选择不同的点随机抽样称重，算出平均体重与标准体重对照（体重标准参见本品种饲养管理手册）。

7. 8~14 日龄（2 周龄）的日常操作规程

(1) 饲喂管理 饲喂雏鸡专用料。

(2) 饮水管理 增加饮水量，不能断水。

(3) 光照管理 光照时间每天减少 1 小时，即 8 日龄 19 小时（23：00～次日 4：00 熄灯）、9 日龄 18 小时（23：00～次日 5：00 熄灯）、10 日龄 17 小时（22：30～次日 5：30 熄灯）、11 日龄 16 小时（22：00～次日 6：00 熄灯）、12 日龄 15 小时（21：30～次日 6：30 熄灯）、13 日龄 14 小时（21：00～次日 7：00 熄灯）、14 日龄 13 小时（20：30～次日 7：30 熄灯）；光照强度更换 45 瓦白炽灯或 7 瓦节能灯。

(4) 温、湿度管理 8~10 日龄温度 33~35℃，相对湿度为 60％；11~14 日龄温度 32~34℃，相对湿度 55％。温、湿度不可忽高忽低。

(5) 通风管理 根据鸡群变化可适当加大通风量，增加进风口面积，保持舍内空气新鲜。

(6) 卫生防疫

① 免疫 从第 9 日龄每天检测法氏囊抗体，当抗体阳性率降至 80％时，第 2 天进行免疫。按照本场免疫程序执行。

② 消毒 每天带鸡消毒 1 次，弱毒苗免疫当天不能消毒。

③ 卫生 每天清粪 1 次、打扫卫生 1 次，保持舍内干净整洁。

④ 隔离 闲杂人员严禁入鸡舍。

(7) 断喙 8~10 日龄可断喙，上断 1/2，下断 1/3，俗称"地包天"。断喙要求：断喙器温度要适宜，动作准确迅速，防止流血。

断喙前后饮水中添加维生素 K 与抗生素，防止细菌继发感染。

（8）日常管理

① 称重：第 14 天称重，与标准体重对照，标准均匀度（整齐度）为 75％以上。

② 调群：观察鸡群，挑出弱雏和体重不达标的雏鸡，单笼饲养。

③ 分群：10 日龄分群，分群时可根据体重大小分层，大雏分下层，小雏留在上层（标准：2～3 周龄每平方米 30～40 只）。

④ 每周擦 1 次灯泡，否则影响光照强度。

（9）注意事项

① 易发疾病：密切关注慢性呼吸道病、大肠杆菌病、传染性支气管炎、球虫病的发生。

② 断喙注意事项：断喙要选择经验丰富的人来操作；断喙后饲料要加厚，鸡群容易采食；加强管理，防止继发疾病；生长发育不良、体弱病鸡不能断喙。

8. 15～21 日龄（3 周龄）的日常操作规程

（1）饲喂管理 从 15 日龄开始使用雏鸡专用料，一直使用至 42 日龄。

（2）饮水管理 使用自来水或深井水，注意水源卫生（符合饮用水标准）。

（3）光照管理 光照时间每天减少半小时，即 15 日龄 12.5 小时（20∶00～次日 7∶30 熄灯）；16 日龄 12 小时（19∶30～次日 7∶30 熄灯）、17 日龄 11.5 小时（19∶00～次日 7∶30 熄灯）、18 日龄 11 小时（18∶30～次日 7∶30 熄灯）、19 日龄 10.5 小时（18∶00～次日 7∶30 熄灯）、20 日龄 10 小时（17∶30～次日 7∶30 熄灯）、21 日龄 9.5 小时（17∶00～次日 7∶30 熄灯）；光照强度减半（5～10 勒克斯），灯泡数量减半。

（4）温、湿度管理 15～18 日龄温度 31～33℃，相对湿度 50％～55％；19～21 日龄温度 30～32℃，相对湿度 50％～55％。温、湿度不可忽高忽低，保持稳定。

（5）通风管理 适当增加通风量，保持舍内空气新鲜。

（6）卫生防疫 此阶段雏鸡脱绒毛，需增加清扫次数。每天带鸡消毒 1 次，活苗免疫当天不消毒。按照本场免疫程序执行进行免疫接种。

（7）日常管理

① 称体重：3 周龄末选择 5％雏鸡，空腹称重，计算均匀度。均匀度要求达到 80％以上，体重标准参见本品种饲养管理手册。

② 分群：21 日龄分群，大雏分下层，小雏留在上层（标准：4 周龄每平方米 20～30 只）。

③ 调整鸡群：选出体质较差、体重不达标的鸡单独饲养。低于标准体重的要增加饲养空间，增加给料量。

（8）注意事项

① 15～21 日龄应密切关注传染性支气管炎、传染性法氏囊、慢性呼吸道病、大肠杆菌病、鼻炎、球虫病等的发生。

② 此阶段温度变化、饲料更换等应激因素较多，易发生条件性疾病，推荐在饮水或饲料中投肾脏保健药。

9. 22～28日龄（4周龄）的日常操作规程

（1）饲喂管理　使用雏鸡专用料。

（2）饮水管理　保持饮水卫生，注意调整饮水管高度，使水管乳头与鸡头部持平。

（3）光照管理　22 日龄光照调至 9 小时后恒定不变至 17 周龄，然后开始每周递加半小时，从此只能加不能减，至每天光照时间达到 16 小时后保持稳定。

光照日出日落时间差距，随各地季节变化而变化，根据鸡体发育情况，可自行合理调定。

（4）温、湿度管理　温度以 28～30℃ 为宜；相对湿度 50％～55％。温、湿度不可忽高忽低，保持稳定。

（5）通风管理　从 4 周龄开始，加强通风，注意保温，保持舍内良好的通风换气。

（6）卫生防疫

① 免疫：按照本场免疫程序执行。

② 卫生：每天清粪 1 次，保持舍内卫生干净整洁。

③ 消毒：每天带鸡消毒 1 次（同上）。

（7）日常管理

① 称重：28 日龄空腹随机抽样称重，计算平均体重和均匀度，

均匀度 80% 以上，体重标准参照该品种饲养手册。

②调整鸡群：挑出体重差、发育不好的鸡实行单笼饲养，增加营养。

（8）注意事项

①此阶段鸡群母源抗体基本消失，免疫抗体尚未产生，鸡群抵抗力差，容易发生新城疫、传染性支气管炎、传染性法氏囊炎等疾病，所以需要加强防疫，必须做好封锁、隔离、卫生、消毒等工作。

②鸡痘免疫部位在翅膀根部无毛、无血管的三角区内。

10. 29～35 日龄（5 周龄）的日常操作规程

（1）饲喂管理　使用雏鸡专用料。

（2）饮水管理　保持饮水卫生，注意调整饮水管高度，使水管乳头与鸡头部持平。

（3）光照管理　光照时间及灯泡数量与瓦数与上周相同。

（4）温度管理　温度恒定在 26～28℃。

（5）通风管理　加大通风量，注意鸡舍空气清新，无异味。

（6）卫生防疫

①检测：35 日龄检测法氏囊抗体，检查抗体上升情况。

②卫生：舍内每天清粪 1 次，清扫 1 次，保持干净。

③消毒：每天带鸡消毒 1 次；第 35 日龄可对饮水管用高锰酸钾溶液（0.2‰）消毒 1 次。

（7）日常管理

①称重：35 日龄空腹随机抽样称重，计算平均体重和均匀度。体重标准参照该品种饲养管理手册，均匀度要求达到 80% 以上。

②调整鸡群：挑出体重差，发育不好的鸡单笼饲养，增加营养。

（8）注意事项

①此阶段应处理好通风与保温的矛盾，尤其在秋冬季节，温度不可忽高忽低，否则雏鸡容易发生呼吸道疾病并感染其他疾病。

②5 周龄体重对鸡的生产性能至关重要，要密切关注体重的变化，并及时采取"降低饲养密度、增加饲喂次数和饲料浓度"等措施，使体重达标。

③易发病：鸡群免疫后抗体值尚未达到保护水平，因此易发生病毒性疾病，如新城疫、传染性支气管炎、传染性法氏囊炎等疾病。

④ 注意鸡群体型发育，体型＝体重＋骨架。

11. 36～42日龄（6周龄）的日常操作规程

（1）饲喂管理　使用雏鸡专用料到42日龄结束。

（2）饮水管理　调整好饮水器装置和水管高度，保证雏鸡能够采到足够的饮水。

（3）光照管理　光照时间及灯泡数量和瓦数与上周相同。

（4）温、湿度管理　温度可控制在25～27℃（主要在秋冬季节）；相对湿度50%～55%。注意温度不可忽高忽低。

（5）通风管理　加大通风量，注意鸡舍空气清新，无异味。

（6）卫生防疫

① 免疫：按照本场免疫程序执行。

② 检测：42日龄检测法氏囊抗体，阳性率应该达到100%；同时检测禽流感抗体，观察抗体上升情况。

③ 卫生：舍内每天清粪1次，清扫1次，保持干净。

④ 消毒：每天带鸡消毒1次。

（7）日常管理

① 称重：42日龄空腹随机抽样称重，计算平均体重和均匀度，并与标准体重和均匀度对照。均匀度要求达到80%以上，体重标准参见本品种饲养管理手册。

② 调整鸡群：将体重不达标的鸡挑出后单笼饲养，单独补加营养。

（8）注意事项

① 此阶段法氏囊基本有保护，但新城疫、传支抗体水平尚未上升到最好水平，保护能力不够。所以，一定要确保温度和舍内空气的清新、畅通。

② 此阶段称重比例要适当增加，便于更准确掌握体重状况，为换料提供依据。

（二）制订生产指标，实行绩效管理

世界著名管理大师德鲁克教授认为，并不是有了工作就有了目标，而是有了目标才能确定每个人的工作。"目标管理到部门，绩效管理到个人，过程控制保结果"，这句话清晰地勾勒出了企业目标落实到工作岗位的过程。目标管理体系是企业最根本的管理体系，绩效管理体系包含在目标管理体系之中，目标管理最终通过绩效管理落实到岗位。

规模化鸡场的目标管理主要是育雏成活率、育成率、均匀度、入舍母鸡产蛋率、总产蛋重、入舍母鸡产蛋数、入舍母鸡产蛋重、饲养日产蛋重、产蛋期死淘率、产蛋期存活率、全年平均母鸡饲养日产蛋量、饲料报酬等指标的管理。而规模鸡场绩效管理就是通过对各个岗位养殖人员完成目标管理规定的各项指标情况进行考核，并将考核结果与本人的收入直接挂钩，奖优罚懒。

生产指标绩效工资方案就是在基本工资的基础上增加一个浮动工资即生产指标绩效工资。生产指标也不要过多过细，以免造成结算困难，而且也突出不了重点，比如某鸡场育雏舍饲养员生产指标绩效工资方案中指标只有雏鸡成活率和饲料报酬两个指标。

（三） 实行数字化管理

精细化管理要求鸡场实行数字化管理。首先是记明白账，要求鸡场将养鸡生产过程中的各项数据及时、准确、完整地记录归档。然后对这些记录进行汇总、统计和分析，提供即时的鸡场运行动态。更好地监督鸡场的生产运行状况，及时发现生产上存在的问题，做好生产计划和工作安排。

要求各舍及时做好各种生产记录，并准确、如实地填写报表，交到上一级主管，经主管查对核实后，及时送到场办并及时输入计算机。鸡场报表有如下生产报表：养殖生产记录表、育雏生产记录表、防疫检测记录表、免疫记录表、疫病预防和治疗记录表、消毒记录表、饲料及饲料添加剂购入记录表、饲料及饲料添加剂出库记录表等，还有饲料进销存报表、饲料需求计划报表、药物需求计划报表、生产工具等物资需求计划报表，这些报表可根据鸡场的规模大小实行日报、周报或月报的形式。

其次是利用计算机系统对鸡场实行数字化管理。随着信息技术的不断发展，商品蛋鸡养殖信息化已取得了相当大的进步，如今利用计算机上安装的专业管理软件对规模化养鸡场进行生产管理，技术已经非常成熟，应用效果也非常好，已经从简单的报表管理发展到互联网和云养殖等。如某商品蛋鸡生产管理系统，覆盖鸡群养殖的整个过程，包括鸡群引入、育雏期（0～6周或7周）、育成期（6周或7～18周）、产蛋期（18～70周）、鸡群淘汰等五个生长阶段，通过物联网信息采集对所有阶段的信息和环境参数都进行监控、记录和管理。并对各个鸡群的生长和生产信息进行统计和分析，提供直观、准确的数据显示。将蛋鸡生产标准集成到系统中，使系统能够对生产结果进行评定，对异常数据给出警示和提醒，为管理者制订计划和决策提供可靠的依据。

数字化管理是一项严肃的工作，鸡场应予以高度的重视，要有专人负责这项工作。

（四）注重生产细节，及时解决养鸡生产过程的问题

细节，就是那些看似普普通通，却十分重要的事情，一件事的成败，往往都是一些小的事情所影响产生的结果。细小的事情常常发挥着重大的作用，百分之一的差错可能导致百分之百的失败。

养蛋鸡生产中的细节，包括正常操作中需要特别注意的环节。如饲养员要认真按时完成各项作业，每天的开关灯时间，喂料喂水、捡蛋、清粪等工作应按规定的作业时间准时进行与完成。并严格执行各项规章制度，坚守岗位，认真履行职责，上班时间鸡舍内不得无人，对鸡出现的不正常死亡，如啄死、卡死、压死、打针用药不当致死以及病鸡未及时挑出治疗，死在大群中等，均属值班人员的责任事故，均应受到批评或经济处罚。再如鸡舍温度和湿度的管理上，要测得真实准确的温度和湿度值，就要选取鸡舍前、中、后至少3个点测平均温度和湿度，而不是随便在鸡舍的任何位置测一下就行。在温度和湿度控制上，做到鸡舍内温度适宜、稳定、均匀。鸡舍内横向温差不超过2℃、纵向温差不超过3℃、顶棚至地面的上下垂直温差不超过1℃。而在检测鸡舍内二氧化碳、氨气的含量时，每次检测需要选取鸡舍前、中、后、左、中、右至少6个点，然后计算6个点的平均值。

在进行免疫接种时，要选择优质的疫苗和根据疫苗的种类选择合适的接种方法，如使用油苗时，首先要选择优质疫苗，矿物油的质量直接影响油苗的吸收率；其次要选择不同的部位免疫，短时间内在同一个部位多次免疫，会造成疫苗的残留；最后要有熟练的操作技术，避免将疫苗注入皮内，此部位因血管较少，油苗很难被吸

收。如果免疫油苗后吸收不好，会在免疫部位形成蓄积残留，淘汰鸡很难卖。

　　饲养员每天要有固定的时间用来观察鸡群，掌握鸡群的健康与食欲等状况，挑出病鸡，捡出死鸡，以及检查饲养管理条件是否符合要求。每天应注意观察鸡群，发现食欲差、行动缓慢的鸡应及时挑出并进行隔离观察治疗。如发现大群突然死鸡且数量多，必须立即剖检，分析原因，以便及时发现鸡群是否有疫病流行。每日早晨观察粪便，对白痢、伤寒等传染病要及时发现。每天夜间闭灯后，静听鸡群有无呼吸症状，如干、湿啰音、咳嗽、喷嚏、甩鼻，若有必须马上挑出，隔离治疗，以防传播蔓延；挑出停产鸡，停产鸡一般冠小萎缩，粗糙而苍白，眼圈与喙呈黄色。主翼羽已脱落，耻骨间距离变小，耻骨变粗者应淘汰。对于一些体重过轻、过肥和瘫痪、瘸腿的鸡也应及时淘汰。如发现瘫鸡较多要检查日粮中钙、磷及维生素 D_3 含量与饲料的搅拌情况等。观察鸡蛋的质量，如蛋壳，蛋白、蛋黄浓度，蛋黄色素，血斑，肉斑蛋，沙皮蛋，畸形蛋，尤其是蛋大、破蛋率高等应及时分析原因，并采取相应措施；随时观察鸡的采食量情况，每天应计算耗料量，发现鸡采食量下降应及时找出原因，加以解决；饮水系统要经常检查，饮水器不要漏水和溢水。

　　管理维护好本车间的设备。对工具、上下水管道、风机、照明、鸡笼等设备，应经常保持良好状态，有故障应及时排除，不得"带病"运转。使用设备应遵守操作规程，以免造成事故和伤亡，在力所能及的情况下，自己维修保养设备用具，并防止丢失和损坏。

　　逐项、细致、准确地做好记录，如光照时间的变更、测鸡体重、接种疫苗、投药情况、鸡群健康状况等，都应详细填写。

　　养鸡生产中的细节很多，只有时刻注意这些平时司空见惯的细节，才能发现不足，并及时纠正或改进，做到了这些，就会使我们养鸡的效益最大化。

（五）做好日常记录

　　鸡场内要建立完善相应的档案记录制度，对鸡场的进雏日期、进雏数量、来源，生产性能，饲养员每日的生产记录，如日期、日龄、死亡数、死亡原因、存笼数、温度、湿度、防检疫、免疫、消毒、用

药，饲料及添加剂名称，喂料量，鸡群健康状况，产蛋日期、数量、质量，出售日期、数量和购买单位等全程情况（数据），及时准确地记入档案中。记录档案要统一存档保存两年以上。

二、养鸡场管理上不能忽视的问题

1. 不严格执行防疫制度

一是一些养鸡户对消毒制度的概念缺乏完全的了解，有的养鸡场（户）舍内消毒很严，但在鸡舍门口不设消毒池；有的养鸡场（户）饲养员根本不穿消毒服和鞋；有的养鸡场（户）因邻里关系密切，随便让人进出鸡舍；二是消毒方式单一，只注重空气消毒，不注重饮水、饲料消毒，而村镇养殖户用的水大部分是地表被污染的井水。

健全的消毒制度，就是要求从鸡舍的内外环境、饮水、饲料、鸡群到工作人员的正常出入和操作规程等都要有明确的消毒规定，以及保证这些规定在鸡场内顺利实施的具体措施，以保证鸡群的健康，杜绝各种传染病的发生。

2. 疫苗瓶、剩余疫苗乱扔

疫苗瓶、剩余疫苗乱扔是最突出的问题。很多养鸡场（户）根本不按规定将疫苗瓶深埋或焚烧处理，而是当成生活垃圾或废物随意扔到河中、沟中、粪池、垃圾堆、闲置空地及田野上，而活毒疫苗在常温下会在空气中、水中、土壤中繁殖蔓延，毒力会越来越强，直接受到污染的水，从消化道感染就是最直接的途径，当鸡群的抵抗力降低或受到严重刺激时，鸡群就可能发病。

3. 粪便、病死鸡处理不规范

粪便乱堆，病死鸡乱扔，80%的专业户对病死鸡未作无害化处理，在公路旁、房屋后、空闲地乱扔乱倒，随它自然腐化，遇到阴天下雨，恶臭的粪水遍地流，严重污染地表水质，带有病原的水将通过消化道感染鸡群。

有些养殖户常常在鸡舍门口屠宰鸡，或者把病鸡随便扔给狗、猫，也不进行消毒处理，这样做是极其危险的，很多时候鸡群暴发疾病就是由于养殖户平时不注意这些细节而引起的。

4. 管理不到位

对正常的管理措施往往做得不全面，没有严格遵循科学的管理措施，管理粗放。只管喂料，清粪不及时，水管漏水也不及时修理，污水遍地；笼具不及时维护，经常有鸡跑出来，经常有鸡蛋掉地上；在遇到天气突变或其他应激因素时不采取积极的预防措施，导致贼风吹入；晚上不及时关闭通风窗口；管理过程中常常换人；有的长时间不清除粪便、不消毒；有的药拌不均匀而引起中毒；有的光照开关不及时，随意性大；有的图方便，只喂一次水和料；有的根本不注意观察鸡群，以致错过最佳治疗时机。

5. 不懂得预防为主

不知道预防的重要性，在实际工作中，养鸡场往往是病后才求医、乱投药，反而延误了治疗的最佳时机，增大了开支，降低了经济效益。

6. 为求价格低而购买质量差的饲料

由于饲料品种繁多，不少养殖户无法鉴定哪个好、哪个差，只注重饲料价格。有些厂家只顾经济效益，忽视原料质量，使用一些低价变质的原料充好，不同批次的饲料质量也不相同，使鸡群在饲喂这些饲料后，很容易得病，常常造成巨大损失。

三、尽最大可能减少饲料浪费

1. 饲喂优质全价配合饲料

能量、蛋白质等营养成分的不足、缺乏或比例失衡，常常使鸡只的生产力下降，间接地造成饲料浪费。如日粮中蛋白质的含量高、能量低，鸡必然摄入过多饲料，造成蛋白质饲料浪费；如日粮中能量高、蛋白质低，易造成鸡体过肥，蛋重减少甚至会发生脂肪肝综合征。使用优质的全价配合饲料，能够充分地满足鸡只生长、发育和产蛋的需要，使饲料的转化效率达到最高。不能使用单一的原料来喂鸡，也不能为了省钱购买低价质量差的饲料。

2. 饲养高产蛋鸡品种

高产蛋鸡具有生命力强、生长一致、产蛋多、生产性能稳定、饲料转化率高等特点。要重点选择高效的蛋鸡品种，而不能仅仅考虑高产的问题，因为高效比高产更合理。

3. 料槽内侧要加边

料槽内侧加边后，可防止鸡在采食过程中将饲料带出料槽，可以有效地减少饲料浪费。还应保证合适的饲槽形状及高度，添料时防止饲料撒落槽外。

4. 光照制度要合理

蛋鸡光照时间太长、强度过大，饲料消耗就会增加；光照时间太短、强度过小，又不利于产蛋。合理的光照制度可达到增进食欲、利于消化的目的，从而提高饲料的利用率，相对地降低饲料消耗。产蛋鸡适宜的光照时间为 16 小时，光照强度为 10 勒克斯，即每平方米 3 瓦。

5. 驱虫防病

体内外寄生虫往往使鸡体消耗增大，蛋鸡患病也会使产蛋量下降，耗料量增加而产出减少。因此，应定期地使用驱虫药物（上笼前1 次，以后每年 1 次）等措施。

6. 及时减料

当蛋鸡产蛋高峰过后（一般 42 周左右），就应及时减料。方法是按日减料 2.5 克，观察 3～4 天，看产蛋率下降是否正常（每周下降1%～2%），如正常，则可再日减 1～2 克，如仍无异状，还可再减 3克，这样既不影响产蛋，又可预防鸡体过肥，既可保证营养供应，又可减少饲料浪费。

7. 及时淘汰劣质鸡和低产鸡

鸡群里会不断出现弱小鸡、病残鸡、停产鸡等劣质鸡和低产蛋，所以要及时淘汰。劣质鸡既消耗饲料又不产蛋，会影响料蛋比，降低经济效益。一只不产蛋鸡会白白消耗掉 5～10 只产蛋鸡的利润；一只低产鸡能消耗掉 3～5 只产蛋鸡的利润。饲养中要经常淘汰弱小鸡和病残鸡，产蛋高峰期要淘汰尚未开产的鸡，产蛋中后期要注意淘汰停产鸡和产蛋率低的鸡。这样鸡的总数虽有所减少，但饲料消耗也减少了，料蛋比降低了，经济效益会相应地提高。

8. 减少抛撒浪费

在饲料加工、运输、投料过程中，要防止饲料抛撒现象发生。如运输料袋有无破损、是否扎紧、投料时是否开着风扇等，这对每次浪费的饲料来说也许很少，但在每一个饲养周期结束后，总计浪费的数量还是很大的。

9. 改匀料为少喂勤添

要少喂勤添，添料量不超过饲槽高度的 1/3。匀料易给鸡群个体间疾病传染提供机会，不利于鸡群健康。因此，应改匀料为添料，每天多次少喂勤添，并尽可能地按鸡数及其采食量给料；每天必须保持料槽空槽 30 分钟左右，以保证鸡把饲料就地吃完。

10. 防鼠防鸟偷料

大多数养鸡户存在鼠、鸟偷料问题，如果不加注意，后果十分严重。既造成饲料浪费，又能传染疾病。所以要定期投饵灭鼠。门、窗、出气孔等安上防护网，严防飞鸟进入。

11. 防止饲料霉变

高温高湿季节，如饲料保管不当，极易发生霉变而造成浪费。因此饲料应储藏在干燥、清洁的地方，并注意防潮、防雨。

12. 保持舍温适宜

鸡舍温度的过高或过低，均会导致鸡体的代谢率升高，使饲料养分的消耗增加，造成饲料浪费。因此，要采取各种有效措施调节鸡舍温度，使其保持在 13～23℃。

13. 搞好防疫

鸡病的发生，会直接影响鸡的生育和产蛋，间接地造成饲料浪费。因此，要通过制订科学的防疫计划，适时地进行接种，认真地搞好鸡只的免疫接种和防病保健。

14. 控制母鸡体重

母鸡体重越大，采食饲料就越多，因此应严格控制母鸡体重，尽量使其符合标准体重，特别是在母鸡产蛋高峰期过后，应及时调整饲料配方和饲喂量，防止母鸡过肥。

15. 采用乳头式饮水器

饮水方式以乳头式饮水器为好，可防止鸡把饲料漱入饮水中造成浪费。

16. 做好断喙

雏鸡阶段适时断喙，上笼前进行修喙，能有效地防止鸡喙把料勾出槽外。

17. 限制饲养

限制饲养不仅能节约饲料，而且还可以提高其经济价值。限制饲养在肉用种鸡的饲养上普遍采用，对保持母鸡适宜的体重和提高产蛋量具有重要作用。轻型蛋用型鸡不太容易长肥，一般不必限制饲养。中型蛋用型鸡（如褐壳蛋鸡）后期适当限饲能防止母鸡过肥，提高产蛋量。原则上是产蛋前期充分饲喂，产蛋 6 个月后限饲。限制饲养一般以充分饲喂量的 94% 为宜。

四、采取有效措施降低饲料成本

1. 饲料形状

饲料形状分为干粉料、粒料、碎裂料和颗粒料。鸡喜食颗粒性饲料，颗粒料和碎裂料的饲料利用率最高。干粉料的粒度过大、过小都影响鸡的采食速度，进一步影响鸡的生长速度、产蛋量、料蛋比和料肉比。特别是玉米颗粒大的情况下，对饲料利用率影响很大。

2. 饲料配方

饲料配方设计是否合理，影响饲料中各种营养成分之间的比例，影响饲料的利用率。饲料配方中原料组成也影响饲料的利用率。如饲料中的动物性蛋白质和植物性蛋白质饲料利用率不一样。

3. 饲料的均匀度

饲料配合的均匀度影响饲料的利用率。均匀度好，利用率高，均匀度差，利用率低。饲喂过程中加料的均匀性同样影响鸡的生产性能，因此，饲养柴肉鸡的过程中尽量使每一只鸡的采食量均等，才能最大限度地发挥柴肉鸡的生产潜能。

4. 喂料的时间和次数

每天饲喂次数第 1 周 6 次，第 2 周 5 次，第 3 周以后每天喂 4 次。早上开灯时喂第 1 次料，每次所加饲料吃完后停 30 分钟再加下 1 次料。晚上关灯前 1 小时饲料要吃完。

5. 喂料器具的结构

喂料盘、料桶、自动喂料器和料槽的结构对饲料的消耗量影响很大。因此，不同日龄的雏鸡要选择相应的喂料器具。7 日龄以前的雏鸡用喂料盘喂料，饲料表面加盖一层小格塑料网防止雏鸡吃料时用脚扒饲料。7～15 日龄时，料盘和料槽、料桶同时使用，使雏鸡从出料盘喂料过渡到料槽或料桶喂料。15 日龄以后采用大料槽喂料。采用大料槽喂料可以节约大量的饲料，防止鸡在采食饲料时将料抛撒到料槽外边而浪费饲料。

五、正确储存饲料，避免霉变

1. 能量饲料的储存

能量饲料的营养价值和消化率一般都比较高，但由于籽实类饲料的种皮、硬壳及内部淀粉粒的结构均影响营养成分的消化吸收和利用，因此，这类饲料在饲喂前必须经过加工调制，以便能够充分发挥其作用。常用的加工方法是粉碎，但粉碎不能太细，一般加工成直径为 2～3 毫米的颗粒为宜。能量饲料粉碎后，与外界接触面积增大，容易吸潮和氧化，尤其是含脂肪较多的饲料更容易变质，不宜长久保存，因此能量饲料 1 次粉碎不宜太多。

（1）玉米　玉米主要是散装储藏，一般立筒仓都是散装。立筒仓虽然储藏时间不长，但因厚度高达几十米，水分应控制在 14% 以下，以防发热。不立即使用的玉米，可以入低温库储藏或通风储藏。若是玉米粉，因其空间间隙小，透气性差，导热性不良，粉碎后温度较高（一般在 30～35℃），很难储藏。如果水分含量稍高，则易结块、发霉、变苦。因此，刚粉碎的玉米应立即进行通风降温，码垛不宜过高，最好码成井字垛，以利于散热，并及时检查，及时翻垛。一般应采用玉米籽实储藏，需要配料时再粉碎。

（2）麸皮　麸皮破碎疏松，孔隙度较面粉大，吸湿性强，含脂高达 5%，因此很容易酸败或生虫、霉变，特别是夏季高温潮湿，更易霉变。新出机的麸皮温度一般能达到 30℃，储藏前要把温度降低至 10～15℃才能入库。在储藏期要勤检查，防止结露、发霉、生虫、吸湿。麸皮的储藏期一般不宜超过 3 个月，储藏在 4 个月以上酸败就会加快。

（3）米糠　米糠中脂肪含量高，导热不良，吸湿性强，极易发热酸败。应避免踩压，入库的米糠要及时检查，勤翻勤倒，注意通风降温。米糠储藏的稳定性比麸皮还差，不宜长期储藏，要及时退陈储新，避免造成损失。

2. 饼粕类饲料的储存

由于饼粕类饲料缺乏细胞膜的保护作用，营养物质容易外漏和感染虫、菌，因此保管时要特别注意防虫、防潮和防霉。入库前，可使用磷化铝熏蒸灭虫，用邻氨基苯甲酸进行消毒，仓库铺垫也要切实做好。垫糠干燥、压实，厚度不少于 20 厘米，同时要严格控制水分，最好控制在 5%左右。

3. 配合饲料的储存

配合饲料的种类很多，包括全价饲料、预混饲料、精料预混料、添加剂。这几种饲料因内容物不一样，储藏特性也各不相同。料型不同（颗粒料，粉料），储藏特性也有所差异。

4. 全价颗粒料

全价颗粒料因用蒸气加压处理，能杀死绝大部分微生物和害虫，而且孔隙度大，含水量较低，且淀粉膨化后可把一些维生素包裹，因此储藏性能较好，短期内只要防潮，储藏不易发生霉变，也不易因受光照的影响而使维生素破坏。

5. 全价粉状配合料

全价粉状配合饲料大部分是谷类，表面积大，孔隙度小，导热性差，容易吸湿发霉，且其中的维生素随温度升高而损失加大。维生素之间、维生素与矿物质的配合方法不同，其损失情况也有所不同。此外，光照也是造成维生素损失的主要因素之一。因此，粉状饲料一般不宜久放，宜尽快使用。一般在厂内存放时间不要超过 2 周。

6. 浓缩饲料的储存

这种饲料富含蛋白质，并含有维生素和各种微量元素等营养物质。其导热性差，易吸湿，因而微生物和害虫易繁殖，维生素易受热、光、氧化等因素的影响而失效。有条件时，可在浓缩饲料中加入适量的抗氧化剂。储存时，要放在干燥、低温处。

7. 添加剂预混料的储存

添加剂预混料主要由维生素和微量元素组成，有的添加了一些氨基酸、药物或一些载体。这类物质容易受光、热、水汽的影响，所以要注意存放在低温、避光、干燥的地方，最好加入一些抗氧化剂，储藏期也不宜过久。维生素添加剂要用小袋遮光密闭包装，使用时再与微量元素混合，这样其效价就不会受太大影响。

六、减少破蛋率

在蛋鸡养殖过程中，正常情况下鸡蛋的破损率为 $1\%\sim3\%$，如管理不当，则超过这个标准。鸡蛋破损问题不仅直接影响着养殖效益，而且容易污染养殖设备和器具。因此，蛋鸡养殖户应该采取综合性措施，防止鸡蛋破损量增多，应注意以下几个方面。

1. 选用蛋壳品质好的品系

各品种、品系以及个体之间，蛋壳的颜色、强度、厚度都有差异，其遗传性较强，所以应选用蛋壳质量好的种鸡。比如饲养蛋壳质量好的褐壳蛋鸡，褐壳蛋的破损率低于白壳蛋。

2. 做好营养调控

饲料中的钙决定着蛋壳的厚度、强度和质量。所以，要选购钙、磷比例适宜的全价配合饲料。一般日粮中钙、磷比例以 $(6\sim8):1$ 为宜。如二者比例不当，将导致产薄壳或软壳蛋。生产中在日粮中添加维生素 D_3。用鱼肝油作为日粮中维生素 D 的补充剂和维生素 D 缺乏症治疗药物，也可获得满意效果。另外，添加适量的锰、锌、镁都可提高蛋壳的质量，减少蛋破损率。

夏季高温条件下，蛋鸡的采食量减少，产蛋率下降，破损量也随之增加。应该加强营养控制，维持鸡体热平衡。

3. 延长采食时间

由于鸡蛋壳的钙化主要发生在头天晚间，所以应适当延长傍晚采食时间。每天傍晚给鸡补喂贝壳碎粒或骨粉，能提高蛋壳质量。

4. 加强饲养管理

鸡群密度过大，环境卫生不良和受惊吓等，均可导致鸡产薄壳蛋或软壳蛋。所以，鸡群在产蛋期间，应尽量避免各种不良应激因素的发生，以保证产蛋质量。

5. 增加捡蛋次数

每天捡蛋 3～5 次，增加捡蛋次数，可以避免鸡蛋因为多而碰撞，也能防止有啄鸡蛋毛病的鸡啄鸡蛋，如果条件允许，最好在晚上熄灯前再补捡 1 次，从而有效减少破损鸡蛋数量。

6. 捡蛋和装箱动作要轻

捡蛋和装箱时操作要合理，人工捡蛋一次捡蛋过多，手拿不住，鸡蛋很容易掉下。还要控制捡蛋速度，收装蛋时动作要轻，同时做到大蛋、双黄蛋分开，蛋放在蛋盘上要摆正，避免在蛋托叠高过程中被压破。

7. 产蛋箱充足

对平养和散养的蛋鸡，设置充足的产蛋箱来减少窝外蛋，产蛋箱应放在光线较暗的地方，对已产于窝外的蛋要勤收集，防止形成恶癖。

8. 适时淘汰高龄鸡群

产蛋鸡 50 周龄后生理功能退化比较明显，钙盐沉积能力变差，导致蛋壳质量下降，一般到 60 周龄左右不进行强制换羽即可淘汰。

9. 选用设计合理的蛋鸡笼

一般情况下以铁丝直径 2.3～2.5 毫米、鸡笼底网与水平面的夹角 10°左右为宜。既可保证铁丝软硬适度，又可避免因底网角度过大引起的鸡蛋猛烈撞击，减少鸡蛋破损的概率。平时要多做鸡笼和产蛋箱的维护工作，发现笼架挂钩折断或底网破损要及时修复，确保鸡笼保持正常状态。

10. 加强蛋鸡日常保健

保持鸡群健康不发病，许多疾病不但会降低产蛋率，还会降低蛋壳质量，引起破蛋率增加。为了预防鸡病，须按免疫程序及时接种鸡新城疫疫苗、鸡传染性气管炎疫苗、产蛋下降综合征疫苗、禽霍乱菌苗等，定期服用驱虫药。

七、懂得如何观察鸡群

蛋鸡饲养是个非常细致的工作，因为蛋鸡个体小、饲养数量多，如果不细心观察，很难及时发现鸡个体出现的问题，所以要坚持常观察鸡群，防微杜渐。观察鸡群也是蛋鸡管理的一项重要工作内容，通过观察鸡群可促进鸡舍环境的随时改善，避免环境不良造成应激，可尽早发现疾病的先兆，以便早防、早治。

1. 观察的内容

主要查看鸡群的体表外貌、精神状态、饮水、采食量变化、粪便的色与形、安静时的鸡群呼吸声、产蛋的蛋形与破、软壳蛋比例等等。

2. 观察的方法

每天清扫鸡舍或清粪时，观察粪便是否正常。喂料时观察鸡的精神状态，晚上可倾听鸡的呼吸是否正常。捡蛋时观察产蛋的多少、蛋的大小、蛋形、蛋壳光滑度、破损率、蛋壳颜色等。对放牧散养蛋鸡的，每天早晨放鸡外出运动时观察。除了边工作边观察以外，还要专门拿出一定时间观察鸡群。观察时也要掌握一定的技巧，比如"早看粪便晚听声"就是比较好的观察方法。

3. 观察的要领

一是观察行为。在正常情况下，雏鸡的反应敏捷，行动活泼，叫声洪亮，分布均匀，侧卧伸腿休息。若扎堆或站立不卧，身体发抖，不时发出尖锐的叫声，拥挤在热源处，说明育雏温度过低；若雏鸡展翅伸脖，张口喘气，呼吸急促，饮水频繁，远离热源，当开门时，雏鸡把头都伸向开门处，说明温度过高和舍内缺氧。当头、尾和翅膀下垂，闭目缩颈、羽毛蓬松、逆立，远离鸡群呆立，行动迟缓，叫声低沉时，为病态的表现。

二是观察羽毛。鸡的羽毛正常时洁净整齐，毛片完整，有光泽，紧紧贴于体表，如果羽毛生长不良，表明温度过高，如果全身羽毛蓬乱或肛门周围羽毛被病态粪便污染，肩羽被泪水及分泌物污染，面部羽毛被眼分泌物污染，多为发病的象征。

三是观察粪便。粪便可以反映出鸡群的健康情况，正常粪便一般是成形的，以圆锥状多见，表面有一层白色的尿酸盐，其颜色往往因饲料的种类不同有差异，但都有混合均匀、消化良好的特点。另外，来自盲肠的粪便为酱黄色，状如面酱，通称"溏鸡粪"，也属正常的粪便，一般早晨多见，下午减少。鸡的异常粪便在质、量、形态和消化不良等方面表现出来。常见的异常粪便有以下几种。

牛奶样粪便：粪便为乳白色，稀水样似牛奶倒在地上，鸡群往往在早晨6:00~10:00时排出这种粪便。这是肠道黏膜充血、轻度肠炎的特征粪便。平地散养的鸡群、雨后多见这种粪便。

节段状粪便：粪便呈堆型，细条节段状，有时表面有一层黏液（脓性物质）。刚刚排出的粪便，水分和粪便分离清晰（似粪便放入水内的样子），多为黑灰或淡黄色。这是慢性肠炎的典型粪便，多见于雏鸡。

水样粪便：粪便中消化物基本正常，但含水分过多，造成粪便稀薄，这是轻度肠炎和鸡排水散热、维持体内电解质平衡的保护反应，引起的原因有大肠杆菌病、低致病性禽流感、肾传支、温度骤然降低应激、饲料内含盐量过高、环境温度过高等。

蛋清状粪便：粪便似蛋清状、黄绿色并混有白色尿酸盐，消化物极少。常见于重病鸡或新城疫病鸡。

血液粪便：粪便为黑褐色、茶锈水色、紫红色，或稀或稠，均为消化道出血的特征。如上部消化道出血，粪便为黑褐色，茶锈水色。下部消化道出血，粪便为紫红色或红色。常见的疾病有食物、化学药物中毒，球虫病、新城疫早期等。

肉红色粪便：粪便为肉红色，成堆如烂肉，消化物较少，这是脱落的肠黏膜形成的粪便，常见于绦虫病、蛔虫病、球虫病和肠炎恢复期。

绿色粪便：粪便墨绿色或草绿色，似煮熟的菠菜叶，粪便稀薄并混有黄白色的尿酸盐。这是某些传染病和中暑后常见的粪便，如鸡新

城疫、霍乱病、住白细胞原虫病等，这些粪便是由胆汁和肠内脱落的组织混合形成的，所以为墨绿色或黑绿色。

黄色粪便：粪便的表面有层黄色或淡黄色的尿覆盖物，消化物较少，有时全部是黄色尿液。这是肝脏有疾病的特征粪便。是由于肝小叶的损害影响了胆汁排泄，胆红素入血后经尿排出形成的。盲肠肝炎排这样的粪便。

白色稀便：粪便白色，非常稀薄，主要由尿酸盐组成，常见于法氏囊炎、瘫痪鸡、雏白痢，食欲废绝的病鸡和患尿毒症的鸡。

四是观察呼吸。正常鸡的呼吸平稳自然，没有特殊的状态。当呼吸系统或心脏发生疾病时，病鸡就表现出一些异常的呼吸状态。不同的疾病、不同器官的病变，引起的呼吸状态也不同。通过观察这些异常的呼吸状态，可以判断出病情轻重和病变部位。异常呼吸状态如下。

腹式呼吸：病鸡腹部一张一缩，尾巴、翅膀随着腹部的张缩上下掀动。这是肺脏有严重病变的呼吸状态。如新城疫、白痢病、雏鸡肺炎、支气管炎等。

伸颈张口呼吸：病鸡精神萎靡，吸气时张口伸颈，呼气时闭口缩颈，并发出鸣叫声，是气管和肺有严重病变的表现。常见于新城疫、异物性支气管炎、鸡白痢、曲霉菌中毒等。

咳嗽：病鸡不断地发出"咳咳"声，并伴有用力甩头，是鼻腔、气管内分泌物较多或有异物堵塞的特征，因为咳嗽并用力甩头可以把鼻腔和气管内的异物咳出来。如传染性鼻炎、新城疫、喉气管炎、慢性呼吸道病都有这种表现。

运动性张口呼吸：病鸡安静时表现为腹式呼吸，稍加运动（如驱赶）就张口呼吸，是肺脏或心脏有严重病变的表现。

五是观察采食量和饮水量。鸡在正常情况下，饲喂的饲料量和饮水量是有比例的，舍温 21℃ 时水料比为（1.6～1.8）：1，在此基础上，温度每升高 1℃，饮水量增加 5% 左右，如发现当天规定的饲料量没有用完，而且采食量逐渐减少时，就是发病的前兆，应注意鸡群是否有发病。当发现给料量一样的情况下，有部分料桶剩料过多时，就要注意附近鸡群是否有病鸡存在，并加以认真解决。饮水量过大，主要是由于天气过热、舍内干燥或高热性疾病而引起的，要查找原因，采取相应的措施。

饲养者通过上述几方面的观察，可以及时发现一些问题。鸡舍小、气候不适宜时要调整好，发现鸡群有病态表现时，饲养人员不许随意投药，应立即报告技术人员，以采取相应的防治措施。

八、减少蛋鸡的应激

所谓应激是机体在各种内外环境因素刺激下所出现的全身性非特异性适应反应，又称为应激反应。这些刺激因素称为应激原。应激是在出乎意料的紧迫与危险情况下引起的高速而高度紧张的情绪状态。对鸡来说，使鸡感到不适的刺激统归为应激。应激是鸡对外界刺激的一种应答。导致应激的因素大致可分为心理性的和生理性的。

引起蛋鸡应激的因素很多，常见的有供水上，突然的断水、水质突然变化；供料上，缺料、突然换料；温度控制上，温度过高、过低或突然变化；光照上，突然灭灯、突然亮灯、光照时间的突然变化，光照时间不足，过持续不断的光照等；声响上，突然发出的异常响动，如放炮、鸣喇叭声、大声喊叫、工具碰撞发出的响声、刮风时门窗的响声等等；颜色上，饲养员突然换一件不是经常在鸡舍内工作穿的衣服或颜色鲜艳的衣服；异物上，陌生人或其他动物进入鸡舍；防疫上，每次的免疫接种操作，都会或多或少地给蛋鸡带来应激。这些因素中，有些因素是可以避免的，有些因素是无法避免的。

在应激状况下，蛋鸡的生理活动不正常、采食量减少、消化功能紊乱、生产性能降低、产蛋率下降、蛋品质量下降、抗病能力下降，严重时诱发各种疾病。可见，减少蛋鸡的应激在生产上具有重要意义。对可以避免的因素必须坚决避免，对无法避免的应激因素，要采取一切可行的措施将影响降到最低。所以，在生产中应设法避免应激的发生。

减少应激的措施如下。

一是保持稳定性。蛋鸡的生活规律和喜好一旦被干扰或破坏，生长和生产均会受到影响。要高产稳产，就必须控制好所有的养鸡条件和操作的有序性，这是减少应激的最好措施。做到饲养人员、饲喂方法和饲喂时间三固定，每天的加水、加料、捡蛋、消毒等生产环节应定时、依序进行，不能缺水、缺料。饲养人员不宜经常更换。

二是防止环境条件的突然改变。每天开灯、关灯时间要固定。开关灯采用渐明和渐暗控制设备，杜绝灯突然亮或灭。

三是控制好温度。青年鸡和成年鸡的最适温度分别为 20～21℃ 和 18～20℃，温度过高时应加强通风降温，温度过低时应减少排风，必要时取暖保温。冬季做好防寒保温工作，夏季做好防暑降温工作，季节转换期间气温多变，应及时调节控制温度。

四是防止惊群。惊群俗称"炸群"，是生产中容易出现的一种应激，预防上主要是防止突然发生的各种声响和突然出现的陌生人和其他动物等各种意外情况的发生。

五是免疫接种前药物预防。为减轻免疫接种对鸡群产生不良刺激，尤其是气雾免疫会诱发呼吸道反应，诱发大肠杆菌病和支原体感染，在免疫接种病毒性传染病的疫苗时可以在免疫前 3 天和后 4 天，在饲料中添加抗生素、多种维生素和微量元素。在进行防疫注射时，减少抓鸡次数，最好选在晚上降低光度后进行。

六是更换饲料要逐渐过渡。在每次更换饲料时，都要采取逐渐更换的办法。方法是提前 5 天左右，在饲料中逐渐减少原来饲料所占的比例，逐渐添加新饲料所占的比例，5 天后全部换成新饲料。

九、鸡场应坚持防鼠和灭鼠

老鼠消耗粮食、传播病菌、破坏物品、引起蛋鸡的惊恐等，可以说有百害而无一利，必须诛杀之。

养鸡场灭鼠要从防鼠开始。因为老鼠是杀不绝的，即使本场内的老鼠都被灭掉，还会陆续有场外的老鼠进入。所以，防鼠是上策。防鼠可以在以下几个方面做好预防。

一是鸡舍内外地面尽可能用水泥硬化鸡舍的顶棚、门、窗、通气孔等，这些部位是老鼠进入的地方，必须做好防鼠保护，如门缝和木制门要钉上镀锌铁皮，窗户和通气孔要安装铁丝网，发现有洞随时用石块和水泥堵塞。

二是保持鸡舍内和鸡舍周围无散落的饲料，将散落的饲料等老鼠能吃的食物及时清理干净。饲料原料储存在防鼠的仓库里，经常清理仓库，物品摆放整齐，墙角不摆放东西，不让老鼠有躲藏和做窝的地方，容易被老鼠咬坏的东西尽可能放在上层。用完的饲料袋须将剩余的饲料清理干净并打包，摆放整齐。

三是做好消毒工作，包括定期熏蒸仓库，可以采用 3 倍高锰酸钾和甲醛反应熏蒸（1 倍剂量是 1 立方米使用 7 克高锰酸钾和 14 毫升甲醛），注意安全，一般先放高锰酸钾，后倒甲醛。不容忽视鸡舍和鸡舍外围的消毒，定期消毒和更换消毒液不仅能杀死细菌病毒，同样能破坏老鼠熟悉的路线，限制它们的活动。

一旦发现有老鼠进入，就要开始灭鼠，目前灭鼠的方法很多，可分为器械灭鼠法和药物灭鼠法两种。

器械灭鼠即利用各种工具捕杀鼠类，如关、压、扣、堵（洞）、灌（洞）等。此类方法可就地取材，简便易行。使用鼠笼、鼠夹之类工具捕鼠，应注意诱饵的选择、布放的方法和时间。诱饵以鼠类喜吃的为佳。捕鼠工具应放在鼠类经常活动的地方，如墙角、鼠的走道及洞口附近。

药物灭鼠法是使毒物进入鼠体，使老鼠死亡或绝育，进而达到灭鼠的目的。药物灭鼠的途径可分为消化道药物和熏蒸药物两类。

消化道药物主要有磷化锌、安妥、敌鼠钠盐和氟乙酸钠。药剂通过鼠取食进入消化系统，使鼠中毒致死。这类杀鼠剂一般用量低、适口性好、杀鼠效果高，对人畜安全，是目前主要使用的杀鼠剂；熏蒸药物包括氯化苦和灭鼠烟剂。其优点是不受鼠取食行动的影响，且作用快，无二次毒性；缺点是用量大，施药时防护条件及操作技术要求高，操作费工，适宜于室内专业化使用，不适宜鸡舍使用，但可以在仓库等其他地点使用。

杀鼠剂的投放原则：选择老鼠经常活动和行走的地方，易于老鼠采食但又不能太靠近鼠洞，以免引起它们的猜疑，一般紧贴墙壁、角落。

投放地点：天花板上，门的两侧，门窗上面，下水道，饲料仓库，鼠粪和鼠洞比较多的地方，靠近水源的地方，注意不要让鸡只采食到杀鼠剂。

十、做好生产记录

生产记录是指将人们创造物质财富的活动和过程通过文字、声音、图像、电脑、网络等手段保留下来的过程。而养鸡的生产记录就是将养鸡过程中的生产日常活动的原始数据登记下来，为鸡场的经营管理和决策分析提供依据和参考。

经营管理从某种意义上来说就是数字管理，而实现数字管理的基础就是生产记录。生产记录是规模化、标准化养鸡场一项重要的日常工作，是鸡场生产情况的真实反映。生产记录不是简单的数据统计，通过记录的数据可以反映出鸡场的管理状况。生产报表提供了生产数量的数据，统计报表提供了生产性能的数据，建立在生产记录基础上的统计分析能准确及时地反映鸡场的各种生产状况，能为解决鸡场的生产问题提供决策依据。如果没有完善的生产记录，管理人员对鸡场的整体情况不能全面准确地掌握，致使决策没有依据，监管无法落实，整个鸡场的工作流程将处于混乱无序的状态，造成错误决策和资源浪费，降低鸡场效益。如本该淘汰的低产、停产蛋鸡没有淘汰，既浪费饲料，又增加成本。在免疫接种管理方面记录不全或不及时，会导致错打、漏打疫苗，极容易爆发传染性疾病。可见，做好生产过程中的各种记录，是提高鸡场效益的保证。

1. 生产记录的内容

鸡场的生产记录包括生产记录表、育雏生产记录表、免疫记录表、疫病预防和治疗记录表、消毒记录表、病死鸡无害化处理记录表、饲料及饲料添加剂购入记录表、饲料及饲料添加剂出库记录表等。表的样式见表6-1～表6～8。

表6-1　生产记录表

舍号：　　品种：　　孵出期（年/月/日）：　　入舍数：　　只

日期 月/日	日龄	存栏 鸡数 /只	鸡群变动/只			存活 率 /%	产 蛋 /千克	蛋 重 克	产蛋数/枚				产蛋 率 /%	日耗饲料量	
			病	淘	啄				总数	破	软	弃		总数 /千克	每只 /克

续表

日期月/日	日龄	存栏鸡数/只	鸡群变动/只			存活率/%	产蛋/千克	蛋重/克	产蛋数/枚				产蛋率/%	日耗饲料量	
			病	淘	啄				总数	破	软	弃		总数/千克	每只/克
合计		—				—		—							
平均															

舍负责人（签名）：

表 6-2　育雏生产记录表

舍号：　　　　品种：　　　　孵出日期：　　年　月　日　　入舍鸡数：　　只

| 日期 月/日 | 日龄 | 育成雏数/只 | | 鸡只减少/只 | | | 成活率/% | 日耗料量 | | 耗料标准 /(克/只) | 体重/克 | |
		健	弱	病	淘	啄		总数 /千克	每只 /克		标准	实际

续表

日期 月/日	日龄	育成雏数/只		鸡只减少/只			成活率/%	日耗料量		耗料标准/(克/只)	体重/克	
		健	弱	病	淘	啄		总数/千克	每只/克		标准	实际

舍负责人（签名）：

表 6-3 免疫记录表

时间	圈舍（栏）	存栏数量	免疫数量	疫苗名称	疫苗生产厂	批号（有效期）	免疫方法	免疫剂量	免疫人员	备注

续表

时间	圈舍（栏）	存栏数量	免疫数量	疫苗名称	疫苗生产厂	批号（有效期）	免疫方法	免疫剂量	免疫人员	备注

表 6-4　疫病预防和治疗记录

日期		年　　月　　日		记录人	
预防或发病范围	批号		品种	孵出日期	年　　月　　日
	舍号/笼(栏)号		—	只数	
发病时间及症状					
预防或治疗用药、疗程经过					
药物种类					
使用方法					
剂量					
商品名					
主要成分					
生产单位					
批号					
治疗效果					

主治兽医（签名）：

责任人：　　　　　　　　　　　　　　　　记录人：

表 6-5 消毒记录表

舍号：　　　　　　　　负责人：

日期（月/日）	消毒药名	剂量或浓度	消毒方法	消毒人签名

表 6-6 病死鸡无害化处理记录表

日期	数量	处理或死亡原因	畜禽标识编码	处理方法	责任人	备注

表 6-7 饲料及饲料添加剂购入记录表

日期	名称	规格	数量	生产日期	生产批号	生产厂家	金额	收货人签字
合计								

表 6-8 饲料及饲料添加剂出库记录表

日期	名称	规格	数量	生产日期	生产批号	生产厂家	去向	库存数量	领货人签字
合计									

2. 生产记录分析处理的方法

规模鸡场可设一个专职信息管理员，利用鸡场管理软件，对所有的生产记录进行收集、整理，并进行核对和数据的录入，对鸡场的种鸡生产成绩、生产转群、饲料消耗、兽医防疫和购销情况等工作进行全面的分析。并且及时进行统计及提供有关的报表给鸡场管理层和具体的负责人员。

3. 做好生产记录工作的要求

① 在每一步操作完成后，根据表格的要求定时、及时、真实、准确、完整地填写记录，不可当成回忆录。

② 各岗位的记录表由岗位操作人员填写，组长或生产场长进行审核并签字。

③ 每天的生产记录表在生产结束后应及时上交给场部统计人员，以免遗失。

第七章 科学防治鸡病

目前家禽发病呈现出疾病种类不断增加，疾病非典型化，营养代谢病危害日趋严重，混合感染、继发感染经常发生，免疫抑制性疾病危害加大，病原耐药问题日益突出等特点，导致鸡群生产性能低，产品质量差，疫苗免疫效果不佳，资源浪费，生产成本大等问题，给养鸡业造成了极大的经济损失，直接制约了养鸡业的发展。

我们必须知道，鸡病的发生和传播与饲养管理的好坏有直接关系，养鸡场出现的生产状况不良问题通常归因于鸡舍简陋、传染性疾病和人鸡管理不良。这就要求鸡场坚持"预防为主、防治结合、防重于治"的原则，了解和掌握鸡病防治的关键环节和关键技术，在加强饲养管理的同时，有针对性地做好鸡病预防和控制工作。

一、实行严格的生物安全制度

生物安全是近年来国外提出的有关集约化生产过程中保护和提高畜禽群体健康状况的新理论。生物安全的中心思想是隔离、消毒和防疫。关键控制点是对人和环境的控制，最后达到建立防止病原入侵的多层屏障的目的。因此，每个鸡场和饲养人员都必须认识到，做好生物安全是避免疾病发生的最佳方法。一个好的生物安全体系将发现并控制疾病侵入养殖场的各种最可能途径。

生物安全包括控制疫病在鸡场中的传播、减少和消除疫病发生。因此，对一个鸡场而言，生物安全包括两个方面：一是外部生物安全，防止病原菌水平传入，将场外病原微生物带入场内的可能降至最低；二是内部生物安全，防止病原菌水平传播，降低病原微生物在鸡场内从病鸡向易感鸡传播的可能。

鸡场生物安全要特别注重生物安全体系的建立和细节的落实到位。具体包括建立各项生物安全制度、鸡场建筑及设施建设、引种、加强消毒净化环境、饲料管理、实施群体预防、防止应激、疫苗接种和抗体检测、紧急接种、病死鸡无害化处理、灭蚊蝇、灭老鼠和防野鸟等。

1. 鸡场建筑及设施建设

鸡场场址不应位于中华人民共和国主席令 2005 年第 45 号规定的禁止区域，并符合相关法律法规及土地利用规划。距离生活饮用水源地、居民区、畜禽屠宰加工、交易场所和主要交通干线 500 米以上，其他畜禽养殖场 1000 米以上。

鸡场应选择在地势高燥、通风良好、采光充足、排水良好、隔离条件好的区域。有专用车道直通到场，场区主要路面须硬化。场区周围有防疫隔离设施，并有明显的防疫标志。家禽场分为生活区、办公区和生产区，生活区和办公区与生产区分离，生活区和办公区位于生产区的上风向。养殖区域应位于污水、粪便和病死鸡处理区域的上风向。同时，生产区内污道与净道分离，不相交叉。各区整洁，且有明显标示。场区门口、生产区入口和鸡舍门口应有消毒设施，生产区入口处应设有更衣消毒室，场内和鸡舍内应有消毒设备。设有专用的蛋库，蛋库整洁。

场区有稳定适于饮用的水源及电力供应；水质符合《无公害食品畜禽饮用水水质》（NY 5027）的规定。鸡场应设有相应的消毒设施、更衣室、兽医室解剖室，并具备常规的化验检验条件。设有药品储备室，并配备必要的药品、疫苗储藏设备。有效的病鸡、污水及废弃物无公害化处理设施。鸡舍地面和墙壁应便于清洗和消毒，耐磨损，耐酸碱。墙面不易脱落，耐磨损，不含有毒有害物质。鸡舍应具备良好的排水、通风换气、防鼠、防虫以及防鸟设施及相应的清洗消毒设施和设备。

坚持做好灭苍蝇、灭蚊子、灭老鼠和防野鸟工作。有害生物如苍蝇、蚊子、老鼠及其他飞禽走兽、寄生虫对鸡群健康的危害越来越明显。因此，对有害生物的控制应该引起高度重视，鸡宜采用全封闭式鸡舍，对半封闭式鸡舍应安装防鸟网、灭鼠器、灭蚊蝇灯，清除鸡舍周围的杂草和污水沟，采取安排专人驱赶飞鸟等办法与措施，维护鸡场的生物安全。据介绍，美国的鸡舍周边铺设宽度为 1 米的碎石或鹅卵石，可避免啮齿类进入鸡舍。在饲料和鸡蛋的储藏地的周围设置大量的毒饵室，并放置有效的灭鼠药。这种做法值得我们的鸡场借鉴。

2. 引种要求

雏鸡应来源于具有种畜禽生产经营许可证的种鸡场，雏鸡需经产地动物防疫检疫部门检疫合格，达到畜禽产地检疫的有关要求。不得从禽病疫区引进雏鸡。运输工具运输前需进行清洗和消毒。同一栋鸡舍的所有鸡应来源于同一种禽场相同批次的家禽。

鸡场应记录品种、来源、数量、日龄等情况，并保留种畜禽生产经营许可证复印件、动物检疫合格证和车辆消毒证明等。一旦出现引种问题能追溯到家禽出生、孵化的家禽场。

3. 加强消毒，净化环境

养鸡场应备有健全的清洗消毒设施和设备，以及制订和执行严格的消毒制度，防止疫病传播。鸡场采用人工清扫、冲洗、交替使用化学消毒药物消毒。要选择对人和鸡安全、没有残留毒性、对设备没有破坏、不会在鸡体内产生有害积累的消毒剂。选用的消毒剂应符合《无公害农产品 兽药使用准则》（NY/T 5030）的规定。在鸡场入口、生产区入口、鸡舍入口设置防疫规定的长度和深度的消毒池。对养鸡场及相应设施进行定期清洗消毒。并为了有效消灭病原，必须定期实施以下消毒程序：每次进场消毒、鸡舍消毒、饲养管理用具消毒、车辆等运输工具消毒、场区环境消毒、带鸡消毒、饮水消毒。

用一定浓度的次氯酸盐、有机碘混合物、过氧乙酸、新洁尔灭等，用喷雾装置进行喷雾消毒，主要用于鸡舍清洗完毕后的喷洒消毒、带鸡消毒，鸡场道路和周围、进入场区的车辆消毒；用一定浓度的新洁尔灭、有机碘混合物或煤酚的水溶液，进行洗手、洗工作服或胶靴；鸡舍应在进鸡前用甲醛和高锰酸钾进行熏蒸消毒，每立方米用福尔马林（40％甲醛溶液）42 毫升、高锰酸钾 21 克，在 21℃以上温度、70％以上相对湿度条件下，封闭熏蒸 24 小时；在鸡场入口、更衣室，用紫外线灯照射，可以起到杀菌效果；在鸡舍周围、入口撒生石灰或火碱可以杀死大量细菌或病毒；用酒精、汽油、柴油、液化气喷灯，对空置的笼具、地面、墙壁等地方用火焰依次瞬间喷射消毒效果更好。

鸡舍周围环境每 2～3 周用 2％火碱消毒或撒生石灰 1 次；场周围及场内污水池、排粪坑、下水道出口，每月用漂白粉消毒 1 次。在大门口、鸡舍入口设消毒池，注意定期更换消毒液；工作人员进入生产区净道和鸡舍要经过洗澡、更衣、紫外线消毒。严格控制外来人员，必须进生产区时，要洗澡，更换场区工作服和工作鞋，并遵守场内防疫制度，按指定路线行走；每批鸡只调出后，要彻底清扫干净，用高压水枪冲洗，然后进行喷雾消毒或熏蒸消毒；定期对笼具、料槽、饲料车、料箱、针管等用具进行消毒，可用 0.1％新洁尔灭或 0.2％～0.5％过氧乙酸消毒，然后在密闭的室内进行熏蒸。

4. 饲料管理

饲料原料和添加剂的感官应符合要求。即具有该饲料应有的色泽、嗅、味及组织形态特征，质地均匀。无发霉、变质、结块、虫蛀及异味、异嗅、异物。饲料和饲料添加剂的生产、使用应是安全、有效、不污染环境的产品。符合单一饲料、饲料添加剂、配合饲料、浓缩饲料和添加剂预混合产品的饲料质量标准规定。所有饲料和饲料添加剂的卫生指标应符合《饲料卫生标准》（GB 13078—2001）和《饲料卫生标准 饲料中赭曲霉素 A 和玉米赤霉烯酮的允许量》（GB 13078.2—2006）的规定。

饲料和饲料添加剂应在稳定的条件下取得或保存，确保饲料和饲料添加剂在生产加工、储存和运输过程中免受害虫、化学、物理、微生物或其他不期望物质的污染。

在蛋鸡的不同生长时期和生理阶段，根据营养需求，配制不同的全价配合饲料。营养水平不低于《鸡饲养标准》（NY/T 33—2004）的要求，参考所饲养蛋鸡品种的饲养手册标准，配制营养全面的全价配合饲料。禁止在饲料中添加违禁的药品及药品添加剂。使用含有抗生素的添加剂时，在淘汰鸡出售前，按有关准则执行休药期。不使用变质、霉败、生虫或被污染的饲料。

5. 病死鸡无害化处理

病死鸡无害化处理是指用物理、化学等方法处理病死动物尸体及相关动物产品，消灭其所携带的病原体，消除动物尸体危害的过程。无害化处理方法包括焚烧法、化制法、掩埋法和发酵法。注意因重大动物疫病及人畜共患病死亡的动物尸体和相关动物产品不得使用发酵法进行处理。

对养鸡场饲养过程中出现的病死鸡要严格执行"四不准一处理"（即不准宰杀、不准食用、不准出售、不准转运、对病死鸡必须无害化处理）制度。对剖检的病鸡尸体采取深埋或焚烧等安全处理措施，勿给狗吃或送人，更不要乱丢乱抛。育雏阶段的死亡小鸡也应烧毁或深埋，防止野狗掏食。对鸡粪、垃圾废物采用发酵法或堆粪法进行无害化处理。对废弃的药品、生物制品包装物进行无害化处理。

6. 实施群体预防

养鸡场应根据《中华人民共和国动物防疫法》及其配套法规的要求，结合当地疫病流行的实际情况，制订免疫计划，有选择地进行疫病的预防接种工作；对国家兽医行政管理部门不同时期规定需强制免疫的疫病，疫苗的免疫密度应达到100%，选用的疫苗应符合《中华人民共和国兽用生物制品质量标准》，并注意选择科学的免疫程序和免疫方法。

进行预防、治疗和诊断疾病所用的兽药应是来自具有《兽药生产许可证》，并获得农业部颁发《中华人民共和国兽药GMP证书》的兽药生产企业，或农业部批准注册进口的兽药，其质量均应符合相关的兽药国家质量标准。使用拟肾上腺素药、平喘药、抗胆碱药与拟胆碱药、糖肾上腺皮质激素类药和解热镇痛药，应严格按国务院兽医行政管理部门规定的作用用途和用法用量使用。使用饲料药物添加剂应符合农业部《饲料药物添加剂使用规范》的规定。禁止将原料药直接添加到饲料及饮用水中或直接饲喂。应慎用经农业部批准的拟肾上腺素药、平喘药、抗胆碱药与拟胆碱药、糖肾上腺皮质激素类药和解热镇痛药。鸡场要认真做好用药记录。

7. 防止应激

应激是作用于动物机体的一切异常刺激，引起机体内部发生一系列非特异性反应或紧张状态的统称。对于鸡来说，任何让鸡只不舒服的动作都是应激。应激对鸡的危害很大，造成机体免疫力、抗病力下降，抑制免疫，诱发疾病，条件性疾病就会发生。可以说，应激是百病之源。

防止和减少应激的办法很多，在饲养管理上要做到"以鸡为本"，精心饲喂，供应营养平衡的饲料，控制鸡群的密度，做好通风换气，控制好温度、湿度和噪声，随时供应清洁充足的饮水等。

8. 抗体检测

养鸡场应依照《中华人民共和国动物防疫法》及其配套法规，以及当地兽医行政管理部门有关要求，并结合当地疫病流行的实际情况，制订疫病监测方案并实施，并应及时将监测结果报告当地兽医行政管理部门。养鸡场常规监测的疫病有高致病性禽流感、鸡新城疫、鸡马立克氏病、禽白血病、禽结核、鸡白痢、鸡伤寒等。养鸡场应接受并配合当地动物防疫监督机构进行定期或不定期的疫病监督抽查、普查、监测等工作。

9. 疫病扑灭与净化

养鸡场应根据监测结果，制订场内疫病控制计划，隔离并淘汰病畜禽，逐步消灭疫病。当鸡场发生疫病或怀疑发生疫病时，应根据《中华人民共和国动物防疫法》，立即向当地兽医行政管理部门报告疫情。

确诊发生国家或地方政府规定应采取捕杀措施的疾病时，养鸡场必须配合当地兽医行政管理部门，对发病畜禽群实施严格的隔离、捕杀措施。

发生动物传染病时，养鸡场应对发病鸡群及饲养场所实施净化措施，对全场进行彻底的清洗消毒，病死或淘汰鸡的尸体按畜禽病害肉尸及其产品无害化处理要求进行无害化处理，消毒按畜禽产品消毒规范（GB/T 16569）进行。

10. 建立各项生物安全制度

建立生物安全制度就是将有关鸡场生物安全方面的要求、技术操作规程加以制度化，以便全体员工共同遵守和执行。

如在员工管理方面要求对新参加工作及临时参加工作的人员进行

上岗卫生安全培训。定期对全体职工进行各种卫生规范、操作规程的培训。

生产人员和生产相关管理人员至少每年进行一次健康检查，新参加工作和临时参加工作的人员，应经过身体检查取得健康合格证后方可上岗，并建立职工健康档案。

进生产区必须穿工作服、工作鞋，戴工作帽，工作服必须定期清洗和消毒。每次家禽周转完毕，所有参加周转人员的工作服应进行清洗和消毒。各禽舍专人专职管理，禁止各禽舍间人员随意走动。

严格执行换衣消毒制度，员工外出回场时（休假或外出超过 4 小时回场者，要在隔离区隔离 24 小时），要经严格消毒、洗澡，更换场内工作服才能进入生产区，换下的场外衣物存放在生活区的更衣室内，行李、箱包等大件物品需打开照射 30 分钟以上，衣物、行李、箱包等均不得带入生产区。

外来人员管理方面，规定禁止外来人员随便进入鸡场。如发现外人入场所有员工有义务及时制止，请出防疫区。本场员工不得将外人带入鸡场。外来参观人员必须严格遵守本场防疫、消毒制度。

工具管理方面做到专舍专用工具，各舍设备和工具不得混用，工具严禁借给场外人员使用。

每栋鸡舍门口设消毒池、盆，并定期更换消毒液，保持有效浓度。员工每次进入鸡舍都必须用消毒液洗手和踩踏消毒池，以及严禁在防疫区内饲养猫、狗等，养鸡场应配备对害虫和啮齿动物等的生物防护设施，杜绝使用发霉变质饲料等等。

每群鸡都应有相关的资料记录，其内容包括：畜禽品种及来源、生产性能、饲料来源及消耗情况、兽药使用及免疫接种情况、日常消毒措施、发病情况、实验室检查及结果、死亡率及死亡原因、无害化处理情况等。所有记录应有相关负责人员签字并妥善保存 2 年以上。

二、采用全进全出制度

全进全出制度即同一鸡舍或同一鸡场只饲养同一批次的鸡，同时进场、同时出场的管理制度。全进全出制度是规模化养鸡场的一项重要技术措施，它不但能保证生产的计划性，而且有利于鸡群的保健和对疫病的控制、扑灭和净化。全进全出制也是最理想的生物安全方式。

众所周知，当前制约家禽业发展的最大瓶颈是疫病，而造成目前疾病困扰的根本原因正是小规模、大群体的饲养模式。在这种饲养模式下，大鸡小鸡混养，大鸡发病小鸡遭殃，一个饲养场（户）发病，波及全村、方圆十几里乃至更大范围，并且经常是一病未平一病又起，循环往复，损失巨大。解决的办法只有一个，推行全进全出制，就是一个饲养场（户）只养一批同日龄的鸡，鸡同时进场、同时出栏淘汰，鸡群出栏后彻底清理、消毒，并空舍一段时间，等于每次进鸡时都是一个新场。这样可以避免疾病从较大日龄鸡传播到较小日龄鸡，对疾病易感的鸡群，切断了病原在鸡群之间的水平传播，减少了疾病的早期感染机会，降低了疾病从上批次传染给下批次的风险和概率，可显著提高鸡场生产成绩，是鸡场生物安全的重要措施。欧美发达国家几十年的发展经验充分证明这种办法相当有效。我国大中型养鸡场采用的也比较多，效果非常好。

为了实现全进全出，养鸡场应从设施建设和饲养管理上做好充分的准备工作。

一是鸡场可以进行专门化养殖，采取一个鸡场只负责饲养一个阶段的鸡的措施。如专门饲养雏鸡的养鸡场、专门饲养育成鸡的养鸡场、专门饲养产蛋鸡的养鸡场。这样专业分工明确，管理单一，保证了不同日龄鸡的互不交叉。

二是鸡场在设施建设上，要建设足够的鸡舍做保证。鸡场在鸡舍设计建设时就要根据各个阶段鸡的特点建设专门的鸡舍。保证育雏期、育成期、产蛋期的鸡舍专用。不出现同一栋鸡舍既饲养雏鸡又同时饲养育成鸡或者产蛋鸡的情况。如果同一养鸡场既育雏又育成和饲养产蛋期鸡的，各类鸡舍必须相互独立，保持一定的安全距离。

三是做好雏鸡的引进和产蛋鸡的淘汰计划。避免出现因计划不周，导致某一阶段的鸡过多而鸡舍不够用，不得不把不同日龄、不同批次的鸡饲养在同一个舍的情况发生。

四是在饲养管理上，鸡舍从工具、饲料、人员、防疫等饲养管理的各个环节都要实行单独管理。各舍实行专人专职管理，禁止各舍间人员随意走动。

三、扎实做好蛋鸡场消毒

消毒是鸡场最常见，也是最重要的工作之一。保证鸡场消毒效果可以节省大量用于疾病免疫、治疗方面的费用。随着养鸡业发展趋于集约化、规模化，养鸡人必须充分认识到鸡场消毒的重要性。

但是很多鸡场经营者还对此认识不足，主要存在以下几个方面的问题。一是认为消毒可有可无。有的做消毒时应付了事，鸡舍没有彻底清扫、冲洗干净，就急忙喷洒消毒药液，使消毒剂先与环境中存在的有机物结合，以致对微生物的杀灭作用大为降低，很难达到消毒效果；有的嫌麻烦不愿意做，有的隔三差五做一次。听说周围鸡场有疫情了，就做一做，没有疫情就不做。本场发生传染病了，就集中做几次，时间一长又不坚持做了；有的干脆就不做。有的虽然做了消毒，但结果鸡还是得病了，所以就认为消毒没什么作用。二是不知道消毒方法。在消毒方法上，不懂得消毒程序，不知道怎样消毒，以为水冲干净、粪清干净就是消毒。有的养鸡场配制消毒剂时任意增减浓度。消毒剂的配比浓度过低，不能杀灭病原微生物。虽然浓度越大对病原微生物杀灭作用越强，但是浓度增大的范围是有限的，不是所有的消毒剂超出限度就能提高消毒效力。因为各种化学消毒剂的化学特性和化学结构不同，对病原微生物的作用也各不相同。三是不会选择消毒药品。消毒药品单一，不知道根据消毒对象选择合适的消毒药品。有的养鸡场长期使用1～2种消毒剂，没有定期更换，致使病原体产生耐药性，影响消毒效果。有的贪图便宜，哪个便宜买哪个，从市场上购进无生产批号、无生产厂家、无生产日期的"三无消毒药"，使用后不但没达到消毒目的，反而影响生产，造成经济损失。

消毒的目的是消灭病原微生物，如果存在病原微生物就有传播的可能，最常见的疾病传播方式是鸡与鸡之间的直接接触，引入疾病的最大风险总是来自于感染的家禽。其他能够传播疾病的方式：空气传播，如来自相邻鸡场的风媒传播；机械传播，如通过车辆、机械和设备传播；人员，通过鞋和衣物传播；鸟、鼠、昆虫以及其他动物（家养、农场和野生）传播；污染的饲料、水、垫料等。

疾病要想传播，首先必须有足够的活体病原微生物接触到鸡只。

生物安全就是要尽可能减少或稀释这种风险。因此，卫生、清洗消毒就成了生物安全计划不可分割的部分。

因此，一贯的、高水准的清洗消毒是打破某些传染性疾病在场内再度感染的循环周期的有效方式。所以，鸡场必须高度重视、扎实做好消毒工作。

四、制订科学的免疫程序

从目前生产实践看，多数养鸡场（户）饲养蛋鸡所采用的免疫程序大都是参照疫苗厂家或由鸡雏供应商直接提供的免疫程序，这些免疫程序具有一定的普遍性，但是由于每个地方疫病的流行情况不同，免疫程序也不尽相似，养鸡场（户）必须根据本地的实际疫病流行情况和需要，科学地制订和设计一个适合于本场的免疫程序。

1. 制订免疫程序应该考虑的因素

（1）鸡场及周边疫病流行情况　本场、本地区疾病的流行情况、危害程度，鸡场疫病的流行病史、发病特点、多发日龄、流行季节，鸡场间的安全距离等都是制订和设计免疫程序时应该综合考虑的因素。如传染性支气管炎首免的时间一般在 7～9 日龄，由于春、秋两季温度变化较大，是传染性支气管炎高发期，首免的时间应选择在 3～5 日龄。

（2）疫苗毒力　疫苗有多种分类方法，就同一种疫苗来说，根据疫苗的毒力强弱可分为强毒、中毒、弱毒疫苗；根据血清型同时又有单价和多价之别。疫苗免疫后产生免疫保护所需的时间、免疫保护期长短、对机体的免疫应答作用是不同的。一般而言，活疫苗比灭活疫苗抗体产生的快，病毒疫苗比细菌疫苗的保护率高。毒力越强、免疫原性越好，对机体应激越大，免疫后产生免疫保护需要的时间越短；毒力弱则情况相反。灭活苗免疫后产生免疫保护需要的时间最长，但免疫后能获得高而整齐的抗体滴度。现在市场中经常见到使用毒力强的法氏囊活苗，毒力越强，对法氏囊的损伤就越大，易造成机体免疫器官的损坏，引起严重的自身免疫抑制，同时也影响其他疫苗的免疫效果。

（3）疫苗免疫后产生保护所需时间（即免疫空白期）　免疫后因疫苗种类、毒株类型、免疫途径、毒力、免疫次数、鸡群的应激状态等不同而产生免疫保护所需时间及免疫保护期长短差异很大，一般的新城疫灭活苗注射后需 15 天才具有保护力。抗体的衰减速度因管理水平、环境污染程度差异而不同，但盲目过频的免疫或仅免疫一次都是很危险的。

（4）疫苗之间的干扰　多种疫苗同时免疫，如传染性支气管炎单苗与新城疫单苗同时混合使用或免疫间隔过短，会产生严重的干扰作用，两者间隔的时间最少为 14 天。使用新城疫、传染性支气管炎联苗的除外。

（5）免疫途径的选择　不同的疫苗有不同的免疫途径，疫苗生产厂家提供的产品均附有说明书，活苗免疫，如鸡新城疫、传染性支气管炎一般采用滴鼻或点眼，鸡痘疫苗一般采用肌内注射的免疫途径。灭活苗免疫方法主要是肌内注射或皮下注射。

合理的免疫途径可以刺激机体尽快产生免疫力，不合理的免疫途径则可能导致免疫失败甚至是严重免疫反应。如法氏囊冻干疫苗免疫方法的选择以滴口为首选，油乳剂灭活苗不能饮水、喷雾；同一种疫苗用不同的免疫途径所获得的免疫效果也不一样，如鸡新城疫疫苗，滴鼻、点眼的免疫效果是饮水免疫的 4～5 倍。

（6）免疫抑制性疾病的影响　临床上免疫抑制性疾病感染是很普遍的。种鸡群的净化水平低，导致鸡传染性贫血病毒（CIAV）、J 亚群禽骨髓性白血病病毒（ALV-J）、网状内皮组织增生症病毒（REV）和呼肠孤病毒等免疫抑制性疾病广泛存在，均经过种蛋垂直传播给雏鸡。免疫抑制性疾病会造成家禽机体整个防御系统（非特异性免疫、特异性免疫）受损，导致免疫抑制或免疫力低下，增加其他病毒性、细菌性病发生的概率。

（7）母源抗体的干扰　母源抗体在保护机体免受病毒侵害的同时也影响疫苗免疫应答，从而影响免疫程序的制订。母源抗体（MAT）水平在较高的情况下，应推迟首免日龄，如鸡新城疫的首免一般选在 9～10 日龄、法氏囊首免宜在 1～16 日龄。当母源抗体（MAT）水平逐渐降低时，有少量母源抗体的缓冲作用，鸡群对疫苗的应答将会很好。

（8）鸡群健康及药物使用情况　在饲养过程中，预先制订好的免疫程序也不是一成不变的，而是要根据抗体监测结果和鸡群健康状况及用药情况随时进行调整；抗体监测可以查明鸡群的免疫状况，指导免疫程序的设计和调整。

抗病毒药物能抑制机体的免疫应答，有些抗生素也能抑制机体的免疫，链霉素、氟苯尼考等能抑制新城疫抗体的产生，庆大霉素和丁胺卡那霉素对 T、B 淋巴细胞的转化有明显的抑制作用，所以在免疫前后尽量不使用抗生素。

2. 制订蛋鸡免疫程序

蛋鸡免疫程序（仅供参考）如下。

1 日龄：预防马立克氏病，用马立克氏病双价苗。使用方法：颈部皮下注射 0.2 毫升。用单价苗或发病严重鸡场，可用 2 次免疫方法，即在 10 日龄重复免疫 1 次，可明显降低发病率。

7 日龄：预防新城疫，用 IV 系苗。使用方法：滴鼻。

11 日龄：预防传染性支气管炎，用传染性支气管炎 H120。使用方法：滴口、滴鼻。

14 日龄：预防法氏囊炎，用中毒株疫苗。使用方法：滴口。

18 日龄：预防传染性支气管炎，用呼吸型、肾型、腺胃型传染性支气管炎油乳剂灭活苗 0.3 毫升。使用方法：肌内注射。

22 日龄：预防法氏囊炎，用中毒株法氏囊炎疫苗（法倍灵）。使用方法：饮水给予。

27 日龄：预防新城疫、鸡痘，同时用活疫苗与灭活苗。使用方法：新城疫活苗 2 头份饮水，新城疫油乳剂苗 0.2 毫升肌内注射。在接种新城疫苗的同时用鸡痘苗于翅膀下穿刺接种。

50 日龄：预防传染性喉气管炎（没有发生的鸡场不用），用鸡传染性喉气管炎活疫苗。使用方法：滴鼻、滴口、滴眼。

60 日龄：预防新城疫、传染性支气管炎，用新城疫-传染性支气管炎油乳剂灭活苗（小二联）0.5 毫升。使用方法：肌内注射。

90 日龄：预防大肠杆菌病，用鸡大肠杆菌灭活苗 1 毫升。使用方法：肌内注射。

120 日龄：预防新城疫、鸡传染性支气管炎、减蛋综合征，用新城疫、传染性支气管炎、减蛋综合征油乳剂灭活苗（大三联）0.5 毫升。使用方法：肌内注射。

五、合理用药

按照《无公害农产品 兽药使用准则》（NY 5030—2016）规定，兽药是指用于预防、治疗、诊断动物疾病或者有目的地调节其生理机能的物质（含药物饲料添加剂），主要包括血清制品、疫苗、诊断制品、微生态制品、中药材、中成药、化学药品、抗生素、生化药品、放射性药品及外用杀虫剂、消毒剂等。

在养鸡生产中，由于养殖人员对用药常识了解得不够，经常会出现盲目投药、胡乱搭配、超剂量投药、药量计算不准确、投药途径不正确、盲目使用药物、不注意药物配伍禁忌、甚至使用禁用药物等不合理用药的问题。由于蛋鸡生长期长，不合理用药既增加蛋鸡的生产成本，又可因为药物的副作用导致鸡体损害，轻者减产，重者使蛋鸡失去产蛋能力，不得不提前淘汰，得不偿失。特别是蛋鸡的用药往往是整群用药，一旦药物使用不当，将对整个鸡群造成严重影响，后果不堪设想。因此，养鸡场必须合理用药。

合理用药就是按照无公害食品畜禽饲养兽药使用准则的规定，做到以下几点。

① 临床兽医和畜禽饲养者使用兽药应遵守《兽药管理条例》的有关规定。应凭专业兽医开具的处方使用经国务院兽医行政管理部门规定的兽医处方药。禁止使用国务院兽医行政管理部门规定的禁用药品。

② 购买正规兽药生产企业的合格兽药。临床兽医和畜禽饲养者进行预防、治疗和诊断畜禽疾病所用的兽药应是来自具有《兽药生产许可证》，并获得农业部颁发《中华人民共和国兽药 GMP 证书》的兽药生产企业，或农业部批准注册进口的兽药，其质量均应符合相关的兽药国家质量标准。

③ 临床兽医应严格按《中华人民共和国动物防疫法》的规定对畜禽进行免疫，防止畜禽发病和死亡。产蛋期要慎用鸡新城疫、传染性支气管炎等疫苗，产蛋鸡除发生疫情紧急接种外，一般不宜接种这些疫苗，以防应激等因素引起产蛋量下降和软壳蛋。

④ 临床兽医使用拟肾上腺素药、平喘药、抗胆碱药与拟胆碱药、糖肾上腺皮质激素类药和解热镇痛药，应严格按国务院兽医行政管理

部门规定的作用用途和用法用量审慎使用。养鸡场使用饲料药物添加剂应符合农业部《饲料药物添加剂使用规范》的规定。禁止将原料药直接添加到饲料及动物饮用水中或直接饲喂动物。非临床医疗需要，禁止使用麻痹药、镇痛药、镇静药、中枢兴奋药、雄性激素、雌性激素、化学保定药及骨骼肌松弛药。必须使用该类药时，应凭专业兽医开具的处方用药。

⑤ 注意药物配伍禁忌。如抗生素之间、抗生素与其他药物混合使用，有的可产生增强相加作用，有的可产生拮抗和毒副作用，所以要注意药物间的配伍禁忌，以免带来不良所果。如青霉素 G 与四环素，土霉素与金霉素则不能联用。再比如磺胺类药物，如果与新霉素、黄连素配伍使用可增强疗效，而与青霉素配伍则降低疗效。与氨基糖苷类和酸性药物配伍会产生沉淀，与四环素类、头孢菌素类、莫能菌素、盐霉素等配伍则毒性增强。

⑥ 抓住最佳用药时机。给蛋鸡用药的目的一定要明确，不能在畜禽发病还没有确诊的情况下，仅凭想当然就随意用药。因此，必须仔细观察其症状，必要时还要进行剖检，还不能确诊时就必须采集病料送有关部门进行实验室诊断。只有在准确诊断的基础上用药，才能得到应有的疗效。也就是清楚蛋鸡患的是哪种病，应该选择什么类型的药物进行治疗。根据治疗的目的选择合适的治疗方案，进行科学选药。与此同时，药物的用量一定要适当，在病情比较轻微时，最好不选用高档药物，否则很容易产生抗药性。

⑦ 注意合理用药的剂量。用药剂量不是越大效果越好，很多药物大剂量使用，不仅造成药物残留，而且会发生畜禽中毒。在实际生产中，首先使用抗菌药可适当加大剂量，其他药则不易加大用药剂量。同时要注意，拌入饲料服用的药物，必须搅拌均匀，防止鸡采食药物的剂量的不一致，引起中毒。另外，饮水给药要考虑药物的溶解度和鸡的饮水量，确保鸡吃到足够剂量的药物。

⑧ 注意药物疗程和休药期。要保证疗程用药时间。药物连续使用时间必须达到一个疗程以上。不可使用一两次就停药，或急于调换药物品种，因很多药物需使用一个疗程才显示出疗效。

临床兽医和饲养者应严格执行国务院兽医行政管理部门规定的兽药休药期，并向购买者或屠宰者提供准确、真实的用药记录。

⑨ 注意用药对象。常用的药物如磺胺嘧啶、磺胺噻唑、磺胺氯吡嗪、增效磺胺嘧啶等，这类药在养鸡生产上常用于防治白痢、球虫病、盲肠肝炎和其他细菌性疾病。但这些药物都有抑制产蛋的副作用，能与碳酸酐酶结合，使其降低活性，从而使鸡产软壳蛋和薄壳蛋，因此这类药只能用于幼小的鸡和青年鸡，而对产蛋鸡应禁止使用。抗球虫类药物如氯苯胍、球虫净、克球粉、硝基氯苯酰胺、莫能霉素等，这些药物使用后，一方面有抑制产蛋的作用，另一方面会在鸡蛋中出现残留现象，而这种蛋被人食用后，又会危害人体健康，因而对产蛋鸡应禁用。

⑩ 做好兽药使用记录和兽药不良反应报告。临床兽医和畜禽饲养者使用兽药，应认真做好用药记录。用药记录至少应包括用药的名称（商品名和通用名）、剂型、剂量、给药途径、疗程，药物的生产企业、产品的批准文号、生产日期、批号等。使用兽药的单位或个人均应建立用药记录档案，并保存 1 年（含 1 年）以上。

临床兽医和畜禽饲养者使用兽药，应对兽药的治疗效果、不良反应做观察记录；发生动物死亡时，应请专业兽医进行解剖，分析是药物原因还是疾病原因。发现可能与兽药使用有关的严重不良反应时，应当立即向所在地人民政府兽医行政管理部门报告。

六、育雏期常见病的防治

育雏期是养鸡生产过程中最关键的时期，也是疾病最多、最易发病和较难控制的时期，一般在 1～7 日龄、15～25 日龄和 28 日龄易出现死亡高峰，育雏期雏鸡常见的疾病有鸡新城疫、鸡传染性支气管炎、鸡传染性法氏囊、鸡马立克病、鸡传染性贫血病、鸡副伤寒、鸡白痢病、大肠杆菌病、鸡球虫病、霉菌毒素中毒、一氧化碳中毒、雏鸡脱水症等。

1. 鸡新城疫

鸡瘟是鸡新城疫的俗称。鸡新城疫（new castle disease），由副粘病毒引起的高度接触性传染病。又称亚洲鸡瘟或伪鸡瘟。常呈急性败血症状。主要特征是呼吸困难、便稀、神经紊乱、黏膜和浆膜出血。死亡率高，对养鸡业危害严重。

有强毒株和弱毒株两类。病毒分为低毒力型（即缓发型）、中等毒力型（即中发型）、强毒力型（即速发型）3 种。多数高强度毒力株常属嗜内脏型新城疫病毒。鸡科动物都可罹患本病。家鸡最易感，雏鸡比成年鸡易感性更高。病初体温升高达 43～44℃，精神委顿，羽毛松乱，呈昏睡状。冠和肉髯暗红色或黑紫色。嗉囊内常充满液体及气体，呼吸困难，喉部发出咯咯声；粪便稀薄、恶臭，一般 2～5 天死亡。亚急性或慢性型症状与急性型相似，唯病情较轻，出现神经症状，腿、翅麻痹，运动失调，头向后仰或向一边弯曲等，病程可达 1～2 个月，多数最终死亡。

各种鸡和各种年龄的鸡都能感染，幼鸡和中鸡更易感染，2 年以上的老鸡易感性降低。本病主要传染源是病鸡和带毒鸡的粪便及口腔黏液。被病毒污染的饲料、饮水和尘土经消化道、呼吸道或结膜传染易感鸡是主要的传播方式。空气和饮水传播，人、器械、车辆、饲料、垫料（稻壳等）、种蛋、幼雏、昆虫、鼠类的机械携带，以及带毒的鸽、麻雀的传播对本病都具有重要的流行病学意义。一年四季均可发生，以冬春寒冷季节较易流行。在非免疫区或免疫低下的鸡群，一旦有速发型毒株侵入，可迅速传播，呈毁灭性流行。发病率和死亡率可达 90％以上。目前，在大中型养鸡场，鸡群有一定免疫力的情况下，鸡新城疫主要以一种非典型的形式出现，应引起重视。

近年来由于病毒毒力增强、疫苗使用方法、使用途径等原因，非典型新城疫发病较多。非典型新城疫一般不呈爆发性流行，多散发，发病率在 5％～10％。临床上缺乏特征性呼吸道症状，鸡群精神状态较好，饮食正常。个别鸡出现精神沉郁、食欲降低、嗉囊空虚、排黄色粪便等症状。从出现症状到死亡，一般为 1～2 天。产蛋鸡出现产蛋量下降、产软壳蛋等。非典型新城疫的特征性病理变化表现在小肠上有数个大小不等的黄色泡状肠段。剪开该肠段可见肠内容物呈橘黄色、稀薄，肠黏膜脱落，肠壁变薄，呈橘黄色，缺乏弹性，肠壁毛细血管充血或出血，与周围界限明显。腺胃变软、变薄，腺胃乳头间有出血。产蛋鸡除上述病变外，还有卵泡变形，卵黄液稀薄，严重者卵泡破裂，卵黄散落到腹腔中形成卵黄性腹膜炎。

【防治措施】本病尚无有效治疗药物，只能依靠严格消毒、隔离和用灭活苗及活苗疫苗接种预防。新城疫的预防工作是一项综合性工程。饲养管理、防疫、消毒、免疫及监测五个环节缺一不可。不能单纯依赖疫苗来控制疾病。

一是加强饲养管理和兽医卫生，注意饲料营养，减少应激，提高鸡群的整体健康水平；特别要强调全进全出和封闭式饲养制，提倡育雏、育成、成年鸡分场饲养方式。谢绝参观，加强检疫，防止动物进入易感鸡群，工作人员、车辆进出须经严格消毒处理。

二是严格防疫消毒制度，杜绝强毒污染和入侵。本病毒对消毒剂、日光及高温抵抗力不强，一般消毒剂的常用浓度即可很快将其杀灭。但是消毒要严格规范，特别是消毒前彻底清除粪便、污染物、灰尘等，因为很多种因素都能影响消毒剂的效果，如病毒的数量、毒株的种类、温度、湿度、阳光照射、储存条件及是否存在有机物等，尤其以有机物的存在和低温的影响作用最大。

三是建立科学的适合于本场实际的免疫程序，充分考虑母源抗体水平，疫苗种类及毒力，最佳剂量和接种途径，鸡种和年龄。坚持定期免疫监测，随时调整免疫计划，使鸡群始终保持有效的抗体水平。一旦发生非典型新城疫，应立即隔离和淘汰早期病鸡，全群紧急接种3倍剂量的 LaSota（Ⅳ系）活毒疫苗，必要时也可考虑注射Ⅰ系活毒疫苗。如果把3倍量Ⅳ系活苗与新城疫油乳剂灭活苗同时应用，效果更好。对发病鸡群投服多维和适当抗生素，可增加抵抗力，控制细菌感染。

四是鸡场发生鸡新城疫的处理。鸡群一旦发生本病，首先将可疑病鸡拣出焚烧或深埋，被污染的羽毛、垫料、粪便、鸡新城疫病变内脏亦应深埋或烧毁。封锁鸡场，禁止转场或出售，立即彻底消毒环境，并给鸡群进行Ⅰ系苗加倍剂量的紧急接种；鸡场内如有雏鸡，则应严格隔离，避免Ⅰ系苗感染雏鸡。待最后一个病例处理两周，并通过严格消毒后，方可解除封锁，重新进鸡。

2. 鸡传染性支气管炎

鸡传染性支气管炎（infectious bronchitis，IB）是由传染性支气管炎病毒（IBV）引起的一种急性、高度接触性传染病。IBV主要损伤雏鸡的呼吸道、生殖系统以及泌尿系统的肾等，造成蛋用鸡产蛋量和蛋的品质下降，甚至导致成年鸡死亡，给养鸡业带来不可低估的经济损失。

本病的发病率高，各个年龄的鸡均易感。雏鸡无前驱症状，全群几乎同时突然发病。最初表现为呼吸道症状，流鼻涕、流泪、鼻肿胀、咳嗽、打喷嚏、伸颈张口喘气。夜间听到明显嘶哑的叫声。随着病情发展，症状加重，缩头闭目、垂翅挤堆、食欲不振、饮欲增加，如治疗不及时，有个别死亡现象；产蛋鸡表现轻微的呼吸困难、咳嗽、气管啰音，有"呼噜"声。精神不振、减食、拉黄色稀粪，症状不很严重，有极少数死亡。发病第2天产蛋开始下降，1～2周下降到最低点，有时产蛋率可降到一半，并产软蛋和畸形蛋，蛋清变稀，蛋清与蛋黄分离，种蛋的孵化率也降低。产蛋量回升情况与鸡的日龄有关，产蛋高峰的成年母鸡，如果饲养管理较好，经两个月基本可恢复到原来水平，但老龄母鸡发生此病，产蛋量大幅下降，很难恢复到原来的水平，可考虑及早淘汰；肾病变型多发于20～50日龄的幼鸡。在感染肾病变型的传染性支气管炎毒株时，由于肾脏功能的损害，病鸡除有呼吸道症状外，还可引起肾炎和肠炎。肾型支气管炎的症状呈二相性：第一阶段有几天呼吸道症状，随后又有几天症状消失的"康复"阶段；第二阶段就开始排水样白色或绿色粪便，并含有大量尿酸盐。病鸡失水，表现虚弱嗜睡，鸡冠褪色或呈紫蓝色。肾病变型传染性支气管炎病程一般比呼吸器官型稍长（12～20天），死亡率也高（20%～30%）。

【防治措施】本病的发病季节多见于秋末至次年春末，但以冬季最为严重。环境因素主要是冷、热、拥挤、通风不良，特别是强烈的应激作用，如疫苗接种、转群等可诱发该病发生。传播方式主要是病鸡排出病毒，经空气飞沫传染给易感鸡。此外，人员、用具及饲料和饮水等也是传播媒介。本病传播迅速，常在1～2天内波及全群。但是，鸡传染性支气管炎病毒分的几个毒株抵抗力很弱，常用的消毒方法和消毒药均能杀灭。因此，加强饲养管理、做好消毒隔离和疫苗免疫是本病防治的最有效方法。

一是严格执行引种和检疫隔离措施。要坚持全进全出。引进鸡只和种鸡种蛋时，要按规定进行检疫和引种审批，鸡只符合规定并引入后，应按规定隔离饲养，隔离期满确认健康后方可投入饲养栏饲养。

二是加强饲养管理。饲养过程中应注意降低饲养密度，避免鸡群拥挤，注意温度、湿度变化，避免过冷、过热。加强鸡舍通风换气，防止有害气体刺激呼吸道。合理配比饲料，防止维生素，尤其是维生素 A 的缺乏，以增强机体的抵抗力。

三是适时接种疫苗。预防本病的有效方法是接种疫苗。实践中，可根据鸡传染性支气管炎的流行季节、地方性流行情况和饲养管理条件、疫苗毒株特点等，合理选择疫苗，在适当日龄进行免疫，提高防疫水平（疫苗应是正规厂家生产，使用方法和剂量按疫苗说明书），同时应建立免疫档案，完善免疫记录。

四是发病治疗。本病目前尚无特效疗法，发现病鸡最好及时淘汰，并对同群鸡进行净化处理。发病后可选用家禽基因工程干扰素进行治疗，配合使用泰乐菌素或强力霉素、丁胺卡那霉素、阿奇霉素等抗生素药物控制继发感染。同时，可使用复方口服补液盐（含有柠檬酸盐或碳酸氢盐的复合制剂）补充机体内钠、钾损失和消除肾脏炎症或饮水中添加抗生素、复合多维等，提高禽只抵抗力。

3. 鸡传染性法氏囊病

鸡传染性法氏囊病又称鸡传染性腔上囊病，是由传染性法氏囊病毒引起的一种急性、接触传染性疾病。传染性法氏囊病毒属于双RNA病毒科，包括两个血清型。以法氏囊发炎、坏死、萎缩和法氏囊内淋巴细胞严重受损为特征，从而引起鸡的免疫机能障碍，干扰各种疫苗的免疫效果。发病率高，几乎达100%，死亡率低，一般为5%～15%，是目前养禽业最重要的疾病之一。此病一年四季均可发生。

此病常突然大批发病，2～3 天内可波及 60%～70%的鸡，发病后 3～4 天死亡达到高峰，其后迅速下降，病程约 1 周。当鸡群死亡数量再次增多，往往预示着继发感染的出现。病初精神沉郁，采食量减少，饮水增多，有些自啄肛门，排白色水样稀粪，重者脱水、卧地不起，极度虚弱，最后死亡。耐过雏鸡贫血消瘦，生长缓慢。剖检可见：法氏囊发生特征性病变，法氏囊呈黄色胶冻样水肿、质硬、黏膜上覆盖有奶油色纤维素性渗出物。有时法氏囊黏膜严重发炎，出血，坏死，萎缩。另外，病死鸡表现脱水，腿和胸部肌肉常有出血，颜色暗红。肾肿胀，肾小管和输尿管充满白色尿酸盐。脾脏及腺胃和肌胃交界处黏膜出血。

【防治措施】由于本病主要发生于 2 周至开产前的雏鸡，3～7 周龄为发病高峰期。随着日龄增长易感性降低。接近成熟和开始产蛋鸡群发病较少见。在一个育雏批次多的大型鸡场里，此病一旦发生，很难在短时间内得到有效控制，导致批批雏鸡均有发生，造成的损失越来越严重。病毒主要随病鸡粪便排出，污染饲料、饮水和环境，使同群鸡经消化道、呼吸道和眼结膜等感染；各种用具、人员及昆虫也可以携带病毒，扩散传播；本病还可经蛋传递。引起该病的病毒对热和一般消毒药有很强的抵抗力，尤其是对酸的抵抗力很强。病毒可在发过病的鸡舍环境中存活很长时间（甚至可达数十天之久），造成对下批雏鸡的威胁。免疫程序不合理也会导致免疫失败而造成多批次的雏鸡发病。

目前对本病没有行之有效的治疗药物，市场上的治疗药物只是针对出血和肾功能减退进行对症治疗，缓解病情和减少死亡。因此现行控制鸡传染性法氏囊病的主要措施还是搞好疫苗接种工作和综合防治措施。

一是严格的生物安全措施。各养殖场应把加强生物安全措施放在疾病防控的首位，加强环境消毒，尽量减少环境中野毒的感染压力；传染性法氏囊病毒对各种理化因素有较强的抵抗力，很难被彻底杀灭，为避免反复感染，空舍时间要足够长，并做好日常消毒工作，鉴于本病病原体对外界理化因素抵抗力很强，消毒液以碘制剂、福尔马林和强碱为主；此外，采用"全进全出"和封闭式的饲养制度，不要多日龄混合饲养。

二是加强日常管理，消除免疫抑制病的影响。加强日常管理，保证鸡群的营养供给，给鸡群创造适宜的小环境，尽量减小应激，提高鸡群自身的抗病能力；在做好鸡传染性法氏囊病免疫的同时，还应做好禽马立克氏病、禽白血病和鸡传染性贫血等其他免疫抑制病的预防与控制。

三是制订合理的免疫程序。根据当地和本场传染性法氏囊病流行情况制订合理的免疫程序，同时应做好抗体监测，适时地根据抗体的消长变化情况调整免疫程序。在疫苗免疫中，母源抗体的干扰是影响制订免疫程序的关键问题。因此，血清学检测通常是确定最佳免疫接种时间所必需的。

四是选择合适的鸡传染性法氏囊病疫苗。养殖场必须根据当地的疾病流行情况和母源抗体情况选用合适毒株的疫苗，一般首次免疫时

应用弱毒苗（有母源抗体的鸡群首免可采用中等毒力的疫苗），二免时用中等毒力的疫苗。对来源复杂或情况不清的雏鸡免疫可适当提前。严重污染区、本病高发区的雏鸡以直接选用中等毒力苗为宜。

五是发病鸡群的处理。鸡传染性法氏囊病爆发初期应及时隔离消毒，并对发病鸡群用鸡传染性法氏囊病中等毒力活疫苗紧急接种，可减少死亡。发病早期注射高免血清或康复鸡血清可起到紧急治疗的效果。若混合或继发感染其他疾病，应合理联合用药进行治疗，情况严重者，则淘汰。科学处理淘汰鸡、病死鸡、鸡粪等。

总之，要控制鸡传染性法氏囊病的发生，必须树立科学的综合防治思想，预防为主，防重于治。

4. 鸡马立克病

鸡马立克病（Marek's disease，MD）是由马立克氏病病毒引起的一种淋巴组织增生性疾病，具有很强的传染性。其特征为外周神经淋巴样细胞浸润和增大，引起肢（翅）麻痹，以及性腺、虹膜、各种脏器、肌肉和皮肤肿瘤病灶。本病是一种世界性疾病，目前是危害养鸡业健康发展的三大主要疫病（马立克氏病、鸡新城疫及鸡传染性法氏囊病）之一，引起鸡群较高的发病率和死亡率。

鸡易感，火鸡、山鸡和鹌鹑等较少感染，哺乳动物不感染。病鸡和带毒鸡是传染来源，尤其是这类鸡的羽毛囊上皮内存在大量完整的病毒，随皮肤代谢脱落后污染环境，成为在自然条件下最主要的传染来源。

本病主要通过空气传染经呼吸道进入体内，污染的饲料、饮水和人员也可带毒传播。孵房污染能使刚出壳雏鸡的感染性明显增加。1日龄雏鸡最易感染，2～18周龄鸡均可发病。母鸡比公鸡易感性高。来航鸡抵抗力较强，肉鸡抵抗力低。

潜伏期常为3～4周，一般在50日龄以后出现症状，70日龄后陆续出现死亡，90日龄以后达到高峰，很少晚至30周龄才出现症状，偶见3～4周龄的幼龄鸡和60周龄的老龄鸡发病。本病的发病率变化很大，一般肉鸡为20%～30%，个别达60%，产蛋鸡为10%～15%，严重达50%，死亡率与之相当。

根据临床表现分为神经型、内脏型、眼型和皮肤型等四种类型。

神经型：常侵害周围神经，以坐骨神经和臂神经最易受侵害。当坐骨神经受损时病鸡一侧腿发生不全或完全麻痹，站立不稳，两腿前后伸展，呈"劈叉"姿势，为典型症状。当臂神经受损时，翅膀下垂；支配颈部肌肉的神经受损时病鸡低头或斜颈；迷走神经受损鸡嗉囊麻痹或膨大，食物不能下行。一般病鸡精神尚好，并有食欲，但往往由于饮不到水而脱水，吃不到饲料而衰竭，或被其他鸡只踩踏，最后死亡，多数情况下病鸡被淘汰。

内脏型：常见于 50～70 日龄的鸡，病鸡精神委顿，食欲减退，羽毛松乱，鸡冠苍白、皱缩，有的鸡冠呈黑紫色，黄白色或黄绿色下痢，迅速消瘦，胸骨似刀锋，触诊腹部能摸到硬块。病鸡脱水、昏迷，最后死亡。

眼型：在病鸡群中很少见到，一旦出现则病鸡表现瞳孔缩小，严重时仅有针尖大小；虹膜边缘不整齐，呈环状或斑点状，颜色由正常的橘红色变为弥漫性的灰白色，呈"鱼眼状"。轻者表现对光线强度的反应迟钝，重者对光线失去调节能力，最终失明。

皮肤型：较少见，往往在禽类加工厂屠宰鸡只时褪毛后才发现，主要表现为毛囊肿大或皮肤出现结节。

临床上以神经型和内脏型多见，有的鸡群发病以神经型为主，内脏型较少，一般死亡率在 5％ 以下，且在鸡群开产前本病流行基本平息。有的鸡群发病以内脏型为主，兼有神经型，危害大、损失严重，常造成较高的死亡率。

【防治措施】

一是加强养鸡环境卫生与消毒工作，尤其是孵化卫生与育雏鸡舍的消毒，防止雏鸡的早期感染，这是非常重要的，否则即使出壳后即刻免疫有效疫苗，也难防止发病。

二是加强饲养管理，改善鸡群的生活条件，增强鸡体的抵抗力，对预防本病有很大的作用。饲养管理不善，环境条件差或某些传染病如球虫病等常是重要的诱发因素。

三是坚持自繁自养，防止因购入鸡苗的同时将病毒带入鸡舍。采用全进全出的饲养制度，防止不同日龄的鸡混养于同一鸡舍。

四是防止应激因素和预防能引起免疫抑制的疾病如鸡传染性法氏囊病、鸡传染性贫血病毒病、网状内皮组织增殖病等的感染。

五是对发生本病的处理。一旦发生本病，在感染的场地清除所有的鸡，将鸡舍清洁消毒后，空置数周再引进新雏鸡。一旦开始育雏，中途不得补充新鸡。

六是疫苗接种。疫苗接种是防治本病的关键。在进行疫苗接种的同时，鸡群要封闭饲养，尤其是育雏期间应搞好封闭隔离，可减少本病的发病率。疫苗接种应在 1 日龄进行，有条件的鸡场可进行胚胎免疫，即在 18 日胚龄时进行鸡胚接种。

所用疫苗，主要为火鸡疱疹病毒冻干苗（HVT）；二价苗（Ⅱ型和Ⅲ型组成），常见的双价疫苗为 HVT＋SB1 或 HVT＋HPRS-16 或 HVT＋Z4，以及血清Ⅰ型疫苗，如 CVI988 和 "814"。HVT 不能抵抗超强毒的感染，二价苗与血清Ⅰ型疫苗比 HVT 单苗的免疫效果显著提高。由于二价苗与血清Ⅰ型疫苗是细胞结合疫苗，其免疫效果受母源抗体的影响很小，但一般需在液氮条件下保存，给运输和使用带来一些不便。因此，在尚未存在超强毒的鸡场，仍可应用 HVT，为提高免疫效果，可提高 HVT 的免疫剂量；在存在超强毒的鸡场，应该使用二价苗和血清Ⅰ型疫苗。

5. 鸡传染性贫血病

鸡传染性贫血病（chicken infectious anemia，CIA）是由鸡传染性贫血病毒（CIAV）引起的以再生障碍性贫血和全身性淋巴组织萎缩为特征的一种免疫抑制性疾病，经常合并、继发和加重病毒、细菌和真菌性感染，危害很大。根据近几年的流行病学调查，鸡传染性贫血病毒在我国鸡群中的感染率在 40%～70%。国内外的病原分离和血清学调查结果表明，鸡传染性贫血病可能呈世界性分布，由鸡传染性贫血病诱发的疾病已成为一个严重的经济问题，特别是对肉鸡的生产。

鸡是传染性贫血病毒的唯一宿主。各种年龄的鸡均可感染，自然感染常见于 2～4 周龄的雏鸡，不同品种的雏鸡都可感染发病。随着日龄的增加，鸡对该病的易感性迅速下降，肉鸡比蛋鸡易感，公鸡比母鸡易感。当与鸡传染性囊病病毒混合感染或有继发感染时，日龄稍大的鸡，如 6 周龄的鸡也可感染发病。有母源抗体的鸡也可感染，但不出现临诊症状。

鸡传染性贫血病毒可通过垂直传播和水平传播。经孵化的鸡蛋进行垂直传播认为是本病最重要的传播途径。由感染公鸡的精液也可造成鸡胚的感染。实验感染母鸡，在感染后 8～14 天可经卵传播，在野外鸡群垂直传播可能出现在感染后的 3～6 周。水平传播可通过口腔、消化道和呼吸道途径引起感染。发病康复鸡可产生中和抗体。

【临床症状】本病的唯一特征性症状是贫血。一般在感染后 10 天发病，14～16 天达到高峰。病鸡表现为精神沉郁，虚弱，行动迟缓，羽毛松乱，喙、肉髯、面部皮肤和可视黏膜苍白，生长不良，体重下降；临死前还可见到拉稀。血液稀薄如水。在病的严重时期，还可见到红细胞的异常变化。发病鸡的死亡率不一致，受到病毒、细菌、宿主和环境等许多因素的影响，实验感染的死亡率不超过 30％，无并发症的鸡传染性贫血，特别是由水平感染引起的，不会引起高死亡率。如有继发感染，可加重病情，死亡增多。感染后 20～28 天存活的鸡可逐渐恢复正常。

【防治措施】

一是本病目前尚无特异的治疗方法。通常可用广谱的抗生素控制与 CIA 相关的细菌继发感染。

二是加强和重视鸡群的日常饲养管理及兽医卫生措施，防止由环境因素及其他传染病导致的免疫抑制，及时接种鸡传染性法氏囊疫苗和马立克氏病疫苗。

三是目前国外有两种商品活疫苗。一种是由鸡胚生产的有毒力的 CIAV 活疫苗，可通过饮水途径免疫，对种鸡在 13～15 周龄进行免疫接种，可有效地防止子代发病，本疫苗不能在产蛋前 3～4 周免疫接种，以防止通过种蛋传播病毒。另一种是减毒的 CIAV 活疫苗，可通过肌肉、皮下或翅膀对种鸡进行接种，这是十分有效的。如果后备种鸡群血清学呈阳性反应，则不宜进行免疫接种。

四是加强检疫，防止从外引入带毒鸡而将本病传入健康鸡群。

6. 鸡副伤寒

鸡副伤寒是由鞭毛能运动的沙门菌所致的疾病的总称。各种日龄的鸡均可发病，以产蛋鸡最易感。幼雏多表现为急性热性败血症，与鸡白痢相似；成鸡一般慢性经过或隐性感染。本病不仅可以给各种幼龄鸡造成大批死亡，而且由于其慢性性质和难以根除，是养鸡业中比较严重的细菌性传染病之一。同时具有公共卫生意义，因为人类很多沙门氏菌感染都与鸡产品中存在的副伤寒沙门菌有关。

该病对鸡、火鸡和珍珠鸡等均易感，其他如鸭、鹅、鸽、鹌鹑、麻雀等也可被感染。雏鸡在胚胎期和出雏器内感染的，常于4～5日龄发病；这些病雏的排泄物使同群的鸡感染，多于4～5日龄发病；死亡高峰在6～10日龄。10天以上的雏鸡发病的无食欲，离群独自站立，怕冷，喜欢拥挤在温暖的地方，下痢，排出水样稀粪，有的发生眼炎，失明。成年鸡则为慢性或隐性感染。成年鸡有时有轻度腹泻，消瘦，产蛋减少。病程较长的肝、脾、肾淤血肿大，肝脏表面有出血条纹和灰白色坏死点，胆囊扩张，充满胆汁。常有心包炎，心包液增多、呈黄色，小肠（尤其是十二指肠）有出血性炎症，肠腔中有时有干酪样黄色物质堵塞。

　　本病主要经卵传递，消化道、呼吸道和损伤的皮肤或黏膜亦可感染，鼠、鸟、昆虫类动物常成为本病的重要带菌者和传播媒介，雏禽感染后发病率最高。带菌禽是本病的主要传染来源，被污染的种蛋也能传染。带菌禽不断从粪便中排出病菌，污染土壤、饲料、饮水和用具等，然后经消化道而感染本病。也可通过眼结膜等途径感染。

　　【防治措施】

　　一是对带菌者必须严格淘汰。病鸡及时淘汰，尸体要焚烧深埋。

　　二是成年鸡和幼鸡要隔离饲养。

　　三是发病严重和已知有带菌者存在的鸡群，不可作为种蛋来源。

　　四是孵化时种蛋要来自健康无传染病的鸡场。并在孵化前，蛋用福尔马林蒸气消毒。蒸气消毒在孵化前24～48小时为适宜。孵化器等用具也要彻底清扫，消毒。运送雏鸡的用具以及鸡舍、场址、饲养用具等，都必须保持清洁，并经常消毒，孵化室和养鸡场要消灭老鼠和苍蝇。

　　五是药物治疗可以降低急性副伤寒的死亡率，但治疗后的鸡可以成为长期带菌者，不能留作种用。此病用土霉素、金霉素治疗效果较好，按0.2%的比例拌入饲料内喂服。或用0.04%的呋喃唑酮连续饲喂10天，对鸡及火鸡有显著疗效。磺胺类药物也有一定疗效。

7. 鸡白痢

　　鸡白痢是由鸡白痢沙门氏菌引起的传染性疾病，世界各地均有发生，是危害养鸡业最严重的疾病之一。主要侵害雏鸡，以排白痢为特征。成年鸡常呈慢性或隐性感染。

【临床症状】雏鸡：孵出的鸡苗弱雏较多，脐部发炎，2～3日龄开始发病、死亡，7～10日龄达死亡高峰，2周后死亡渐少。病雏表现为精神不振、怕冷、寒战。羽毛逆立，食欲废绝。排白色黏稠粪便，肛门周围羽毛有石灰样粪便粘污，甚至堵塞肛门。有的不见下痢症状，因肺炎病变而出现呼吸困难，伸颈张口呼吸。患病鸡群死亡率为10%～25%，耐过鸡生长缓慢，消瘦，腹部膨大。病雏有时表现为关节炎、关节肿胀、跛行或原地不动。

育成鸡：主要发生于40～80日龄的鸡，病鸡多为病雏未彻底治愈，转为慢性，或育雏期感染所致。鸡群中不断出现精神不振、食欲差的鸡和下痢的鸡，病鸡常突然死亡，死亡持续不断，可延续20～30天。

成年鸡：成年鸡不表现急性感染的特征，常为无症状感染。病菌污染较重的鸡群，产蛋率、受精率和孵化率均处于低水平。鸡的死淘率明显高于正常鸡群。

本病可经种鸡垂直传播或经孵化器感染；带菌雏鸡的胎粪、绒毛等带有大量沙门氏菌；病鸡排泄物经消化道或呼吸道传染。此外，管理不善、温度忽高忽低、长途运输等都可增加死亡率。

【防治措施】

一是检疫净化鸡群。通过血清学试验，检出并淘汰带菌种鸡，次检查于60～70日龄进行，第2次检查可在16周龄时进行，后每隔1个月检查1次，发现阳性鸡及时淘汰，直至全群的阳性率不超过0.5%为止。

二是严格消毒。及时拣、选种蛋，并分别于拣蛋、入孵化器后、18～19日胚龄落盘时3次用28毫升/立方米福尔马林熏蒸消毒20分钟。出雏达50%左右时，在出雏器内用10毫升/立方米福尔马林再次熏蒸消毒；孵化室建立严格的消毒制度；育雏舍、育成舍和蛋鸡舍做好地面、用具、饲槽、笼具、饮水器等的清洁消毒，定期对鸡群进行带鸡消毒。

三是加强雏鸡饲养管理，进行药物预防。在本病流行地区，育雏时可在饲料中交替添加0.04%的痢特灵、0.05%氯霉素、0.005%氟哌酸进行预防。

四是发病治疗。治疗要突出一个早字，一旦发现鸡群中病死鸡增多，确诊后立即全群给药。本病菌对丁胺卡那霉素、阿米卡星高度敏感，对土霉素、链霉素中度敏感，对四环素、红霉素不敏感。因此临诊上使用5％丁胺卡那霉素饮水剂100克/200千克饮水，同时饮水中加入电解多维辅助治疗。病情严重者用阿米卡星按每千克体重10毫克肌内注射。每天2次，用药5天后病情可得到控制。同时加强饲养管理，消除不良因素对鸡群的影响，可以大大缩短病程，最大限度地减少损失。

8. 鸡大肠杆菌病

禽大肠杆菌病（avian colibacillosios）是由致病性大肠杆菌引起的。其主要的病型有胚胎和幼雏的死亡、败血症、气囊炎、心包炎、输卵管炎、肠炎、腹膜炎和大肠杆菌性肉芽肿等。由于常和霉形体病合并感染，又常继发于其他传染病（如新城疫、禽流感、传染性支气管炎、巴氏杆菌病等），因此治疗十分困难。目前本病已成为危害养殖业的重要传染病，常造成巨大的经济损失。

大肠杆菌在自然环境中，饲料、饮水、鸡的体表、孵化场、孵化器等各处普遍存在，该菌在种蛋表面、鸡蛋内、孵化过程中的死胚及毛液中分离率较高。对养鸡的全过程构成了威胁。饲养环境被致病性大肠杆菌污染是最主要的原因。慢性呼吸道疾病（支原体、衣原体）以及导致呼吸道发病的病毒病，如传染性支气管炎、新城疫、禽流感、传染性喉气管炎、法氏囊病可诱导鸡群发病。产蛋高峰期鸡群的抗病力下降时可患病。种鸡人工输精时，输精管携带病原而感染；临床使用的弱毒疫苗带有支原体、衣原体病原，诱发大肠杆菌病。各种年龄的鸡均可感染，但因饲养管理水平、环境卫生、防治措施的效果，有无继发其他疫病等因素的影响，本病的发病率和死亡率有较大差异。

本病一年四季均可发生，每年在多雨、闷热、潮湿季节多发。大肠杆菌病在肉用仔鸡生产过程中更是常见多发病之一。由本病造成鸡群的死亡虽没有明显的高峰，但病程较长。

雏鸡脐炎型和卵黄囊型：在孵化过程中发生了感染，孵化后雏鸡腹部膨大，脐孔不闭合，周围呈褐色，卵黄囊不吸收内容物呈灰绿色，病雏排灰白色水样粪便，多在出壳后2～3日发生败血症死亡，耐过鸡生长受阻。常见于小规模孵化场或操作不严格的场子。多数在购买雏鸡时就可发现。

腹膜炎型：多发于成年蛋鸡，产蛋鸡腹气囊受大肠杆菌感染发生腹膜炎和输卵管炎，输卵管变薄，管腔内充满干酪样物质，输卵管被堵塞，排出的卵落入腹腔，人工授精的种鸡常多发，其原因在于没有做好卫生消毒工作。

急性败血症：本型大肠杆菌病多发生于产蛋高峰的蛋鸡，寒冷时期发病较多，表现为精神不振，有呼吸道症状，有的表现为腹泻，排出黄绿色或白色稀便，可在短期内死亡。

眼炎型：患病鸡一侧眼流泪，渐渐地发展成眼睑水肿，眼球被白色脓性物包围。鸡舍粉尘物污染，加重病情，严重者发展为失明。

【防治措施】大肠杆菌是条件性致病菌，饲养管理不善会造成发病。可经消化道、呼吸道水平传播，也可经被污染的种蛋垂直传播。此病常和慢性呼吸道病、法氏囊炎、新城疫、沙门氏菌病混合感染。

鉴于该病的发生与外界各种应激因素有关，预防本病首先是在平时加强对鸡群的饲养管理，降低饲养密度，改善鸡舍的通风条件，保证饲料、饮水的清洁和环境卫生，认真落实鸡场兽医卫生防疫措施。种鸡场应加强种蛋收集、存放和整个孵化过程的卫生消毒管理。另外，应搞好常见多发疾病的预防工作，所有这些对预防本病发生均有重要意义。

鸡群发病后可用药物进行防治。近年来在防治本病的过程中发现，大肠杆菌对药物极易产生抗药性，如青霉素、链霉素、土霉素、四环素等抗生素几乎没有治疗作用。氯霉素、庆大霉素、新霉素有较好的治疗效果。但对这些药物产生抗药性的菌株已经出现且有增多趋势。因此防治本病时，有条件的地方应进行药敏试验选择敏感药物，或选用本场过去少用的药物进行全群给药，可收到满意效果。早期投药可控制早期感染的病鸡，促使痊愈。同时可防止新发病例的出现。鸡已患病，体内已造成上述多种病理变化的病鸡治疗效果极差。

近年来国内已试制了大肠杆菌死疫苗，有鸡大肠杆菌多价氢氧化铝苗和多价油佐剂苗，经现场应用取得了较好的防治效果。由于大肠杆菌血清型较多，制苗菌株应该采自本地区发病鸡群的多个毒株，或本场分离菌株制成自家苗使用效果较好。在给成年鸡注射大肠杆菌油佐剂苗时，注苗后鸡群有程度不同的注苗反应，主要表现为精神不好、喜卧、吃食减少等。一般 1~2 天后逐渐消失，无须进行任何处理。因此在开产前注苗较为合适。开产后注苗往往会影响产蛋。

9. 鸡球虫病

鸡球虫病（coccidiosis in chicken）是鸡常见且危害十分严重的寄生虫病，是由一种或多种球虫引起的急性流行性寄生虫病。它造成的经济损失是惊人的。10~30 日龄的雏鸡或 35~60 日龄的青年鸡的发病率和致死率可高达 80%。病愈的雏鸡生长受阻，增重缓慢；成年鸡一般不发病，但为带虫者，增重和产蛋能力降低，是传播球虫病的重要病源。

临床上根据球虫病发病部位不同分为盲肠球虫病和小肠球虫病。

盲肠球虫病：3~6 周龄幼鸡常为此型，由柔嫩艾美耳球虫引起。病鸡早期出现精神萎靡，拥挤在一起，翅膀下垂，羽毛逆立，闭眼瞌睡，下痢，排出带血液的稀粪或排出的全部是血液，食欲不振，鸡冠苍白，发病后 4~10 天死亡，不及时治疗死亡率可达 50%~100%。

小肠球虫病：由柔嫩艾美耳球虫以外的其他几种艾美耳球虫引起，较大日龄幼鸡的球虫病为此种类型，这种类型的球虫病病程较长，病鸡表现为冠苍白，食欲减少，消瘦，羽毛蓬松，下痢，一般无血便，两脚无力，瘫倒不起，最后衰竭死亡，死亡率较盲肠球虫病低。

根据球虫病发病时间长短分为急性型、慢性型和亚临诊型。

急性型：精神不振，缩颈，不吃食，喜卧，渴欲增加，排暗红色或巧克力血便，有的带少量鲜血，羽毛松乱，拉稀，消瘦，贫血，多见于发病后 4~5 天死亡，耐过的病鸡生长缓慢，病程 2~3 周，死亡率可达 50%。

慢性型：症状与急性型相似，但比较轻微，病程长，可达几周或数月，病鸡间歇腹泻，消瘦，贫血，成为散播疾病的传染源。

亚临诊型：无症状，但可造成肉仔鸡生长缓慢，蛋鸡产蛋量下降。

各个品种的鸡均有易感性，15~50 日龄的鸡发病率和致死率都较高，成年鸡对球虫有一定的抵抗力。

【防治措施】球虫病的防治关键在于预防。由于球虫卵囊抵抗力强，分布广泛，感染普遍，对球虫病的预防也需要采取综合防治措施，多管齐下，才能收到较好的效果。

一是搞好环境卫生。病鸡是主要传染源，凡被带虫鸡污染过的饲料、饮水、土壤和用具等，都有卵囊存在。鸡感染球虫的途径主要是吃了感染性卵囊。人及其衣服、用具等以及某些昆虫都可成为机械传播者。粪便及时清除、定期消毒等可有效防止该病的发生。要保持饲料、饮水清洁，笼具、料槽、水槽定期消毒，一般每周1次，可用沸水、热蒸气或3％～5％热碱水等处理。用球杀灵和1∶200的农乐溶液消毒鸡场及运动场，均对球虫卵囊有强大杀灭作用。因此，要搞好鸡场环境卫生，及时清除粪便，定期消毒，防止球虫卵囊的扩散。

二是加强饲养管理。鸡舍内阴凉潮湿、卫生条件不良、消毒不严、鸡群密度大等因素是造成球虫病流行的主要诱发因素。在潮湿多雨、气温较高的梅雨季节易爆发球虫病。球虫孢子化卵囊对外界环境及常用消毒剂有极强的抵抗力，一般的消毒剂不易破坏，在土壤中可保持生活力达4～9个月，在有树荫的地方可达15～18个月。但鸡球虫未孢子化卵囊对高温及干燥环境抵抗力较弱，36℃即可影响其孢子化率，40℃环境中停止发育，在65℃高温作用下，几秒钟卵囊即全部死亡；湿度对球虫卵囊的孢子化也影响极大，干燥室温环境下放置1天，即可使球虫丧失孢子化的能力，从而失去传染能力。可见，温暖、潮湿的环境有利于球虫卵囊的发育和扩散，而圈舍通风好、圈舍干燥和适当的饲养密度等则可有效防止该病的发生。

三是做好免疫预防。目前，用于鸡场计划免疫的球虫活苗的免疫方法有滴口法、喷料法、饮水法及喷雾法等，以滴口法为最佳，可确保100％免疫，但对于大鸡场则有些不便且应激大。喷料法和饮水法是大鸡场较为适用的免疫方法。

①滴口免疫法。免疫的整齐度和效果最为理想，但要逐只滴服，工作量较大。在条件许可的情况下，建议尽量使用滴口的免疫接种方法。具体操作方法：按1000羽份疫苗用53～55毫升生理盐水或凉开水稀释，充分摇匀后倒入滴瓶中，每只鸡滴口两滴即可。注意在滴口过程中要不断摇动滴瓶，以保持疫苗的均匀，且应在较短时间内滴完。

②拌料免疫法。拌饲料的免疫方法操作简便，工作量小，免疫

效果不如滴口，但却是效果较为理想的常用方法。具体操作方法：将鸡一天的饲料均匀撒在供料用具中，然后按 1000 羽份疫苗用 1 千克凉开水稀释。充分搅拌均匀后装入已彻底清洗干净的喷雾器中，按每只鸡 1 羽份均匀喷洒在饲料表面，以只浸湿饲料表面为宜。让鸡把喷洒好球虫疫苗的饲料在 6～8 小时内采食干净。喷洒过程中要经常摇动喷雾器，保持疫苗均匀。

③ 饮水免疫法。让鸡自由采食饮水 2 小时后，实行控水 2 小时。将球虫疫苗稀释于够鸡 1～2 小时饮完的凉开水中，加入悬浮剂。将疫苗定量分装在饮水器中，供鸡只自由饮用。

④ 球虫免疫效果的判定。应根据鸡群免疫后的鸡群状态，粪便状态、颜色、气味等，再加上实验室镜检每克粪便所含卵囊数的多少来判定鸡群免疫是否成功。一般情况下，球虫免疫后第 5～7 天开始排出卵囊，第 10 天左右粪便会有所变化（例如：黑褐色稀便、淡红色软便等），同时在同一鸡舍内选几个点，每个点采 5～10 团的新鲜粪便混匀，检查、计数（克粪便卵囊数）。如果每个点查到的卵囊大小不一，且几个点上的卵囊数较均匀，则说明免疫成功，反之免疫可疑。

⑤ 球虫免疫后的垫料管理至关重要。垫料太干，球虫卵囊不能孢子化，鸡群得不到反复免疫；垫料太湿，卵囊孢子化的数量太多，易使免疫力尚未充分建立的鸡群引发球虫病，因此上层垫料的最佳湿度是 25％～30％。根据经验，其判别标准是在鸡舍中选取几个点，抓起一把垫料，把手松开，手心感觉有点潮，说明垫料湿度适合；手心感觉有点湿，说明垫料太潮湿；手心感觉有点干，说明应增加湿度。在免疫期间，上层垫料要经常翻动保证疏松，不得出现结饼现象，育雏期间不许大面积更换垫料。

⑥ 球虫免疫后 2 周内在饲料或饮水中应添加维生素 A 和维生素 K，以防止维生素 A 的缺乏和减少肠道出血等免疫反应。

四是辅助药物防治。抗球虫药物有化学合成类抗球虫药（主要有磺胺类、尼卡巴嗪、地克珠利、氯羟吡啶、球痢灵）和聚醚类离子载体抗生素类抗球虫药（主要有莫能霉素、拉沙里霉素、马杜拉霉素、海南霉素等），各有优缺点，可以根据本场情况选用，需要注意球虫耐药性问题。

10. 一氧化碳中毒

一氧化碳中毒育雏期雏鸡多发生，常见发病原因是育雏室内通风不良或供暖煤炉装置不适当而引起空气中一氧化碳浓度增加。急性中毒的雏鸡表现为不安、昏睡、呆立、呼吸困难、运动失调、倒一侧、头后伸，临死前发生痉挛或惊厥，剖检可见肺和血液呈樱红色。鸡一氧化碳亚急性中毒后剖检症状不明显，病鸡表现为羽毛粗乱，食欲减少，精神呆滞，生长缓慢，故不易确诊，虽在养鸡户中出现较多，但并未引起养鸡户的重视。

【防治措施】做好育雏室内通风，调好煤炉装置即可预防。怀疑雏鸡有中毒现象时，在做好雏鸡不受凉风侵袭的情况下，打开通风窗。发现中毒时，应迅速将鸡移至通风良好、空气新鲜的地方，中毒不深的可很快恢复。

11. 霉菌毒素中毒

霉变饲料中毒是用霉变原料配制的饲料，在喂鸡后引起的一种急性或慢性中毒性疾病。霉菌毒素是致病的原因，已知有3种对鸡危害最大，即黄曲霉毒素、褐黄曲霉毒素与镰刀菌毒素。一年四季均有发生，但以梅雨季节发病率最高。如一批饲料原料被霉菌污染，则食用该批饲料的鸡群都会发病，发病时间一般在食用后3～5天内，最迟不会超过7天。

小鸡食用霉变饲料后的3～5天内，首先表现为食欲下降，挑食，料槽内剩料较多，同时群内出现相互啄食现象。随着时间的延长，鸡群中出现较多精神不振、羽毛松乱、行动无力、藏头缩颈、双翅下垂的病鸡。严重的病鸡，冠脸苍白，排出的粪便带有黏液或为绿白色稀水状，并逐渐消瘦，5～7天后出现死亡并逐渐增多。部分食用霉料过多、中毒较重的鸡，发生急性死亡。后备鸡发病症状基本与小鸡相同，但其中相互啄食、瘫腿等症状比小鸡严重得多。产蛋鸡食用霉变饲料5～7天后出现病状。开始时许多鸡的粪便表面上覆盖着一层铜绿色的尿酸盐，此时鸡的粪便大多数成形。随着时间的延长，这种粪便迅速增加，并逐步变为排稀水状的黄褐色与绿白色粪便，较严重的病鸡则排出茶水状的潜血便。严重下痢，病鸡体温升高，食欲下降或不食，嗉囊内有酸臭的积水，冠脸颜色由鲜红丰润变为暗红干皱，失

去光泽，最后变为黑紫色，严重者开始零星死亡，较大的鸡群会出现啄癖，它们相互啄食羽毛、肛门等，其中以脱肛、啄肛危害最大，可使许多产蛋鸡输卵管、肠道被啄出而死亡。此时鸡群的产蛋量迅速下降，开产不久的新母鸡产蛋量停止上升，同时出现较多的软壳蛋、薄壳蛋与砂壳蛋。

【防治措施】严把原料采购关，杜绝霉变原料入库；控制仓库的温度、湿度，注意通风，做好对仓库边角清理工作，防止原料在储存过程中变质；防雨淋和潮湿，可在饲料中投放制霉菌素 50 万单位/千克，同时用两性霉素 B 按 25 万单位/立方米剂量喷雾 5 分钟，1 天 1 次，连用两周；控制饲料加工、配制、运输等环节；控制饲料的储存环境，尽量缩短储存时间，防止饲料在禽舍中发霉变质。

禁止使用发霉变质的饲料喂鸡是预防本病的根本措施。确定或疑似霉饲料中毒，应立即停止使用，并更换优质饲料原料。对轻微霉变的饲料可用硅铝酸盐吸附等方法进行去毒处理。饮水中加入 0.5% 克/升硫酸铜或 5 克/升碘化钾，供鸡群自由饮服。这两种物质交替使用，每 3 天调换 1 次。用百毒杀消毒料槽、水槽。

12. 雏鸡脱水症

雏鸡脱水症是指雏鸡由于某种原因不同程度地丧失了体内的水分和电解质（Na^+），引起细胞外液减少的一种症状。

雏鸡脱水的原因有种蛋在孵化过程中，特别是出雏时出雏机设定的湿度小或在出雏机内的时间长。雏鸡在存雏室停留时间长，室内湿度低于 50%，易造成雏鸡脱水。雏鸡在运输过程中，路途远、时间长易脱水。育雏室温度高、湿度低，特别是温度高于 35℃、湿度低于 50%，易造成脱水。育雏期间饮水面积不够，密度大，雏鸡饮水困难时，部分雏鸡易出现脱水现象。

雏鸡脱水表现出鸡群饮水欲强，70%～80% 的雏鸡抢水。前期腹泻消化不良，排黄色稀便。饲养几天后可见脱水的雏鸡明显消瘦，羽毛粗乱，运动迟缓，厌食，腿、爪萎缩变细、发绀，常衰竭死亡，死亡率在 3% 以上。发生过脱水的鸡群整齐度差，聚堆怕冷，采食量少，生长速度慢。

剖检主要见到鸡体消瘦，肌肉无弹性，紧贴在骨骼上，肾脏肿胀，色泽变浅，出现红白花纹，有的输尿管明显见到一条或两条白色尿酸盐沉积线。严重者在肝脏、心脏、脾脏等脏器表面有白色尿酸盐沉着，形成内脏型痛风。最明显的变化是卵黄囊因脱水而凝固，没有完全吸收，在卵黄蒂上有大小不一、质地坚硬的卵黄囊残留物。

【防治措施】

一是出雏机湿度设定要适宜。种蛋在孵化过程中，出雏机湿度设定要比孵化机高 15% 以上，出雏室地面要经常洒水，相对湿度达到 65% 左右。

二是适时从出雏机内捡雏。种蛋孵化满 20 天，雏鸡开始出壳，当出雏量达 70% 时，就要开始捡一部分雏鸡，减少雏鸡在机内停留时间，雏鸡在机内停留 12 小时左右易脱水。

三是存雏室要保持一定的湿度。要经常进行加湿，一般要求温度在 26℃、相对湿度在 65% 以上。

四是防止雏鸡热应激。雏盒在运输车内高层叠放，雏盒之间没有缝隙，车内如没有空调设备，温度升高，雏鸡张嘴，特别是上层雏盒内的雏鸡更易发生热应激；雏鸡进入舍内如不及时散放，装在盒里叠放，有的连盒盖都不打开，此时舍温已超过 30℃，盒内温度很容易在极短时间内升到 40℃ 以上，雏鸡张嘴、烫手，造成严重的热应激。如雏鸡在温度达到 40℃ 的环境中，卵黄中的水分 8～10 小时就能耗尽，造成严重脱水。

五是提高育雏舍内的相对湿度。雏鸡前 3～4 天育雏舍的相对湿度应控制在 70% 以上，以后相对湿度允许在 50%～60%。育雏前 3～4 天温度要求在 32～34℃，不要超过 35℃，因为 35～36℃ 是雏鸡产生热应激的临界温度。有学者研究发现，雏鸡在前 48 小时暴露在临界温度以上，会降低雏鸡前两周的采食量，并且因脱水造成的死淘率增加，特别是雏鸡经长途运输后直接放入 35℃ 以上的环境中，很容易引起雏鸡大量脱水，给水时易导致暴饮，增加死亡率。增加舍内湿度的方法：利用喷雾器进行空气加湿；在加热器附近放置水盘，借水分蒸发来提高湿度；在鸡舍中间的过道上洒水以增加湿度。

六是早饮水，雏鸡到达育雏舍后，应及时进行饮水。为减少雏鸡脱水，可人工教雏鸡饮水，方法是用手抓握雏鸡头部使其喙插入水盘饮水，这样教 10% 的雏鸡学会饮水，其他的大群雏鸡也就会饮水了。据试验研究，雏鸡出壳后 24 小时消耗体内水分 8%，48 小时消耗水分 15％，时间再长将会危及雏鸡健康，导致生长速度慢和均匀度差。早饮水还能促进肠道蠕动，吸收残留卵黄，排出胎粪，增进食欲，有利于雏鸡迅速恢复体力。可以在雏鸡的饮水中加 3％的葡萄糖液和电解多维。

七是保证育雏期间雏鸡充足饮水。根据雏鸡数量配备足够的饮水器具，保证雏鸡随时饮到清洁的凉白开水，水的温度要与育雏舍内的温度一致。

七、育成鸡常见病的防治

鸡育成期易发生的疾病有高致病性禽流感、传染性喉气管炎、鸡痘、慢性呼吸道病、传染性鼻炎和鸡啄癖等。

❮ 1. 高致病性禽流感 ❯

高致病性禽流感（highly pathogenic avian influenza，HPAI），是由正黏病毒科流感病毒（属 A 型流感病毒）引起的禽类烈性传染病。世界动物卫生组织（OIE）将其列为 A 类动物疫病，我国将其列为一类动物疫病。

鸡、火鸡、鸭、鹅、鹌鹑、雉鸡、鹧鸪、鸵鸟、鸽、孔雀等多种禽类均易感。传染源主要为病禽和带毒禽（包括水禽和飞禽）。病毒可长期在污染的粪便、水等环境中存活。病毒的传播主要通过接触感染禽及其分泌物和排泄物、污染的饲料、水、蛋托（箱）、垫料、种蛋、鸡胚和精液等媒介，经呼吸道、消化道感染，也可通过气源性媒介传播。

潜伏期从几小时到数天，最长可达 21 天。表现为突然死亡、高死亡率，饲料和饮水消耗量及产蛋量急剧下降，病鸡极度沉郁，头部和脸部水肿，鸡冠发绀、脚鳞出血和神经紊乱；鸭、鹅等水禽有明显神经和腹泻症状，可出现角膜炎症，甚至失明，产蛋突然下降。

全身组织器官严重出血。腺胃黏液增多，刮开可见腺胃乳头出血、腺胃和肌胃之间交界处黏膜可见带状出血；消化道黏膜，特别是十二指肠广泛出血；呼吸道黏膜可见充血、出血；心冠脂肪及心内膜出血；输卵管的中部可见乳白色分泌物或凝块；卵泡充血、出血、萎缩、破裂，有的可见"卵黄性腹膜炎"。水禽在心内膜还可见灰白色条状坏死。胰脏沿长轴常有淡黄色斑点和暗红色区域。急性死亡病例有时未见明显病变。

病理组织学变化主要表现为脑、皮肤及内脏器官（肝、脾、胰、肺、肾）的出血、充血和坏死。脑的病变包括坏死灶、血管周围淋巴细胞管套、神经胶质灶、血管增生和神经元性变化；胰腺和心肌组织局灶性坏死。

【预防与控制】

一是加强饲养管理，提高环境控制水平。饲养、生产、经营场所必须符合动物防疫条件，取得动物防疫合格证。饲养场实行全进全出饲养方式，控制人员出入，严格执行清洁和消毒程序。

二是鸡和水禽禁止混养，养鸡场与水禽饲养场应相互间隔3千米以上，且不得共用同一水源。养禽场要有良好的防止禽鸟（包括水禽）进入饲养区的设施，并有健全的灭鼠设施和措施。

三是加强消毒，做好基础防疫工作。各饲养场、屠宰厂（场）、动物防疫监督检查站等要建立严格的卫生（消毒）管理制度。

四是免疫。在发生疫情时，对疫区、受威胁区内的所有易感禽只进行紧急免疫；在曾发生过疫情区域的水禽，必要时也可进行免疫。所用疫苗必须是经农业部批准使用的禽流感疫苗。

五是国内异地引入种禽及精液、种蛋时，应当先到当地动物防疫监督机构办理检疫审批手续且检疫合格。引入的种禽必须隔离饲养21天以上，并由动物防疫监督机构进行检测，合格后方可混群饲养。从国外引入种禽及精液、种蛋时，按国家有关规定执行。

六是疫情处理。实行以紧急扑杀为主的综合性防治措施。

2. 鸡传染性喉气管炎

鸡传染性喉气管炎（avian infectious laryngotracheitis，AILT）是由传染性喉气管炎病毒引起的一种急性、接触性上部呼吸道传染病。其特征是呼吸困难、咳嗽和咳出含有血样的渗出物。剖检时可见喉部、气管黏膜肿胀、出血和糜烂。在病的早期，患部细胞可形成核内包涵体。本病1925年在美国首次报道后，现已遍及世界许多养鸡地区。本病传播快，死亡率较高，在我国较多地区发生和流行，危害养鸡业的发展。

在自然条件下，本病主要侵害鸡，各种年龄及品种的鸡均可感染。但以成年鸡症状最具特征。病鸡、康复后的带毒鸡和无症状的带毒鸡是主要传染来源。经呼吸道及眼传染，亦可经消化道感染。由呼吸器官及鼻分泌物污染的垫料、饲料、饮水及用具可成为传播媒介，人及野生动物的活动也可机械地传播。种蛋蛋内及蛋壳上的病毒不能传播，因为被感染的鸡会在出壳前死亡。

病毒通常存在于病鸡的气管组织中，感染后排毒6～8天。有少部分（2%）康复鸡可以带毒，并向外界不断排毒，排毒时间可长达2年，有报道最长带毒时间达741天。由于康复鸡和无症状带毒鸡的存在，本病难以扑灭，并可呈地区性流行。

自然感染的潜伏期为6～12天，人工气管接种后2～4天鸡只即可发病。潜伏期的长短与病毒株的毒力有关。发病初期，常有数只病鸡突然死亡。患鸡初期有鼻液，半透明状，眼流泪，伴有结膜炎，其后表现为特征的呼吸道症状，呼吸时发出湿性啰音、咳嗽，病鸡蹲伏地面或栖架上，每次吸气时有头和颈部向前向上、张口、尽力吸气的姿势，有喘鸣叫声。严重病例，高度呼吸困难，痉挛咳嗽，可咳出带血的黏液，可污染喙角、颜面及头部羽毛。在鸡舍墙壁、垫料、鸡笼、鸡背羽毛或邻近鸡身上沾有血痕。若分泌物不能咳出堵住呼吸道时，病鸡可窒息死亡。病鸡食欲减少或消失，迅速消瘦，鸡冠发紫，有时还排出绿色稀粪。最后多因衰竭死亡。产蛋鸡的产蛋量迅速减少（可达35%）或停止，康复后1～2个月才能恢复。

本病一年四季均可发生，秋冬寒冷季节多发。鸡群拥挤，通风不良，饲养管理不好，缺乏维生素，寄生虫感染等，都可促进本病的发生和传播。本病一旦传入鸡群，则迅速传开，感染率可达90%～100%，死亡率一般在10%～20%或以上，最急性型死亡率可达50%～70%，急性型一般在10%～30%，慢性或温和型死亡率约5%。

【防治措施】

一是加强饲养管理，补给维生素，避免鸡群拥挤，搞好鸡舍通风设备，经常打扫卫生、消毒鸡舍，减少寄生虫感染。

二是在有本病流行的地区接种疫苗，但必须注意接种疫苗的与没有接种疫苗的鸡要严格分开饲养，以防未接种疫苗的鸡感染发病。可接种鸡传染性喉气管炎弱毒疫苗，滴鼻、点眼（也有用饮水）免疫。

三是目前尚无特异的治疗方法。发病群投服抗菌药物，对防止继发感染有一定作用。对病鸡采取对症治疗，如清热解毒利咽喉的中药液或中成药物有一定好处，可减少死亡。发病鸡群确诊后立即采用弱毒疫苗紧急接种，也有收到控制疫情的报道，可结合鸡群具体情况采用。

病死鸡做无害化处理，被病死鸡污染的鸡舍、场地、用具等应严格消毒。引进鸡时，要隔离观察2周，确认健康后方可混群饲养。

3. 鸡痘

鸡痘（avian pox）是鸡的一种急性、接触性传染病，病的特征是在鸡的无毛或少毛的皮肤上发生痘疹，或在口腔、咽喉部黏膜形成纤维素性坏死性假膜。在大中型养鸡场易造成流行，可使增重缓慢，消瘦；产蛋鸡受感染时，产蛋量暂时下降，在并发其他传染病、寄生虫病和卫生条件或营养不良时，可引起较多的死亡，对幼龄鸡更易造成严重的损失。

主要发病日龄在70日龄至开产前后，该段时期发病最多，鸡痘通常有两种类型。

① 干燥型（皮肤型）：在鸡冠、脸和肉垂等部位，有小泡疹及痂皮。干燥型鸡痘的病变部分很大，呈白色隆起，后期则迅生长变为黄色，最后才转为棕黑色。2~4周后，痘泡干化成痂癣。本病症状于鸡冠、脸和肉垂出现最多。但也可出现于腿部、脚部以及身体的其他部位。

② 潮湿型：感染口腔和喉头黏膜，引起口疮或黄色伪膜。皮肤型鸡痘较普遍，潮湿型鸡痘的死亡率较高。潮湿型鸡痘会引起呼吸困难、流鼻涕、眼泪、脸部肿胀、口腔及舌头有黄白色溃疮。

两类型可能同时发生混合型鸡痘，也可能单独出现；两种症状同时存在，死亡率较高。病鸡增重缓慢、消瘦、生长不良，大群均匀度差，有腺胃炎的表现。任何鸡龄都可受到鸡痘的侵袭，但它通常于夏秋两季侵袭成鸡及育成鸡。本病可持续2~4周。通常死亡率并不高，但患病后产蛋率会降低达数周时间。

【防治措施】鸡痘多是由皮肤损伤引起痘病毒感染所致，由于皮肤表面的痘痂破损，大肠杆菌极易入侵，造成混合感染。鸡群过分拥挤、鸡舍阴暗潮湿、营养缺乏、并发或继发其他疾病时，均能加重病情和引起病鸡死亡。如发生眼型鸡痘的鸡群易继发大肠杆菌、葡萄球

菌、细菌性眼炎和腺胃炎。发病后一般无特殊治疗方法。因此，在做好鸡痘疫苗免疫的同时，要加强饲养管理，提高鸡的抵抗力，防止继发感染。

一是鸡痘按正常程序防疫，鸡只就很少感染。鸡痘疫苗一般在20日龄和鸡群开产前各免疫1次。科学的接种方法是皮肤下刺种：用接种针在翅膀内侧无血管处刺种，力度为见血而不出血，原则为"种左而不种右"，1周后检查效果。如果疫苗接种成功，则在接种部位出现小麦粒大小的痘结，否则立即重新补免。

二是饲料中拌入清瘟败毒散（大青叶、板蓝根、红花、黄芪、当归、黄连、柴胡等），连续使用7天。同时在饲料中添加足够剂量的鱼肝油和复合维生素，特别注意亚硒酸钠和维生素C的补充，以提高鸡群的免疫力。

三是发病鸡的治疗，在饮水中添加丁胺卡那霉素可溶性粉，连续饮用4天。将呼吸困难的病鸡隔离，用镊子轻轻将喉腔内痘结和纤维素渗出物取出，后用碘甘油涂擦创伤面，放入较温暖环境中单独喂养。用含碘、含氯消毒液交替对鸡舍进行全面消毒，特别是水槽、料槽要进行清洗并消毒，清洗时可用饮水消毒液。经以上治疗，病情得到控制，死亡病鸡减少。一周后鸡群恢复正常，采食量逐渐上升。

4. 鸡慢性呼吸道病

鸡慢性呼吸道病又称鸡败血霉形体病、鸡败血支原体病，其病原是败血霉形体。它可感染鸡和火鸡等家禽。各种日龄的禽类均可感染，全年各季均可发生，但以寒冬及早春最为严重。如单纯败血霉形体感染，一般只有轻度呼吸道症状，此时的发病率高，但死亡率一般只有10%～30%。本病在老疫区和老鸡场（舍）常呈隐性经过。

患本病后，影响机体的生长发育而使肉用仔鸡饲养期延长，带来饲料报酬下降，药物消耗增多等，使养鸡成本大大增加。同时，本病还可使产蛋鸡群的产蛋率下降10%～40%，种蛋孵化率下降10%～20%，弱雏也相应增加约10%。

本病的特点是发病急、传播慢、病程长。临床上可表现出明显的"三轻三重"现象：天气好时轻、天气坏时重，用药时轻、不用药时重，环境卫生好时轻、坏时重。临床上各种日龄鸡均可发病，无明显日龄限制。在没有其他疾病发生时，只是由于气温变化、饲养密度大、鸡舍通风不良时发生的单纯性感染，多数鸡精神、食欲变化不大，少数鸡呼吸音增强（只能在夜间听到），上述发病因素过强也可致多数鸡发病，这时采食量减少，在鸡群中可以看到有些鸡眼睛流泪，甩鼻，颜面肿胀。眼睛流泪多为一侧性，也有双眼流泪的。如果治疗不及时可转为慢性，鸡的食欲时强时弱，眼内有干酪样渗出物，有的如豆子大小，严重时可造成眼睛失明。少数鸡由于喉头阻塞窒息而死。如没有继发感染，死亡率低。死亡鸡解剖后主要的病理变化是气囊炎。成年鸡发病对产蛋的影响是呼吸道病中影响最小的。但是，在实际生产中本病发生后常继发大肠杆菌病，尤其是在肉鸡群更加明显，结果使病情复杂化，鸡群死淘率上升。在多数情况下本病出现在多种疾病发生的过程中，因此，死亡鸡解剖后的病理变化还可见到原发病的变化。

【防治措施】由于本病的发生有明显的诱因，因此预防工作显得更为重要。

一是做好种鸡的检疫和净化是预防鸡慢性呼吸道疾病的关键，种鸡群在收集种蛋前多次利用全血平板凝集反应检疫，淘汰阳性鸡。其次，做好种蛋入孵前的消毒。

二是本病的发生具有明显的诱因，因此预防工作尤为重要。第一，做好各种病毒性疾病的预防接种。鸡新城疫、禽流感、传染性支气管炎等病毒性呼吸道疾病的发生易导致本病的继发感染，加大临床治疗的难度；第二，做好日常药物保健；第三，加强饲养管理，做好鸡舍的通风工作，勤于打扫，降低舍内有害气体的含量，改善鸡群生存环境；第四，控制饲养密度，降低和消除各种应激。

三是发病后如发病鸡只较少可单独挑出饲养，个别鸡的治疗可用罗红霉素或链霉素，成年鸡每只鸡每天用20万国际单位，或者用卡那霉素每天1万国际单位，分2次注射，连续注射2～3天。5～6周龄的幼鸡为5万～8万国际单位，早期治疗效果很好。全群给药可用饮水给药的方法，连用4～5天。如与大肠杆菌病混合感染，则以用治疗大肠杆菌病的药物为主，并投喂多种维生素和增强抵抗力的药物等。

5. 鸡传染性鼻炎

鸡传染性鼻炎是由副鸡嗜血杆菌引起的一种急性呼吸系统疾病。

主要症状为鼻腔与窦发炎，流鼻涕，脸部肿胀和打喷嚏。

　　自然条件下鸡对本病最易感，各种年龄的鸡只均可感染，但随着日龄的增长易感性增强。育成鸡、产蛋鸡最易感。本病多发生在成年鸡，在寒冷季节多发，一般秋末和冬季是本病高发期。病鸡、慢性病鸡、康复鸡，甚至健康鸡带菌是本病病原的携带者，在流行病学上这类鸡均属主要传染来源。该病主要通过污染的饮水与饲料经消化道感染。鸡舍通风不良、环境卫生差、营养不良可增加本病的严重程度和延长病程，若有继发感染存在，如鸡传染性支气管炎、鸡传染性喉气管炎，鸡慢性呼吸道疾病、禽霍乱等可使病情加重、死亡增多。与鸡慢性呼吸道病混合感染时，传染性鼻炎发病急、传播快，同时使病程延长。同一个鸡场不同日龄的鸡混在一起，或新购入的大日龄鸡同老鸡饲养在一起，极易造成本病的爆发。该病发生的另一个特点是低死亡率、高发病率。本病在鸡场内某鸡舍发生后，其他适龄鸡群几乎无一幸免。

　　本病潜伏期短，在鸡群中传播快，几天之内可席卷全群。病鸡较明显的变化是颜面肿胀，鼻腔有浆性黏性分泌物，其次可见结膜炎和窦炎。成年鸡可见肉垂的水肿，常见一侧水肿，间或有两侧同时发生的。初期病鸡还有一定食欲，随鸡群中发病数量的增多，食欲明显减少。产蛋鸡群发病后 5～6 天，产蛋量明显下降，处在产蛋高峰期的鸡群产蛋下降更加明显。笔者曾观察一群鸡患病后产蛋率自 83% 经 1 周左右时间下降至 19.5%，肉种鸡群发病后鸡群产蛋几乎达到绝产的地步。本病发病初期，鸡群死亡率较低。病后当鸡群精神好转，食欲逐渐恢复时，产蛋量逐渐回升，最后鸡群产蛋低于或接近原有水平。当鸡群产蛋开始回升时，鸡只死淘增加。

　　死亡的鸡中常见鸡慢性呼吸道疾病、鸡大肠杆菌病、鸡白痢等。病死鸡多瘦弱，不产蛋。育成鸡发病死亡较少，流行后期死淘鸡不及产蛋鸡群多。鸡传染性鼻炎仅引起鼻腔和眶下窦黏膜的急性卡他性炎症以及面部皮下和肉垂的水肿。早期死亡病例可见肺、气囊炎。对本病的诊断根据流行特点、临床特征性的症状，以及产蛋鸡群产蛋下降及流行早期不见死亡，后期死淘增加等特点综合判定，不难做出诊断。

　　【防治措施】鉴于本病发生常由于外界不良因素而诱发，因此平时养鸡场在饲养管理方面应注意以下几个方面。

一是加强饲养管理，改善鸡舍通风条件，鸡舍内氨气含量过大是发生本病的重要因素。特别是寒冷季节舍内温度低，为了保温门窗关得太严，造成通风不良。舍内空气污浊，尘土飞扬。应通过带鸡消毒降落空气中的粉尘，净化空气。安装供暖设备和自动控制通风装置，降低鸡舍内氨气的浓度。

二是做好鸡舍内外的兽医卫生消毒工作，做到全进全出，禁止不同日龄的鸡混养。清舍之后要彻底进行消毒，空舍一段时间后方可新鸡群进入。饲料、饮水是造成本病传播的重要途径。加强饮水用具的清洗消毒和饮用水的消毒是防病的经常性措施。人员流动是病原重要的机械携带者和传播者，鸡场工作人员应严格执行更衣、洗澡、换鞋等防疫制度。因工作需要而必须多个人员入舍时，当工作结束后立即进行带鸡消毒。

三是病鸡群康复后，鸡舍内外环境应进行彻底消毒。本病原菌对外界理化因素抵抗力较弱，一般鸡舍内经清扫、水冲、有条件的还可用火焰喷灯消毒，再经消毒药喷洒和福尔马林熏蒸消毒后空舍一定时间，进入新鸡群，是安全的。

四是按时淘汰经治疗康复的鸡群。康复鸡仍可带菌，带菌鸡作为传染来源，对其他新鸡是一个威胁。因此鸡场对患过本病康复的鸡群应按时淘汰，严禁在群中挑选尚能下蛋的鸡并入其他鸡群。

五是发病鸡治疗。副鸡嗜血杆菌对磺胺类药物非常敏感，是治疗本病的首选药物。选用磺胺类药物时选择毒性小，尤其是对肾脏毒性低的品种和口服易吸收的磺胺药物进行治疗较好。在治疗中还应注意投服磺胺药时间不宜过长，一般不超过5天，无明显不利影响。一般用复方新诺明或磺胺增效剂与其他磺胺类药物合用，或用2～3种磺胺类药物组成的联磺制剂均能取得较明显效果。具体使用时应参照药物说明书。投喂磺胺类药物在发病初期使用效果更为明显，在发病初期鸡群食欲尚未明显降低，正是给药的好时机，如若鸡群食欲下降，经饲料给药达不到有效浓度，治疗效果差。此时采取用抗生素注射的办法同样可取得满意效果。一般选用链霉素或青霉素、链霉素合并应用。红霉素、土霉素也是常用治疗药物。总之磺胺类药物和抗生素均可用于治疗，关键是给药方法能否保证每天摄入足够的药物剂量。

六是免疫。本病防治的另一重要方面，就是进行免疫接种。据报道，中国兽药监察所等单位和中国农业科学院哈尔滨兽医研究所分别研制成功了鸡传染性鼻炎油佐剂灭活苗，通过实验室和区域试验证明本菌苗对不同地区、不同品种、不同日龄的鸡群应用是安全的，对鸡群生产性能无影响。不论是本病安全区还是疫区的鸡群免疫后均能获得满意效果。该疫苗的免疫程序一般是在鸡只25～30日龄时进行首免，120日龄左右进行第2次免疫，可保护整个产蛋期。仅在中鸡时进行免疫，免疫期为6个月。

6. 鸡啄癖

啄癖是鸡的一种不良嗜好，啄癖在育雏、育成和产蛋鸡群中都有发生，而以育雏鸡和育成鸡发生较多，特别是密集饲养和笼养条件下更易发生，轻者头部、背部、尾部的羽毛被啄掉，鸡冠、头部、尾部的皮肤被啄伤出血，重者脚趾、肛门被啄破出血而死亡。啄癖易使鸡群受惊吓，情绪紧张不安，严重影响鸡的生长发育和产蛋鸡的生产性能。发生啄癖的原因很多，归纳主要有以下几种情况。

啄羽：啄羽是最常见的一种啄癖行为，常见于幼雏换羽期及母鸡产蛋高峰期、换羽期。鸡互啄羽毛或啄脱落的羽毛，被啄鸡皮肉暴露，出血后，发展为啄肉癖。圈养鸡中有70%的鸡有啄羽恶习，其中较严重的占30%～40%。

啄肛：啄肛多发生于雏鸡、初产母鸡和产大蛋鸡。啄癖鸡见到鸡的肛门潮红或有污物时，即乘机叨啄，主要是啄肛周羽毛，伤口感染后细菌进入泄殖腔引起发炎，发生鸡白痢病时，产蛋时泄殖腔缩不回去，其他鸡争着啄，一旦肛门被啄破出血，啄癖鸡都来围攻，进而把肠道拉出来造成被啄鸡死亡。

育雏期时最易发生啄癖。另外，产蛋鸡在产蛋或交配、泄殖腔外翻时也会被其他母鸡啄食，造成出血、脱肛甚至死亡。

啄趾爪：多见于雏鸡，常因饥饿、槽位不足或过高引起。

啄冠和肉垂：多是公鸡性成熟时，由于相互打斗引起。雏鸡脚部被外寄生虫侵袭时，可引起鸡群互啄脚趾，引起出血和跛行。

啄蛋：在产蛋鸡群时有发生，尤其是高产鸡群。这与饮水不足或鸡体缺钙、产软壳蛋有关。

啄异物：如啄墙壁、食槽等。鸡消化需要沙砾，如果缺乏，常引起啄异物癖。

（1）发生原因

① 营养因素

a. 蛋白质不足或日粮氨基酸不平衡。赖氨酸、蛋氨酸、亮氨酸、色氨酸、胱氨酸中的一种或几种含量不足或过高，均会造成日粮氨基酸不平衡而引发啄羽、啄蛋。

b. 矿物质缺乏。日粮矿物质元素不足或不平衡，Zn、Cu、Se、Co、Fe、Na、Ca、P 不足或 Ca、P 比例失调，尤其是食盐不足造成家禽喜食带咸性的血迹，形成啄肛癖。硫含量不足等均可引起啄羽、啄肛、异食等恶癖。

c. 维生素缺乏。维生素 A、维生素 B_1、维生素 B_2、维生素 B_{12} 等缺乏影响叶酸、泛酸、胆碱、蛋氨酸的代谢，使其生长减慢，羽毛生长不良，引起脚趾皮炎，头部、眼睑、嘴角表皮质角化而诱发啄癖。

d. 青年鸡日粮中粗纤维不足，导致鸡不易产生饱腹感，采食时间短，鸡一天中较长时间无所事事，产生无聊感而啄羽。

e. 换料太急，引起鸡换料应激。

② 管理因素

a. 鸡舍温度过高或通风不良造成鸡体内热量散失受阻，同时二氧化碳、硫化氢、氨气等有害气体过多，破坏了鸡体的生理平衡，使鸡体烦躁不安引起鸡的啄癖。

b. 饲养密度过大，湿度过高都易导致啄癖，会造成烦躁好斗而引发啄癖。

c. 光照强度过大，光照制度不合理或光线分布不均匀，可诱发啄羽。

d. 公母鸡、强弱鸡、不同日龄鸡、不同种群的鸡、不同颜色的鸡混养。

e. 环境突变或外界惊扰，如防疫、转群等引起啄癖。

f. 日粮中粗纤维及沙砾缺乏。粗纤维缺乏时，鸡肠蠕动不充分，易引起啄羽、啄肛等恶习。

g. 在鸡生理换羽过程中，羽毛刚长出时，皮肤发痒，鸡自己啄发痒部位而引起其他鸡跟着去啄，造成相互啄羽。

h. 饮水不足或饲料喂量不足。

i. 没有及时断喙和修喙。

③ 疾病因素

a. 当鸡发生白痢、球虫或其他疾病时，常由于肛门上粘有异物而引起相互间的啄斗，大肠杆菌引起输卵管炎、泄殖腔炎、黏膜水肿变性，导致输卵管狭窄，使蛋通过受阻，鸡只有通过增加腹压才能产出鸡蛋，时间一长，形成脱肛，诱发其他鸡啄肛。

b. 体表寄生虫。体外寄生虫如虱、螨等引起局部发痒造成鸡自啄或互啄。

c. 生理性脱肛、皮肤外伤等因素都可诱发啄癖的发生。

④ 品种因素

a. 部分品种鸡性成熟时，由于体内性激素（雌激素或孕酮、雄激素）分泌量增加或异常，常有异常行为发生，其中最常见的为自啄或乱啄形成恶癖。

b. 部分品种鸡生性好斗，也是引起啄癖的一个原因。

（2）啄癖的防治　啄肛癖是个古老而富于挑战的难题，目前还没有特别有效的药物可以根治，只有加强饲养管理，供给全价饲料，搞好环境卫生。

① 发生啄癖时，要及时查明原因，迅速处理。立即将被啄的鸡隔离饲养，受伤局部进行消毒处理，对已啄鸡只可涂紫药水治疗，可在伤口涂抹废机油、煤油、鱼石脂、松节油、樟脑油等具有强烈异味的物质，防止鸡再被啄和鸡群互啄。

② 断喙。断喙是预防啄癖的有效办法。雏鸡在7～9日龄时进行首次断喙，上喙切掉1/2，下喙切掉1/3，在12周龄时进行第2次断喙。

③ 合理配制日粮。配制优质、全价的日粮，满足鸡只各生长阶段的营养需要，特别应注意维生素A、维生素D、维生素E和B族维生素、胱氨酸、蛋氨酸及微量元素等的供给。在饲料中加入1.5%～2%石膏粉可治疗原因不明的啄羽癖。

④ 加强管理，减少应激。不同品种、日龄、体质的鸡不要混养，公、母鸡要分群饲养；每日定时加料、加水、清粪，配足饮水器、饲槽，防止饥饿引起啄癖；严格控制温度、湿度、通风、换气，避免环

境不适引起的拥挤堆叠、烦躁不安。另外，要减少应激，保持鸡舍安静。天气闷热时除加强舍内通风外，在饮水中添加多种维生素，以避免中暑、热应激和引起啄癖。

⑤ 采用短期食盐疗法，在饲料中添加 1.5％～2％的食盐，连喂 3～4 天，对食盐缺乏引发的啄癖效果明显，但要供给足够的饮水以防食盐中毒。

⑥ 控制光照强度。鸡舍灯光最好为红色，因红光使鸡安静，可减少啄癖的发生。

⑦ 用盐霉素、氨丙啉等拌料预防和治疗鸡球虫病，同时注意定期消毒。

⑧ 鸡患寄生虫时，用胺菊酯、溴氢菊酯、苄呋菊酯、芬苯达唑、阿维菌素等对鸡群进行喷雾、药浴或拌料以预防或驱杀体表寄生虫。

⑨ 散养蛋鸡的，可用牧草使鸡啄之，让其分散注意力。

八、产蛋期常见病的防治

蛋鸡产蛋期是生理变化最大时期，鸡不但要产蛋，还要维持机体营养需求。这个时期鸡抵抗力较差，容易发生鸡减蛋综合征、蛋鸡疲劳症、脂肪肝综合征、蛋鸡瘫痪、产蛋鸡腹泻、脱肛、鸡虱子等病症。

1. 鸡减蛋综合征

鸡减蛋综合征（简称 EDS-76）是一种腺病毒引起的传染性疾病，可使鸡群产蛋率下降 30％～50％，蛋壳破损率达 40％以上，故国外有人将该病列为给养鸡业带来巨大经济损失的四种主要病毒性传染病之一。

引起的原因有种禽、种蛋带毒，在母鸡性成熟前为隐性感染，产蛋后因各种因素作用而表现出病症；禽产品流通，使该病从疫区可能传至非疫区；饲养管理不当，使产蛋鸡体质减弱，引起疫病蔓延扩大。

临床上发病鸡群年龄多在 180～240 日龄，产蛋率下降幅度为 9.6％～41.5％，康复期为 5～10 周，但恢复后仍未能达到标准产蛋曲线。部分病鸡精神沉郁，产蛋下降前 2～3 天有排软便现象。蛋壳颜色变化明显，表面粗糙、褪色、壳薄易碎，还有无壳蛋和畸形蛋。

病鸡输卵管粗大、管壁肥厚、质脆弱，纵向切开，黏膜面严重外翻；峡部和子宫部管腔内有乳白色渗出物；卵白分泌部和峡部浆膜苍白，黏膜白垩色，有光泽，手触有捻感；子宫黏膜呈淡暗红色，有光泽，个别卵泡出血。

【防治措施】

一是加强饲养管理和消毒措施，防止病毒的传播与感染。

二是严禁从疫区引进种禽和种蛋。

三是鸡、鸭、鹅应分开饲养，防止相互传染。

四是对未开产蛋鸡可在 115～135 日龄使用 EDS-76 灭能苗，能有效控制该病的发生和蔓延。

五是对已发病的鸡群可紧急使用 EDS-76 灭能苗，可加快病鸡康复，恢复产蛋性能。

2. 蛋鸡疲劳症

蛋鸡疲劳症又称产蛋鸡猝死症，是蛋鸡生产中最突出的条件病之一。以笼养鸡夜间突然死亡或瘫痪为主要特征。发病鸡大多是进笼不久的新开产母鸡和高产鸡，夏季易发，故又称新开产母鸡病和夏季病。

急性病鸡往往突然死亡，初开产的鸡群产蛋率在 20%～60% 之间多死亡。产蛋率越高的鸡死亡率越高。病死鸡泄殖腔突出、充血。慢性病鸡一般站立困难，腿软无力，负重时呈弓形或以飞节和尾部支撑身体，甚至发生跛行、骨折、瘫痪而伏卧。同时产软壳、薄壳蛋，产蛋量下降，种蛋孵化率降低。

本病应与热应激和禽流感加以区别。一是热应激多发生在天气炎热的夏季；猝死症的发病与鸡群的饲养环境密切相关，鸡舍通风不好、饲养密度过大、缺氧时多发。二是禽流感主要发生在冬春和秋冬交替季节，多在寒流突袭、气温变化较大时发生。各种日龄的鸡均可感染。禽流感病死鸡有明显的腺胃乳头出血，卵泡变形、破裂，肠道出血，气管出血等病理变化。而猝死症则无上述变化。

产蛋鸡猝死症发病原因主要有天气炎热、潮湿，鸡群密度过大，鸡舍通风不良，导致温度过高，鸡群在高温下呼吸频率加快，造成鸡体的酸碱不平衡，出现呼吸性的碱中毒；饲养环境、饲养设备较差，没有通风降温设备，以至于天气突然变热而无应对措施；喂料方式无变化，在夏天不改变鸡群的饲养方式，一天喂料3～4次，往往在天热时加料，这样无疑加重了鸡的心脏负担，造成鸡的心力衰竭，导致死亡。

【防治措施】

一是降低饲养密度，加强通风换气，减轻热应激，防止高温缺氧。大型鸡舍应采取纵向通风，可减少发病，效果较好。

二是用抗生素预防肠炎和输卵管炎。用青霉素和链霉素每只鸡各2万单位饮水，有一定的治疗效果。用泰乐加饮水治疗也会取得较好的效果。当继发大肠菌病时会引起更高的死亡率，可在饲料中添加先锋类抗生素。

三是添加生物素被认为是降低本病死亡率的有效办法，每千克日粮可添加生物素300毫克左右。

四是添加维生素C（每吨饲料中添加500～1000克）和氯化钾（0.1％浓度饮水），可缓解病情。

五是对发病严重的鸡群，晚间11点到凌晨1点开灯1～2次，让鸡喝到水，减小血液的黏度，减轻心脏负担，降低死亡率。同时挑出瘫痪在笼内的病鸡，放在阴凉处。

3. 鸡脂肪肝综合征

鸡脂肪肝综合征常发于产蛋母鸡，尤其是笼养蛋鸡群，多数情况是鸡体况良好，突然死亡。死亡鸡以腹腔及皮下大量脂肪蓄积，肝被膜下有血凝块为特征。公鸡极少发生。为笼养鸡多见的一种营养代谢病。

鸡脂肪肝综合征通常发生于产蛋高的鸡群或产蛋高峰期，病鸡群营养状况良好，没有明显的临床症状，因此直到产蛋下降时才发觉。产蛋率通常在短时间内由原来的75％～85％急剧下降到30％～50％。该病往往突然暴发，病鸡喜卧，鸡冠、肉髯颜色变淡。严重的嗜睡，精神沉郁，鸡冠、肉髯呈黄白色，鸡冠顶端发绀，腹部膨大柔软而下垂。一般从出现明显症状到死亡为1～2天，有的在数小时内即死亡。

【防治措施】该病的病因主要是由于摄入能量过多，长期饲喂高能量饲料导致脂肪量增加。其次是高产品系鸡、笼养和环境高温等因素可促使本病发生。笼养蛋鸡密度大，鸡的运动受到限制，减少了能量消耗，多余的能量就会积在体内，尤其是在肝脏内形成脂肪储存起来，这无疑加重了脂肪肝的发生。另外，当饲料中氯化胆碱、维生素E、维生素B、蛋氨酸缺乏时，在肝脏加工或转化成的脂肪运不出去，就沉积在肝细胞内，形成脂肪肝。因此，防治本病应从加强饲料营养调整和饲养管理入手。

一是根据鸡的饲养标准、年龄阶段适时调整饲料配方，做到营养成分能满足健康和生产需要，但不过剩，各种营养成分之间比例合理。平常要加强饲养管理，使鸡群体重均匀达标，防止肥胖鸡发生。产蛋高峰期过后，要随产蛋量的降低而相应减少喂料量，或降低饲料的营养浓度，以防止脂肪堆积。

二是适当限制饲料的喂量，使体重适当。鸡群产蛋高峰前限量要小，高峰后限量要大。小型鸡种可在120日龄后开始限喂，一般限喂8%～12%。

三是对发病鸡群的治疗。调整产蛋鸡饲料配方，将饲料中玉米用量的10%改用麦麸代替，以降低能量水平和增加日粮中粗纤维的含量。减少饲喂量10%左右，连续1周。将日粮中的粗蛋白水平提高1%～2%。添加维生素和微量元素，在每吨饲料中加入硫酸铜63克、胆碱55克、维生素B_{12} 3.3毫克、维生素E 5500国际单位、DL-蛋氨酸500克、维生素C粉500克，连用3周，病情得到控制。病情严重的可在每吨饲料中加入900克肌醇，连用2周，疗效明显，但成本较高。

4. 蛋鸡瘫痪

瘫痪发病的原因是多种多样的，有微生物致病引起的，有营养性因素引起的，有饲养管理不当引起的，还有多种病原微生物与环境条件协同作用引发的。因此在防治过程中，要根据容易引起瘫痪的因素加以预防，对发生瘫痪的鸡，采取对因治疗。

（1）饲料中钙含量不足或钙磷比例失调　饲料中缺钙或磷含量过高均会使钙磷比例失调，进而影响钙在骨骼中的沉积和蛋壳的形成。骨骼中针状钙形成不足，骨髓发育不良就会出现骨软症和骨骼疏松症。可见裂纹蛋、薄壳蛋、软壳蛋显著增多，产蛋量下降，病鸡不能站立，侧卧于笼底，以附骨支撑，甚至瘫痪。发病后期病鸡极度消瘦、嗉囊空虚、停止产蛋、关节变形、骨折，最后因衰竭而死亡。

实践证明，不同日龄不同产蛋率的鸡，对钙、磷的需要量是不一致的，应[redacted]防止比例失调导致瘫痪症的发生。一般0～8周龄的雏鸡饲料中的钙含量为0.9%、磷含量为0.7%；育成期鸡饲料中钙含量为0.6%，磷含量为0.4%；产蛋鸡饲料中钙含量应达到3.2%～3.5%，磷含量应为0.45%～0.55%，产蛋鸡饲料中的钙、磷含量的增加应随着产蛋率的增加而适时调整。

（2）饲料中维生素D缺乏和光照不足　饲料中维生素D含量和每日光照的时间直接影响家禽对钙、磷的吸收状态，光照时间不足则导致维生素D_3的缺乏，肠道对钙、磷的吸收减少，血液中钙、磷的浓度降低。钙、磷不能在骨骼中沉积，使成骨作用发生障碍，造成骨盐的再溶解而发生鸡的瘫痪症。

蛋鸡的每日光照时间应在12～18小时，一般雏鸡期间和育成期间可采用自然光照，16～18周龄时开始补充光照，逐渐增加至产蛋高峰期，每日光照16小时。产蛋后期每日光照可达到18小时，同时在饲料中添加维生素D_3。

（3）胃肠道疾病　蛋鸡发生沙门氏杆菌病、大肠杆菌病、痢疾杆菌病等胃肠道疾病后，导致消化不良，胃肠黏膜发生浆液性炎、卡他性炎，甚至出血性炎，胃肠蠕动加快，肠壁的吸收能力降低，未经充分消化的食靡随粪便排出体外，造成鸡对钙、磷、维生素D等营养物质的吸收不足，不能满足鸡生命活动的需要，因此就动用储备，使储存在骨骼中的骨盐溶解过度，骨组织被未钙化的骨样组织所代替，骨骼的强度下降，神经肌肉的兴奋性降低，形成骨骼疏松症，严重的则发生瘫痪。

因此当发现鸡群腹泻、拉稀症状后应及时诊治，在使用抗生素的同时，适当补充钙、磷、维生素D等就能有效预防瘫痪症的发生。

（4）痛风症　蛋鸡痛风病是由于蛋白质代谢障碍或药物中毒等导致肾脏受到损伤，进而以尿酸或尿酸盐形式大量沉积在关节囊、关节软骨、关节周围、胸腹腔及各种脏器表面和其他间质组织中的一种疾病。临床上以病鸡行动迟缓、腿关节肿大、厌食、跛行、衰弱和腹泻等为特征，严重的可引起鸡群大量死亡。引起蛋鸡痛风病的原因较为复杂，有营养、饲养管理、传染性、药物因素以及霉菌毒素等多种可能。

预防措施：降低饲料中蛋白质含量，改用全价饲料或将自配料的蛋白质降低，以减轻肾脏负担，并适当控制饲料中钙磷比例；供给充足的饮水，停用、缓用抗生素，以减少应激，促进新陈代谢，有利于尿酸盐的排出。饲料中添加维生素 E、鱼肝油。有条件的情况下，可以在鸡群饮水中添加鱼肝油；在做好鸡舍保暖的前提下，加强鸡舍通风，改善鸡舍的内部环境；使用护肾、排石的肾肿解毒药物。同时在饲料中加入 0.2% 的小苏打，连用 4 天，停 3 天后，再用一个疗程。

（5）难产　难产的原因有育成期饲养管理不当，造成母鸡性成熟而未达体成熟。开产时母鸡的体型没有达到标准，则易发生难产；母鸡养得过肥，脂肪过多，产蛋时腹部收缩力弱，不能将蛋从泄殖腔顺利排出；饲料中营养成分太高，所产蛋的个体较大（如双黄蛋）也是难产发生的原因。

根据难产发生的原因，改善饲养管理，饲料中蛋白质含量控制在 12% 以下，钙磷比例保持在 4∶1 的平衡状态，减少光照时间 1～2 小时，适当减少光照强度，以后光照时间及强度缓慢增加；加强通风换气，使舍内空气清新，以及搞好舍内卫生及消毒。

对难产母鸡进行人工助产，蛋产下来后两三天内只给予饮水，不喂或少喂饲料，使其暂停产蛋，预防在伤口愈合之前又排卵，形成新蛋，造成死亡。经过几天时间的调理，瘫痪的母鸡就能恢复正常。

5. 产蛋鸡腹泻

蛋鸡在进入夏季以后，经常出现以持续性水样腹泻为特征的疾病，细菌学检查未发现有病原菌感染，用多种抗生素治疗亦无明显效果。

发病鸡群最具特征性的症状是拉水样粪，有"哧哧"的射水声，有的落到地面上出现"啪"的一声，稀粪中有未消化的饲料。发病鸡群精神状况、采食饮水正常，死淘率亦无明显升高，但病程长，可达数月。

本病通常是由以下原因引起的。

一是刚开产的蛋鸡换蛋鸡料过渡快（一般要求过渡 7～10 天），会造成对蛋鸡料高钙的不适应，属于生理代谢拉稀。建议过渡蛋鸡料要慢，让蛋鸡慢慢适应高钙饲料。

二是夏季高温，温度过高，鸡的饮水量增加，蛋鸡没有汗腺，体内热量需要散发出去，这时就要大量喝水，拉稀便，以这种方式散热，一般不会造成产蛋率、蛋重太大的损失，但是长期这样，鸡的体质就弱了，容易生病。高温天气可以在鸡舍安装水帘、风机等降温设备，最大限度地减少损失。

三是鸡有肠道寄生虫和其他疾病。肠炎、大肠杆菌等肠道病，米汤样的稀便、白汤粪等，考虑投药治疗。一般是调理肠道，使用抗菌药物。

四是饲料中蛋白质含量过高、鱼粉中含盐量过高。或者饲料中麸皮、米糠过多，饲料变更后含有较多的石粉或贝壳粉，刺激肠道蠕动。

五是饲养管理跟不上，鸡舍中空气不流通等。

【防治措施】

一是减少饲料中麸皮的添加量，育成期麸皮尽量不要高于2.5千克，添加石粉或贝壳时需慢慢过渡，不得一次性添加。在105天鸡群达到标准体重时（1.25千克左右）及时添加，每周添加量增加1%，至产蛋增至10%添加量到8%。

二是搞好防疫及环境卫生，加强通风，减少疾病发生率，防止肠道疾病。

三是当鸡群发病时及时控制，缩短治疗时间，防止激发大肠杆菌及肠道疾病。

四是提高饲料（如玉米、豆粕、鱼粉、棉粕等）的质量。减少慢性中毒的可能性。

五是长期添加微生态制剂，调整肠道菌群平衡，有效提高饲料转化率及消化率，减少肠道疾病发生。

六是刚开产的鸡室温不高时可适当限水。

6. 脱肛

脱肛是指母鸡产蛋后泄殖腔或输卵管不能正常地回缩而出现外翻，一部分留在肛门外。一般多见于开产后的初产期或盛产期，并多见于高产鸡，发病率在1%～2%，也有的鸡群高达3%～5%。如果预防不及时，会造成很大的经济损失。

产生蛋鸡脱肛的原因主要有以下几个方面。

一是饲养管理不当。

光照制度不合理：蛋鸡开产前光照时间过长，性成熟过早，提前开产。由于母鸡未达到体成熟，骨盆尚未发育完全，产道狭窄，造成难产脱肛。提前开产的鸡，畸形蛋（尤其是大蛋及双黄蛋）增多，大蛋通过输卵管困难，易发生脱肛症。

日粮营养水平不当：后备母鸡日粮营养水平过高，造成过于肥胖。一般母鸡在产蛋时输卵管都有正常的外翻动作，蛋产出后能立即复位，过肥的母鸡因肛门周围组织弹性降低，阻碍了外翻的输卵管正常复位。另外，由于腹内脂肪压迫，输卵管紧缩而使蛋通过时发生困难，产蛋过程中因强力努责而脱肛。

应激：蛋鸡的饲养密度过大、鸡舍通风不良、卫生条件差、舍内氨气浓度较高等应激因素亦能作用于产蛋过程而引起脱肛。

鸡群整齐度差也易引起脱肛。

二是鸡病引起的脱肛。鸡伤寒、慢性禽霍乱、禽副伤寒、消化道炎症疾病都会引起鸡腹泻或输卵管及泄殖腔发炎，产蛋时蛋排出困难，过度努责而引起脱肛。长时间的腹泻使蛋鸡机体水分消耗过大，甚至达到脱水程度，致使输卵管黏膜不能有效地分泌黏液，输卵管黏膜润滑作用降低，生殖道干涩，造成脱肛。

三是高产而引起的脱肛。在产蛋高峰期，鸡产蛋过多或产大蛋，鸡超负荷生产，导致肛门失禁而脱肛。

四是遗传原因。轻型蛋鸡脱肛发生率高于中型蛋鸡，白壳蛋鸡比褐壳蛋鸡发生脱肛多。

五是维生素缺乏。产蛋鸡日粮中维生素 A 和维生素 E 不足，饲料过期、霉变，使输卵管和泄殖腔黏膜上皮角质失去弹性，防卫能力降低，发生炎症，造成输卵管狭窄，引起脱肛。

【防治措施】

一是加强饲养管理。无论是育雏阶段或育成期，还是产蛋期，均应按照不同生理阶段的饲养标准和光照程序进行管理。既不可急于求成，也不可盲目追求所谓的高产，依照客观规律予以办事，保证蛋鸡不过肥、不过瘦、不早产，鸡群的体质匀称，使之以良好的状态进入产蛋期并顺利多产。比如说，青年鸡时期，日粮应限制 3% 左右（避免体重过大、膘情过肥），待鸡体成熟后再缓慢增量（日粮中粗蛋白质水平亦是 7～14 周龄高，15～18 周龄低），开产后（18 周龄后）也要缓慢换料，当产蛋率达 50％时再逐渐换成产蛋料，达 85％时换成高峰料等等。对产蛋期的脱肛母鸡，若此时光照尚未定型，应马上停止对光照时间的添加，宜采取上述方法进行治疗，待病情好转后再以缓慢速度添加光照到 16～16.5 小时。

二是减少应激（包括合理分群、适当密度、按时断喙、保持禽舍卫生、周围环境安静等），消除种种其他病因。

三是发病鸡的治疗。将患鸡拣出单独饲养，前 3～5 天逐渐减少喂料量，使母鸡停止产蛋，先消除诱发本病的原因再进行治疗。

轻度脱肛应及时用 0.1％的高锰酸钾水或 2％温盐水进行清洗消毒，除去表面的异物和痂皮，把母鸡倒提起来，然后将脱出物送入腹腔，隔离防喙，并给予消炎治疗。

严重脱肛的蛋鸡除泄殖腔脱出外，还有部分输卵管或肠管脱出。用 10％食盐水清洗、复位，最后从肛门注入抗生素消炎，外涂金霉素软膏。如果脱出物复位后再次脱出，或不再脱出但发出痛苦努责声，排粪稀而难，应淘汰。

7. 鸡虱子

鸡虱子属短角鸟虱科，是家禽常见的一种体表寄生虫，主要寄生在鸡的羽毛和皮肤上。体小，雄虫体长 1.7～1.9 毫米，雌虫 1.8～2.1 毫米。头部有赤褐色斑纹。鸡虱主要以鸡的羽毛、绒毛及皮屑为食，使鸡发生奇痒和不安，有时也吞食损伤部位流出的血液。鸡虱子大量寄生时，可引起鸡的消瘦，生长发育受阻和产蛋量下降，鸡虱的危害常常被人们忽视。

鸡虱属于一种永久性寄生虫，全部生活史都在鸡体上。在鸡的羽毛间生存繁殖，不会主动离开鸡体。羽毛虱在鸡体上的寿命可达数月之久，但离开后只能生存 5～7 天，所以鸡虱发育周期为 3～4 周，也是家禽的一种最普通的体外寄生虫；大约芝麻粒大小，有 6 条腿，种类较多，约有 20 多种；一年四季均可发生，特别是秋季是鸡虱高发时期，当气温达到 25℃时，每隔 6 天即可繁殖一代；人、畜、禽（尤其养鸡多年的鸡场中的蛋鸡、种鸡等）均易感染虱子。鸡生虱时由于痛痒刺激，经常抖毛，会使一些鸡虱散落到体外，散落的鸡虱会钻进另一些鸡的羽毛中重新安身，也可能被某些媒介（人的鞋底、小动物等）带至其他鸡群而使其他鸡群感染鸡虱。如果没有这些机会，鸡虱在地面、垫料、鸡粪等环境中因得不到食物，经过几天就会死亡。

寄生在鸡身上的主要有鸡体虱、头虱、羽虱等。它们有的取食羽毛、皮屑，也有的刺咬皮肤、吸取血液，影响鸡的生长发育和生产性能。轻者导致鸡生长受阻，产蛋鸡产蛋减少或完全停产；重者则鸡冠苍白，因失血过多而导致贫血死亡。病鸡奇痒不安，会蹦跳飞跃，常啄自身羽毛与皮肉，导致羽毛脱落，皮肤损伤，食欲下降与渐进消瘦和贫血，精神萎靡不振，营养缺乏，进而出现贫血症状甚至死亡。雏鸡长鸡虱会影响生长发育；产蛋鸡长鸡虱则产蛋率下降。

【防治措施】

一是为了控制鸡虱的传播，必须对鸡舍、鸡笼、饲喂、饮水用具及环境进行彻底消毒。对鸡舍内卫生死角彻底打扫，清除出陈旧干粪、垃圾杂物，能烧的烧掉，其余用杀虫药液充分喷淋，堆到远处。

二是使用杀虫药。杀灭鸡虱子的药有高效氯氰菊酯、高效氯氟氰菊酯、2.5％溴氰菊酯（敌杀死）或马拉硫磷喷雾鸡体，或用阿维菌素拌料喂鸡等。

第八章

科学经营管理

经营是鸡场进行市场活动的行为，涉及市场、顾客、行业、环境、投资的问题。而管理是鸡场理顺工作流程、发现问题的行为，涉及制度、人才、激励的问题；经营追求的是效益，要资源，要赚钱。管理追求的是效率，要节流，要控制成本；经营要扩张性的，要积极进取，要抓住机会。管理是收敛的，要谨慎稳妥，要评估和控制风险；经营是龙头，管理是基础，管理必须为经营服务。经营和管理是密不可分的，管理始终贯穿于整个经营的过程，没有管理，就谈不上经营，管理的结果最终在经营上体现出来，经营结果代表管理水平。

蛋鸡养殖就是一个经营管理的过程，而鸡场的经营管理是对鸡场整个生产经营活动进行决策、计划、组织、控制、协调，并对鸡场员工进行激励，以实现其任务和目标的一系列工作的总称。

一、经营管理者要不断地学习新技术

一个人的学习能力往往决定了一个人竞争力的高低，也正因为如此，无论对于个人还是对于组织，未来唯一持久的优势就是有能力比竞争对手学习的更多更快。一个企业如果想要在激烈的竞争中立于不败之地，它就必须不断地有所创新，而创新则来自于知识，知识则来源于人的不断学习。通过不断地学习，专业能力得到不断提升。所以管理大师德鲁克说："真正持久的优势就是怎样去学习，就是怎样使得自己的企业能够学习的比对手更快。"

作为一个合格的养鸡场经营管理者，即使养鸡场的每一项工作不需要亲力亲为，但是要懂得怎么做。因此，必须掌握相关的养殖知识，不能当门外汉，说外行话，办外行事。要成为养蛋鸡的明白人，甚至是养蛋鸡专家。只有这样，才能管好养鸡场。

很多养鸡场的经营管理者都不是学习畜牧专业的，对养蛋鸡技术了解得不多，多数都是一知半解。而如今的养蛋鸡已经不是粗放式养牛时代了，规模化、标准化养鸡，品种选择、鸡舍建设、养蛋鸡设备、饲料营养、疾病防治、饲养管理、营销等各个方面的工作都需要相应的技术，而且这些技术还在不断地发展和进步。家禽疫病复杂，环境恶化，对蛋鸡养殖提出了更高的要求。蛋鸡养殖政策严格，门槛提高，对整个养殖环境、规格的构建，以及饲养方式和技术提出更多规定和建议。行业新的业态在不断地涌现，如蛋鸡超市、云养殖、互联网＋、智慧蛋鸡等。经营管理者如果不学习或者不坚持知识更新，就无法掌握新技术，养鸡的效益就要降低。

做好养鸡场的工作安排和各项计划也离不开专业技术知识。养鸡场的日常工作繁杂，要求经营管理者要有较高的专业素质，才能科学合理地安排好鸡场的各项管理工作。如管理者要懂得体重抽测的方法、均匀度、整齐度、光照管理、通风管理、温度管理、防疫等关键技术，还要懂得查找管理上的漏洞，如因病、残而不能继续生产的蛋鸡淘汰数量过多，多属于饲养管理上存在问题，要查找引起非正常淘汰的原因，并及时加以改正。另外，各项工作环节的衔接、饲料采购计划、养殖人员绩效管理、蛋鸡淘汰时机等等，都离不开专业技术的支持。

可见，学习对鸡场经营管理者的重要性不言而喻。那么，学习就要掌握正确的学习方法，鸡场的经营管理者如何学习呢？

一是看书学习。看书是最基本的，也是最重要的学习方法。各大书店都有养鸡方面的书籍出售，有介绍如何投资办养鸡场的书籍，如《投资养蛋鸡你准备好了吗》；有介绍养殖技术的书籍，如《蛋鸡高效健康养殖关键技术》；有介绍养殖经验的书籍，如《养蛋鸡高手谈经验》；有鸡病治疗方面的书籍，如《中国禽病学》等。养鸡方面的书籍种类很多，挑选时首先要根据自己对养鸡知识掌握的程度有针对性地挑选书籍。作为非专业人员，选择书籍的内容要简单易懂，贴近实践。没有养鸡基础的，要先选择入门书籍，等掌握一定养鸡知识以后再购买专业性强的书籍。

二是向专家请教。这是直观学习的好方法。各农业院校、科研所、农科院、各级兽医防疫部门都有权威的专家，可以同他们建立联系，遇到问题可以及时通过电话、电子邮件、登门拜访等方式向专家求教。如今各大饲料公司和兽药企业都有负责售后技术服务的人员，这些人员中有很多人的养殖技术比较全面，特别是疾病的治疗技术较好，遇到弄不懂或不明白的问题可以及时向这些人请教，必要的时候可以请他们来场现场指导，请他们做示范，同时给全场的养殖人员上课，传授饲养管理方面的知识。

三是上互联网学习和交流。这也是学习的好方法。互联网的普及极大地方便了人们获取信息和知识，人们可以通过网络方便地进行学习和交流，及时掌握养鸡动态，互联网上涉及养鸡内容的网站很多，养鸡方面的新闻发布的也比较及时。但涉及养殖知识的原创内容不是很多，多数都是摘录或转载报纸和刊物的内容，内容重复率很高，学习时可以选择中国畜牧学会、中国畜牧兽医学会等权威机构或学会的网站。

四是多参加有关的知识讲座和有关会议。扩大视野，交流养殖心得，掌握前沿的养殖方法和经营管理理念。

二、经营者要研究养蛋鸡发展形势，才能在竞争中生存

预见性是指一个人对事物发展的预判和前瞻，一个人预见性的强弱往往决定着一个人的能力大小。预见性是对事物未来走向的认知与把握，即见事早、反应快，走一步、看两步，抓当前、想长远。古人说，凡事预则立，不预则废。预见性意味着主动性、实效性，预见性强则工作的主动性高，实效性大。而作为规模养鸡场的经营管理者，预见性强弱直接决定着鸡场生产的经营好坏。

蛋鸡场的经营管理者要多学习、多思考、多总结、多走动。多学习就是既要多学习养殖方面的常识，还要学习鸡蛋价格变动的规律；多思考就是能够透过现象看本质，比如鸡蛋价格的变动，归根结底还是因为供需矛盾引起的，这就是本质。在蛋鸡场的经营管理上要"一

叶落知天下秋"，见微知著。只有掌握了经营管理上的规律，工作时才能分清轻重缓急，知道自己应该抓什么、重点抓什么，先抓什么、后抓什么等，只有有了明确的思路甚至是具体计划，才能使工作的预见性明显增强。知道下一阶段工作的重点难点，使工作具有前瞻性。多总结就是总结经验、吸取教训。只要能从失败的工作中吸取教训，从成功的工作中总结经验，以后就能更加准确、科学地预见未来，把自己的工作做得更好。多走动就是要走出去，通过与同行积极地交流，及时掌握养鸡方面的信息，取长补短。

三、要适度规模经营

经济学理论告诉我们：规模才能产生效益，规模越大，效益越大，但规模达到一个临界点后其效益随着规模呈反方向下降。适度规模养殖是在一定的适合的环境和适合的社会经济条件下，各生产要素（土地、劳动力、资金、设备、经营管理、信息等）的最优组合和有效运行，取得最佳的经济效益。所谓蛋鸡养殖生产的适度规模，是指在一定的社会条件下，蛋鸡养殖生产者结合自身的经济实力、生产条件和技术水平，充分利用自身的各种优势，把各种潜能充分发挥出来，以取得最好经济效益的规模。

养蛋鸡规模太小了不行，但也不是规模越大越好，蛋鸡养殖规模的扩大必须以提高劳动生产率和经济效益为目的。养殖规模的大小因养殖经营者的自身条件不同而不同，不能一概而论。通常养蛋鸡规模过大，资金投入相对较大，资源过度消耗、生态环境恶化、疫病防控成本倍增、饲料供应、鸡蛋销售、鸡粪处理的难度增大，而且市场风险也增大。

比如5000只以下小规模的养殖户即使养鸡赚钱也不如进城打工多，还要承担传染病带来的风险，只有养殖户每年的盈利是打工收入的2倍以上才有吸引力，而这个吸引力的养殖规模是5000只以上。5000～10000只的规模，如果采用自动加料和自动清粪设备，一个家庭不用雇人完全可以承担相应工作量，才能使养殖经营者获得同经营其他行业相当的平均利润，从而稳定其养殖积极性。因此，对于以家庭成员为主养殖蛋鸡的，规模在5000只以上，10000只以下为适度规模。

我国蛋鸡养殖从小规模大群体逐渐向规模化方向发展已经成为不争的事实，2013年全国百万只蛋鸡笼位的企业超过20家，大型企业多采用封闭鸡舍叠层高密度笼养，自动化程度高，投资大，养殖水平高。虽然管理成本相对较大，但是品牌化运作好，仍然具有较强的竞争力。

所以适度规模的适应值要完全满足鸡舍面积、技术水平、设备利用率、资金保障能力、饲料保障能力、鸡蛋销售渠道、鸡粪处理能力和经营管理能力等要求，结合蛋鸡的平均效益和总体效益来综合考虑养蛋鸡规模的大小。这些条件必须同时满足，不可偏废其中任何一项，否则将无法经营下去。

四、产蛋鸡淘汰的最佳时间

母鸡开始产蛋的年龄依品种而异，大多5月龄开产。开产后，除少数个体外，一般以第一年的产蛋量高，以后产蛋量逐年降低。因此，不淘汰老龄鸡群，对生产是不利的。现代商品蛋鸡场，采用"全进全出"的方式，一般是母鸡产蛋12~14个月后即全部淘汰，然后再饲养新的产蛋鸡。既可使鸡场经常保持较高的生产水平，又便于饲养管理和防疫。

当然，各鸡场在具体操作时，还要考虑当时的具体情况，若鸡群在饲养过程中突然患病，产蛋量下降很大，一时还不能恢复，在这种情况下可以考虑提前淘汰。

另外，何时淘汰母鸡还要看鸡蛋、饲料及淘汰蛋鸡的价格。淘汰日龄以获取最大利润为准。根据具体情况决定，如果鸡的生产性能较好，即所产鸡蛋每个仍能达到55克或60克，并且根据鸡蛋价格和养殖成本来看，继续养殖仍能赚钱，而养殖户又愿意接着养，这茬鸡后面又没有小鸡，也就没必要淘汰，可以等鸡的生产性能降下来后再淘汰。

种鸡场有时为了减少育成费用，在母鸡快结束第一个产蛋年时进行强制换羽，可再利用一段时期。种鸡场种鸡的年龄比例一般为1年的占55%，2年的占33%，3年的占12%。因种公鸡以第1年活力最强，通常一般只利用1年，待繁殖季节过后立即淘汰，但种鸡场的个别优秀公鸡有时可利用2年。肉用种鸡因第2年产蛋量下降较多，而且鸡体重往往过大，不利于产蛋配种，一般利用一个产蛋年后即64～68周龄即行淘汰。

五、把鸡蛋卖个好价钱

要想卖个好价钱就要做到"五好"，即定位好、养得好、点子好、牌子好和信息好等。

1. 定位好

适销对路是根本，尽管市场的需求是多样化的，但还是有主次之分，总是有占比重大的，占比重小的。以现在的市场看，褐壳蛋鸡的饲养量最大，其次是白壳蛋鸡。褐壳蛋鸡具有温顺、体重大、抗应激能力强、适合集约化养殖的特点，褐壳鸡蛋具有蛋重大、蛋壳质量好、破损率比白壳略低、适合运输等优点，褐壳鸡蛋更受消费者欢迎一些，当然褐壳鸡蛋所占的比重也最大。白壳蛋鸡由于具有开产早、体型小、产蛋量高、耗料少、适合于高密度饲养的特点，在市场上也比较受欢迎，尤其是欧美国家，养殖量比较大。因此，要想销量有保证，就要养殖需求量最大的。可是，需求量最大的，通常也是普及程度最高的，相同的产品一多起来，同质竞争问题也突出，最后拼的往往是价格。所以，这样的产品价格也是最低的。这时候就要看谁的生产成本低，谁的饲养管理好，谁的销售渠道好，谁就能挣到钱。否则，想要生存下去都是困难的。如果投资者想要养殖这类蛋鸡品种，就要具备规模化养殖的条件。

养殖粉壳蛋鸡和绿壳蛋鸡，还有生态蛋、有机蛋、绿色蛋、蝇蛆蛋、土鸡蛋等。粉壳蛋鸡饲养量比褐壳蛋鸡和白壳蛋鸡都少很多，市场中销量也不是很大，因为粉壳鸡蛋和土鸡蛋的颜色相似，不少人把粉壳鸡蛋当作土鸡蛋卖，这样做销量就更少了，因为人们都知道土鸡蛋产量少，所以价格才贵，如果一下子成筐地出售，少有人会相信是真的土鸡蛋，也不愿意高价去买。绿壳蛋鸡的蛋品不是十分稳定，产的蛋有时不都是绿色的。绿色蛋和有机蛋需要认证，有效期1年，1年后要继续使用还需要认证，认证程序比较烦琐，对饲养管理条件要求高，没有实力的投资者很难搞好；生态蛋和蝇蛆蛋炒作概念的多，由于缺乏统一的检验标准，实际被消费者接受的程度有限。这些品种对销售是个考验，如果有好的销售渠道，有一定的销量作保证，是可以考虑的。但是销售问题一定要有百分之百的把握，千万不能凭自己的主观臆断，"我相信只要我如何如何就一定能卖出去""我认识某个亲戚、朋友，只要找他，一定没问题""只要我打我的品牌，我的鸡蛋就一定会好销""我是如何养？有什么样的技术，我的产品一定比其他人的好，所以销售应该没问题"等诸如此类的主观臆断。有的是朋友的海阔天空，拍着胸脯保证，销售没问题，包在我身上，结果真正到了要销售的时候，情况千变万化，不是这不行就是那不行，难受的是投资者，埋怨谁都有用。还有的看到介绍这个鸡蛋如何如何的有特色、有营养，消费者如何如何的欢迎，普通投资者如果不经过实际检验，很难判断是否真的像介绍的那样好，一时冲动，轻易上马，养殖出来后，要不就是没有介绍的那样好，产蛋少，成本高，要不就是产蛋还可以，但是鸡蛋卖给谁，当地的人认不认这个品种，卖贵了没人买，卖便宜了还不甘心，鸡蛋是以鲜蛋销售为主的，保鲜期短，如果在保鲜期内卖不出去，损失就大了，算来算去，最后是让卖鸡苗的把钱挣了。以前有多少是靠炒所谓的挣钱好品种发大财的，最后吃亏上当的是众多的不明真相的买了那些品种的投资者，我们身边这样的事例很多。

因此一个好的定位应该是适销对路的品种、饲养管理难度相对小、销售渠道稳固等方面都具有优势。这样才能保证投资者的效益最大化。

2. 养得好

好的品种要有好的饲养管理配合，否则，也不能发挥出蛋鸡的生产潜能，效益也不会好。所以，要从饲养管理入手，要保证蛋鸡健康生长，减少疾病，从而提高产蛋效率，鸡蛋的数量和质量才能有保证。要精心饲喂，比如给蛋鸡喂过多的料易造成蛋鸡过肥、早产（特别是中鸡阶段），甚至造成饲料浪费，增加养殖成本；过少则难以达到标准的产蛋体况，或在产蛋期蛋小，产蛋率不高，养殖效益差。并且用药拌料预防治疗蛋鸡疾病时，准确计算用料特别重要。

蛋鸡的很多疾病既影响蛋鸡的产蛋率，又影响蛋鸡所产鸡蛋的质量。如很多养殖朋友们都知道蛋鸡刚开产到产蛋高峰这时间段，最容易爆发呼吸道疾病和其他原因的疾病，将严重影响蛋鸡的产蛋，出现产蛋鸡没有高峰期，或者产蛋高峰期时间缩短。再比如蛋鸡在受到惊吓后，产蛋鸡群被惊扰之后，产软壳蛋的增多，容易产"蛋包蛋"，惊吓时鸡群飞撞聚堆踩踏，也会造成不同程度的内外损伤，且有死亡的可能。此时市场销售再好，但蛋鸡产不出那么多的鸡蛋或者蛋品质量差，不能保证持续稳定地供应，经销商不愿意经销，就不能保证养鸡的效益。

3. 点子好

点子就是营销办法、销售手段，在同质化竞争激烈的今天，要有一个好的营销策略，才能赚到钱，点子就是财富。做到人无我有、人有我优、人优我新。比如最简单的办法就是把鸡蛋装上盒卖，价格马上就能提高，市场上鸡蛋都是散卖，没有包装，用塑料袋子装，鸡蛋容易破损，通常的破损率在 10% 左右，买的人不方便，卖的人利润也受影响，蛋渍又影响卫生。现在众多超市采用防震防碰撞的盒包装出售。既方便又美观，消费者还有一种信赖感。有人算过这样一笔账：一个最便宜的塑制盒 0.26 元，以鸡蛋售价每千克 4 元计，盒子的价格不足原来 10% 的损耗，两者相抵每千克多赚 0.08 元，即使鸡蛋下降到每千克 3 元，基本上也能持手，但是销售量能上去。

再如贴着商标卖的"西北风"鸡蛋，西北一带的鸡蛋品质好是出了名的。为了维护"西北风"派鸡蛋的声誉，这一带的经营者们专门设计制作并注册了相应的商标，让当地蛋农在鸡蛋上贴起了这种商标，便于让消费者更容易区别各地的鸡蛋品种，以扩大影响面。而南方一些县市蛋鸡场产出的鸡蛋，日销量占到了南方整个鲜鸡蛋市场销售份额的约 43%，为了更好地保护名牌和维护在消费者心目中的地位，经营者们用专用墨水在每个鸡蛋上都打上了本县市产字样的防伪标识。

湖北黄梅有一个养蛋鸡人的销售点子就非常好，他的鸡场在湖北黄梅县，距离全国养鸡第一大县浠水 110 千米，浠水县高峰时养殖蛋鸡 2700 万只以上。他一方面要利用浠水蛋鸡产业链十分完整的优势，如雏鸡供应、防疫、饲料等，另一方面又要防止浠水鸡蛋产量高对黄梅（销区）蛋价的冲击，因此如何制订蛋的出场价，他确实要动一番脑筋。在淡季，尤其是像 2012 年春、夏季，他的蛋价只能比浠水蛋每箱（360 枚）高 3~5 元，超过 5 元时，浠水就有蛋商往黄梅发货，冲击当地市场。3~5 元只够 100 千米的物流费用和蛋品的破损，蛋商无钱可赚，除非蛋快过了保质期。在蛋价好的时候，他的蛋价比浠水蛋每箱高 8 元左右，由于黄梅市场容量不大，尽管有钱可赚，但蛋商在"抱西瓜与捡芝麻"之间权衡，无暇顾及一个县的市场。他还是能卖得很好。当然，鸡场在当地做到随产随销，保持好的蛋品质量至关重要。因此，他才能在市场竞争之中，保持一个稳定且能被自己左右的市场。

4. 牌子好

要有自己的品牌，有特色。在市场化的今天，产品的竞争就是品牌的竞争，品牌成为消费者辨别产品质量的主要标识，以品牌带动产业发展已成为蛋鸡业的发展方向。随着市场供求结构由供不应求转向基本饱和，鸡蛋市场的消费开始出现分化。普通鸡蛋老大的地位被动摇，安全、营养、健康鸡蛋越来越被重视，今后规模化养鸡将日益显现出产品质量优势和市场销售优势，达到产品优质优价，名牌高价，改变过去鸡蛋产品好坏一个价、优质安全与经济效益不对称的现象，使规模化养鸡走上良性、可持续发展之路。生产品牌蛋是蛋鸡行业的必由之路。

据《中国蛋鸡产业经济 2011》一书介绍，品牌鸡蛋消费量受品牌鸡蛋自身价格、相关替代品价格的影响，且影响方向符合经济学理论；品牌鸡蛋消费量对自身价格变化的反应程度高于相关产品价格变化；收入水平对品牌鸡蛋的消费量影响显著；家庭人口数量增多，品牌鸡蛋的消费量会下降；此外，是否是少数民族家庭、被访者年龄和地域因素也对消费者品牌鸡蛋的消费量有显著影响。

针对以上研究的结论，《中国蛋鸡产业经济 2011》一书介绍对品牌鸡蛋的销售应注意的三点：一是加大品牌鸡蛋的宣传，通过公益讲座、广告等媒体手段就品牌鸡蛋对消费者进行宣传，使消费者提高对品牌鸡蛋的了解和接受程度；二是要把品牌鸡蛋的价格定在合理区间，并对品牌鸡蛋进行分级，满足不同消费者对品牌鸡蛋的需求；三是厂家可以联合超市等经销商，通过多搞促销等方式增加城镇居民购买品牌鸡蛋的频率，最终提高总的销售量。

因此，蛋鸡养殖必须注重品牌的创立和维护，一个好的品牌是靠产品的优秀品质加以保证的，是需要靠长期不断打造并维护来培育的。要有"十年磨一剑"的长久打算，不能急功近利，患得患失。不要只是在概念上做文章，只把开发费用放在广告宣传与包装上。而是要把主要精力放在产品研发及品质控制上，打造经得起任何检验的良心鸡蛋、百姓放心鸡蛋。

5. 信息好

要把握市场规律，就要经常通过不同的渠道进行调研，多了解市场，分析市场行情，把好市场脉搏。

一般鸡蛋价格波动有如下的规律。一是要留心身边的菜价，一般菜价上涨，鸡蛋的价格也会跟着上涨，菜价回落，鸡蛋的价格也会跟着回落。二是一般国家的重大节假日前夕，如清明、五一、国庆、元旦、春节，鸡蛋价格都会有不同程度的上涨。通常在节前2天左右停止价格上涨，节后价格往往要降价一段时间。三是孵化企业鸡雏供应数量的变化可以预测鸡蛋价格。一般蛋鸡经过6个月左右的生长期就开始产蛋，如果6个月前养鸡场进鸡数量较少，6个月后，鸡蛋的价格将会有提升。反映到孵化场，就是鸡雏销售的数量，是供不应求还是无人问津。供不应求说明购买鸡雏的养鸡场多，无人问津说明购买鸡雏的养鸡场少，最后的结果就可以反映到市场价格上来。四是一般春夏季节，鸡蛋价格会较于秋冬季节的低，冬季，随着夏季菜逐渐减少，学校开学，人们对蛋制品的需求增加，价格也提高。五是饲料公司的饲料销售供应不上，产量提高也不能满足，说明蛋鸡饲养数量越来越大，此时预示着鸡蛋产量也要大幅度增加，必然引起鸡蛋价格的下降。

鸡蛋行情的了解途径很多，有网上，也有电视、广播和报纸，还有最贴近实际的集贸市场、超市和大卖场等，经常上网了解市场信息，有专门发布蛋鸡雏价格的、饲料原料价格的、引进祖代鸡品种数量的、淘汰鸡行情的、笼具供应信息等等。可以在超市、饭店、农贸市场等场所了解城里人爱吃什么样的鸡蛋，是普通鸡蛋，还是无公害鸡蛋、绿色鸡蛋。还可以到乡信用社了解金融方面的信息，到畜牧部门咨询蛋鸡绿色养殖新技术，什么样的鸡蛋好卖，并且能够挣钱多，有针对性地养殖这些品种。掌握鸡蛋、饲料、雏鸡价格波动情况，把握好每一个增收节支的机会。

六、重视食品安全问题

食品安全关系到全社会、千家万户的生命安全，是关系国计民生的头等大事。而养鸡业食品安全的源头在养殖环节，源头不安全，加工、流通、消费等后续环节当然不会安全。源头管理是 1，后面的都是 0，食品安全没有严格的源头管理，就输在了起跑线上！食品安全不仅需要政府部门肩负起监管职责，更需要食品生产企业主动承担起责任，从食品的源头做好把控，实现对消费者的安全承诺。

因此，作为负有食品安全责任的养殖者，有责任、有义务做好生产环节的食品安全工作。

一是主动按照无公害食品生产的要求去做，建立食品安全制度。一个企业规模再大、效益再好，一旦在食品安全上出问题，就是社会的罪人。养鸡场要视食品安全为生命线。坚决不购买和使用违禁药品、饲料及饲料添加剂，不使用受污染的饲料原料和饮水，不购买来历不明的饲料、兽药。

二是生产环节做好预防工作，做好粪便和病死鸡的无害化处理，饲料的保管，水源保护工作，避免出现环境、饲料原料和饮水的污染。严格执行停药期的规定，避免出现药物残留。

三是积极落实食品安全可追溯制度，建立生产过程质量安全控制信息。主要包括：饲料原料入库、储存、出库、生产使用等相关信息；生产过程环境监测记录，主要有空气、水源、温度、湿度等记录；生产过程相关信息，主要有兽药使用记录、免疫记录、消毒记录、药物残留检验等内容，包括原始检验数据并保存检验报告；鸡蛋相关信息，包括舍号、数量、生产日期、检验合格单、销售日期、联系方式等内容。做好食品安全可追溯工作，不仅是食品安全的要求，同时还可以提高蛋鸡场的知名度和经济收益，一个食品安全做得好的鸡场，其鸡蛋必定受到消费者的欢迎。

四是主动接受监督，查找落实食品安全方面的不足。如主动将鸡蛋送到食品监督检验部门做农兽药和禁用药物残留监测。

七、做好养鸡场的成本核算

养鸡场的成本核算是指将在一定时期内养鸡场生产经营过程中所

发生的费用，按其性质和发生地点，分类归集、汇总、核算，计算出该时期内生产经营费用发生总额和分别计算出每种产品的实际成本和单位成本的管理活动。其基本任务是正确、及时地核算产品实际总成本和单位成本，提供正确的成本数据，为企业经营决策提供科学依据，并借以考核成本计划执行情况，综合反映企业的生产经营管理水平。

养鸡场成本核算是养鸡场成本管理工作的重要组成部分，成本核算的准确与否，将直接影响养鸡场的成本预测、计划、分析、考核等控制工作，同时也对养鸡场的成本决策和经营决策产生重大影响。

通过成本核算，可以计算出产品实际成本，可以作为生产耗费的补偿尺度，是确定鸡场盈利的依据，便于养鸡场依据成本核算结果制订产品价格和企业编制财务成本报表。还可以通过产品成本的核算计算出的产品实际成本资料，与产品的计划成本、定额成本或标准成本等指标进行对比，除可对产品成本升降的原因进行分析外，还可据此对产品的计划成本、定额成本或标准成本进行适当的修改，使其更加接近实际。

通过产品成本核算，可以反映和监督养鸡场各项消耗定额及成本计划的执行情况，可以控制生产过程中人力、物力和财力的耗费，从而做到增产节约、增收节支。同时，利用成本核算资料，开展对比分析，还可以查明养鸡场生产经营的成绩和缺点，从而采取针对性的措施，改善养鸡场的经营管理，促使鸡场进一步降低产品成本。

对产品成本的核算，还可以反映和监督产品占用资金的增减变动和结存情况，为加强产品资金的管理、提高资金周转速度和节约有效地使用资金提供资料。

可见，做好养鸡场的成本核算具有非常重要的意义，是规模化养鸡场必须做好的一项重要工作。

1. 成本核算的主要原则

（1）合法性原则　指计入成本的费用都必须符合法律、法规、制度等的规定。不合规定的费用不能计入成本。

（2）可靠性原则　包括真实性和可核实性。真实性就是所提供的成本信息与客观的经济事项相一致，不应掺假，或人为地提高、降低成本。可核实性指成本核算资料按一定的原则由不同的会计人员加以核算，都能得到相同的结果。真实性和可核实性是为了保证成本核算信息的正确可靠。

（3）有用性和及时性原则　有用性是指成本核算要为鸡场经营管理者提供有用的信息，为成本管理、预测、决策服务。及时性是强调信息取得的时间性。及时的信息反馈，可及时地采取措施，改进工作。而过时的信息往往成为徒劳无用的资料。

（4）分期核算原则　企业为了取得一定期间所生产产品的成本，必须将川流不息的生产活动按一定阶段（如月、季、年）划分为各个时期，分别计算各期产品的成本。成本核算的分期，必须与会计年度的分月、分季、分年相一致，这样便于利润的计算。

（5）权责发生制原则　凡是当期已经实现的收入和已经发生或应当负担的费用，不论款项是否收付，都应作为本期的收入和费用；凡是不属于本期的收入和费用，即使款项已经在当期收付，也不应作为本期的收入和费用，以便正确提供各项的成本信息。

（6）实际成本计价原则　生产所耗用的原材料、燃料、动力要按实际耗用数量的实际单位成本计算，完工产品成本的计算要按实际发生的成本计算。

（7）一致性原则　成本核算所采用的方法，前后各期必须一致，以使各期的成本资料有统一的口径，前后连贯，互相可比。

2. 规模化养鸡场成本核算对象

会计学对成本的解释是：成本是指取得资产或劳务的支出。成本核算通常是指存货成本的核算。规模化养鸡场虽然都是由日龄不同的鸡群组成，但是由于这些鸡群在连续生产中的作用不同，应确定哪些是存货，哪些不是存货。

养鸡场的成本核算的对象具体为鸡场的每个种蛋、每只初生雏鸡、每只育成鸡、每千克禽蛋。

蛋鸡在生长发育过程中，不同生长阶段可以划分为不同类型的资产，并且不同类型资产之间在一定条件下可以相互转化。根据《企业会计准则第5号——生物资产》可将鸡群分为生产性生物资产和消耗性生物资产两类。养鸡场饲养蛋鸡的目的是产蛋繁殖，能够重复利用，属于生产性生物资产。生产性生物资产是指为产出畜产品、提供劳务或出租等目的而持有的生物资产。即处于生长阶段的蛋鸡，包括雏鸡和育成鸡，属于未成熟生产性生物资产，而当蛋鸡成熟为产蛋鸡时，就转化为成熟性生物资产，当产蛋鸡被淘汰后，就由成熟性生物资产转为消耗性生物资产。

养鸡场外购成龄产蛋鸡，按应计入生产性生物资产成本的金额，包括购买价款、相关税费、运输费、保险费以及可直接归属于购买该资产的其他支出。

待产蛋的成龄鸡，达到预定生产经营目的后发生的管护、饲养费用等后续支出，全部由鸡蛋产品承担，按实际消耗数额结转。

3. 规模化养鸡场成本核算的内容

（1）成本核算的基础工作

① 建立健全各项财务制度和手续。

② 建立禽群变动日报制度，包括饲养禽群的日龄、存活数、死亡数、淘汰数、转出数及产量等。

③ 按各成本对象合理地分配各种物料的消耗及各种费用，并由主管人员审核。以上各项材料数字要正确，认真整理清楚，这是计算成本的主要依据。

（2）成本核算的方法

① 每个种蛋的成本核算：每只入舍母禽（种禽）自入舍至淘汰期间的所有费用加在一起，即为每只种禽饲养全期的生产费用，扣除种禽残值和非种蛋收入被出售种蛋数除，即为每个种蛋成本。

每个种蛋成本＝种蛋生产费用－（种鸡残值＋非种蛋收入）/入舍母禽出售种蛋数

种禽生产费用包括种禽育成费用，饲料、人工、房舍与设备折旧、水费、电费、医药费、管理费、低值易耗品等。

② 每只初生蛋雏的成本核算：种蛋费加上孵化费用扣除出售无精蛋及公雏收入被出售的初生蛋雏数除，即为每只初生蛋雏的成本。

每只初生蛋雏成本＝种蛋费＋孵化生产费－（未受精蛋＋公雏收入）/出售的初生蛋雏数

孵化生产费用包括种蛋采购、孵化房舍与设备折旧、人工、水费、电费、燃料、消毒药物、鉴别、马立克氏病疫苗注射、雏禽发运和销售费等。

③ 每只育成鸡成本核算：每只初生蛋雏加上育成期其他生产费用，加上死淘均摊损耗，即为每只育成禽的成本。

育成禽的生产费用包括蛋雏、饲料、人工、房舍与设备折旧、水费、电费、燃料、医药费、管理费及低值易耗品等。

④ 每千克禽蛋成本：每只入舍母禽（蛋禽）自入舍至淘汰期间的所有费用加在一起即为每只蛋禽饲养全期的生产费用，扣除蛋禽残值后除以入舍母禽总产蛋量，即为每千克禽蛋成本。

每千克禽蛋成本＝（蛋禽生产费用－蛋禽残值）/入舍母禽总产蛋量（千克）

蛋禽生产费用包括蛋禽育成费用，饲料、人工、房舍与设备折旧、水费、电费、医药费、管理费和低值易耗品等。

（3）考核利润指标

① 产值利润及产值利润率：产值利润是产品产值减去可变成本和固定成本后的余额。产值利润是一定时期内总利润额与产品产值之比。计算公式为：

产值利润率＝利润总额/产品产值×100％

② 销售利润及销售利润率：

销售利润＝销售收入－生产成本－销售费用－税金

销售利润率＝产品销售利润/产品销售收入×100％

③ 营业利润及营业利润率：

营业利润＝销售利润－推销费用－推销管理费

企业的推销费用包括接待费、推销人员工资及差旅费、广告宣传费等。

营业利润率＝营业利润/产品销售收入×100％

营业利润反映了生产与流通合计所得的利润。

④ 经营利润及经营利润率：

经营利润＝营业利润＋全营业外损益

营业外损益指与企业的生产活动没有直接联系的各种收入或支出。如罚金、由于汇率变化影响的收入或支出、企业内事故损失、积压物资削价损失、呆账损失等。

经营利润率＝经营利润/产品销售收入×100％

⑤ 衡量一个企业的赢利能力：养禽生产以流动资金购入饲料、雏禽、医药、燃料等，在人的劳动作用下转化成禽肉、蛋产品，通过销售禽肉、蛋产品又回收了资金，这个过程叫资金周转一次。

利润就是资金周转一次或使用一次的结果。资金在周转中获得利润，周转越快、次数越多，企业获利就越多。资金周转的衡量指标是一定时期内流动资金周转率。

资金周转率（年）＝年销售总额/年流动资金总额×100％

企业的销售利润和资金周转共同影响资金利润高低。

资金利润率＝资金周转率×销售利润率

企业赢利的最终指标应以资金利润率作为主要指标。

附　录

一、标准化养殖场　蛋鸡

标准化养殖场 蛋鸡（NY/T 2664—2014）

1 范围

本标准规定了蛋鸡标准化养殖场的基本要求、选址及布局、生产设施与设备、管理与防疫、废弃物处理及生产水平等。

本标准适用于商品蛋鸡规模养殖场的标准化生产。

2 规范性引用文件

下列文件对于本文件的应用是必不可少的。凡是注日期的引用文件，仅注日期的版本适用于本文件。凡是不注日期的引用文件，其最新版本（包括所有的修改单）适用于本文件。

GB 16548 畜禽病害肉尸及其产品无害化处理规程

GB 16549 畜禽产地检疫规范

GB 18596 畜禽养殖业污染排放标准

GB/T 20014.10 良好农业规范 家禽控制点与符合性规范

NY/T 682 畜禽场场区设计技术规范

NY/T 1168 畜禽粪便无害化处理技术规范

NY 5027 无公害食品 畜禽饮用水水质

NY 5030 无公害食品 畜禽饲养兽药使用准则

NY 5032 无公害食品 畜禽饲料和饲料添加剂使用准则

NY/T 5038 无公害食品 家禽养殖生产管理规范

中华人民共和国主席令 2005 年第 45 号 中华人民共和国畜牧法

中华人民共和国农业部令 2006 年第 67 号 畜禽标识和养殖档案

管理办法

中华人民共和国农业部公告第 168 号 饲料药物添加剂使用规范

中华人民共和国农业部公告第 1521 号 中华人民共和国兽药典

中华人民共和国农业部公告第 1773 号 饲料原料目录

3 基本要求

3.1 场址不应位于中华人民共和国主席令 2005 年第 45 号规定的禁止区域，并符合相关法律法规及土地利用规划。

3.2 具有动物防疫条件合格证。

3.3 在县级人民政府畜牧兽医行政主管部门备案，取得畜禽标识代码。

3.4 单栋存栏 5000 只以上，全场存栏 1 万只以上。

4 选址及布局

4.1 距离生活饮用水源地、居民区、畜禽屠宰加工、交易场所和主要交通干线 500m 以上，其他畜禽养殖场 1000m 以上。养鸡场地势高燥，通风良好。

4.2 场区有稳定适于饮用的水源及电力供应；水质符合 NY 5027 的规定。

4.3 有专用车道直通到场，场区主要路面须硬化。净道、污道严格分开。

4.4 场区周围有防疫隔离设施，并有明显的防疫标志。

4.5 场区内办公生活区、生产区、粪污处理区分开，各区整洁。场区布局应符合 NY/T 682 的规定。

5 生产设施与设备

5.1 鸡舍为全封闭式或半封闭式，有防鼠、防鸟等设施设备。

5.2 饲养密度合理，符合所养殖品种的要求，并符合 GB/T 20014.10 及 NY/T 5038 的规定。

5.3 场区门口、生产区入口和鸡舍门口应有消毒设施，生产区入口处应设有更衣消毒室，场内和鸡舍内应有消毒设备。

5.4 鸡舍内须配备通风、降温、光照、饮水、加料及清粪设施。

5.5 设有兽医解剖室，并具备常规的化验检验条件。

5.6 设有药品储备室，并配备必要的药品、疫苗储藏设备。

5.7 设有专用的蛋库，蛋库整洁。

6 管理与防疫

6.1 采取按区或按栋全进全出制饲养工艺。

6.2 按照中华人民共和国农业部令 2006 年第 67 号的要求建立完整的养殖档案；建立员工培训、设备使用和维护档案。

6.3 使用的兽药、饲料药物添加剂、消毒剂等符合中华人民共和国农业部公告第 1521 号、中华人民共和国农业部公告第 168 号、NY 5030 及 NY 5032 的规定，饲料原料应符合中华人民共和国农业部公告第 1773 号的规定。

6.4 制定生产管理、防疫消毒、兽药和饲料使用、人员管理等制度并公示。

6.5 制定合理的饲养管理操作技术规程。

6.6 免疫程序的制定须有专业兽医资格的兽医认可。

6.7 有 1 名以上畜牧兽医专业技术人员，或有专业技术人员提供稳定的技术服务。

6.8 雏鸡应来源于具有种畜禽生产经营许可证的种鸡场，记录品种、来源、数量、日龄等情况，并保留种畜禽生产经营许可证复印件、动物检疫合格证和车辆消毒证明。

6.9 鸡蛋及淘汰蛋鸡检疫符合 GB 16549 的要求。

7 废弃物处理

7.1 应有防雨、防渗漏、放溢流的鸡粪储存场所。鸡粪应发酵或经无害化处理，排放须符合 GB 18596 和 NY/T 1168 的规定。

7.2 所有病死鸡采取焚烧、高压煮沸或深埋等方式进行无害化处理，处理规程需符合 GB 16548 的规定。

7.3 场区整洁，垃圾合理收集、及时清运。

8 生产水平

8.1 开产至 72 周龄产蛋量高于 280 个的高产蛋鸡所有日产蛋率维持 90% 以上达 8 周以上，其他蛋鸡品种饲养日产蛋率维持 70% 以上达 16 周以上。

8.2 出雏至 18 周龄死淘率低于 8%，19 周龄～72 周龄月死淘率低于 1.2%。

二、无公害食品 家禽养殖生产管理规范

无公害食品 家禽养殖生产管理规范（NY/T 5038—2006）

1 范围

本标准规定了家禽无公害生产环境要求、引种、人员、饲养管理、疫病防治、产品检疫、检测、运输及生产记录。

本标准适用于家禽无公害养殖生产的饲养管理。

2 规范性引用文件

下列文件中的条款通过本标准的引用而成为本标准的条款。凡是注日期的引用文件，其随后所有的修改单（不包括勘误的内容）或修订版均不适用于本标准，然而，鼓励根据本标准达成协议的各方研究是否可使用这些文件的最新版本。凡是不注明日期的引用文件，其最新版本适用于本标准。

GB 16548 畜禽病害肉尸及其产品无害化处理规程

GB 16549 畜禽产地检疫规范

GB 18596 畜禽养殖业污染物排放标准

NY/T 388 畜禽场环境质量标准

NY 5027 无公害食品 畜禽饮用水水质

NY 5039 无公害食品 鲜禽蛋

NY 5339 无公害食品 畜禽饲养兽医防疫准则

NY 5030 无公害食品 畜禽饲养兽药使用准则

NY 5032 无公害食品 畜禽饲料和饲料添加剂使用准则

3 术语和定义

下列术语和定义适用于本标准。

3.1 全进全出制

同一家禽舍或同一家禽场的同一段时期内只饲养同一批次的家禽，同时进场、同时出场的管理制度。

3.2 净道

供家禽群体周转、人员进出、运送饲料的专用道路。

3.3 污道

粪便和病死、淘汰家禽出场的道路。

3.4 家禽场废弃物

　　主要包括家禽粪（尿）、垫料、病死家禽和孵化厂废弃物（蛋壳、死胚等）、过期兽药、残余疫苗和疫苗瓶等。

　　4 环境要求

　　4.1 环境质量

　　家禽场内环境质量应符合 NY/T 388 的要求。

　　4.2 选址

　　4.2.1 家禽场选址宜在地势高燥、采光充足、排水良好、隔离条件好的区域。

　　4.2.2 家禽场周围 3km 内无大型化工厂、矿厂，距离其他畜牧场应至少 1km 以外。

　　4.2.3 家禽场距离交通主干线、城市、村镇居民点至少 1km 以上。

　　4.2.4 禁止在生活饮用水水源保护区、风景名胜区、自然保护区的核心区及缓冲区，城市和城镇居民区、文教科研区、医疗区等人口集中地区，以及国家或地方法律、法规规定需特殊保护的其他区域内修建禽舍。

　　4.3 布局、工艺要求及设施

　　4.3.1 家禽场分为生活区、办公区和生产区，生活区和办公区与生产区分离，且有明确标识。生活区和办公区位于生产区的上风向。养殖区域应位于污水、粪便和病、死禽处理区域的上风向。同时，生产区内污道与净道分离，不相交叉。

　　4.3.2 家禽场应设有相应的消毒设施、更衣室、兽医室以及有效的病禽、污水及废弃物无公害化处理设施。禽舍地面和墙壁应便于清洗和消毒，耐磨损，耐酸碱。墙面不易脱落，耐磨损，不含有毒有害物质。

　　4.3.3 禽舍应具备良好的排水、通风换气、防鼠、防虫以及防鸟设施及相应的清洗消毒设施和设备。

　　5 引种

　　5.1 雏禽应来源于具有种禽生产经营许可证的种禽场。

　　5.2 雏禽需经产地动物防疫检疫部门检疫合格，达到 GB 16549 的要求。

　　5.3 同一栋家禽舍的所有家禽应来源于同一种禽场相同批次的

家禽。

5.4 不得从禽病疫区引进雏禽。

5.5 运输工具运输前需进行清洗和消毒。

5.6 家禽场应有追溯程序，能追溯到家禽出生、孵化的家禽场。

6 人员

6.1 对新参加工作及临时参加工作的人员需进行上岗卫生安全培训。定期对全体职工进行各种卫生规范、操作规程的培训。

6.2 生产人员和生产相关管理人员至少每年进行一次健康检查，新参加工作和临时参加工作的人员，应经过身体检查取得健康合格证后方可上岗，并建立职工健康档案。

6.3 进生产区必须穿工作服、工作鞋，戴工作帽，工作服必须定期清洗和消毒。每次家禽周转完毕，所有参加周转人员的工作服应进行清洗和消毒。

6.4 各禽舍专人专职管理，禁止各禽舍间人员随意走动。

7 饲养管理

7.1 饲养方式

可采用地面平养、网上平养和笼养。地面平养应选择合适的垫料，垫料要求干燥、无霉变。

7.2 温度和湿度

雏禽 1d～3d 时，舍内温度宜保持在 32℃ 以上。随后，禽舍内的环境温度每周宜下降 2℃～4℃，直至室温。禽舍内地面、垫料应保持干燥、清洁，相对湿度宜在 40%～75%。

7.3 光照

7.3.1 肉用禽饲养期宜采用 16h～24h 光照，夜间弱光照明，光照强度为 10lx～15lx。

7.3.2 蛋用禽和种禽应依据不同生理阶段调节光照时间。1d～3d 雏禽舍内宜采用 24h 光照。育雏和育成期的蛋用禽和种禽应根据日照长短制定恒定的光照时间，产蛋期的光照维持在 14h～17h，禁止缩短光照时间。

7.3.3 禽舍内应备有应急灯。

7.4 饲养密度

家禽的饲养密度依据其品种、生理阶段和使用方式的不同而有所差异，见表1。

表1　家禽饲养密度（只/m²）

品种类型	饲养方式	育雏期	生长期	育成期	产蛋期
		1W～3W	4W～8W	9W～5%产蛋率	产蛋率5%以上
快大型肉用禽品种	网上平养	≤20	≤6	≤5	≤4
	地面平养	≤15	≤4	≤4	≤3
	笼养	≤20	≤6	≤5	≤5
中小型肉用禽及蛋用禽品种	网上平养	≤25	≤12	≤8	≤8
	地面平养	≤20	≤8	≤6	≤5
	笼养	≤25	≤12	≤10	≤10

7.5　通风

在保证家禽对禽舍环境温度要求的同时，通风换气，使禽舍内空气质量符合NY/T 388的要求。注意防止贼风和过堂风。

7.6　饮水

7.6.1　家禽的饮用水水质应符合NY 5027的要求。

7.6.2　家禽采用自由饮水，每天清洗饮水设备，定期消毒。

7.7　饲料

家禽饲料品质应符合NY 5032的要求。

7.8　灭鼠

经常灭鼠，注意不让鼠药污染饲料和饮水，残余鼠药应做无害化处理。

7.9　杀虫

定期采用高效低毒化学药物杀虫，防止昆虫传播疾病，避免杀虫剂喷洒到饮水、饲料、禽体和禽蛋中。

7.10　禽蛋收集

蛋箱或蛋托应在集蛋前消毒，集蛋人员在集蛋前应洗手消毒。收集的禽蛋应在消毒后保存。

7.11　家禽场废弃物处理

7.11.1　家禽场产生的污水应进行无公害化处理，排放水应达到GB 18596规定的要求。

7.11.2 使用垫料的饲养场，家禽出栏后一次性清理垫料。清出的道路和粪便应在固定的地点进行堆肥处理，也可采用其他有效的无害化处理措施。

7.11.3 病死家禽的处理按 GB 16548 执行。

8 疫病防治

8.1 防疫

坚持全进全出的饲养管理制度。同一养禽场不得同时饲养其他禽类。家禽防疫应符合 NY 5339 的要求。

8.2 兽药

家禽使用的兽药应符合 NY 5030 的要求。

9 产品检疫、检测

9.1 禽肉出售前 4h～8h 应停喂饲料，但保证自由饮水。并按 GB 16549 的规定进行产地检疫。

9.2 出售的禽蛋质量应符合 NY 5039 的要求。

10 运输

10.1 运输工具应利于家禽产品防护、消毒，并防止排泄物漏洒。运输前需进行清洗和消毒。

10.2 运输禽蛋车辆应使用封闭货车或集装箱，不得让禽蛋直接暴露在空气中运输。

11 生产记录

建立生产记录档案，包括引种记录、培训记录、饲养管理记录、饲料及饲料添加剂采购和使用记录、禽蛋生产记录、废弃物记录、外来人员参观记录、兽药使用记录、免疫记录、病死或淘汰禽的尸体处理记录、禽蛋检测记录、活禽检疫记录、销售记录及追溯记录等。所有记录应在家禽出售前或清群后保存 3 年以上。

三、无公害农产品 兽药使用准则

无公害农产品 兽药使用准则（NY/T 5030—2016）

1 范围

本标准规定了兽药的术语和定义、使用要求、使用记录和不良反应报告。

本标准适用于无公害农产品（畜禽产品、蜂蜜）的生产、管理和认证。

2 规范性引用文件

下列文件对于本文件的应用是必不可少的。凡是注日期的引用文件，仅注日期的版本适用于本文件。凡是不注日期的引用文件，其最新版本（包括所有的修改单）适用于本文件。

兽药管理条例

中华人民共和国动物防疫法

中华人民共和国兽药典

中华人民共和国农业部公告第 168 号 饲料药物添加剂使用规范

中华人民共和国农业部公告第 176 号 禁止在饲料和动物饮用水中使用的药物品种目录

中华人民共和国农业部公告第 193 号 食品动物禁用的兽药及其他化合物清单

中华人民共和国农业部公告第 235 号 动物性食品中兽药最高残留限量

中华人民共和国农业部公告第 560 号 兽药地方标准废止目录

中华人民共和国农业部公告第 1519 号 禁止在饲料和动物饮水中使用的物质

中华人民共和国农业部公告第 1997 号 兽用处方药品种目录（第一批）

中华人民共和国农业部公告第 2069 号 乡村兽医基本用药目录

3 术语和定义

下列术语和定义适用于本文件。

3.1 兽药

用于预防、治疗、诊断动物疾病或者有目的地调节其生理机能的物质（含药物饲料添加剂），主要包括血清制品、疫苗、诊断制品、微生态制品、中药材、中成药、化学药品、抗生素、生化药品、放射性药品及外用杀虫剂、消毒剂等。

3.2 兽用处方药

由国务院兽医行政管理部门公布的、凭兽医处方方可购买和使用的兽药。

3.3 食品动物

各种供人食用或其产品供人食用的动物。

3.4 休药期 withdrawal time

食品动物从停止给药到许可屠宰或其产品（奶、蛋）许可上市的间隔时间。对于奶牛和蛋鸡也称弃奶期或弃蛋期。蜜蜂从停止给药到其产品收获的间隔时间。

4 购买要求

4.1 使用者和兽医进行预防、治疗和诊断疾病所用的兽药均应是农业部批准的兽药或批准进口注册兽药，其质量均应符合相关的兽药国家标准。

4.2 使用者和兽医在购买兽药时，应在国家兽药基础信息查询系统中核对兽药产品批准信息，包括核对购买产品的批准文号、标签和说明书内容、生产企业信息等。

4.3 购买的兽药产品为生物制品的，应在国家兽药基础信息查询系统中核对兽用生物制品签发信息，不得购买和使用兽用生物制品批签发数据库外的兽用生物制品。

4.4 购买的兽药产品标签附有二维码的，应在国家兽药产品追溯系统中进一步核对产品信息。

4.5 使用者应定期在国家兽药基础信息查询系统中查看农业部发布的兽药质量监督抽检质量通报和有关假兽药查处活动的通知，不应购买和使用非法兽药生产企业生产的产品，不应购买和使用重点监控企业的产品以及抽检不合格的产品。

4.6 兽药应在说明书规定的条件下储存与运输，以保证兽药的质量。《兽药产品说明书》中储藏项下名词术语见附录 A。

5 使用要求

5.1 使用者和兽医应遵守《兽药管理条例》的有关规定使用兽药，应凭兽医开具的处方使用中华人民共和国农业部公告第 1997 号规定的兽用处方药（见附录 B）。处方笺应当保存 3 年以上。

5.2 从事动物诊疗服务活动的乡村兽医，凭乡村兽医登记证购买和使用中华人民共和国农业部公告第 2069 号中所列处方药（见附录 C）。

5.3 使用者和兽医应慎开具或使用抗菌药物。用药前宜做药敏试验，能用窄谱抗菌药物的就不用广谱抗菌药物，药敏实验的结果应进行归档。同时考虑交替用药，尽可能降低耐药性的产生。蜜蜂饲养者对蜜蜂疾病进行诊断后，选择一种合适的药，避免重复用药。

5.4　使用者和兽医应严格按照农业部批准的兽药标签和说明书（见国家兽药基础信息查询系统）用药，包括给药途径、剂量、疗程、动物种属、适应证、休药期等。

5.5　不应超出兽药产品说明书范围使用兽药；不应使用农业部规定禁用、不得使用的药物品种（见附录 D）；不应使用人用药品；不应使用过期或变质的兽药；不应使用原料药。

5.6　使用饲料药物添加剂时，应按中华人民共和国农业部公告第168 号的规定执行。

5.7　兽医应按《中华人民共和国动物防疫法》的规定对动物进行免疫。

5.8　兽医应慎用拟肾上腺素药、平喘药、抗胆碱药与拟胆碱药、糖皮质激素类药和解热镇痛消炎药，并应严格按批准的作用与用途和用法与用量使用。

5.9　非临床医疗需要，不应使用麻醉药、镇痛药、镇静药、中枢兴奋药、性激素类药、化学保定药及骨骼肌松弛药。

6　兽药使用记录

6.1　使用者和兽医使用兽药，应认真做好用药记录。用药记录至少应包括动物种类、年（日）龄、体重及数量、诊断结果或用药目的、用药的名称（商品名和通用名）、规格、剂量、给药途径、疗程，药物的生产企业、产品的批准文号、生产日期、批号等。使用兽药的单位或个人均应建立用药记录档案，并保存 3 年（含 3年）以上。

6.2　使用者和兽医应严格执行兽药标签和说明书中规定的兽药休药期，并向购买者或屠宰者提供准确、真实的用药记录；应记录在休药期内生产的奶、蛋、蜂蜜等农产品的处理方式。

7　兽药不良反应报告

使用者和兽医使用兽药，应对兽药的疗效、不良反应做观察、记录；动物发生死亡时，应请专业兽医进行剖检，分析是药物原因或疾病原因。发现可能与兽药使用有关的严重不良反应时，应当立即向所在地人民政府兽医行政管理部门报告。

附录 A

（规范性附录）

《兽药产品说明书》中储藏项下名词术语

储藏项下的规定，系为避免污染和降解而对兽药储存与保管的基本要求，以下列名词术语表示：

a）遮光：指用不透光的容器包装，如棕色容器或黑纸包裹的无色透明、半透明容器；

b）避光：指避免日光直射；

c）密闭：指将容器密闭，以防止尘土及异物进入；

d）密封：指将容器密封以防止风化、吸潮、挥发或异物进入；

e）熔封或严封：指将容器熔封或用适宜的材料严封，以防止空气与水分的侵入并防止污染；

f）阴凉处：指不超过 20℃；

g）凉暗处：指避光并不超过 20℃；

h）冷处：指 2℃～10℃；

i）常温：指 10℃～30℃。

除另有规定外，储藏项下未规定温度的一般系指常温。

附录 B

（规范性附录）

兽用处方药品种目录（第一批）

B.1 抗微生物药

B.1.1 抗生素类

B.1.1.1 β-内酰胺类

注射用青霉素钠、注射用青霉素钾、氨苄西林混悬注射液、氨苄西林可溶性粉、注射用氨苄西林钠、注射用氯唑西林钠、阿莫西林注射液、注射用阿莫西林钠、阿莫西林片、阿莫西林可溶性粉、阿莫西林克拉维酸钾注射液、阿莫西林硫酸黏菌素注射液、注射用苯唑西林钠、注射用普鲁卡因青霉素、普鲁卡因青霉素注射液、注射用苄星青霉素。

B.1.1.2 头孢菌素类

注射用头孢噻呋、盐酸头孢噻呋注射液、注射用头孢噻呋钠、头孢氨苄注射液、硫酸头孢喹肟注射液。

B.1.1.3 氨基糖苷类

注射用硫酸链霉素、注射用硫酸双氢链霉素、硫酸双氢链霉素注射液、硫酸卡那霉素注射液、注射用硫酸卡那霉素、硫酸庆大霉素注射液、硫酸安普霉素注射液、硫酸安普霉素可溶性粉、硫酸安普霉素预混剂、硫酸新霉素溶液、硫酸新霉素粉（水产用）、硫酸新霉素预混剂、硫酸新霉素可溶性粉、盐酸大观霉素可溶性粉、盐酸大观霉素盐酸林可霉素可溶性粉。

B.1.1.4 四环素类

土霉素注射液、长效土霉素注射液、盐酸土霉素注射液、注射用盐酸土霉素、长效盐酸土霉素注射液、四环素片、注射用盐酸四环素、盐酸多西环素粉（水产用）、盐酸多西环素可溶性粉、盐酸多西环素片、盐酸多西环素注射液。

B.1.1.5 大环内酯类

红霉素片、注射用乳糖酸红霉素、硫氰酸红霉素可溶性粉、泰乐菌素注射液、注射用酒石酸泰乐菌素、酒石酸泰乐菌素可溶性粉、酒石酸泰乐菌素磺胺二甲嘧啶可溶性粉、磷酸泰乐菌素磺胺二甲嘧啶预混剂、替米考星注射液、替米考星可溶性粉、替米考星预混剂、替米考星溶液、磷酸替米考星预混剂、酒石酸吉他霉素可溶性粉。

B.1.1.6 酰胺醇类

氟苯尼考粉、氟苯尼考粉（水产用）、氟苯尼考注射液、氟苯尼考可溶性粉、氟苯尼考预混剂、氟苯尼考预混剂（50%）、甲砜霉素注射液、甲砜霉素粉、甲砜霉素粉（水产用）、甲砜霉素可溶性粉、甲砜霉素片、甲砜霉素颗粒。

B.1.1.7 林可胺类

盐酸林可霉素注射液、盐酸林可霉素片、盐酸林可霉素可溶性粉、盐酸林可霉素预混剂、盐酸林可霉素硫酸大观霉素预混剂。

B.1.1.8 其他

延胡索酸泰妙菌素可溶性粉。

B.1.2 合成抗菌药

B.1.2.1 磺胺类药

复方磺胺嘧啶预混剂、复方磺胺嘧啶粉（水产用）、磺胺对甲氧嘧啶二甲氧苄啶预混剂、复方磺胺对甲氧嘧啶粉、磺胺间甲氧嘧啶粉、磺胺间甲氧嘧啶预混剂、复方磺胺间甲氧嘧啶可溶性粉、复方磺胺间甲氧嘧啶预混剂、磺胺间甲氧嘧啶钠粉（水产用）、磺胺间甲氧嘧啶钠可溶性粉、复方磺胺间甲氧嘧啶钠粉、复方磺胺间甲氧嘧啶钠可溶性粉、复方磺胺二甲嘧啶粉（水产用）、复方磺胺二甲嘧啶可溶性粉、复方磺胺甲噁唑粉、复方磺胺甲噁唑粉（水产用）、复方磺胺氯达嗪钠粉、磺胺氯吡嗪钠可溶性粉、复方磺胺氯吡嗪钠预混剂、磺胺喹噁啉二甲氧苄啶预混剂、磺胺喹噁啉钠可溶性粉。

B.1.2.2 喹诺酮类药

恩诺沙星注射液、恩诺沙星粉（水产用）、恩诺沙星片、恩诺沙星溶液、恩诺沙星可溶性粉、恩诺沙星混悬液、盐酸恩诺沙星可溶性粉、乳酸环丙沙星可溶性粉、乳酸环丙沙星注射液、盐酸环丙沙星注射液、盐酸环丙沙星可溶性粉、盐酸环丙沙星盐酸小檗碱预混剂、维生素C磷酸酯镁盐酸环丙沙星预混剂、盐酸沙拉沙星注射液、盐酸沙拉沙星片、盐酸沙拉沙星可溶性粉、盐酸沙拉沙星溶液、甲磺酸达氟沙星注射液、甲磺酸达氟沙星溶液、甲磺酸达氟沙星粉、盐酸二氟沙星片、盐酸二氟沙星注射液、盐酸二氟沙星粉、盐酸二氟沙星溶液、噁喹酸散、噁喹酸混悬液、噁喹酸溶液、氟甲喹可溶性粉、氟甲喹粉。

B.1.2.3 其他

乙酰甲喹片、乙酰甲喹注射液。

B.2 抗寄生虫药

B.2.1 抗蠕虫药

阿苯达唑硝氯酚片、甲苯咪唑溶液（水产用）、硝氯酚伊维菌素片、阿维菌素注射液、碘硝酚注射液、精制敌百虫片、精制敌百虫粉（水产用）。

B.2.2 抗原虫药

注射用三氮脒、注射用喹嘧胺、盐酸吖啶黄注射液、甲硝唑片、地美硝唑预混剂。

B.2.3 杀虫药

辛硫磷溶液（水产用）、氯氰菊酯溶液（水产用）、溴氰菊酯溶液（水产用）。

B.3 中枢神经系统药物

B.3.1 中枢兴奋药

安钠咖注射液、尼可刹米注射液、樟脑磺酸钠注射液、硝酸士的宁注射液、盐酸苯噁唑注射液。

B.3.2 镇静药与抗惊厥药

盐酸氯丙嗪片、盐酸氯丙嗪注射液、地西泮片、地西泮注射液、苯巴比妥片、注射用苯巴比妥钠。

B.3.3 麻醉性镇痛药

盐酸吗啡注射液、盐酸哌替啶注射液。

B.3.4 全身麻醉药与化学保定药

注射用硫喷妥钠、注射用异戊巴比妥钠、盐酸氯胺酮注射液、复方氯胺酮注射液、盐酸赛拉嗪注射液、盐酸赛拉唑注射液、氯化琥珀胆碱注射液。

B.4 外周神经系统药物

B.4.1 拟胆碱药

氯化氨甲酰甲胆碱注射液、甲硫酸新斯的明注射液。

B.4.2 抗胆碱药

硫酸阿托品片、硫酸阿托品注射液、氢溴酸东莨菪碱注射液。

B.4.3 拟肾上腺素药

重酒石酸去甲肾上腺素注射液、盐酸肾上腺素注射液。

B.4.4 局部麻醉药

盐酸普鲁卡因注射液、盐酸利多卡因注射液。

B.5 抗炎药

氢化可的松注射液、醋酸可的松注射液、醋酸氢化可的松注射液、醋酸泼尼松片、地塞米松磷酸钠注射液、醋酸地塞米松片、倍他米松片。

B.6 泌尿生殖系统药物

丙酸睾酮注射液、苯丙酸诺龙注射液、苯甲酸雌二醇注射液、黄体酮注射液、注射用促黄体素释放激素 A_2、注射用促黄体素释放激素 A_3、注射用复方鲑鱼促性腺激素释放激素类似物、注射用复方绒促性素 A 型、注射用复方绒促性素 B 型。

B.7 抗过敏药

盐酸苯海拉明注射液、盐酸异丙嗪注射液、马来酸氯苯那敏注射液。

B.8 局部用药物

注射用氯唑西林钠、头孢氨苄乳剂、苄星氯唑西林注射液、氯唑西林钠氨苄西林钠乳剂（泌乳期）、氨苄西林氯唑西林钠乳房注入剂（泌乳期）、盐酸林可霉素硫酸新霉素乳房注入剂（泌乳期）、盐酸林可霉素乳房注入剂（泌乳期）、盐酸吡利霉素乳房注入剂（泌乳期）。

B.9 解毒药

B.9.1 金属络合剂

二巯丙醇注射液、二巯丙磺钠注射液。

B.9.2 胆碱酯酶复活剂

碘解磷定注射液。

B.9.3 高铁血红蛋白还原剂

亚甲蓝注射液。

B.9.4 氰化物解毒剂

亚硝酸钠注射液。

B.9.5 其他解毒剂

乙酰胺注射液。

注：引自中华人民共和国农业部公告第 1997 号。本标准执行期间，农业部批准的处方药新品种，按照处方药使用。

附录 C
（规范性附录）
《乡村兽医基本用药目录》中处方药有关品种目录

C.1 抗微生物药

C.1.1 抗生素类

C.1.1.1 β-内酰胺类

注射用青霉素钠、注射用青霉素钾、氨苄西林混悬注射液、氨苄西林可溶性粉、注射用氨苄西林钠、注射用氯唑西林钠、阿莫西林注射液、注射用阿莫西林钠、阿莫西林片、阿莫西林可溶性粉、阿莫西林克拉维酸钾注射液、阿莫西林硫酸黏菌素注射液、注射用苯唑西林钠、注射用普鲁卡因青霉素、普鲁卡因青霉素注射液、注射用苄星青霉素。

C.1.1.2　头孢菌素类

注射用头孢噻呋、盐酸头孢噻呋注射液、注射用头孢噻呋钠。

C.1.1.3　氨基糖苷类

注射用硫酸链霉素、注射用硫酸双氢链霉素、硫酸双氢链霉素注射液、硫酸卡那霉素注射液、注射用硫酸卡那霉素、硫酸庆大霉素注射液、硫酸安普霉素注射液、硫酸安普霉素可溶性粉、硫酸新霉素溶液、硫酸新霉素粉（水产用）、硫酸新霉素可溶性粉、盐酸大观霉素可溶性粉、盐酸大观霉素盐酸林可霉素可溶性粉。

C.1.1.4　四环素类

土霉素注射液、盐酸土霉素注射液、注射用盐酸土霉素、四环素片、注射用盐酸四环素、盐酸多西环素粉（水产用）、盐酸多西环素可溶性粉、盐酸多西环素片、盐酸多西环素注射液。

C.1.1.5　大环内酯类

红霉素片、注射用乳糖酸红霉素、硫氰酸红霉素可溶性粉、泰乐菌素注射液、注射用酒石酸泰乐菌素、酒石酸泰乐菌素可溶性粉、酒石酸泰乐菌素磺胺二甲嘧啶可溶性粉、替米考星注射液、替米考星可溶性粉、替米考星溶液、酒石酸吉他霉素可溶性粉。

C.1.1.6　酰胺醇类

氟苯尼考粉、氟苯尼考粉（水产用）、氟苯尼考注射液、氟苯尼考可溶性粉、甲砜霉素注射液、甲砜霉素粉、甲砜霉素粉（水产用）、甲砜霉素可溶性粉、甲砜霉素片、甲砜霉素颗粒。

C.1.1.7　林可胺类

盐酸林可霉素注射液、盐酸林可霉素片、盐酸林可霉素可溶性粉。

C.1.1.8　其他

延胡索酸泰妙菌素可溶性粉。

C.1.2　合成抗菌药

C.1.2.1　磺胺类药

复方磺胺嘧啶粉（水产用）、复方磺胺对甲氧嘧啶粉、磺胺间甲氧嘧啶粉、复方磺胺间甲氧嘧啶可溶性粉、磺胺间甲氧嘧啶钠粉（水产用）、磺胺间甲氧嘧啶钠可溶性粉、复方磺胺间甲氧嘧啶钠粉、复方磺胺间甲氧嘧啶钠可溶性粉、复方磺胺二甲嘧啶粉（水产用）、复方磺胺二甲嘧啶可溶性粉、复方磺胺氯达嗪钠粉、磺胺氯吡嗪钠可溶性粉、磺胺喹噁啉钠可溶性粉。

C.1.2.2 喹诺酮类药

恩诺沙星注射液、恩诺沙星粉（水产用）、恩诺沙星片、恩诺沙星溶液、恩诺沙星可溶性粉、恩诺沙星混悬液、盐酸恩诺沙星可溶性粉、盐酸沙拉沙星注射液、盐酸沙拉沙星片、盐酸沙拉沙星可溶性粉、盐酸沙拉沙星溶液、甲磺酸达氟沙星注射液、甲磺酸达氟沙星溶液、甲磺酸达氟沙星粉、盐酸二氟沙星片、盐酸二氟沙星注射液、盐酸二氟沙星粉、盐酸二氟沙星溶液、噁喹酸散、噁喹酸混悬液、噁喹酸溶液、氟甲喹可溶性粉、氟甲喹粉。

C.1.2.3 其他

乙酰甲喹片、乙酰甲喹注射液。

C.2 抗寄生虫药

C.2.1 抗蠕虫药

阿苯达唑硝氯酚片、甲苯咪唑溶液（水产用）、硝氯酚伊维菌素片、阿维菌素注射液、碘硝酚注射液、精制敌百虫片、精制敌百虫粉（水产用）。

C.2.2 抗原虫药

注射用三氮脒、注射用喹嘧胺、盐酸吖啶黄注射液、甲硝唑片。

C.2.3 杀虫药

辛硫磷溶液（水产用）。

C.3 中枢神经系统药物

C.3.1 中枢兴奋药

尼可刹米注射液、樟脑磺酸钠注射液、盐酸苯噁唑注射液。

C.3.2 全身麻醉药与化学保定药

注射用硫喷妥钠、注射用异戊巴比妥钠。

C.4 外周神经系统药物

C.4.1 拟胆碱药

氯化氨甲酰甲胆碱注射液、甲硫酸新斯的明注射液。

C.4.2 抗胆碱药

硫酸阿托品片、硫酸阿托品注射液、氢溴酸东莨菪碱注射液。

C.4.3 拟肾上腺素药

重酒石酸去甲肾上腺素注射液、盐酸肾上腺素注射液。

C.4.4 局部麻醉药

盐酸普鲁卡因注射液、盐酸利多卡因注射液。

C.5 抗炎药

氢化可的松注射液、醋酸可的松注射液、醋酸氢化可的松注射液、醋酸泼尼松片、地塞米松磷酸钠注射液、醋酸地赛塞米松片、倍他米松片。

C.6 生殖系统药物

黄体酮注射液、注射用促黄体素释放激素 A_2、注射用促黄体素释放激素 A_3、注射用复方鲑鱼促性腺激素释放激素类似物、注射用复方绒促性素 A 型、注射用复方绒促性素 B 型。

C.7 抗过敏药

盐酸苯海拉明注射液、盐酸异丙嗪注射液、马来酸氯苯那敏注射液。

C.8 局部用药物

苄星氯唑西林注射液、氨苄西林钠氯唑西林钠乳房注入剂（泌乳期）、盐酸林可霉素硫酸新霉素乳房注入剂（泌乳期）、盐酸林可霉素乳房注入剂（泌乳期）、盐酸吡利霉素乳房注入剂（泌乳期）。

C.9 解毒药

C.9.1 金属络合剂

二巯丙醇注射液、二巯丙磺钠注射液。

C.9.2 胆碱酯酶复活剂

碘解磷定注射液。

C.9.3 高铁血红蛋白还原剂

亚甲蓝注射液。

C.9.4 氰化物解毒剂

亚硝酸钠注射液。

C.9.5 其他解毒剂

乙酰胺注射液。

注：引自中华人民共和国农业部公告第 2069 号。

附录 D

（规范性附录）

国家有关禁用兽药、不得使用的药物及限用兽药的规定

D.1 食品动物禁用、在动物性食品中不得检出的兽药及其他化合物清单

见表 D.1。

表 D.1　食品动物禁用、在动物性食品中不得检出的兽药及其他化合物清单

序号	兽药及其他化合物名称	禁止用途	禁用动物	靶组织
1	β-兴奋剂类：克仑特罗、沙丁胺醇、西马特罗及其盐、酯、制剂	所有用途	所有食品动物	所有可食组织
2	雌激素类：己烯雌酚及其盐、酯及制剂	所有用途	所有食品动物	所有可食组织
3	具有雌激素样作用的物质：玉米赤霉醇、去甲雄三烯醇酮、醋酸甲孕酮及制剂	所有用途	所有食品动物	所有可食组织
4	雄激素类：甲基睾丸酮、丙酸睾酮、苯丙酸诺龙、苯甲酸雌二醇、群勃龙及其盐、酯及制剂	促生长	所有食品动物	所有可食组织
5	氯霉素及其盐、酯（包括琥珀氯霉素）及制剂	所有用途	所有食品动物	所有可食组织
6	氨苯砜及制剂	所有用途	所有食品动物	所有可食组织
7	硝基呋喃类：呋喃唑酮、呋喃它酮、呋喃苯烯酸钠、呋喃西林、呋喃妥因及制剂	所有用途	所有食品动物	所有可食组织
8	硝基化合物：硝基酚钠、硝呋烯腙及制剂	所有用途	所有食品动物	所有可食组织
9	硝基咪唑类：甲硝唑、地美硝唑、洛硝达唑、替硝唑及其盐、酯及制剂	促生长	所有食品动物	所有可食组织
10	催眠、镇静类：安眠酮及制剂	所有用途	所有食品动物	所有可食组织
10	催眠、镇静类：氯丙嗪、地西泮（安定）及其盐、酯及制剂	促生长	所有食品动物	所有可食组织
11	林丹（丙体六六六）	杀虫剂	所有食品动物	所有可食组织

续表

序号	兽药及其他化合物名称	禁止用途	禁用动物	靶组织
12	毒杀芬(氯化烯)	杀虫剂	所有食品动物	所有可食组织
13	呋喃丹(克百威)	杀虫剂	所有食品动物	所有可食组织
14	杀虫脒(克死螨)	杀虫剂	所有食品动物	所有可食组织
15	酒石酸锑钾	杀虫剂	所有食品动物	所有可食组织
16	锥虫胂胺	杀虫剂	所有食品动物	所有可食组织
17	孔雀石绿	抗菌、杀虫剂	所有食品动物	所有可食组织
18	五氯酚酸钠	杀螺剂	所有食品动物	所有可食组织
19	各种汞制剂,包括氯化亚汞(甘汞)、硝酸亚汞、醋酸汞、吡啶基醋酸汞	杀虫剂	所有食品动物	所有可食组织
20	万古霉素及其盐,酯及制剂	所有用途	所有食品动物	所有可食组织
21	卡巴氧及其盐,酯及制剂	所有用途	所有食品动物	所有可食组织

注：引自中华人民共和国农业部公告第 193 号、第 235 号、第 560 号。本标准执行期间，农业部如发布新的《食品动物禁用的兽药及其他化合物清单》，执行新的《食品动物禁用的兽药及其他化合物清单》。

D. 2 禁止在饲料和动物饮用水中使用的药物品种及其他物质目录见表 D. 2。

表 D. 2　禁止在饲料和动物饮用水中使用的药物品种及其他物质目录

序号	药物名称
1	β-兴奋剂类:盐酸克仑特罗、沙丁胺醇、硫酸沙丁胺醇、莱克多巴胺、盐酸多巴胺、西马特罗、硫酸特布他林、苯乙醇胺 A、班布特罗、盐酸齐帕特罗、盐酸氯丙那林、马布特罗、西布特罗、溴布特罗、酒石酸阿福特罗、富马酸福莫特罗
2	雌激素类:己烯雌酚、雌二醇、戊酸雌二醇、苯甲酸雌二醇、氯烯雌醚
3	雄激素类:苯丙酸诺龙及苯丙酸诺龙注射液
4	孕激素类:醋酸氯地孕酮、左炔诺孕酮、炔诺酮、炔诺醇、炔诺醚
5	促性腺激素:绒毛膜促性腺激素(绒促性素)、促卵泡生长激素(尿促性素,主要含卵泡刺激 FSHT 和黄体生成素 LH)
6	蛋白同化激素类:碘化酪蛋白

续表

序号	药物名称
7	降血压药:利血平、盐酸可乐定
8	抗过敏药:盐酸赛庚啶
9	催眠、镇静及精神药品类:八(盐酸)氯丙嗪、盐酸异丙嗪、安定(地西泮)、硝西泮、奥沙西泮、苯巴比妥、苯巴比妥钠、巴比妥、异戊巴比妥、异戊巴比妥钠、唑吡旦、三唑仑、咪达唑仑、艾司唑仑、甲丙氨酯、匹莫林以及其他国家管制的精神药品
10	抗生素滤渣

注:引自中华人民共和国农业部公告第176号、第1519号。本标准执行期间,农业部如发布新的《禁止在饲料和动物饮水中使用的物质》,执行新的《禁止在饲料和动物饮水中使用的物质》。

D.3 不得使用的药物品种目录

见表 D.3。

表 D.3　不得使用的药物品种目录

序号	类别	名称/组方
1	抗病毒药	金刚烷胺、金刚乙胺、阿昔洛韦、吗啉(双)胍(病毒灵)、利巴韦林等及其盐、酯及单、复方制剂
2	抗生素	头孢哌酮、头孢噻肟、头孢曲松(头孢三嗪)、头孢噻肟、头孢拉啶、头孢唑啉、头孢噻啶、罗红霉素、克拉霉素、阿奇霉素、磷霉素、硫酸奈替米星(netilmicin)、克林霉素(氯林可霉素、氯洁霉素)、妥布霉素、胍哌甲基四环素、盐酸甲烯土霉素(美他环素)、两性霉素、利福霉素等及其盐、酯及单、复方制剂
3	合成抗菌药	氟罗沙星、司帕沙星、甲替沙星、洛美沙星、培氟沙星、氧氟沙星、诺氟沙星等及其盐、酯及单、复方制剂
4	农药	井冈霉素、浏阳霉素、赤霉素及其盐、酯及单、复方制剂
5	解热镇痛类等其他药物	双嘧达莫(dipyridamole)、聚肌胞、氟胞嘧啶、代森铵、磷酸伯氨喹、磷酸氯喹、异噻唑啉酮、盐酸地酚诺酯、盐酸溴己新、西咪替丁、盐酸甲氧氯普胺、甲氧氯普胺(盐酸胃复安)、比沙可啶(bisacodyl)、二羟丙茶碱、白细胞介素-2、别嘌醇、多抗甲素(α-甘露聚糖肽)等及其盐、酯及制剂
6	复方制剂	1. 注射用的抗生素与安乃近、氟喹诺酮类等化学合成药物的复方制剂 2. 镇静类药物与解热镇痛药等治疗药物组成的复方制剂

D.4 允许做治疗用但不得在动物食品中检出的药物

见表 D.4。

表 D.4　允许做治疗用但不得在动物食品中检出的药物

序号	药物名称	动物种类	动物组织
1	氯丙嗪	所有食品动物	所有可食组织
2	地西泮（安定）	所有食品动物	所有可食组织
3	地美硝唑	所有食品动物	所有可食组织
4	苯甲酸雌二醇	所有食品动物	所有可食组织
5	潮霉素 B	猪/鸡	可食组织
		鸡	蛋
6	甲硝唑	所有食品动物	所有可食组织
7	苯丙酸诺龙	所有食品动物	所有可食组织
8	丙酸睾酮	所有食品动物	所有可食组织
9	塞拉嗪	产奶动物	奶

四、无公害食品　畜禽饲养兽医防疫准则

无公害食品　畜禽饲养兽医防疫准则

（NY/T 5339—2006）

2006-01-26 发布　　　　　　　　　　2006-04-01 实施

中华人民共和国农业部发布

前言

本标准由中华人民共和国农业部提出并归口。

本标准起草单位：农业部动物检疫所。

本标准主要起草人：孙淑芳、郑增忍、张衍海、王娟、宋健兰。

无公害食品　畜禽饲养兽医防疫准则

1 范围

本标准规定了生产无公害食品的畜禽场在畜禽场建设、饲养管理、疫病控制、扑灭与净化等方面的兽医防疫准则。

本标准适用于生产无公害食品的畜禽饲养场的兽医防疫。

2 规范性引用文件

下列文件中的条款通过本标准的引用而成为本标准的条款。凡是注日期的引用文件，其随后所有的修改单（不包括勘误的内容）或修订版均不适用于本标准，然而，鼓励根据本标准达成协议的各方研究是否可使用这些文件的最新版本。凡是不注明日期的引用文件，其最新版本适用于本标准。

GB 16548 畜禽病害肉尸及其产品无害化处理规程

GB 16549 畜禽产地检疫规范

GB/T 16569 畜禽产品消毒规范

NY/T 388 畜禽场环境质量标准

NY 5027 无公害食品 畜禽饮用水水质

NY/T 5030　无公害食品 畜禽饲养兽药使用准则

中华人民共和国动物防疫法

中华人民共和国农业部 兽用生物制品质量标准

3 疫病预防

3.1 畜禽饲养场建设的防疫要求

3.1.1 饲养场环境卫生、大气环境应符合 NY/T 388 的要求，畜禽饮用水水质应符合 NY 5027 的要求，污水、污物处理后应符合国家环保要求。

3.1.2 饲养场的选址应选择地势高燥、被风、向阳、水源充足、排水方便、无污染、排废方便、供电和交通方便的地方，远离铁路、公路、城镇、居民区和公共场所 500m 以上，离开屠宰场、畜产品加工厂、垃圾及污水处理场、风景旅游区 2 000m 以上。

3.1.3 饲养场大门入口处应设置与大门同宽、长度能够满足进出车辆消毒要求的消毒池，池内应定期更换消毒液。

3.1.4 根据防疫要求，应在场内设有独立的隔离饲养区。

3.1.5 畜禽饲养场应设有进行排泄物、污染物等无害化处理的设施。

3.1.6 "自繁自养"的饲养场，种畜禽场、孵化场和商品畜禽场应相对独立，防止疫病传播。

3.2 饲养管理的防疫要求

3.2.1 畜禽饲养场引进畜禽时，应坚持每饲舍"全进全出"的原则，引进的畜禽应来自经县级以上的兽医行政管理部门核准合格的种畜禽场，并持有动物检疫合格证明。运输畜禽所用的车辆和器具应彻底清洗消毒，并持有动物及动物产品运载工具消毒证明。

3.2.2 新引进畜禽后，应进行隔离，确认健康后，方可进场饲养。

3.2.3 禁止饲喂不清洁、发霉或变质的饲料，不得使用泔水及含畜禽源性副产品的饲料饲喂畜禽。

3.2.4 兽药使用应符合 NY/T 5030 的要求。

3.2.5 从事饲养管理的工作人员应身体健康并定期进行体检和技术培训，禁止患有人畜共患传染病的人员从事畜禽饲养管理与兽医防疫工作。

3.2.6 饲养人员进入饲养区时，应洗手、更换场区工作服和工作鞋，工作服及鞋应保持清洁，并定期清洗、消毒。

3.2.7 禁止任何来自可能染疫地区的人员及车辆进入场内，禁止任何人员携带畜禽产品进入场内饲养区，在经兽医管理人员许可的情况下，外来人员应在消毒后穿戴专用工作服方可进入。

3.2.8 畜禽饲养场应接受当地动物防疫监督机构的监督检查。

3.3 日常消毒

3.3.1 每天坚持打扫畜禽舍卫生，保持料槽、水槽、用具干净，地面清洁。定期对料槽、水槽等饲喂用具进行消毒。

3.3.2 畜禽场区内道路每 2 周～3 周消毒一次，场周围及场内污水池、排粪坑、下水道每 1 个月～2 个月消毒一次。

3.3.3 畜禽转舍、售出后，应对空舍进行严格清扫、冲洗，并进行全面喷洒消毒，封闭式畜禽舍也可关闭门窗熏蒸消毒。

3.4 免疫接种

畜禽饲养场应根据《中华人民共和国动物防疫法》及其配套法规的要求，结合当地疫病流行的实际情况，制定免疫计划、有选择地进行疫病的预防接种工作；对国家兽医行政管理部门不同时期规定需强制免疫的疫病，疫苗的免疫密度应达到 100%，选用的疫苗应符合《中华人民共和国兽用生物制品质量标准》，并注意选择科学的免疫程序和免疫方法。

4 疫病控制

4.1 监测

4.1.1 畜禽饲养场应依照《中华人民共和国动物防疫法》及其配套法规，以及当地兽医行政管理部门有关要求，并结合当地疫病流行的实际情况，制定疫病监测方案并实施，并应及时将监测结果报告当地兽医行政管理部门。

4.1.2 根据国家规定和当地及周边地区疫病流行状况，选择以下动物疫病进行常规监测：

牛：口蹄疫、炭疽、蓝舌病、结核病、布鲁氏菌病。

猪：口蹄疫、猪水泡病、猪瘟、猪繁殖与呼吸障碍综合征、乙型脑炎、猪丹毒、猪囊尾蚴病、猪旋毛虫病、猪链球菌病、伪狂犬病、布鲁氏菌病、结核病。

羊：口蹄疫、小反刍兽疫、蓝舌病、羊痘、结核病、布鲁氏菌病。

兔：兔流行性出血热、兔黏液瘤病、野兔热、兔球虫病。

鸡：高致病性禽流感、鸡新城疫、鸡马立克氏病、禽白血病、禽结核、鸡白痢、鸡伤寒。

鸭：高致病性禽流感、鸭瘟、鸭病毒性肝炎、禽衣原体病、禽结核。

鹅：高致病性禽流感、鹅副黏病毒病、小鹅瘟、禽霍乱、鹅白痢与伤寒。

4.1.3 畜禽饲养场应接受并配合当地动物防疫监督机构进行定期或不定期的疫病监督抽查、普查、监测等工作。

4.2 疫病扑灭与净化

4.2.1 疫病净化计划：畜禽场应根据监测结果，制定场内疫病控制计划，隔离并淘汰病畜禽，逐步消灭疫病。

4.2.2 畜禽饲养场发生疫病或怀疑发生疫病时，应根据《中华人民共和国动物防疫法》，立即向当地兽医行政管理部门报告疫情。

4.2.3 确诊发生国家或地方政府规定应采取扑杀措施的疾病时，畜禽饲养场必须配合当地兽医行政管理部门，对发病畜禽群实施严格的隔离、扑杀措施。

4.2.4 发生动物传染病时，畜禽饲养场应对发病畜禽群及饲养场所实施净化措施，对全场进行彻底的清洗消毒，病死或淘汰畜禽的尸体按 GB 16548 进行无害化处理，消毒按 GB/T 16569 进行。

5 记录

每群畜禽都应有相关的资料记录，其内容包括：畜禽品种及来源、生产性能、饲料来源及消耗情况、兽药使用及免疫接种情况、日常消毒措施、发病情况、实验室检查及结果、死亡率及死亡原因、无害化处理情况等。所有记录应有相关负责人员签字并妥善保存两年以上。

参 考 文 献

［1］　肖冠华．投资养蛋鸡你准备好了吗．北京：化学工业出版社，2014.

［2］　石庆莲，张俊珍．蛋鸡养殖技术问答．北京：金盾出版社，2012.

［3］　魏刚才．怎样科学办好中小型鸡场．北京：化学工业出版社，2011.

［4］　肖冠华．养蛋鸡高手谈经验．北京．化学工业出版社，2015.

［5］　龙红芙，李孝法，宁中华．14＋1小时光照程序对蛋鸡生产性能的影响．中国畜牧杂志：动物生产，2013，49（7）：75-77.

［6］　邱剑平，等．规模化养鸡场的生物安全及管理．现代农业科技．2012，（1）：301-302.

［7］　冯小鹿．鸡的生理特点与育雏．江西饲料，2013，（3）：38.

［8］　全国畜牧总站蛋鸡主推技术编写组．蛋鸡养殖主推技术．中国畜牧兽医报，2014-4-21.

［9］　张燕鸣，杨秀娟，曹胜雄，等．饲料粉碎粒度及粒度分布对蛋鸡生产性能和蛋品质的影响．饲料工业，2015，36（17）：18-22.

［10］　熊四萍．养鸡场的生产财务管理．农技服务，2011，28（7）：1018，1057.